建筑与市政工程施工现场八大员岗位读本

机 械 员

本书编委会 编

中国建筑工业出版社

图书在版编目(CIP)数据

机械员/本书编委会编. —北京：中国建筑工业出版社，2014.10
(建筑与市政工程施工现场八大员岗位读本)
ISBN 978-7-112-17125-5

Ⅰ.①机… Ⅱ.①本… Ⅲ.①建筑机械-岗位培训-自学参考资料 Ⅳ.①TU6

中国版本图书馆 CIP 数据核字(2014)第 166510 号

本书依据《建筑与市政工程施工现场专业人员职业标准》JGJ/T 250—2011 进行编写，全书共分为 9 章，内容主要包括：机械员基本知识、机械图识读、常用施工机械设备、建筑起重及运输机械、常用装修机械、机械设备前期管理、机械设备安全使用管理、建筑机械的成本管理、施工机械设备评估与信息化管理。

本书内容翔实，实用性强，可作为施工企业、培训机构对机械员上岗培训的教材，可供建筑施工机械管理人员使用，也可供相关专业大中专院校及职业学校的师生学习参考。

* * *

责任编辑：武晓涛　张　磊
责任设计：董建平
责任校对：张　颖　陈晶晶

建筑与市政工程施工现场八大员岗位读本
机械员
本书编委会　编
*
中国建筑工业出版社出版、发行(北京西郊百万庄)
各地新华书店、建筑书店经销
北京红光制版公司制版
北京富生印刷厂印刷
*

开本：787×1092毫米　1/16　印张：20½　字数：510千字
2014 年 12 月第一版　2015 年 6 月第二次印刷
定价：45.00 元
ISBN 978-7-112-17125-5
(25503)

版权所有　翻印必究
如有印装质量问题，可寄本社退换
(邮政编码　100037)

编委会

主　编　罗　洲

参　编　于　涛　　丁备战　　万绕涛　　勾永久
　　　　　　左丹丹　　刘思蕾　　刘　洋　　吕德龙
　　　　　　邢丽娟　　李　凤　　李延红　　李德建
　　　　　　周天华　　闫祥义　　张素敏　　张　鹏
　　　　　　张　静　　张静晓　　孟红梅　　赵长歌
　　　　　　顾祖嘉　　徐境鸿　　梁东渊　　韩广会

前 言

改革开放以来，我国建筑业发展很快，城镇建设规模日益扩大，建筑施工队伍不断增加，对建筑工程施工现场各专业人员的要求越来越高。为此，住房和城乡建设部颁布实施了《建筑与市政工程施工现场专业人员职业标准》JGJ/T 250—2011。《建筑与市政工程施工现场专业人员职业标准》JGJ/T 250—2011 中规定了建筑与市政工程施工现场专业人员的专业技能和专业知识，以加强建筑与市政工程施工现场专业人员队伍建设，规范专业人员的职业能力评价，指导专业人员的使用与教育培训，提高其职责素质、专业技能和专业知识，促进完善施工组织管理，确保施工质量和安全生产。

为了确保广大施工企业、高等学校、职业院校及培训机构工作的开展，应对新时期的新要求，积极配合相关单位做好培训工作，我们依据《建筑与市政工程施工现场专业人员职业标准》JGJ/T 250—2011 编写了本书。

本书在编写过程中，注重专业技能、专业知识的讲解，始终遵循规范化和适用的原则，力求做到深入浅出、图文并茂、通俗易懂。

由于编者经验和水平有限，加之编写时间仓促，书中难免有疏漏和错误之处，恳请各方面的专家和读者批评指正，以便今后修订再版。

目 录

1 机械员基本知识 ·· 1
　1.1 工程力学知识 ·· 1
　1.2 工程预算知识 ·· 7
　1.3 建筑机械管理相关法律法规及标准规范 ····························· 19
2 机械图识读 ··· 26
　2.1 识图基础 ··· 26
　2.2 机件的表达方法 ··· 29
　2.3 零件图识读 ·· 33
　2.4 装配图识读 ·· 41
3 常用施工机械设备 ·· 44
　3.1 土方机械 ··· 44
　3.2 压实机械 ··· 90
　3.3 桩工机械 ·· 103
　3.4 地基处理施工机械 ··· 121
　3.5 混凝土机械 ··· 140
　3.6 钢筋机械 ·· 180
4 建筑起重及运输机械 ··· 207
　4.1 卷扬机 ··· 207
　4.2 塔式起重机 ··· 210
　4.3 轮胎式起重机 ·· 222
　4.4 履带式起重机 ·· 231
　4.5 施工升降机 ··· 233
　4.6 机动翻斗车 ··· 239
　4.7 胶带输送机 ··· 241
5 常用装修机械 ·· 245
　5.1 砂浆拌合机 ··· 245
　5.2 灰浆泵和喷浆泵 ··· 249
　5.3 电动雕刻机 ··· 255
　5.4 切割机 ··· 255
　5.5 地面抹光机 ··· 258
　5.6 水磨石机 ·· 259
　5.7 地板刨平机和地板磨光机 ·· 261
　5.8 木工带锯机和木工圆锯机 ·· 262

5

目 录

6 机械设备前期管理 …… 267
- 6.1 机械设备的规划决策 …… 267
- 6.2 机械设备选型 …… 268
- 6.3 机械设备采购管理 …… 270
- 6.4 机械设备的验收 …… 271
- 6.5 机械设备的技术试验 …… 272
- 6.6 机械设备的档案技术资料与设备台账 …… 272
- 6.7 机械设备的初期管理 …… 273

7 机械设备安全使用管理 …… 275
- 7.1 设备使用管理 …… 275
- 7.2 设备的维护保养 …… 281
- 7.3 常用施工机械安全操作 …… 281
- 7.4 机械事故的预防与处理 …… 298

8 建筑机械的成本管理 …… 302
- 8.1 施工机械的资产管理 …… 302
- 8.2 建筑机械的经济管理 …… 310

9 施工机械设备评估与信息化管理 …… 319
- 9.1 施工机械设备的评估与优化 …… 319
- 9.2 施工机械设备信息化管理 …… 320

参考文献 …… 321

1 机械员基本知识

1.1 工程力学知识

1.1.1 静力学的基本概念

1. 基本概念

(1) 刚体：在外力作用下，其形状、大小始终保持不变的物体。刚体是静力学中对物体进行分析所简化的力学模型。

(2) 力：力是物体之间相互的机械作用。力使物体运动状态发生改变的效应称之为外效应，而使物体发生变形的效应称为内效应。静力学只考虑外效应。力的三要素包括：力的大小、方向、作用位置。改变力的三要素中的任一要素，也就改变了力对物体的作用效应。

力是矢量，用一带箭头的线段表示，如图1-1所示，其单位为牛顿（N）或千牛顿（kN）。力分为分布力 q 和集中力 F，如图1-2所示。

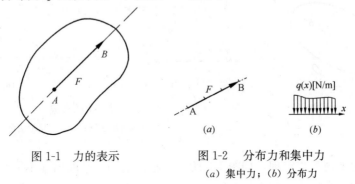

图1-1 力的表示　　图1-2 分布力和集中力
　　　　　　　　　　(a) 集中力；(b) 分布力

(3) 力系：同时作用于一个物体上一群力称之为力系。分为平面力系和空间力系。

1) 平面力系：即各力的作用线均在同一个平面内。
2) 汇交力系：力的作用线汇交于一点，如图1-3所示。
3) 平行力系：力的作用线相互平行，如图1-4所示。
4) 一般力系：力的作用线既不完全汇交，也不完全平行。
5) 空间力系：各力的作用线不全在同一平面内的力系，称之为空间力系。

(4) 平衡：物体相对于地球处于静止或匀速直线运动的状态。

静力学是研究物体在力系作用下处于平衡的规律。

(5) 静力学公理：

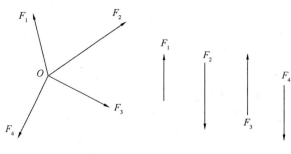

图 1-3　平面汇交力系　　　图 1-4　平面平行力系

1) 二力平衡公理：作用于同一刚体上的两个力成平衡的必要与充分条件是，力的大小相等，方向相反，作用于同一直线上，如图 1-5 所示。

可表示为：$F_1 = -F_2$

在两个力作用下处于平衡的杆件，称之为二力杆件。

2) 加减平衡力系公理：可在作用于刚体的任何一个力系上加上或去掉几个互成平衡的力，而不改变原力系对刚体的作用效果。

3) 力的平行四边形法则：作用于物体上任一点的两个力可合成为作用于同一点的一个力，即合力，$F_R = F_1 + F_2$。合力的矢是由原两力的矢为邻边而作出的力平行四边形的对角矢来表示，如图 1-6 (a) 所示。在求共点两个力的合力时，我们常采用力的三角形法则，如图 1-6 (b) 所示。

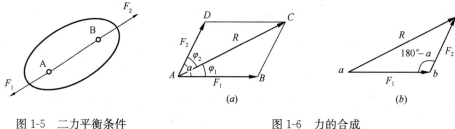

图 1-5　二力平衡条件　　　　　图 1-6　力的合成
　　　　　　　　　　　　　　(a) 平行四边形法则；(b) 三角形法则

推理出三力平衡汇交定理，如图 1-7 所示。刚体受同一平面内互不平行的三个力作用而平衡时，则此三力的作用线必汇交于一点。

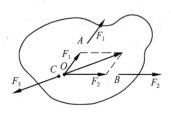

图 1-7　三力平衡汇交定理

4) 作用与反作用公理：任何两个物体相互作用的力，总是大小相等，作用线相同，但指向相反，并同时分别作用于这两个物体上。

2. 约束与约束反力

对物体运动起限制作用的周围物体称为该物体的约束。例如桌子放地板上，地板限制了桌子的向下运动，因此地板是桌子的约束。约束对物体的作用力称之为约束反力。约束反力的方向总是与约束所能阻碍的物体运动或运动趋势的方向相反，它的作用点就在约束与被约束的物体的接触点。

将能使物体主动产生运动或运动趋势的力称为主动力,例如重力、风力、水压力等。一般主动力是已知的,约束反力是未知的,它不仅与主动力的情况有关,同时也与约束类型有关。以下为几种常见的约束类型及其约束反力。

(1) 柔性约束:绳索、链条、皮带等属于柔索约束。柔索的约束反力作用于接触点,方向沿柔索的中心线而背离物体,其约束为拉力。如图1-8所示,皮带对带轮的拉力 F 为约束反力。

(2) 光滑接触面约束:光滑接触面的约束反力作用于接触点,沿接触面的公法线指向物体,如图1-9所示。

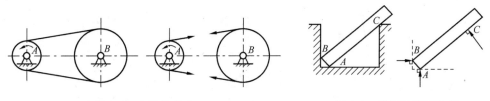

图1-8　皮带约束力　　　　　图1-9　光滑接触面约束

(3) 铰链约束:两带孔的构件套在圆轴(销钉)上即为铰链约束。用铰链约束的物体只能绕接触点发生相对转动。

1) 中间铰链约束:用中间铰链约束的两物体都能绕接触点发生相对转动。其约束反力用过铰链中心两个大小未知的正交分力来表示,如图1-10所示。

2) 固定铰支座:用铰链约束的两物体其中一个固定不动作支座。

3) 活动铰支座:在固定铰支座下面安放若干滚轮并与支承面接触,则构成活动铰支座。其约束反力垂直于支承面,过销钉中心指向可假设。

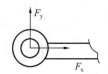

图1-10　中间铰链约束

在桥梁、屋架等工程结构中经常采用这种约束。

(4) 二力杆约束:两端以铰链与其他物体连接、中间不受力且不计自重的刚性直杆称为二力杆。二力杆的约束反力沿着杆件两端中心连线方向,或为拉力或为压力。

(5) 固定端约束:被约束的物体即不允许相对移动也不允许转动。固定端的约束反力,通常用两个正交分力和一个约束反力偶来代替。

1.1.2　简单力系

1. 平面汇交力系合成与平衡的几何法

平面汇交力系是指各力的作用线位于同一平面内且汇交于同一点的力系。如图1-11(a)所示,建筑工场在起吊钢筋混凝土梁时,作用于梁上的力有梁的重力 W、绳索对梁的拉力 F_{TA} 和 F_{TB},如图1-11(b)所示,这三个力的作用线均在同一个直立平面内且汇交于 C 点,故该力系是一

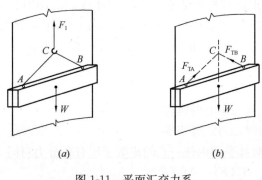

图1-11　平面汇交力系

个平面汇交力系。

(1) 平面汇交力系合成的几何法，用平行四边形法则或力三角形法求两个共点力的合力。当物体受到如图1-12(a)所示，由F_1、F_2、F_3、…、F_n所组成的平面汇交力系作用时，我们可以连续采用力三角形法则得到如图1-12(b)所示的几何图形：首先将F_1、F_3合成为F_{n1}，再将F_{n1}、F_3合成为F_{R2}，依此类推，最后得到整个力系的合力F_R。当我们省去中间过程后，得到的几何图形如图1-12(c)所示。这是一个由力系中各分力和合力所构成的多边形，即称为力多边形。

$$F_A = F_1 + F_1 + F_J + \cdots + F_n = \sum F$$

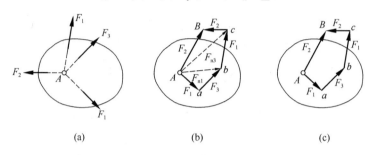

图1-12　汇交力系合成的几何法

(2) 平面汇交力系平衡的几何法条件，平面汇交力系的合成结果，是作用线通过力系汇交点的一个合力。若力系平衡，则力系的合力必定等于零，即由各分力构成的力多边形必定自行封闭（没有缺口）。平面汇交力系平衡的几何条件为：该力系的力多边形自行封闭。

其矢量表达式为：$\sum F = 0$

用几何法解平面汇交力系的平衡问题时，要求应用作图工具并按照一定的比例先画出力多边形中已知力的各边，后画未知力的边，构成封闭的力多边形，再按作力多边形时相同的比例在力多边形中量取未知力的大小。

2. 力矩

(1) 力使物体绕某点转动的力学效应，称为力对该点之矩。

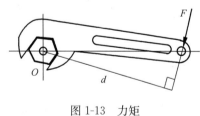

图1-13　力矩

(2) 力矩计算：如图1-13所示，力F对O点之矩以符号$M_O(F)$表示，即：$M_O(F) = \pm F \cdot d$。点O称为矩心，d称为力臂。力矩是一个代数量，其正负号规定如下：力使物体绕矩心逆时针方向转动时，力矩为正，反之为负。在国际单位制中，力矩的单位是牛顿·米（N·m）或千牛顿·米（kN·m）。

(3) 力矩的性质：

1) 力对点之矩，不仅取决于力的大小，且与矩心的位置有关。

2) 力的大小等于零或其作用线通过矩心时，力矩等于零。

(4) 合力矩定理：平面汇交力系的合力对其平面内任一点的矩等于所有各分力对同一点之矩的代数和，如图1-14所示，$M_A(F) = M_A(F) + M_A(F_y)$。

3. 力偶

(1) 力偶的概念：一对等值、反向而不共线的平行力称为力偶，如图 1-15 所示。两个力作用线之间的垂直距离称之为力偶臂，两个力作用线所决定的平面称为力偶的作用面。

(2) 力偶矩：将力偶对物体转动效应的量度称为力偶矩，用 m 或 $m(F, F')$ 表示，$m = \pm F \cdot d$。一般规定力偶使物体逆时针方向转动时，力偶矩为正，反之为负。在国际单位制中，力偶矩的单位是牛顿·米（N·m）或千牛顿·米（kN·m）。

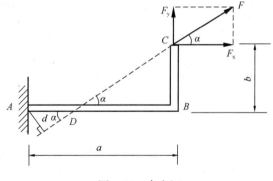

图 1-14 合力矩

(3) 力偶的性质。力偶既无合力，也无法与一个力平衡，力偶只能用力偶来平衡。力偶对其作用面内任一点之矩恒为常数，且等于力偶矩，与矩心的位置无关。只要保持力偶矩的大小和转向不变，可同时改变力偶中力的大小和力偶臂的长短，而不改变其对刚体的作用效果。力偶即用带箭头的弧线表示，箭头表示力偶的转向，m 表示力偶矩的大小，如图 1-16 所示。

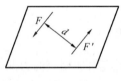

图 1-15 力偶

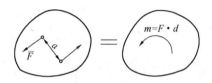

图 1-16 力偶的表示

(4) 平面力偶系的简化与平衡：

1) 在同一平面内由若干个力偶所组成的力偶系称之为平面力偶系。平面力偶系的简化结果为一合力偶，合力偶矩等于各分力偶矩的代数和。

即：$M = m_1 + m_2 + \cdots + m_n = \sum m$

2) 平面力偶系平衡的充要条件是合力偶矩等于零，即 $\sum m = 0$。

1.1.3 平面任意力系

各力作用线在同一平面内且任意分布的力系称为平面任意力系。如图 1-17 所示的简易起重机，其梁 AB 所受的力系为平面任意力系。

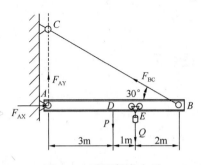

图 1-17 平面任意力系

1. 力的平移定理

作用于刚体上的力可平行移动到刚体上的任意一指定点，但必须同时在该力与指定点所决定的平面内附加一力偶，其力偶矩等于原力对指定点之矩。如图 1-18 所示，附加力偶的力偶矩为：$m = F \cdot d = m_B(F)$。

2. 平面任意力系的简化

设刚体受到平面任意力系作用，如图 1-19（a）所示。将各力依次平移至 O 点：得到

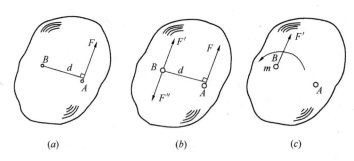

图 1-18　力的平移定理

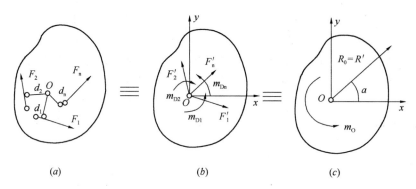

图 1-19　平面任意力系的简化

汇交于 O 点的平面汇交力系 F'_1、F'_2、…、F'_n，此外还应附加相应的力偶，构成附加力偶系 m_{O1}、m_{O2}、…、m_{On}，如图 1-19（b）所示。所得平面汇交力系可合成为一个力 F_R：

$$F_R = F'_1 + F'_2 + \cdots + F'_n = F_1 + F_2 + \cdots + F_n = \sum F$$

主矢 F_R 的大小与方向可用解析法求得。按如图 1-19（b）所示所选定的坐标系 O_{xy}，有：

$$F_{Rx} = F_{1x} + F_{2x} + \cdots + F_{nx} = \sum F_x$$
$$F_{Ry} = F_{1y} + F_{2y} + \cdots + F_{ny} = \sum F_y$$

主矢 FR 的大小及方向由下式确定：

$$F_R = \sqrt{F_{Rx}^2 + F_{Ry}^2} = \sqrt{(\sum F_x)^2 + (\sum F_y)^2}$$

$$\alpha = \tan^{-1} \left| \frac{\sum F_y}{\sum F_x} \right|$$

其中 α 为主矢 R' 与 x 轴正向间所夹的锐角。

各附加力偶的力偶矩分别等于原力系中各力对简化中心 O 之矩。

所得附加力偶系可以合成为合力偶，其力偶矩可用符号 M_O 表示，它等于各附加力偶矩 m_{O1}、m_{O2}、…、m_{On} 的代数和，即：

$$M_{O2} = m_{O1} + m_{O2} + \cdots + m_{On} = m_O(F_1) + m_O(F_2) + \cdots + m_O(F_n) = \sum m_O(F)$$

原力系中各力对简化中心之矩的代数和称为原力系对简化中心的主矩。

由上述分析我们得到以下结论：平面任意力系向作用面内任一点简化，可得一力和一个力偶，如图 1-19（c）所示。这个力的作用线过简化中心，其力矢等于原力系的主矢；这个力偶的矩等于原力系对简化中心的主矩。

3. 平面力系的平衡方程及应用

（1）平面任意力系的平衡方程

平面任意力系平衡的充分与必要条件是：力系的主矢及主矩同时为零，即：$F_R=0$，$M_O=0$。用解析式表示可得：

$$\left.\begin{array}{l}\Sigma F_x = 0 \\ \Sigma F_y = 0 \\ \Sigma m_O(F) = 0\end{array}\right\}$$

上式为平面任意力系的平衡方程。平面任意力系平衡的充分与必要条件可解析地表达为：力系中各力在其作用面内两相交轴上的投影的代数和分别等于零，同时力系中各力对其作用面内的任一点之矩的代数和也等于零。平面任意力系的二矩式平衡方程形式为：

$$\left.\begin{array}{l}\Sigma F_x = 0 (或 F_y = 0) \\ \Sigma m_A(F) = 0 \\ \Sigma m_B(F) = 0\end{array}\right\}$$

其中矩心 A、B 两点的连线不能与 x 轴垂直。

在应用时，可以根据问题的具体情况，选择适当形式的平衡方程。

（2）平面特殊力系的平衡方程

1）平面平行力系的平衡方程：

$$\left.\begin{array}{l}\Sigma F_x = 0 (或 \Sigma F_y = 0) \\ \Sigma m_O(F) = 0\end{array}\right\}$$

或

$$\left.\begin{array}{l}\Sigma m_A(F) = 0 \\ \Sigma m_B(F) = 0\end{array}\right\}$$

其中两个矩心 A、B 的连线不得与各力作用线平行。

平面平行力系有两个独立的平衡方程，可求解两个未知量。

2）平面汇交力系的平衡方程：平面汇交力系平衡的必要与充分条件是其合力等于零，即 $F_R=0$。

$$\Sigma F_x = 0, \Sigma F_y = 0$$

上式表明，平面汇交力系平衡的必要与充分条件为：力系中各力在力系所在平面内两个相交轴上投影的代数和同时为零。

3）平面力偶系的平衡方程：$\Sigma m_O(F) = 0$。

1.2 工程预算知识

1.2.1 定额

建设工程定额的类型主要包括：投资估算指标、概算指标、概算定额、预算定额、施工定额、劳动定额、材料消耗定额、机械台班使用定额、工期定额。

1. 投资估算指标

投资估算指标，是在编制项目建议书可行性研究报告和编制设计任务书阶段进行投资估算、计算投资需要量时使用的一种定额。具有较强的综合性、概括性，一般以独立的单项工程或完整的工程项目为计算对象。它的概略程度与可行性研究阶段相适应。其主要作用是为项目决策和投资控制提供依据，是一种扩大的技术经济指标。投资估算指标是确定和控制建设项目全过程各项投资支出的技术经济指标。其范围涉及建设前期、建设实施期和竣工验收交付使用期等各个阶段的费用支出，内容因行业不同而各异，通常可分为建设项目综合指标、单项工程指标和单位工程指标三个层次。建设项目综合指标通常以项目的综合生产能力单位投资表示。单项工程指标通常以单项工程生产能力单位投资表示。单位工程指标按专业性质的不同采用不同的方法表示。

2. 概算指标

概算指标是指以某一通用设计的标准预算为基础，按照 $100m^2$ 为计量单位的人工、材料和机械消耗数量的标准。概算指标较概算定额更综合扩大，它是编制初步设计概算的依据。

（1）概算指标的作用。概算指标的作用主要包括：是编制初步设计概算，确定概算造价的依据；是设计单位进行设计方案的技术经济分析，衡量设计水平，考核基本建设投资效果的依据；是编制投资估算指标的依据。

（2）概算指标的编制原则。概算指标的编制原则主要有：按照平均水平确定概算指标的原则；概算指标的内容和表现形式，要贯彻简明适用的原则；概算指标的编制依据，必须具有代表性。

（3）概算指标的内容：概算指标比概算定额更加综合扩大，其主要内容包括五个部分。

1）总说明：说明概算指标的编制依据、适用范围及使用方法等。

2）示意图：说明工程的结构形式。工业项目中还应当表示出吊车规格等技术参数。

3）结构特征：详细说明主要工程的结构形式、层高、层数及建筑面积等。

4）经济指标：说明该项目每 $100m^2$ 或每座构筑物的造价指标，以及其中土建、水暖、电器照明等单位工程的相应造价。

5）分部分项工程构造内容及工程量指标：说明该工程项目各分部分项工程的构造内容，相应计量单位的工程量指标，以及人工、材料消耗指标。

3. 概算定额

概算定额是在预算定额基础上根据有代表性的通用设计图和标准图等资料，以主要工序为准，综合相关的工序，进行综合、扩大和合并而成的定额。其以扩大的分部分项工程为对象编制，是确定建设项目投资额的依据，编制扩大初步设计概算的依据。概算定额的分类情况包括：按定额的编制程序和用途分；按定额反映的物质消耗内容分；按照投资的费用性质分；按照专业性质；按管理权限分。

4. 预算定额

预算定额是指在正常的施工条件下，完成一定计量单位的分项工程或结构构件所需人工、材料、机械台班消耗及价值货币表现的数量标准。预算定额是在编制施工图预算时，计算工程造价和计算工程中劳动量、机械台班、材料需要量而使用的一种定额。它以工程中的分项工程，即在施工图纸上和工程实体上都可以区别开的产品为测定对象，其内容包括人工、材料及机械台班使用量三个部分，经过计价后编制成为建筑安装工程单位估价表

(手册)。它是编制施工图预算(设计预算)的依据,也是编制概算定额、估算指标的基础。预算定额在施工企业内部被广泛用于编制施工组织计划,编制工程材料预算,确定工程价款,考核企业内部各类经济指标等方面。所以预算定额是用途最广的一种定额。预算定额主要以施工定额中的劳动定额部分为基础,经汇列、综合、归并而成。

预算定额是一种计价性的定额。在工程委托承包的情况下,它是确定工程造价的评分依据。在招标承包的情况下,它是计算标底和确定报价的主要依据。因此预算定额在工程建设定额中占有很重要的地位。从编制程序看,施工定额是预算定额的编制基础,而预算定额则是概算定额或估算指标的编制基础。可以说预算定额在计价定额中是基础性定额。

(1) 预算定额的主要作用包括:

1) 预算定额是编制施工图预算,确定和控制项目投资、建筑安装工程造价的基础。

2) 预算定额是对设计方案进行技术经济比较,进行技术经济分析的依据。

3) 预算定额是编制施工组织设计的依据。

4) 预算定额是工程结算的依据。

5) 预算定额是施工企业进行经济活动分析的依据。

6) 预算定额是编制概算定额及估算指标的基础。

7) 预算定额是合理编制标底、投标的基础。

(2) 预算定额的构成要素主要包括:项目名称、单位、人工消耗量、材料消耗量、机械台班消耗量、定额基价。实质是定额项目表的构成。

1) 项目名称:预算定额的项目名称又称定额子目名称。定额子目是构成工程实体或有助于构成工程实体的最小组成部分。通常按工程部位或工种材料划分。一个单位工程预算可由几十个到上百个定额子目构成。

2) 工料机消耗量:工料机消耗量是预算定额的主要内容。消耗量是完成单位产品(一个单位定额子目)的规定数量。消耗量反映了本地区该项目的社会必要劳动消耗量。

3) 定额基价:定额基价又称工程单价,是上述定额子目中工料机消耗量的货币表现。

定额基价=工日数×工日单价+Σ(材料用量×材料单价)+Σ(机械台班用量×台班单价)

5. 施工定额

施工定额是施工企业(建筑安装企业)为组织生产和加强管理在企业内部使用的一种定额,属于企业生产定额的性质。它是建筑安装工人在合理的劳动组织或工人小组在正常施工条件下,为完成单位合格产品,所需劳动、机械、材料消耗的数量标准。它是由劳动定额、机械定额和材料定额三个相对独立的部分组成的。施工定额是施工企业内部经济核算的依据,也是编制预算定额的基础。为适应组织生产和管理的需要,施工定额的项目划分很细,是工程建设定额中分项最细、定额子目最多的一种定额,也是工程建设定额中的基础性定额。在预算定额的编制过程中,施工定额的劳动、机械、材料消耗的数量标准,是计算预算定额中劳动、机械、材料消耗数量标准的重要依据。

6. 工期定额

工期定额是为各类工程规定施工期限的定额天数,包括建设工期定额和施工工期定额两个层次。

建设工期是指建设项目或独立的单项工程在建设过程中所耗用的时间总量。通常以月数或天数表示。它从开工建设时算起,到全部建成投产或交付使用时停止。但不包括因决策失误而停（缓）建所延误的时间。施工工期通常是指单项工程或单位工程从开工到完工所经历的时间。施工工期是建设工期中的一部分。如单位工程施工工期，是指从正式开工起至完成承包工程全部设计内容并达到国家验收标准的全部有效天数。

建设工期是评价投资效果的重要指标，直接标志着建设速度的快慢。在工期定额中，已经考虑了季节性施工因素对工期的影响、地区性特点对工期的影响、工程结构和规模对工期的影响；工程用途对工期的影响，以及施工技术与管理水平对工期的影响。所以工期定额是评价工程建设速度、编制施工计划、签订承包合同、评价全优工程的可靠依据。可见编制和完善工期定额是很有积极意义的。

建筑安装工程工期定额是根据国家建筑工程质量检验评定标准施工及验收规范有关规定，结合各施工条件，本着平均、经济合理的原则制定的，工期定额是编制施工组织设计、安排施工计划和考核施工工期的依据，是编制招标标底，投标标书和签订建筑安装工程合同的重要依据。

施工工期有日历工期及有效工期之分。二者的区别在于日历工期不扣除法定节假日、休息日，而有效工期扣除法定节假日、休息日。

7. 定额的特点

定额的特点主要包括：科学性、权威性、群众性、统一性、稳定性与时效性。

8. 建筑工程定额的作用

（1）建筑工程定额是招标活动中编制标底标价的重要依据。

（2）建筑工程定额是施工企业和项目部实行经济责任制的重要依据。

（3）建筑工程定额是施工企业组织和管理施工的重要依据。

（4）建筑工程定额是总结先进生产方法的手段。

（5）建筑工程定额是评定优选工程设计方案的依据。

1.2.2　建筑安装工程费用

1. 建筑安装工程费组成及计算方法

我国现行建筑安装工程费用，按照费用性质划分为直接费、间接费、利润和税金四部分。

（1）直接费：由直接工程费和措施费两部分组成。

1）直接工程费：是指施工过程中耗费的构成工程实体的各项费用。其内容包括：人工费、材料费和施工机械使用费。

①人工费：即直接从事建筑安装工程施工的生产工人开支的各项费用。其内容包括：

a. 基本工资：即发放给生产工人的基本工资。

b. 工资性补贴：即按照规定标准发放的物价补贴，煤、燃气补贴，交通补贴，住房补贴，流动施工津贴等。

c. 生产人工辅助工资：即生产工人年有效施工天数以外非作业天数的工资，其中包括职工学习、培训期间的工资，调动工作、探亲、休假期间的工资，因气候影响的停工工资，女工哺乳期间的工资，病假在六个月以内的工资及产、婚、丧假期的工资。

d. 职工福利费：即按规定标准计提的职工福利费。

e. 生产工人劳动保护费：即按照规定标准发放的劳动保护用品的购置费及修理费，

徒工服装补贴，防暑降温费，在有碍身体健康环境中施工的保健费用等。

②材料费：即施工过程中耗费的构成工程实体的原材料、辅助材料、构配件、零件、半成品的费用。其内容包括：

a. 材料原价：材料购买价。

b. 材料运杂费：即材料自来源地运至工地仓库或指定堆放地点所发生的全部费用。

c. 运输损耗费：即材料在运输装卸过程当中不可避免的损耗。

d. 采购及保管费：即为组织采购、供应和保管材料过程中所需的各项费用。其内容包括：采购费、仓储费、工地保管费、仓储损耗。

e. 检验试验费：即对建筑材料、构件和建筑安装物进行一般鉴定、检查所发生的费用，包括自设实验室进行试验所耗用的材料和化学药品等费用。不包括新结构、新材料的试验费及建设单位对具有出厂合格证明的材料进行检验，对构件做破坏性试验及其他特殊要求检验试验的费用。

③施工机械使用费：即施工机械作业所发生的机械使用费以及机械安拆费和场外运费。施工机械使用费的内容包括：

a. 折旧费：是指施工机械在规定的使用年限内，陆续收回其原值及购置资金的时间价值。

b. 大修费：是指施工机械按规定的大修理间隔台班进行必要的大修理，恢复其正常功能所需的费用。

c. 经常修理费：是指施工机械除大修理之外的各级保养和临时故障排除所需的费用。包括为保障机械正常运转所需替换设备与随机配备工具附具的摊销和维护的费用，机械运转中日常保养所需润滑与擦拭的材料费用及机械停滞期间的维护和保养费用等。

d. 安拆费及场外运费：安拆费是指施工机械在现场进行安装与拆卸所需的人工、材料、机械和试运转费用以及机械辅助设施的折旧、搭设、拆除等费用；场外运费是指施工机械整体或分体自停放地点运至施工现场或由一施工地点运至另一施工地点的运输、装卸、辅助材料及架线等费用。

e. 人工费：是指机上司机（司炉）和其他操作人员的人工费及上述人员在施工机械规定的年工作台班之外的人工费。

f. 燃料动力费：是指施工机械在运转作业中所消耗的固体燃料（煤、木柴）、液体燃料（汽油、柴油）及水、电等费用。

g. 养路费及车船使用税：是指施工机械按照国家和有关部门规定应缴纳的养路费、车船使用税、保险费及年检费等。

2）措施费：是指为完成工程项目施工，发生于该工程施工前和施工过程中非工程实体项目的费用。其内容包括：

①环境保护费：即施工现场为达到环保部门要求所需要的各项费用。

②文明施工费：即施工现场文明施工所需要的各项费用。

③安全施工费：即施工现场安全施工所需要的各项费用。

④临时设施费：即施工企业为进行建筑工程施工所必须搭设的供生活和生产使用的临时建筑物、构筑物和其他临时设施费用等。

临时设施包括：临时宿舍、文化福利及公用事业房屋与构筑物，仓库、办公室、加工厂及规定范围内的道路、水、电、管线等临时设施和小型临时设施。

临时设施费用包括：临时设施的搭设、维修、拆除费或摊销费。

⑤夜间施工费：即因夜间施工所发生的夜间施工降效、夜班补助费、夜间施工照明设备摊销及照明用电等费用。

⑥二次搬运费：即因施工场地狭小等特殊情况而发生的二次搬运费用。

⑦混凝土及钢筋混凝土模板及支架费：即混凝土施工过程中所需的各种钢模板、木模板、支架等的支、拆、运输费用及模板、支架的摊销（或租赁）费用。

⑧脚手架费：即施工需要的各种脚手架搭、拆、运输费用及脚手架的摊销（或租赁）费用。

⑨已完工程及设备保护费：即竣工验收之前，对已完工程及设备进行保护所需费用。

⑩施工排水费及降水费：即为了确保工程在正常条件下施工，采取各种排水、降水措施所发生的各种费用。

(2) 间接费：由规费和企业管理费组成。

1) 规费：是指政府和有关权力部门规定必须缴纳的费用（简称规费）。其内容包括：

①工程排污费：即施工现场按规定缴纳的工程排污费。

②工程定额测定费：即按照规定支付工程造价（定额）管理部门的定额测定费。

③社会保障费：即企业按照规定标准为职工缴纳的社会保险费。

④养老保险费：即企业按照规定标准为职工缴纳的基本养老保险费。

⑤失业保险费：即企业按国家规定标准为职工缴纳的失业保险费。

⑥医疗保险费：即企业按照规定标准为职工缴纳的基本医疗保险费。

⑦住房公积金：即企业按照规定标准为职工缴纳的住房公积金。

⑧危险作业意外伤害保险：即按照建筑法规定，企业为从事危险作业的建筑安装施工人员支付的意外伤害保险费。

2) 企业管理费：即建筑安装企业组织施工生产和经营管理所需费用。其内容包括：

①管理人员工资：即管理人员的基本工资、工资性补贴、职工福利费、劳动保护费等。

②办公费：即企业管理办公用的文具、纸张、账表、邮电、印刷、书报、会议、水电和集体取暖（包括现场临时宿舍取暖）用煤等费用。

③差旅交通费：即职工因公出差、调动工作的差旅费、住勤补助费，市内交通费及误餐补助费，职工探亲路费，劳动力招募费，职工离退休、退职一次性路费，工伤人员就医路费，工地转移费以及管理部门使用的交通工具的油料、燃料、养路费及牌照费。

④固定资产使用费：即管理和试验部门及附属生产单位使用的属于固定资产的房屋、设备仪器等的折旧、大修、维修和租赁费。

⑤工具用具使用费：即管理使用的不属于固定资产的生产工具、器具、家具、交通工具和检验、试验、测绘、消防用具等的购置、维修和摊销费。

⑥劳动保险费：即企业支付离退休职工的异地安家补助费、职工退职金、六个月以上的病假人员工资、职工死亡丧葬补助费、抚恤费、按照规定支付给离休干部的各项经费。

⑦工会经费：即企业按照职工工资总额计提的工会经费。

⑧职工教育经费：即企业为职工学习先进技术和提高文化水平，按照职工工资总额计

提的费用。

⑨财产保险费：即施工管理用财产、车辆保险。

⑩财务费：即企业为筹集资金而发生的各种费用。

⑪税金：即企业按照规定缴纳的房产税、车船使用税、土地使用税、印花税等。

⑫其他：包括技术转让费、技术开发费、业务招待费、广告费、绿化费、公证费、法律顾问费、审计费、咨询费等。

（3）利润：即施工企业完成所承包工程获得的赢利。

（4）税金：即国家税法规定的应计入建筑安装工程造价的营业税、城市维护建设税及教育费附加。

2. 工程量清单计价费用组成

根据《建设工程工程量清单计价规范》的规定，建筑安装工程费用按计价程序划分，由分部分项工程费用、措施费用、其他项目费用、规费、税金五部分组成。

（1）分部分项工程费用：分部分项工程费采用综合单价计算，综合单价应当由完成工程量清单中一个规定计量单位项目所需的人工费、材料费、施工机械使用费、管理费和利润组成，并考虑风险因素。

1）人工费：是指直接从事建筑安装工程施工的生产工人开支的各项费用。

2）材料费：是指施工过程中耗费的构成工程实体的原材料、辅助材料、零件、构配件、半成品的费用。

3）施工机械使用费：是指施工机械作业所发生的费用。

4）企业管理费：是指建筑安装企业组织施工生产及经营管理所需费用。

5）利润：是指按企业经营管理水平和市场的竞争能力，完成工程量清单中各个分项工程应获得并计入清单项目中的利润。分部分项工程费中，还应当考虑风险因素。风险费用是指投标企业在确定综合单价时，应当考虑的物价调整以及其他风险因素所发生的费用。

（2）措施费：是指施工企业为完成工程项目施工，发生于该工程施工前和施工过程中生产、生活、安全等方面的非工程实体费用。

（3）其他项目费：包括招标人部分费用和投标人部分费用。它是招标过程中出现的费用。

1）招标人部分费用：主要包括预留金、材料购置费及分包工程费等内容。

①预留金：即招标人在工程招标范围内为可能发生的工程变更而预备的金额。其主要内容包括设计变更和价格调整等费用。

②材料购置费：即招标人供应材料的费用，即"甲方供料"。该费用不进入分部分项工程费。

③分包工程费：即招标人按国家规定准予分包的工程费用（例如地基处理、幕墙、自动消防、电梯、锅炉等需要特殊资质的工程项目）。该费用不进入分部分项工程费。

2）投标人部分费用：

①总承包服务费：即投标人配合协调招标人工程分包和材料采购所发生的费用。

对于工程分包，总包单位应当计算分包工程的配合协调费；对于招标人采购材料，总包单位应计算其材料采购发生的费用（如材料的卸车和市内短途运输以及工地保管费等）。

②零星工作项目费：即施工过程中应招标人要求，而发生的不是以物计量和定价的零星项目所发生的费用。零星工作费在工程竣工结算时按实际完成的工程量所需费用结算。

③其他。

（4）规费：即政府和有关权力部门规定必须缴纳的费用（简称规费）。内容包括：工程排污费、工程定额测定费、社会保障费、住房公积金、危险作业意外伤害保险等。

（5）税金：即国家税法规定的应计入建筑工程造价的营业税、城市维护建设税及教育费附加。

显然，建筑工程费用的组成从不同的角度分析而有所不同。根据费用性质的不同建筑工程费用由直接费、间接费、利润及税金四部分组成，根据清单计价程序的需要建筑工程费用由分部分项工程费、措施费、其他项目费、规费及税金五部分组成。

3. 工程类别划分标准及费率

工程类别划分标准是确定工程施工难易程度、计取有关费用的依据；同时也是企业编制投标报价的参考。建筑工程的工程类别按照工业建筑工程、民用建筑工程、构筑物工程、单独土石方工程、桩基础工程等划分为若干类别。

（1）类别划分

1）工业建筑工程：是指从事物质生产和直接为物质生产服务的建筑工程。通常包括：生产（加工、储运）车间、实验车间、仓库、民用锅炉房和其他生产用建筑物。

2）装饰工程：是指建筑物主体结构完成后，在主体结构表面进行抹灰、镶贴、铺挂面层等，以达到建筑设计效果的装饰工程。

3）民用建筑工程：是指直接用于满足人们物质和文化生活需要的非生产性建筑物。通常包括：住宅及各类公用建筑工程。

科研单位独立的实验室、化验室按民用建筑工程确定工程类别。

4）构筑物工程：是指工业与民用建筑配套且独立于工业与民用建筑工程的构筑物，或独立具有其功能的构筑物。通常包括：烟囱、水塔、仓类、池类等。

5）桩基础工程：是指天然地基上的浅基础不能满足建筑物和构筑物的稳定要求，而采用的一种深基础。主要包括各种现浇和预制混凝土桩及其他桩基。

6）单独土石方工程：是指建筑物、构筑物、市政设施等基础土石方以外的，且单独编制概预算的土石方工程。包括土石方的挖、填、运等。

（2）使用说明

1）工程类别的确定，以单位工程为划分对象。

2）与建筑物配套使用的零星项目，例如化粪池、检查井等，按照其相应建筑物的类别确定工程类别。其他附属项目，例如围墙、院内挡土墙、庭院道路、室外管沟架、按建筑工程Ⅲ类标准确定类别。

3）建筑物、构筑物高度，自设计室外地坪算起，至屋面檐口高度。高出屋面的电梯间、水箱间、塔楼等不计算高度。建筑物的面积，按照建筑面积计算规则的规定计算。建筑物的跨度，按照设计图示尺寸标注的轴线跨度计算。

4）非工业建筑的钢结构工程，参照工业建筑工程的钢结构工程确定工程类别。

5）居住建筑的附墙轻型框架结构，按照砖混结构的工程类别套用；但设计层数大于18层，或建筑面积大于12000m^2时，按照居住建筑其他结构的Ⅰ类工程套用。

1.2 工程预算知识

6) 工业建筑的设备基础,单体混凝土体积大于1000m³,按照构筑物Ⅰ类工程计算;单体混凝土体积大于600m³,按照构筑物Ⅱ类工程计算;单体混凝土体积小于600m³,大于50m³按照构筑物Ⅲ类工程计算;小于50m³的设备基础,按照相应建筑物或构筑物的工程类别进行确定。

7) 同一建筑物结构形式不同时,按照建筑面积大的结构形式确定工程类别。

8) 新建建筑工程中的装饰工程,按照下列规定确定其工程类别:

①每平方米建筑面积装饰计费价格合计在100元以上的,为Ⅰ类工程。

②每平方米建筑面积装饰计费价格合计在50元以上、100元以下的,为Ⅱ类工程。

③每平方米建筑面积装饰计费价格合计在50元以下的,为Ⅲ类工程。

④每平方米建筑面积装饰计费价格计算:先计算出全部装饰工程量(包括外墙装饰),套用价目表中相应项目的计费价格,合计后除以被装饰建筑物的建筑面积。

⑤单独外墙装饰,每平方米外墙装饰面积装饰计费价格在50元以上的为Ⅰ类工程;每平方米装饰计费价格在50元以下,20元以上的,为Ⅱ类工程;每平方米装饰计费价格在20元以下的,为Ⅲ类工程。

⑥单独招牌、灯箱、美术字为Ⅲ类工程。

9) 工程类别划分标准中有两个指标者,在确定类别时需满足其中一个指标。

(3) 建筑工程费率表,见表1-1。

建筑工程费率表 (%)　　　　　　　　　　　　　　　　表1-1

类别 费用名称		工业、民用 建筑工程			装饰工程			构筑物工程			桩基础工程			大型土石方 工程		
	工程名称	Ⅰ	Ⅱ	Ⅲ	Ⅰ	Ⅱ	Ⅲ	Ⅰ	Ⅱ	Ⅲ	Ⅰ	Ⅱ	Ⅲ	Ⅰ	Ⅱ	Ⅲ
施工管理费		8.5	7.3	4.2	16.5	14.0	8.0	6.6	5.8	4.0	5.5	4.4	3.3	12	9.0	6.5
措施费		3.7	3.4	2.9	7.2	6.6	57.	3.2	2.9	2.5	2.5	2.3	2.1	4.8	3.9	3.4
安全文明设施费		1.3	1.0	0.8	2.6	2.1	1.7	1.1	0.9	0.7	1.0	0.8	0.6	1.3	1.0	0.8
利润		5.7	3.7	1.5	9.9	6.3	2.5	5.1	3.3	1.4	4.5	3.0	1.2	9.0	5.9	2.5
税金	市区	3.41														
	县城、城镇	3.35														
	市县镇以外	3.22														

(4) 建筑工程类别划分标准,见表1-2。

建筑工程类别划分标准　　　　　　　　　　　　　　　　表1-2

工 程 名 称			单位	工 程 类 别		
				Ⅰ	Ⅱ	Ⅲ
工业 建筑 工程	钢结构		m m²	>30 >16000	>18 >10000	≤18 ≤10000
	其他 结构	单层	m m²	>24 >10000	>18 >6000	≤18 ≤6000
		多层	檐高 建筑面积	>50 >16000	>30 >6000	≤30 ≤6000

续表

工程名称			单位	工程类别		
				Ⅰ	Ⅱ	Ⅲ
民用建筑工程	公用建筑	砖混结构 檐高 建筑面积	m m²	— —	30<檐高<50 6000<面积<10000	≤30 ≤6000
		其他结构 檐高 建筑面积	m m²	>50 >12000	>30 >8000	≤30 ≤8000
	居住建筑	砖混结构 层数 建筑面积	层 m²	— —	8<层数<12 8000<面积<12000	≤8 ≤8000
		其他结构 层数 建筑面积	层 m²	>17 >12000	>8 >8000	≤8 ≤8000
构筑物工程	烟囱	混凝土结构高度 砖结构高度	m m	>100 >60	>60 >40	≤60 ≤40
	水塔	高度 容积	m m³	>60 >100	>40 >60	≤40 ≤60
	筒仓	高度 容积(单体)	m m³	>35 >2500	>20 >1500	≤20 ≤1500
	贮池	容积(单体)	m³	>3000	>1500	≤1500
单独土石方工程		单独挖、填土石方	m³	>15000	>10000	5000<体积≤10000
桩基础工程		桩长	m	>30	>12	≤12

4. 建筑工程费用计算程序

(1) 熟悉施工图纸及相关资料,了解现场情况:在编制工程量清单前,先要熟悉施工图纸,以及图纸答疑、地质勘探报告,到工程建设地点了解现场实际情况,以便正确编制工程量清单。熟悉施工图纸及相关资料便于列制分部分项工程项目名称,了解现场以便列制施工措施项目名称。

(2) 编制工程量清单:工程量清单包括封面、总说明、填表须知,分部分项工程量清单、措施项目清单、其他项目清单、零星工作项目清单共七部分。

工程量清单是由招标人或其委托人,按照施工图纸、招标文件、计价规范,以及现场实际情况,经过精心计算编制而成的。

(3) 计算综合单价:计算综合单价,是标底编制人(指的是招标人或其委托人)或标价编制人(指投标人),根据工程量清单、招标文件、消耗量定额或企业定额、施工组织设计、施工图纸、材料预算价格等资料,计算分项工程的单价。

综合单价的内容包括:人工费、材料费、机械费、管理费、利润共五个部分。

(4) 计算分部分项工程费:在综合单价计算完成后,根据工程量清单及综合单价,计算分部分项工程费用。

(5) 计算措施费:措施费包括环境保护费、文明施工费、安全施工费、临时设施费、夜间施工费、二次搬运费、大型机械进出场及安拆费、混凝土及钢筋混凝土模板费、脚手架费、施工排水降水费、垂直运输机械费等内容,根据工程量清单提供的措施项目计算。

(6) 计算其他项目费：其他项目费由招标人部分和投标人部分的内容组成。根据工程量清单列出的内容计算。

(7) 计算单位工程费：前面各项内容计算完成之后，将整个单位工程费包括的内容汇总起来，形成整个单位工程费。在汇总单位工程费前，要计算各种规费及该单位工程的税金。单位工程费内容包括分部分项工程费、措施项目费、其他项目费、规费和税金五部分，这五部分之和即单位工程费。

(8) 计算单项工程费：在各单位工程费计算完成后，将属同一单项工程的各单位工程费进行汇总，形成该单项工程的总费用。

(9) 计算工程项目总价：各单项工程费计算完成后，将各单项工程费汇总，形成整个项目的总价。

1.2.3 机械台班费用

1. 机械台班的费用构成

(1) 施工机械台班费用包括：折旧费；经常修理费；大修理费；安拆费及场外运费；机械管理费；养路费及车船使用税；燃料动力费；人工费。

(2) 单独计算的项目的有关说明：

1) 塔式起重机基础及轨道安装拆卸项目中以直线型为准。其中枕木和轨道的消耗量为摊销量。

2) 固定基础不包括打桩。

3) 下列轨道和固定式基础可以根据机械使用说明书的要求计算其轨道使用的摊销量和固定基础的费用组成：

①轨道与枕木之间增加其他型钢和板材的轨道；

②自升式塔式起重机行走轨道；

③不带配重的自升式塔式起重机固定基础；

④施工电梯的基础；

⑤混凝土搅拌站的基础。

4) 机械场外运输为25km以内的机械进出场费用，包括机械的回程费用。

5) 自升式塔式起重机安装拆卸和场外运输项目是按照塔高50m以内制定的，塔高为50m以上时，可按照塔高50m以内的消耗量乘以表1-3中的系数。

系　数　　　　　　　　　　　　　　　　　　表1-3

项　目	安装拆卸系数	场外运输系数
塔高100m以内	1.48	1.40
塔高150m以内	2.04	1.80
塔高200m以内	2.68	2.20

6) 未列项目的部分特大型机械的一次进出场、安装拆卸项目可按照实际发生的消耗量计算。

(3) 其他情况说明：

1）每台班按照 8 小时工作制计算。

2）盾构掘进机机械台班费用组成中未包括场外运费、安拆费、人工、燃料动力的消耗。顶管设备台班费用组成中未包括人工的消耗。

2. 机械台班定额及机械台班数量的计算

（1）机械台班定额编制

1）拟定正常施工条件：主要是拟定工作地点的合理组织和合理的工人编制。

2）确定机械纯工作一小时的正常生产率。以循环作业机械为例：

①计算机械循环一次的正常延续时间：机械一次循环的正常延续时间＝Σ（循环各组成部分正常延续时间）－交叠时间。

②计算机械纯工作一小时的循环次数：机械纯工作一小时循环次数＝60×60（s）/一次循环的正常延续时间。

③计算机械纯工作一小时的正常生产率：机械纯工作一小时正常生产率＝机械纯工作一小时循环次数×一次循环生产的产品数量。

注：连续工作机械纯工作一小时正常生产率＝工作时间内生产的产品数量/工作时间。

3）确定机械的正常利用系数：施工机械的正常利用系数＝班内纯工作时间/工作班的延续时间。

4）计算机械台班定额：施工机械台班产量定额＝机械纯工作一小时正常生产率×工作班延续时间×机械正常利用系数；施工机械时间定额＝1/机械台班产量定额。

（2）机械台班单价确定

1）机械台班单价概念：即在单位工作台班中为机械正常运转所分摊和支出的各项费用。

2）机械台班单价构成：

①第一类费用：折旧费、大修理费、经常修理费、安拆费及场外运费。

②第二类费用：人工费、燃料动力费、养路及车船使用税。

3）机械台班单价确定

①折旧费：台班折旧费＝［机械预算价格×（1－残值率）＋货款利息］/耐用总台班。

机械预算价格 ＝ 原价×（1＋购置附加费率）＋运杂费。

货款利息系数 ＝ 1＋(n＋l)×l（n—— 折旧年限；l—— 年贷款利率）。

耐用总台班＝折旧年限×年工作台班＝大修间隔台班×大修同期。

②大修理费：台班大修理费＝［一次大修理费×（大修周期－1）］/耐用总台班。

③经常修理费：经常修理费＝台班大修理费×经常修理费系数。

④安拆费及场外运输费；

⑤燃料动力费；

⑥机上人工费；

⑦养路费及车船使用税。

1.3 建筑机械管理相关法律法规及标准规范

1.3.1 施工现场机械管理制度

1. "三定"制度

"三定"制度，即在机械设备使用中定人、定机、定岗位责任的制度。"三定"制度将机械设备使用、维护、保养等各环节的要求都落实到具体人身上，是行之有效的一项基本管理制度。"三定"制度的主要内容包括：坚持人机固定的原则、实行机长负责制及贯彻岗位责任制。

人机固定就是将每组机械设备和它的操作者相对固定下来，无特殊情况不得随意变动。当机械设备在企业内部调拨时，原则上人随机走。

机长负责制，操作人员按照规定应配两人以上的机械设备，应当任命一人为机长并全面负责机械设备的使用、维护、保养和安全。如果一人使用一台或多台机械设备，该人就是这些机械设备的机长。对于无法固定使用人员的小型机械，应明确机械所在班组长为机长。即企业中每一台机械设备，都应明确对其负责的人员。

岗位责任制包括机长责任制和机组人员责任制，并对机长和机组人员的职责作出详细和明确的规定，做到责任到人。机长是机组的领导者和组织者，全体机组人员均应听从其指挥，服从其领导。

(1) "三定"制的形式

按照机械类型的不同，定人定机包括以下几种形式：

1) 单人操作的机械，实行专机专责制，其操作人员承担机长职责。

2) 多班作业或多人操作的机械，都应组成机组，实行机组负责制，其机组长即为机长。

3) 班组共同使用的机械以及一些不宜固定操作人员的设备，应当指定专人或小组负责保管和保养，限定具有操作资格的人员进行操作，实行班组长领导下的分工负责制。

(2) "三定"制度的作用

1) 利于保持机械设备良好的技术状况，利于落实奖罚制度。

2) 利于熟练掌握操作技术和全面了解机械设备的性能、特点，便于预防和及时排除机械故障，避免发生事故。充分发挥机械设备的效能。

3) 便于做好企业定编定员工作，利于加强劳动管理。

4) 利于原始资料的积累，便于提高各种原始资料的准确性、完整性和连续性，便于对资料的统计、分析和研究。

5) 便于推广单机经济核算工作和设备竞赛活动的开展。

(3) "三定"制的管理

1) 机械操作人员的配备，应当由机械使用单位选定，报机械主管部门备案；重点机械的机长，还要经企业分管机械的领导批准。

2) 机长或机组长确定后，应当由机械建制单位任命，并应保持相对稳定，不要轻易更换。

3）企业内部调动机械时，大型机械原则上做到人随机调，重点机械则必须人随机调。

（4）操作人员职责

1）努力钻研技术，熟悉本机的构造原理、技术性能、安全操作规程及保养规程等，以达到本等级应知应会的要求。

2）正确操作和使用机械，发挥机械效能，完成各项定额指标，确保安全生产，降低各项消耗。对违反操作规程可能引起危险的指挥，有权拒绝并立即报告。

3）精心保管和保养机械，做好例保和一保作业，使机械经常处于整齐清洁、润滑良好、调整适当、紧固件无松动等良好技术状态。保持机械附属装置、备品附件、随机工具等完好无损。

4）及时正确填写各项原始记录和统计报表。

5）执行岗位责任制及各项管理制度。

（5）机长职责

机长是不脱产的操作人员，除了履行操作人员职责外，还应当做到：组织并督促检查全组人员对机械的正确使用、保养和保管，确保完成施工生产任务；检查并汇总各项原始记录及报表，及时准确上报；组织机组人员进行单机核算；组织并检查交接班制度执行情况；组织本机组人员的技术业务学习，并对他们的技术考核提出意见；组织好本机组内部及兄弟机组之间的团结协作和竞赛。拥有机械的班组长，也应当履行上述职责。

2. 凭证操作制度

（1）为加强对施工机械使用和操作人员的管理，更好地贯彻"三定"责任制，保障机械合理使用，安全运转，凡施工机械操作人员（国家有关部门另有规定的工种如机动车辆、锅炉等除外），都要经过该机种的技术考核合格后，取得操作证，方可独立操作该种机械。如果能增加考核合格的机种，可在操作证上列出增加操作的机种。

（2）技术考核方法主要是现场实际操作，同时进行基础理论考核。考核内容主要是熟悉本机种操作技术，懂得本机种的技术性能、构造、工作原理和操作、保养规程，以及进行低级保养和故障排除。同时要进行体格检查。对考核不合格人员，应当在合格人员指导下进行操作，并努力学习，争取下次考核合格。经过3次考核仍不合格者，应当调换其他工作。

（3）操作证每年组织一次审验，审验内容包括操作人员的健康状况和奖惩、事故等记录，审验结果填入操作证有关记事栏。未经审验或审验不合格者，不得继续操作机械。

（4）凡是操作下列施工机械的人员，均必须持有有关部门颁发的操作证，起重工（包括塔式起重机驾驶员和指挥人员、汽车起重机、桥吊、龙门吊等）、外用施工电梯、混凝土搅拌机、混凝土泵车、混凝土搅拌站、混凝土输送泵、电焊机、电工等作业人员及其他专人操作的专用施工机械。

（5）凡符合下列条件的人员，经培训考试合格，取得合格证后方可独立操作机械设备：

1）身体健康、听力、视力、血压正常，适合高空作业和无影响机械操作的疾病。

2）年满18岁，具有初中以上文化程度。

3）经过一定时间的专业学习和专业实践，懂得机械性能、安全操作规程、保养规程和有一定的实际操作技能。

（6）公司培训中心为管理机械操作证的主管部门，在设备处、电力、劳动部门共同组织下负责培训、考试、审验等工作。机械操作证的签发，由培训中心和设备处共同负责办理。培训中心建立操作人员的发证台账，记录发证的情况。

（7）机械操作人员应当随身携带操作证以备随时检查，如出现违反操作规程而造成事故，除了按照情节进行处理外，要对其操作证暂时收回或长期撤销。

（8）严禁无证操作机械，更不能进行违章操作。如领导命其操作而造成事故，应由领导负全部责任。学员或学习人员必须在有操作证的指导师傅在场指挥下，方能操作机械设备，指导师傅应当对其实习人员的操作负责。

（9）凡属国家规定的交通、质量技术监督部门及其主管部门负责考核发证的驾驶证、司炉证、起重工证、电焊工证、电工证等，一律由主管部门按规定办理，公司不再另外发放操作证。

3. 交接制度

（1）交接班制

1）为使机械在多班作业或多人轮流操作时，能够相互了解情况，分清责任，防止机械损坏和附件丢失，确保施工生产的连续进行，必须建立交接班制度作为岗位责任制的组成部分。

2）在机械交接班时，交接双方都要全面检查，做到不漏项目，交接清楚，由交方负责填写交接班记录，接方核对相符签收后交方始能下班。如双班作业晚班和早班人员无法见面时，仍应以交接班记录双方签字为凭。交接班的内容包括交清本班任务完成情况、工作面情况及其他有关注意事项或要求；交清机械运转及使用情况，重点介绍有无异常情况及处理经过；交清机械保养情况及存在问题；交清机械随机工具、附件等情况；填好本班各项原始记录。

3）交接班记录簿由机械管理部门于月末更换，收回的记录簿是机械使用中的原始记录，应保存备查。机械管理人员应当经常检查交接班记录的填写情况，并作为操作人员日常考核依据之一。

（2）机械设备调拨的交接

1）机械设备调拨时，调出单位应确保机械设备技术状况的完好，不得拆换机械零件，并将机械的随机工具，机械履历书和交接技术档案一并交接。

2）如果遇特殊情况，附件不全或技术状况很差的设备，交接双方先协商取得一致后，按照双方协商的结果交接，并将机械状况和存在的问题、双方协商解决的意见等报上级主管部门核备。

3）机械设备调拨交接时，原机械驾驶员向对方交底，原则上规定机械操作人员随机调动，遇无法随机调动的驾驶员应将机械附件、机械技术状况、原始记录、技术资料作出书面交接。

4）在机械交接时必须填写交接单（见表1-4），对机械状况和有关资料逐项填写，最后由双方经办人和单位负责人签字，作为转移固定资产和有关资料转移的凭证，机械交接单一式四份。

机 械 交 接 单　　　　　　　　　表1-4

调动依据：　　　编号：　　交接日期：　　年　　月　　日

管理编号	机械名称	厂牌	型号规格	出厂年月	出厂编号	其他

交接情况：机械履历书一本

项目	技术状况			项目	技术状况
动力部分	厂型		编号	操作工作部分	
机身部分				仪表、照明及信号装置	
底盘行走部分	厂型		编号	附件及随机工具	
交机单位	交机负责人		交机经手人	接机单位	接机负责人	接机经手人

新机械交接应注意：按机械验收、试运转规定办理；交接手续同上。

4. 监督检查制度

（1）公司设备处和质安处（或委派的监察检查人员），在每两个月进行一次的综合考评检查及其他检查中，检查机械管理制度和各项技术规定的贯彻执行情况，以确保机械设备的正确使用、安全运行。

（2）监督检查的工作内容：

1）对机械设备操作人员、管理人员进行违章的检查。对违章作业、瞎指挥、不遵守操作规程和带病运转的机械设备及时进行纠正。

2）积极宣传有关机械设备管理的规章制度、标准、规范，并监督其在各项目施工中的贯彻执行。

3）参与机械事故调查分析，并提出改进意见，在对事故的真实性提出怀疑时，有权进行复查。

4）向企业主管部门领导反映机械设备管理、使用及存在的问题和提出改进意见。

（3）监督检查不按规程、规范使用机械设备的人和事，经劝阻制止失效时，有权令其停止作业，并开出整改通知单；如违章单位或违章人员未在"整改通知单"的规定期内解决提出的问题，应当按规定依据情节轻重处以罚款或停机整改。

（4）各级领导对监督检查员正确使用职权应大力支持和协助。经监督检查员提出"整改通知单"后拒不改正，而又造成事故的单位和个人，除了按照事故进行处理外，应追究其责任。应当视事故损失的情况给予罚款或行政处分，直至追究刑事责任。

1.3.2　与建筑机械管理相关的法律法规及标准规范

与建筑机械管理相关的法律法规及标准规范有很多，尽管它们有各自的适用范围，但在它们之间客观上存在着内在的联系。在学习建筑机械管理相关法律法规及标准规范时应当首先在整体上把握其全部内容并注意区分它们相互之间的联系与区别，以便在建筑机械管理工作中加以更好地贯彻执行。

1. 宪法

宪法是我国的根本大法,在我国法律体系中具有最高的法律地位及法律效力。宪法是由国家权力机关——全国人民代表大会制定的。宪法是制定其他一切法律法规的根基和基础,一切法律法规均不得与宪法的规定相抵触,否则一律无效。

2. 法律

广义的法律是指整个法的体系中的全部内容,而狭义的法律则是全国人大及其常委会制定的法律文件。法律的效力仅次于宪法。与建筑机械管理相关的法律包括:

(1)《中华人民共和国建筑法》。《中华人民共和国建筑法》是为了加强对建筑活动的监督管理,维护建筑市场秩序,确保建筑工程的质量和安全,促进建筑业健康发展而制定的。在中华人民共和国境内从事建筑活动,实施对建筑活动的监督管理,应遵守《中华人民共和国建筑法》。该法所称建筑活动,是指各类房屋建筑及其附属设施的建造和与其配套的线路、管道、设备的安装活动。

(2)《中华人民共和国安全生产法》。《中华人民共和国安全生产法》是为了加强安全生产监督管理,防止和减少生产安全事故,保障人民群众生命和财产安全,促进经济发展而制定的。该法适用于在中华人民共和国领域内从事生产经营活动的单位的安全生产。

(3)《中华人民共和国标准化法》。《中华人民共和国标准化法》是为了发展社会主义商品经济,促进技术进步,改进产品质量,提高社会经济效益,维护国家和人民的利益,使标准化工作适应社会主义现代化建设和发展对外经济关系的需要而制定的。该法对下列需要统一的技术要求提出应当制定的标准:

1) 建设工程的设计、施工方法及安全要求。
2) 有关工业生产、工程建设和环境保护的技术术语、符号、代号和制图方法。
3) 有关环境保护的各项技术要求和检验方法。

3. 行政法规

行政法规是最高国家行政机关即国务院制定的法律文件。其法律效力低于宪法和法律。

(1)《特种设备安全监察条例》。《特种设备安全监察条例》是为了加强特种设备的安全监察,防止和减少事故,保障人民群众生命和财产安全,促进经济发展而制定的。该条例所称特种设备是指涉及生命安全、危险性较大的锅炉、压力容器(含气瓶)、压力管道、起重机械、电梯、客运索道、大型游乐设施。特种设备的生产(包含设计、制造、安装、改造、维修)、使用、检验检测及其监督检查,应当遵守该条例,但该条例另有规定的除外。房屋建筑工地和市政工程工地用起重机械的安装、使用的监督管理,由建设行政主管部门按照有关法律、法规的规定执行。

(2)《安全生产许可证条例》。《安全生产许可证条例》是为了严格规范安全生产条件,进一步加强安全生产监督管理,防止和减少生产安全事故,按照《中华人民共和国安全生产法》的有关规定而制定的。国家对矿山企业、建筑施工企业、危险化学品、烟花爆竹、民用爆破器材生产企业实行安全生产许可制度。企业未取得安全生产许可证的,不得从事生产活动。

(3)《建设工程安全生产管理条例》。《建设工程安全生产管理条例》是为了加强建设工程安全生产监督管理,保障人民群众生命和财产安全,根据《中华人民共和国建筑法》、

《中华人民共和国安全生产法》而制定的。在中华人民共和国境内从事建设工程的新建、扩建、改建和拆除等有关活动及实施对建设工程安全生产的监督管理，必须遵循该条例。该条例所称建设工程，是指土木工程、建筑工程、线路管道和设备安装工程及装修工程。

(4)《中华人民共和国标准化法实施条例》。《中华人民共和国标准化法实施条例》是根据《中华人民共和国标准化法》的规定而制定的。该条例对下列需要统一的技术要求提出应制定标准：

1）建设工程的勘察、设计、施工、验收的技术要求和方法；

2）有关工业生产、工程建设和环境保护的技术术语、符号、代号、制图方法、互换配合要求；

3）有关环境保护的各项技术要求和检验方法。

4. 部门规章

部门规章是国务院各部委制定的法律文件。部门规章的法律效力低于法律及行政法规。

(1)《建筑起重机械安全监督管理规定》。《建筑起重机械安全监督管理规定》是为了加强建筑起重机械的安全监督管理，防止和减少生产安全事故，保障人民群众生命和财产安全，根据《建设工程安全生产管理条例》、《特种设备安全监察条例》、《安全生产许可证条例》而制定的。建筑起重机械的租赁、安装、拆卸、使用及其监督管理，适用本规定。该规定所称建筑起重机械，指的是纳入特种设备目录，在房屋建筑工地和市政工程工地安装、拆卸、使用的起重机械。

(2)《实施工程建设强制性标准监督规定》。《实施工程建设强制性标准监督规定》是为了加强工程建设强制性标准实施的监督工作，确保建设工程质量，保障人民的生命、财产安全，维护社会公共利益，根据《中华人民共和国标准化法》、《中华人民共和国标准化法实施条例》及《建设工程质量管理条例》而制定的。该规定要求在中华人民共和国境内从事新建、扩建、改建等工程建设活动，必须执行工程建设强制性标准。该规定所称工程建设强制性标准指的是直接涉及工程质量、安全、卫生及环境保护等方面的工程建设标准强制性条文。国家工程建设标准强制性条文由国务院建设行政主管部门会同国务院有关行政主管部门确定。

(3)《建设工程施工现场管理规定》。《建设工程施工现场管理规定》是为了加强建设工程施工现场管理，保障建设工程施工顺利进行而制定的。该规定所称建设工程施工现场，指的是进行工业和民用项目的房屋建筑、土木工程、设备安装、管线敷设等施工活动，经批准占用的施工场地。该规定要求一切与建设工程施工活动有关的单位及个人，必须遵守本规定。

(4)《建筑施工企业安全生产许可证管理规定》。《建筑施工企业安全生产许可证管理规定》是为了严格规范建筑施工企业安全生产条件，进一步加强安全生产监督管理，防止和减少生产安全事故，根据《安全生产许可证条例》、《建设工程安全生产管理条例》等有关行政法规制定的。该规定确立了国家对建筑施工企业实行安全生产许可制度。建筑施工企业未取得安全生产许可证的，不得从事建筑施工活动。该规定所称建筑施工企业，指的是从事土木工程、建筑工程、线路管道和设备安装工程及装修工程的新建、扩建、改建和拆除等有关活动的企业。

5. 《建筑工程安全生产监督管理工作导则》（建质〔2005〕184号）

该法律文件是原国家建设部质量安全与行业发展司制定的规范性文件。《建筑工程安全生产监督管理工作导则》是为了加强建筑工程安全生产监管，完善管理制度，规范监管行为，提高工作效率，根据《建筑法》、《安全生产法》、《建设工程安全生产管理条例》、《安全生产许可证条例》等有关法律、法规制定的。该导则适用于县级以上人民政府建设行政主管部门对建筑工程新建、改建、扩建、拆除和装饰装修工程等实施的安全生产监督管理。

该导则所称建筑工程安全生产监督管理，指的是建设行政主管部门依据法律、法规和工程建设强制性标准，对建筑工程安全生产实施监督管理，督促各方主体履行相应安全生产责任，以控制和减少建筑施工事故的发生，保障人民生命财产安全、维护公众利益的行为。

6. 技术标准，技术规范及技术规程

技术标准、技术规范及技术规程属于工程建设标准的范围，按照级别不同分为国家标准、行业标准、地方标准和企业标准，按照对人的行为约束程度分为强制性标准和推荐性标准。技术标准、技术规范及技术规程从国家等级到企业等级其等级越来越低，但其行为规范的要求却越来越高。

强制性标准具有法的属性，是一种强制性的行为规范，所以必须严格执行，否则构成违法行为。推荐性标准是一种非强制性的行为规范，其实施依靠的是人们的自觉行为。

涉及建筑机械管理相关的技术标准、技术规范及技术规程主要包括：

（1）《塔式起重机安全规程》GB 5144—2006；
（2）《吊笼有垂直导向的人货两用施工升降机》GB 26557—2011；
（3）《高处作业吊篮》GB 19155—2003；
（4）《建筑机械使用安全技术规程》JGJ 33—2012；
（5）《龙门架及井架物料提升机安全技术规范》JGJ 88—2010；
（6）《施工现场临时用电安全技术规范》JGJ 46—2005；
（7）《建筑施工塔式起重机安装、使用、拆卸安全技术规程》JGJ 196—2010。

2 机械图识读

2.1 识图基础

2.1.1 机械图一般规定

1. 图纸幅面及格式

（1）图纸幅面：图纸宽度与长度组成的图面。图纸幅面及图框尺寸应当符合表 2-1 的规定。

基本幅面及图框尺寸（mm） 表 2-1

幅面代号	A0	A	A	A	A
$B \times L$	841×1189	594×841	420×594	297×420	210×297
e	20			10	
c	10			5	
a	25				

（2）图框：在图纸上用粗实线画出，基本幅面的图框尺寸见表 2-1 和如图 2-1 所示。

（3）标题栏：绘图时必须在每张图纸的右下角画出标题栏，如图 2-1 所示，用来填写图名、图号以及设计人、制图人等的签名和日期。

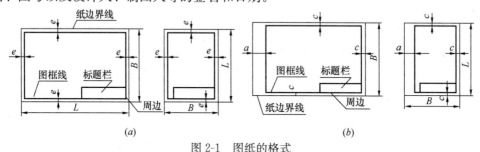

图 2-1 图纸的格式
（a）不留装订边；（b）留装订边

2. 比例

图样的比例指的是图形尺寸与实物相对应的线性尺寸之比。常用比例见表 2-2。

常用比例 表 2-2

种　类	比　　例
原值比例（比值为1的比例）	1∶1
放大比例（比值＞1的比例）	5∶1　　2∶1 5×10^n∶1　2×10^n∶1　1×10^n∶1
缩小比例（比值＜1的比例）	1∶2　1∶5　1∶10 1∶2×10^n　1∶5×10^n　1∶1×10^n

3. 图线

机件的图样是由各种不同粗细和型式的图线画成的，不同的线型有不同的用途。图样中常用图线的形式及应用见表 2-3。

线 型 及 应 用　　　　　　　　　　　表 2-3

图线名称	图线型式	图线宽度	主要用处
粗实线	———	b	可见轮廓线
细实线	———	约 $b/2$	尺寸线，尺寸界线，剖面线，重合断面的轮廓线，过渡线
波浪线	～～～	约 $b/2$	断裂处的边界线，视图与剖视的分界线
双折线	—∨—∨—	约 $b/2$	断裂处的边界线
细虚线	- - - - -	约 $b/2$	不可见轮廓线
粗虚线	- - - - -	b	允许表面处理的表示线，如热处理
细点画线	—·—·—	约 $b/2$	轴线，对称中心线，孔系分布的中心线
粗点画线	—·—·—	b	限定范围表示线
细双点线	—··—··—	约 $b/2$	相邻辅助零件的轮廓线，极限位置的轮廓线

4. 尺寸标注

（1）尺寸标注的基本规定。机件的真实大小应当以图样上所注的尺寸数值为依据，与图形的大小及绘图的准确度无关。图样中的尺寸凡以毫米为单位时，无需标注其计量单位的代号或名称；如果采取其他单位，则必须标注。机件的每一尺寸，在图样上通常只标注一次，并应标注在反映该结构最清晰的图形上。

（2）尺寸的组成及标注规定。一个完整的尺寸包括：尺寸界线、尺寸线、尺寸数字及表示尺寸终端的箭头或斜线，如图 2-2 所示。

1) 尺寸界线：用细实线绘制；可由图形的轮廓线、轴线或对称中心线处引出，也可直接利用这些线作为尺寸界线；尺寸界线通常应与尺寸线垂直。

2) 尺寸线：必须用细实线绘制；不得画在其他图线的延长线上；线性尺寸的尺寸线应与所标注尺寸线段平行。

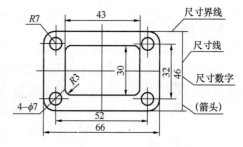

图 2-2　尺寸的组成及标注规定

3) 尺寸数字：线性尺寸的数字一般注写在尺寸线的上方或中断处；尺寸数字不得被任何图线所通过，否则，需将图线断开或引出标注。

线性尺寸数字的注写方向为：水平方向的尺寸数字字头向上，垂直方向的尺寸数字字头向左，倾斜方向的尺寸数字字头偏向斜上方。

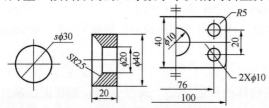

图 2-3　直径和半径的标注方法

当圆心角大于 180°时，要标注圆的直径，且尺寸数字前加 "ϕ"；当圆心角小于等于 180°时，要标注圆的半径，且尺寸数字前加 "R"；当标注球面直径或半径尺寸时，应在符号 ϕ 或 R 前再加符号 "S"。如图 2-3 所示。

2.1.2 正投影与三视图

1. 投影的概念

物体在投影面上的射影形成一个由图线组成的图形,此图形称为物体在平面上的投影。投影体系的组成,如图 2-4 所示。

2. 投影法的分类

(1) 中心投影法:如图 2-4 所示,由一点发出投射线投射形体所得到的投影,称为中心投影法。

(2) 平行投影法:如图 2-5 所示,用一组相互平行的投射线投射形体所得到的投影,称为平行投影法。平行投影法包括两种:

1) 正投影法:投射线垂直于投影面,如图 2-5 所示。

2) 斜投影法:投射线倾斜于投影面,如图 2-6 所示。

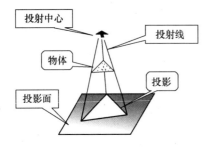

图 2-4 投影的形成及中心投影法

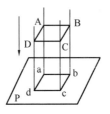

图 2-5 正投影法

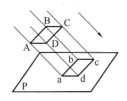

图 2-6 斜投影法

3. 三视图

(1) 三投影面体系的建立:如图 2-7 所示,三投影面体系由三个相互垂直的投影面组成,分别是正面 V;水平面 H;侧平面 W。两投影面的交线为投影轴,分别是:X 代表长度方向;Y 代表宽度方向;Z 代表高度方向。

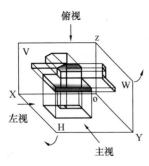

图 2-7 三面投影的形成

(2) 三面投影的形成:如图 2-7 所示,将物体正放在三投影面体系中,按照正投影法向各投影面投影,即可得到物体的正面投影、水平面投影、侧面投影。水平投影为俯视图;正面投影为主视图;侧面投影为左视图。俯视图相当于观看者面对 H 面,从上向下观看物体时所得到的视图;主视图是面对 V 面,由前向后观看时所得到的视图;左视图是面对 W 面,从左向右观看时所得到的视图。

(3) 三面投影的展开:为了看图方便,要将三个相互垂直的投影面展开在同一个平面上,展开方法,如图 2-7 所示。规定 V 面保持不动,H 面向下向后绕 OX 轴旋转 90°,W 面向右向后绕 OZ 轴旋转 90°,展开后的三面投影图,如图 2-8 所示。

(4) 三视图之间的对应关系:

1) 视图间的"三等"关系,主视图反映物体的长度(X)、高度(Z);俯视图反映物体的长(X)、宽(Y);左视图反映物体的高(Z)、宽(Y),如图 2-9 所示。由此得出三视图之间存在"三等"关系:主视图与俯视图长对正(等长);主视图与左视图高平齐(等高);俯视图与左视图宽相等(等宽)。

2)视图与物体的方位关系,如图 2-10 所示,主视图反映物体的上下、左右的相互关系;俯视图反映了物体的左右、前后的相互关系;左视图反映了物体的上下、前后的相互关系。

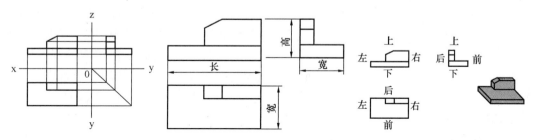

图 2-8　展开后的三面投影图　　　图 2-9　三视图之间的对应关系　　　图 2-10　视图与物体的方位关系

2.2　机件的表达方法

2.2.1　视图

1. 基本视图

某些工程形体,当画出三视图后无法完整和清晰地表达其形状时,则要增设新的投影面,画出新的投影面的视图来表达。基本投影面有六个,将物体放在投影体系当中,分别向六个基本投影面投射,得到六个基本视图。六个基本投影面连同相应的六个基本视图一起展开,方法如图 2-11 所示。

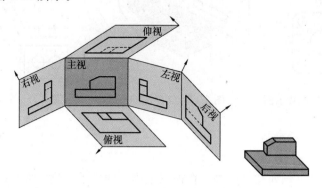

图 2-11　六个基本视图的展开方法

六个基本视图除主视图、俯视图、左视图外,还有右视图、仰视图、后视图,其排列位置如图 2-12 所示。右视图——从右向左投影所得的视图;仰视图——从下向上投影所得的视图;后视图——从后向前投影所得的视图。

六个基本视图之间仍符合"长对正、高平齐、宽相等"的投影规律。如果六个基本视图无法按图 2-12 的标准位置配置时,应当在视图的上方标注视图的名称"×向",在相应

2 机械图识读

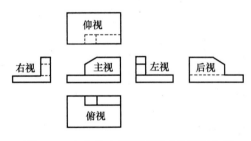

图 2-12 六个基本视图展开后的排列位置

视图的附近用箭头指明投射方向,并标注与视图名称相同的字母,如图 2-13 所示的 C 视图。

2. 局部视图

将机件的某一部分向基本投影面投影所得的视图称之为局部视图,如图 2-13 所示的 A 视图、B 视图。在局部视图的上方应当标注出视图的名称"×向",在相应的视图附近,用箭头指明投影方向,并注上与视图名称相同的字母,如图 2-13 所示。局部视图的断裂边界以波浪线表示,如图 2-13 所示的 A 视图、B 视图。

3. 斜视图

(1) 将机件的倾斜部分向不平行于基本投影面的平面投射所得到的视图,称之为斜视图,如图 2-14 所示。

(2) 在斜视图的上方应标注出视图的名称"×向",在相应的视图附近,用箭头指明投影方向,注上同样的字母,字母一律水平书写。斜视图通常按投影关系配置,与视图的其他部分断开,边界用波浪线。允许将斜视图旋转配置,但需在斜视图上方注明,如图 2-15 所示。

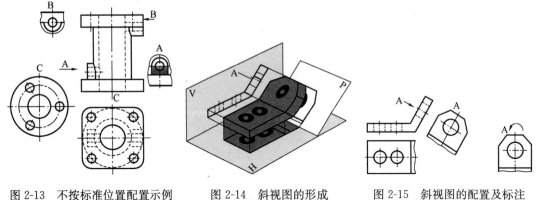

图 2-13 不按标准位置配置示例   图 2-14 斜视图的形成   图 2-15 斜视图的配置及标注

2.2.2 剖面图

物体的内部结构(例如孔、槽等)在视图上用虚线表示,当内部结构复杂时,视图中就会出现较多的虚线,看图不便。国家制图标准中可用剖面图解决上述问题。

1. 剖面图的形成

假想用剖切平面将物体剖开,将处于观察者与剖切平面之间的部分移去,而将其余部分向投影面投影所得的图形,称为剖视图,如图 2-16(a)所示。剖切面通常应通过物体上孔的轴线、槽的对称面等位置。

2. 剖面图画法及标注

剖切面与实体接触部分的轮廓线用粗实线画出,并且应当画出材料图例;未剖到,但

2.2 机件的表达方法

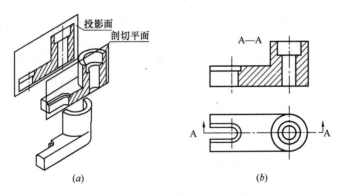

图 2-16 剖面图的形成及画法

沿投影方向可见的部分用中实线绘制,如图 2-16(b)所示。剖面图的标注,如图 2-16(b)所示。

3. 剖面图的分类

(1) 全剖视图:用剖切面将整个物体完全剖开所得的剖视图,如图 2-16(b)所示。全剖视图适用于外形比较简单的物体。

(2) 半剖面图:当物体左右对称或前后对称,而外形又较为复杂时,可画出由半个外形正投影图和半个剖面图拼成的图形,以同时表示物体的外形和内部构造。这种剖面图称为半剖视图,如图 2-17 所示。

(3) 局部剖视图:用剖切平面局部地剖开物体所得的剖视图。局部剖视图以波浪线作为剖与不剖的分界线,如图 2-18 所示。

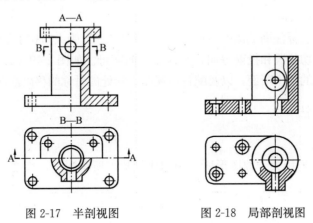

图 2-17 半剖视图　　图 2-18 局部剖视图

2.2.3 断面图

1. 断面图的形成

假想用剖切平面把形体的某处切断,画出该剖切平面与形体接触部分的图形,这个图形称之为断面图,如图 2-19(a)所示。断面图用来表达物体的断面形状。

2. 剖面图与断面图的区别

断面图只画出形体被剖开后断面的投影,是面的投影,如图 2-19(a)所示;而剖面

31

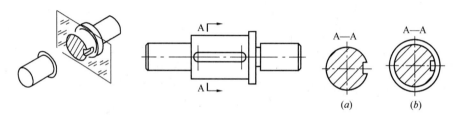

图 2-19　断面图的形成及移出断面图

图要画出形体被剖开后余下形体的投影，是体的投影，如图 2-19（b）所示。

3. 断面图的种类

（1）移出断面图：画在视图外的断面图，如图 2-19（a）所示。

（2）重合断面图：画在视图内的断面图，如图 2-20 所示。

（3）中断断面图：直接画在杆件断开处的断面图，如图 2-21 所示。

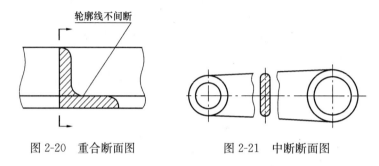

图 2-20　重合断面图　　　　图 2-21　中断断面图

4. 断面图的标注

移出断面图通常应标注断面图的名称"×—×"（"×"为大写拉丁字母），在相应视图上用剖切符号表示剖切位置和投射方向，并标注相同字母。如图 2-19（a）所示。配置在剖切线延长线上的对称的移出断面，以及配置在视图中断处的对称的移出断面都不必标注。

2.2.4　其他表达方法

1. 局部放大图

将机件的部分结构用大于原图形所采用的比例画出所得图形，称之为局部放大图，如图 2-22 所示。

2. 简化画法

（1）对称图形的简化画法：对称的图形可只画一半，但要加上对称符号，对称符号用一对平行的短细实线表示，其长度为 6～10mm，如图 2-23（b）所示。如果视图有两条对称线，可只画图形的 1/4，并画出对称符号，如图 2-23（c）所示。

（2）相同要素的简化画法：如果图上有多个完全相同而连续排列的构造要素，可仅在排列的两端或适当位置画出其中一两个要素的完整形状，然后画出其余要素的中心线或中心线交点，以确定它们的位置，如图 2-24 所示。

（3）折断简化画法：轴、杆类较长的机件，当沿长度方向形状相同或按照一定规律变化时，允许断开画出，如图 2-25 所示。

2.3 零件图识读

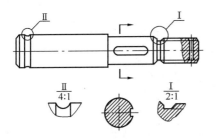

图 2-22 局部放大图

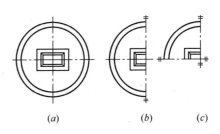

图 2-23 对称图形的简化画法

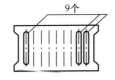

图 2-24 相同要素的简化画法

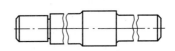

图 2-25 折断简化画法

2.3 零件图识读

2.3.1 零件图的作用与内容

1. 零件图的作用

零件图是加工制造、检验、测量零件的依据。

2. 零件图的内容

如图 2-26 所示，可知零件图的内容包括：

（1）一组视图：视图用以表达零件的结构形状。

（2）完整的尺寸：尺寸可确定各部分的大小和位置。

（3）技术要求：包括表面粗糙度、尺寸极限偏差、表面形状与位置公差，以及用文字说明的其他要求等。是零件加工、检验达标的技术指标之一。

（4）标题栏：它包括零件名称、数量、材料及必要签名等。

2.3.2 零件图的视图选择

1. 主视图的选择

主视图的选择应当考虑以下原则：

（1）表现形状特征：主视图要能够将组成零件的各形体之间的相互位置和主要形体的形状特征表达清楚。滑动轴承座的主视图，如图 2-27 所示。

（2）表现加工位置：为了加工制造者看图方便，将零件在主要加工工序中的安装位置作为主视图的投影方向。轴的主视图，如图 2-28 所示。

（3）以工作位置作为主视图：按照工作位置选取主视图，容易表达零件在机器或部件中的作用。

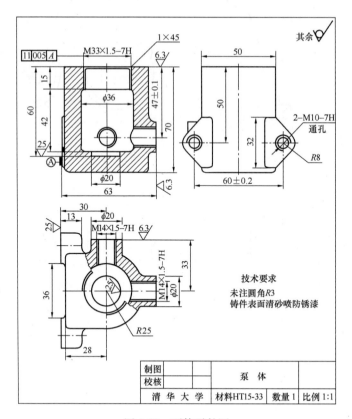

图 2-26 泵体零件图

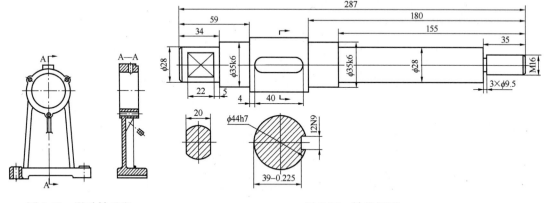

图 2-27 滑动轴承座　　　　图 2-28 轴的视图

2. 其他视图的选择

(1) 每个视图均有明确的表达重点,各个视图互相配合、互相补充,表达内容不应重复。

(2) 根据零件的内部结构选择恰当的剖视图和剖面图。

(3) 对尚未表达清楚的局部形状和细小结构,补充必要的局部视图和局部放大图。

(4) 能采用省略、简化方法表达的要尽可能采用省略和简化方法表达。

3. 零件上的常见工艺结构

零件图上应反映加工工艺对零件结构的各种要求：

（1）钻孔工艺结构：在用钻头钻盲孔时，由于钻头顶部有120°的圆锥面，因此盲孔总有一个120°的圆锥面，扩孔时也有一个锥角为120°的圆台面，如图2-29所示。

（2）退刀槽和越程槽：在切削过程中，为了使刀具易于退刀，并在装配时容易与有关零件靠紧，常在加工表面的台肩处先加工出退刀槽或越程槽，如图2-30所示。

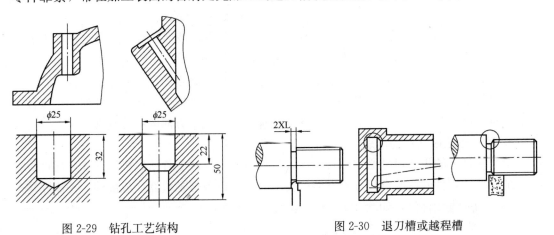

图2-29 钻孔工艺结构　　　　图2-30 退刀槽或越程槽

（3）铸件工艺结构：铸件各部分的壁厚应尽量均匀，在不同壁厚处应使厚壁和薄壁逐渐过渡，避免在铸造时在冷却过程中形成热节，产生缩孔。铸件上两表面相交处应做成圆角，如图2-31所示。

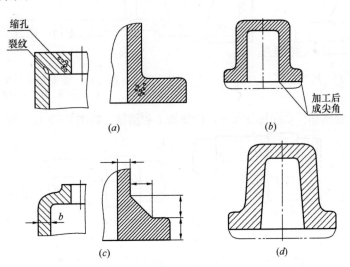

图2-31 铸件工艺结构
(a) 不正确；(b) 正确；(c) 铸造圆角；(d) 起模斜度

（4）凸台和凹坑：为减少加工表面，使结合面接触良好，常在两接触表面处设置凸台和凹坑，如图2-32所示。

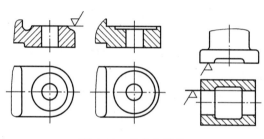

图 2-32 凸台和凹坑

2.3.3 零件图的尺寸标注

1. 尺寸基准的选择

零件在设计、制造和检验时，计量尺寸的起点称为基准。根据基准的作用不同，分为设计基准、工艺基准等，如图 2-33 所示。

设计基准：设计时确定零件表面在机器中的位置所依据的点、线、面，称为设计基准。

工艺基准：根据零件在加工、测量或安装时的要求而选定的尺寸起点。

应尽量使设计基准与工艺基准重合，减少尺寸误差，确保产品质量。任何一个零件都有长、宽、高三个方向的尺寸。因此每一个零件也应有三个方向的尺寸基准。

2. 尺寸标注应注意的问题

（1）零件上的重要尺寸必须直接标注，例如零件上反映零件所属机器（或）部件规格性能的尺寸、零件间的配合尺寸、有装配要求的尺寸以及保证机器（或部件）正确安装的尺寸等，均应直接标注，如图 2-34 所示。

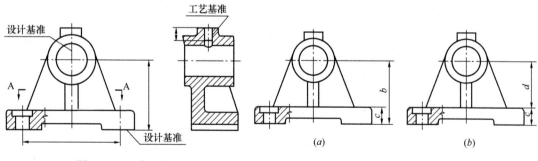

图 2-33 尺寸基准

图 2-34 重要尺寸直接标注
(a) 合理；(b) 不合理

（2）要尽量根据加工顺序标注尺寸，以便加工和测量。如图 2-35（c）所示尺寸标注合理。

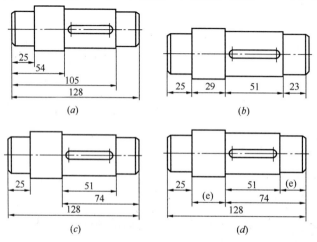

图 2-35 根据加工顺序标注尺寸

(3) 考虑测量的方便与可能,如图 2-36 所示。

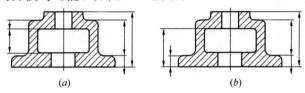

图 2-36 标注尺寸要便于测量
(a) 合理;(b) 不合理

3. 各类孔的尺寸注法

各类孔的尺寸标注方法见表 2-4。

各类孔的尺寸注法　　　　　　　　　　　　　表 2-4

结构类型		普通注法	旁注法		说明
光孔	一般孔	4×φ5	4×φ5▼10	4×φ5▼10	4×φ5 表示四个孔的直径均为 φ5 三种注法任选一种均可(下同)
	精加工孔	4×φ5$_0^{+0.01}$	4×φ5$_0^{+0.01}$ ▼10	4×φ5$_0^{+0.01}$ ▼10	钻孔深为 12,钻孔后需精加工至 φ5,精加工深度为 10
	锥销孔	锥销孔 φ5	锥销孔 φ5	锥销孔 φ5	φ5 为与锥销孔相配的圆锥销小头直径,锥销孔通常是两个零件装在一起加工的
螺纹孔	通孔	3×M6-7H	3×M6-7H	3×M6-7H	3×M6-7H 表示 3 个公称直径为 6,螺纹中径、顶径公差带为 7H 的螺孔
	不通孔	3×M6-7H	3×M6-7H▼10	3×M6-7H▼10	10 是指螺孔的有效深度,钻孔深度以保证螺孔有效深度为准,也可查有关手册确定
	不通孔	3×M6	3×M6▼10 孔▼12	3×M6▼10 孔▼12	需要注出钻孔深度时,应明确标注出钻孔深度尺寸

2.3.4 零件图的技术要求

零件图上除了图形和尺寸外,为了提高质量,还对零件的表面粗糙度、公差与配合、形状与位置公差等技术要求作了说明。

1. 表面粗糙度

(1) 表面粗糙度:表面粗糙度反映零件表面微观不平的程度(或光滑程度)。零件各个表面的作用不同,所需的光滑程度也不同。表面粗糙度是衡量零件质量的标准之一,对零件的配合、耐磨程度、抗疲劳强度、抗腐蚀性等及外观均有影响。评定表面粗糙度优先选用轮廓算术平均偏差 Ra,Ra 的单位为 μm,Ra 越小,说明表面越光滑。

(2) 表面粗糙度符号及其注法,见表 2-5。

表面粗糙度符号及其注法　　　　　　　　　　　　　表 2-5

符号	意义及说明	符号	意义及说明
∨	用任何方法获得的表面(单独使用无意义)	∨	用不去除材料的方法获得的表面
∨	用去除材料的方法获得的表面	3.2∨	用去除材料的方法获得的表面,Ra 的最大允许值为 $3.2\mu m$

2. 公差与配合

(1) 公差:如图 2-38 所示标注:$\phi 30^{-0.020}_{-0.041}$

$\phi 30$ 为基本尺寸即设计时确定的尺寸;-0.02 为上偏差;-0.041 为下偏差。

公差=上偏差-下偏差(实际尺寸的变动量)=$-0.020-(-0.041)=0.021$

$\phi 29.98$ 为最大极限尺寸;$\phi 29.959$ 为最小极限尺寸。

零件合格的条件:$\phi 29.98 \geqslant$ 实际尺寸 $\geqslant \phi 29.959$

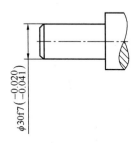

图 2-37　公差的标注

如图 2-37 所示,f7 为公差代号,其中"f"为基本偏差代号,"7"为标准公差的等级代号。从国家标准的轴的偏差表中,可查出基本尺寸为 30 的 f7,其上偏差为 -0.02,下偏差为 -0.041。

公差值的大小,表明对零件加工尺寸要求的精确程度的高低,公差值越小则精确程度越高。国家标准规定标准公差等级包括 20 个,例如 IT01、IT0、IT1 等。

(2) 配合:基本尺寸相同的相互结合的孔和轴,由于其偏差数值偏离基本尺寸的大小、方向各不相同,而在装配后形成松紧程度不同的一种关系。

1) 配合的种类:如图 2-38 所示,为不同偏差的三种轴与一定偏差的孔形成的三种配合关系:

间隙配合——轴与孔装配后有间隙(孔比轴大);过盈配合——轴与孔装配后有过盈(轴大于孔);过渡配合——轴与孔装配后可能有间隙,也可能有过盈。

2) 配合的标注,如图 2-39、图 2-40 所示。

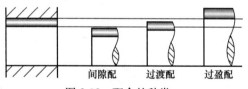

图 2-38　配合的种类

2.3 零件图识读

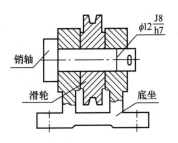
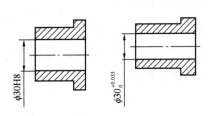

图 2-39 装配图上配合的标注　　　图 2-40 零件图上配合的标注

3. 形状与位置公差

形状误差是指实际表面和理想几何表面的差异，位置误差是指相关联的两个几何要素的实际位置相对于理想位置的差异。形状与位置误差的允许变动量称为形状和位置公差，简称形位公差。

（1）形位公差的名称和符号，见表 2-6。

形位公差的名称和符号　　　　　　　　　表 2-6

分类	名称	符号	分类		名称	符号
形状公差	直线度	—	位置公差	定位	平行度	//
	平面度	▱			垂直度	⊥
	圆度	○			倾斜度	∠
	圆柱度	⌭		定向	同轴度	◎
	线轮廓度	⌒			对称度	═
	面轮廓度	⌒			位置度	⊕
				跳动	圆跳动	↗
					全跳动	↗↗

（2）形位公差的标注符号，形位公差在图样中用指引线与框格代号相连接来表示，形位公差框格可画两格或多格，可水平放置也可以垂直放置。框格内从左至右，第一格为形位公差项目符号，第二格为形位公差数值和有关符号，第三格以后为基准代号的字母和有关符号，如图 2-41 所示。指引线的箭头指向被测要素的表面或其延长线，箭头方向通常为公差带方向，h 为图样中字体的高度，b 为粗实线高度，框格中的字体高度为 h，基准符号中的字母永远水平书写。

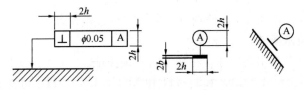

图 2-41 位置公差的标注

2.3.5 零件图识读方法

1. 看标题栏

了解零件的名称、材料、绘图比例等内容。如图 2-42 所示，可知：零件名称为泵体；材料是铸铁；绘图比例 1∶1。

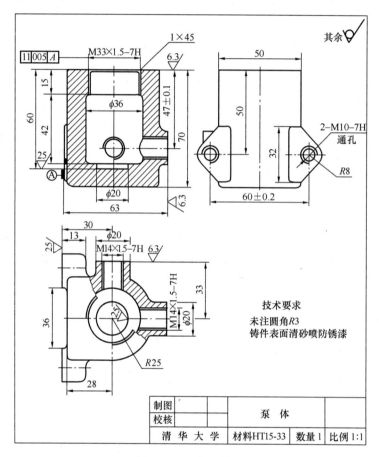

图 2-42 泵体零件图

2. 分析视图——想象零件的结构形状

找出主视图，分析各视图之间的投影关系及所采用的表达方法。主视图是全剖视图，俯视图取了局部剖，左视图是外形图。从三个视图看，泵体由三部分组成：

(1) 半圆柱形的壳体，其圆柱形的内腔，用于容纳其他零件。

(2) 两块三角形的安装板。

(3) 两个圆柱形的进出油口，分别位于泵体的右边和后边。

3. 分析尺寸和技术要求

47±0.1、60±0.2 是主要尺寸，在加工时必须保证。

从进出油口及顶面尺寸 M14×1.5－7H 和 M33×1.5－7H，可知它们均属细牙普通螺纹，同时这几处端面粗糙度 Ra 值为 6.3，要求较高，以便对外连接紧密，防止漏油。

2.4 装配图识读

2.4.1 装配图的作用与内容

1. 装配图的作用

装配图是指导生产的重要技术文件。在工业生产过程中，无论是新产品的开发，还是对其他产品进行仿造、改制，均要先画出装配图，由装配图画出零件图；制造部门先根据零件图制造零件，然后再根据装配图将零件装配成机器或部件；同时装配图又是安装、调试、操作和检修机器或部件时不可缺少的标准资料。

2. 装配图的内容

一张完整的装配图应包括以下内容：

（1）一组视图：用以表达机器或部件的工作原理、零件间的装配关系、连接方式及主要零件的结构形状等。

（2）必要的尺寸：标注出与机器或部件的性能、规格、装配和安装有关的尺寸。

（3）技术要求：用符号、代号或文字说明装配体在装配、安装与调试等方面应达到的技术指标。

（4）标题栏、零件序号及明细栏：在装配图当中，必须对每个零件编号，并在明细栏中依次列出零件序号、名称、数量、材料等。标题栏中，写明装配体的名称、图号、绘图比例以及有关人员的签名等。

2.4.2 装配图的表达方法

1. 装配图的规定画法

（1）相邻零件的接触表面和配合表面只画一条线；不接触表面和非配合表面画两条线。

（2）两个（或两个以上）零件邻接时，剖面线的倾斜方向应相反或间隔不同。但同一零件在各视图上的剖面线方向和间隔必须一致。

（3）标准件和实心件不画剖面图。

（4）简化画法：零件的工艺结构，例如倒角、圆角、退刀槽等可不画；滚动轴承、螺栓联接等可采用简化画法，如图2-43所示。

2. 装配图的特殊画法

（1）拆卸画法：当某个或几个零件在装配图中遮住了需要表达的其他结构或装配关系，而它（们）在其他视图中又已表达清楚时，可假想将其拆去后画出，在图上方需加以标注"拆去××零件"的说明，如图2-44所示。

（2）沿结合面剖切画法：在装配图中，当需要表达某些内部结构时，可假想沿某两个零件的结合面处剖切后画出投影。此时零件的结合面不画剖面线，但是被横向剖切的轴、螺栓、销等实心杆件要画出剖面线。

（3）假想画法：

1）在装配图中，在需要表达运动件的运动范围和极限位置时，可以将运动件画在一个极限位置（或中间位置）上，另一极限位置（或两极限位置）用双点画线画出该运动件的外形轮廓，如图 2-45 所示。

2）在装配图中，在需要表示与本部件有装配或安装关系，但又不属于本部件的相邻零部件时，可假想用双点画线画出该相邻件的外形轮廓。

（4）夸大画法：在装配图中，对于薄片零件、较小的斜度和锥度、较小的间隙等，为了清晰表达，允许不按原比例，适当加大尺寸画出，如图 2-46 所示。

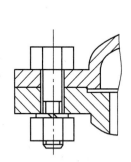

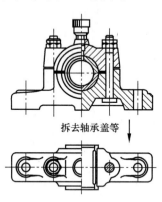

图 2-43 装配图的规定画法　　　　图 2-44 装配图的拆卸画法

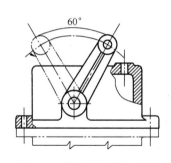

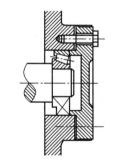

图 2-45 装配图的假想画法　　　　图 2-46 装配图的夸大画法

2.4.3 装配图的尺寸标注

在装配图中无需标注零件的全部尺寸，只需注出下列几种必要的尺寸：

（1）规格（性能）尺寸：表示机器、部件规格或性能的尺寸，是设计和选用部件的主要依据。

（2）装配尺寸：表示零件间装配关系的尺寸，例如配合尺寸和重要相对位置尺寸。

（3）安装尺寸：表示将部件安装到机器或将整机安装到基座上所需的尺寸。

（4）外形尺寸：表示机器或部件外形轮廓的大小，即总长、总宽、总高尺寸。为包装、运输、安装所需的空间大小提供依据。

（5）其他重要尺寸：例如运动零件的极限位置尺寸、主要零件的重要结构尺寸等。

2.4.4 装配图识读方法

1. 读装配图的要求

（1）了解部件的功用、使用性能和工作原理。

(2) 弄清各零件的作用和它们之间的相对位置、装配关系和连接固定方式。

(3) 弄懂各零件的结构形状。

(4) 了解部件的尺寸及技术要求。

2. 读装配图的方法和步骤

(1) 概括了解。看标题栏并参阅有关资料，了解部件的名称、用途和使用性能；看零件编号和明细栏，了解零件的名称、数量和它在图中的位置；分析视图，弄清各个视图的名称、所采用的表达方法和所表达的主要内容及视图间的投影关系。

(2) 分析部件工作原理。

(3) 分析零件间的装配关系及部件结构分析部件的装配关系，要弄清零件之间的配合关系、连接固定方式等。

(4) 分析零件，弄清零件的结构形状。先看主要零件，再看次要零件；先看容易分离的零件，再看其他零件；先分离零件，再分析零件的结构。

3 常用施工机械设备

3.1 土方机械

3.1.1 推土机

1. 推土机的分类

按照行走机构的形式，推土机可分为履带式和轮胎式两种：如图 3-1 所示，为履带式推土机；如图 3-2 所示，为轮胎式推土机。

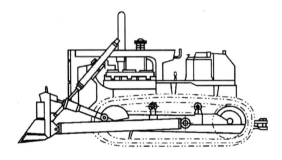 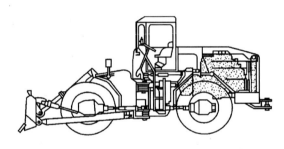

图 3-1 履带式推土机　　　　　　　图 3-2 轮胎式推土机

履带式推土机附着牵引力大，接地压力小，但机动性不如轮胎式推土机。推土机的推土板通常用液压操纵，除了可升降外，还可以调整角度。推土机的车架结构包括铰接式和整体式两种，铰接式车架结构采用铰接转向，转弯半径小，所以较为灵活。

按照发动机功率大小，推土机可以分为大型推土机（235kW 或 320hp 以上），中型推土机（73.5~235kW 或 100~320hp）和小型推土机（73.5kW 或 100hp 以下）三种。

2. 推土机生产率计算

（1）推土机用直铲进行铲推作业时的生产率：

$$Q_1 = \frac{3600 g K_B K_y}{T} \text{ (m}^3\text{/h)} \tag{3-1}$$

式中　K_B——时间利用系数，通常为 0.80~0.85；

　　　K_y——坡度影响系数，平坡时 $K_y=1.0$，上坡时（坡度 5%~10%）$K_y=0.5$~0.7，下坡时（坡度 5%~15%）$K_y=1.3$~2.3；

　　　g——推土机一次推运土壤的体积，按密实土方计量（m³）。

$$g = \frac{L H^2 K_n}{2 K_p \tan \varphi_0} \tag{3-2}$$

式中　L——推土板长度（m）；

H——推土板高度（m）；

φ_0——土壤自然坡度角（°），沙土 $\varphi_0=35°$；黏土 $\varphi_0=35°\sim45°$；种植 $\varphi_0=25°\sim40°$；

K_n——运移时土壤的漏损系数，通常为 $0.75\sim0.95$；

K_p——土壤的松散系数，通常为 $1.08\sim1.35$；

T——每一工作循环的延续时间（s）。

$$T=\frac{S_1}{v_1}+\frac{S_2}{v_2}+\frac{S_1+S_2}{v_3}+2t+t_2+t_3 \tag{3-3}$$

式中 S_1——铲土距离（m），一般土质 $S_1=6\sim10\text{m}$；

S_2——运土距离（m）；

v_1——铲土的行驶速度（m/s）；

v_2——运土的行驶速度（m/s）；

v_3——返回时的行驶速度（m/s）；

t_1——换档时间（s），当推土机采用不调头的作业方法时，需在运行路线两头停下换档即起步，$t_1=4\sim5\text{s}$；

t_2——放下推土板（下刀）的时间（s），$t_2=1\sim2\text{s}$；

t_3——推土机采用掉头作业方法的转向时间（s），$t_3=10\text{s}$；在采用不掉头作业方法时，则 $t_3=0$。

当推土机进行侧铲连续作业时，与平地机的作业方法相似，其生产率可参照平地机生产率公式进行计算。

（2）推土机平整场地时生产率 Q_2：

$$Q_2=\frac{3600L(l\cdot\sin\varphi-b)K_B H}{n\left(\dfrac{L}{v}+t_n\right)}\ (\text{m}^3/\text{h}) \tag{3-4}$$

式中 L——平整地段长度（m）；

l——推土板长度（m）；

n——在同一地点上的重复平整次数（次）；

v——推土机运行速度（m/s）；

b——两相邻平整地段重叠部分宽度，$b=0.3\sim0.5\text{m}$；

φ——推土板水平回转角度（°）；

t_n——推土机转向时间（s）。

3. 推土机的施工作业

推土机的作业从作业过程、作业方式、松土器作业和作业要点四个方面进行介绍。

（1）作业过程

依靠机械的牵引力，推土机可独立地完成铲土、运土和卸土三种作业过程，如图 3-3 所示。

在铲土作业时，将铲刀切入地平面，行进中铲掘土壤。在运土作业时，将铲刀提至地平面，将土壤推运到卸土地点。卸土作业包括两种：

1）随意弃土法推土机将土壤推至卸土位置，略提铲刀，机械后退至铲土地点。

2）分层铺卸法推土机将土壤推至卸土位置，将铲刀提升一定高度，机械继续前进，

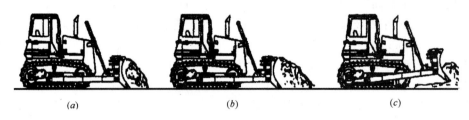

图 3-3 推土机的作业状态
(a) 铲土；(b) 运土；(c) 卸土

土壤即从铲刀下方卸掉。然后推土机退回原处进行下一次铲土。

（2）作业方式

1）直铲作业是推土机最为常用的作业方法，用于推送土壤和石碴和平整场地作业。其经济作业距离为：小型履带推土机通常为50m以内；中型履带推土机为50～100m；最远不宜超过120m；大型履带推土机为50～100m；最远不宜超过150m；轮胎式推土机为50～80m；最远不宜超过150m。

2）侧铲作业用于傍山铲土、单侧弃土。此时，推土板的水平回转角通常为左右各25°。作业时能一边切削土壤，一边将土壤移至另一侧。侧铲作业的经济运距通常较直铲作业时短，生产率也低。

3）斜铲作业主要应用在坡度不大的斜坡上铲运硬土及挖沟等，推土板可在垂直面内上下各倾斜9°。在工作时，场地的纵向坡度应不大于30°，横向坡度应不大于25°。

（3）松土器作业。通常大中型履带式推土机的后部有悬挂液压松土器，松土器有多齿和单齿两种。多齿松土器挖凿力较小，主要用于疏松较薄的硬土、冻土层等。单齿松土器有较大的挖凿力，除了能够疏松硬土、冻土外，还可以劈裂风化岩和有裂缝的岩石，并且可以拔除树根。推土机亦可对土进行压实作业，工程上常用推土机对土进行分层辗压。推土机还可以对铲运机进行助铲和预松土，以及牵引各种拖式土方机械等作业。

（4）作业要点

1）推土机起步。柴油机启动后必须等水温达55℃以上、油温达45°以上方可起步。在起步时，先接合离合器，提升推土板，然后再分开离合器、换档、接合离合器起步，避免推土板铲入土中太深，导致发动机熄火。

2）推土板操纵。当提升推土板到所需高度后，应当立即将操纵杆放回原位。当推土板降落到地面后，注意将操纵杆及时回位，不能猛放推土板。

3）铲土和推土。推土机在铲土和推土时，推土板起落要平稳，不可过猛，铲土不可太深，避免负荷过重，导致履带或轮胎完全滑转无法前进，甚至迫使推土机熄火。在推土时，如遇松软土壤，应根据推土路面情况，将推土板固定在一定位置；如遇坚实土壤，液压式推土机的推土板可呈"悬浮"状态。

4）卸土。将土壤推下陡壁时，当推土板在陡壁前1～2m外处即应停止推土机前进，要始终保持陡壁前有一刀片土壤，待下次卸土时将前次留下的土壤推下陡壁。如遇卸土填方，则不必停车，应使推土机边前进边提升推土板，卸土完毕推土板即停止升起，推土机即可后退返回。

5）停机。推土机应停放于平整的地面，在停机熄火前，应将推土板放置于地面，并清除掉铲刀面的泥土。

4. 推土机的维护与保养

推土机的维护与保养见表 3-1～表 3-4。

履带式推土机日常维护作业项目和技术要求　　　表 3-1

部位	序号	维护部件	作业项目	技术要求
发动机	1	曲轴箱油平面	检查添加	停机处于水平状态，油面处于油尺"H"处，不足时添加
	2	水箱冷却水	检查添加	不足时添加
	3	风扇带	检查、调整	用 100N 力压在带中间下凹约 10mm
	4	工作状态	检查	无异响、无异常气味、烟色浅灰
	5	仪表及开关	检查	仪表指示正常，开关良好有效
	6	管路及密封	检查	水管、油管畅通，无漏油、漏水现象
	7	紧固件	检查	螺栓、螺帽、垫片等无松动、缺损
	8	燃油箱	检查	通气孔无堵塞，排放积水及沉淀物
主体	9	液压油箱	检查	油量充足，无泄漏
	10	操纵机构	检查	各操纵杆及制动踏板无卡滞现象，作用可靠，行程符合标准要求
	11	变矩器、变速器	检查	作用可靠、无异常
	12	转向离合器、制动器	检查	作用可靠、无异常
	13	液压元件	检查	动作正确，作用良好，无卡滞，无泄漏
	14	各机构及结构件	检查	无变形、损坏、过热、异响等不正常现象
	15	紧固件	检查	无松动、缺损
行走机构	16	履带	检查、调整	在平整路面上，导向轮和托带轮之间履带最大下垂度 10～20mm
	17	导向轮、支重轮轮边减速器	检查	无泄漏现象，缺油时添加
	18	张紧装置	检查	无泄漏现象，作用有效
	19	紧固件	检查、紧固	无松动、缺损
整机	20	安全保护装置	检查	正常有效
	21	整机	清洁	清除整机外部粘附的泥土及杂物，清除驾驶室内部杂物

3 常用施工机械设备

履带式推土机一级（月度）维护作业项目和技术要求　　　　表 3-2

部位	序号	维护部件	作业项目	技术要求
发动机	1	曲轴箱机油	快速分析	机油快速分析，油质劣化超标，更换，不足添加
	2	机油过滤器	清洗	清洗滤清器，更换滤芯
	3	燃油过滤器	清洗	清洗过滤器，检查滤芯，损坏更换
	4	空气过滤器	清洗	清洗过滤器，检查滤芯，损坏更换
	5	风扇、水泵传动带	检查、调整	调整传动带张紧度，损坏换新
	6	散热器	检查	无堵塞，无破损、无水垢
	7	油箱	清洁	无油泥，无渗漏，每500h清洗一次
	8	仪表	检查	各仪表指针应在绿色范围内
	9	蓄电池	检查	电解液液面高出极板 10～12mm，相对密度高于1.24，各格相对密度差不大于0.025
	10	电气线路	检查	接头无松动，无绝缘破损情况
	11	照明、音响	检查	符合使用要求
主体	12	液压油及过滤器	检查、清洁	检查液压油量，不足添加；清洗滤清器
	13	变矩器、变速器	检查	工作正常，无异响及过热现象，添加润滑油
	14	终传动齿轮箱	检查	检查流量，不足添加，排除漏油现象
	15	转向离合器及制动器	检查	工作正常，制动摩擦片厚度不小于5mm
	16	履带及履带架	检查、紧固	紧固履带螺栓，履带架及防护板应无变形、焊缝开裂等现象
	17	导向轮、驱动轮支重轮、托带轮	检查	磨损正常，无横向偏摆，无漏油
	18	工作装置	检查、紧固	无松动、缺损，按规定力矩紧固
整机	19	各部螺栓及管接头	检查、紧固	无松动、缺损，按规定力矩紧固
	20	整机性能	试运转	在额定载荷下，作业正常，无不良情况

履带式推土机二级（年度）维护作业项目和技术要求　　　　表 3-3

部位	序号	维护部件	作业项目	技术要求
发动机	1	润滑系统	检测机油压力	油温（50＋5）℃以上时，低速空转调整压力为0.20MPa以上，高速空转调整压力为0.45MPa以上
	2	风扇传动带张力	检测	用手指约60N力量按压时的挠曲量约为10mm
	3	冷却系统	检测	节温器功能正常，77℃阀门开启
	4	启动系统	检测	水温为75℃时发动机在20s内启动，2次启动间隔时间为2min
	5	供油系统	检测	PT泵燃油压力值 0.68～0.73MPa，真空压力23.94kPa，喷油器喷油压力1.51MPa
	6	工作状态	测定转速及功率值	急速转速650r/min，发动机应稳定运转，高速转速2150r/min，标定功率235kW，发动机大负荷工况下无异常振动，排烟为淡灰色，允许深灰色

3.1 土方机械

续表

部位	序号	维护部件	作业项目	技术要求
发动机	7	曲轴连杆机构	检测	油温（50±10）℃，转速230～260r/min，3～5s气缸压缩压力应为28MPa；油温60℃，在额定转速时，曲轴箱窜气量为40.47kPa
	8	配齐机构	检测、调整	冷车状态进气门间隙0.36mm，排气门间隙0.69mm
	9	曲轴箱润滑油	化验机油性能指标	油质劣化超标时更换
	10	蓄电池	测定容量及相对密度	高频放电计检查，单格容量1.75V以上，稳定5s，电解液相对密度符合季节要求
主体	11	液力变矩器	检测	转数应在（1540+50）r/min以内
	12	液压泵	测定压力、流量及噪声	工作泵压力20MPa，变速泵压力2.0MPa；工作泵流量1725r/min时为172.5L/min，变速泵流量2030r/min时为93L/min；泵噪声小于75dB
	13	液压油	化验性能指标	油质劣化达标时更换
	14	各液压元件	检测	在额定工作压力下，无渗漏、噪声、过热等现象
	15	主离合器、制动器及万向节	检查、紧固	主离合器摩擦片、制动器摩擦片磨损严重时更换，万向节、十字轴轴承不松动，螺栓紧固
	16	变速器	检查	变速齿轮磨损不超过0.1～0.2mm，无异响，变速轻便，定位可靠
	17	后桥	检测	作业时无异响，锥齿轮的啮合间隙为0.25～0.35mm，不得大于0.75mm，接触印痕大于全齿长的50%，印痕的中点和齿轮小端距离为15～25mm，印痕的高度为50%的有效齿高，并位于有效齿高的中部
	18	转向离合器即制动器	检查	工作正常，磨损片厚度不小于5mm，磨损严重时更换
	19	终传动装置	测量齿轮节圆厚度	齿轮磨损厚度不超过0.2～0.25mm，排除漏油现象
	20	导向轮、驱动轮支重轮、托带轮	测量	表面尺寸磨损后减少量不超过10～12mm，排除漏油现象
	21	履带	检测	履带销套磨损超限时，可进行翻转修复，履带节高度磨损超限时，可进行焊补修复
	22	各类轴及轴承	检测	各类轴的磨损量不大于2～3mm（直径大取上限），各类轴承间隙符合要求
	23	工作装置	检修	铲刀及顶推架如磨损或开裂，应焊补，刀片使用一段时间后可翻转180°继续使用
整机	24	机架及外部构件	检修	铆焊在机架上的零部件应牢固，各构件无松动、破裂及短缺
	25	各紧固件	检查、紧固	按规定力矩紧固，并补齐缺损件
	26	整机覆盖面	除锈、补漆	对锈蚀、起泡、油漆脱落部分除锈及补漆
	27	整机性能	试运转	达到规定的性能参数（回转速度7.88r/min，行走速度工作档1.6km/h，快速档3.2km/h，爬坡能力45%，最大牵引力12t）

3 常用施工机械设备

履带式推土机润滑部位及周期 表3-4

润滑部位		润滑剂	润滑周期（h）		备注
			检查加油	换油	
发动机	发动机油底壳	稠化机油或柴油机油	10	500	新车第一次换油为250h
	张紧带轮架 风扇带轮 张紧带轮	锂基润滑脂	250		
传动系统	主离合器壳 后桥箱（包括变速器） 最终传动	稠化机油或柴油机油	10 10 250	500 1000 1000	新车第一次换油为250h
	主离合器操纵杆轴 万向节 油门操纵杆轴 制动踏板杠杆轴 减速踏板轴	锂基润滑脂	2000 1000 2000 2000 2000		
行走机构	引导轮调整杆 斜支撑 平衡梁轴	锂基润滑脂	100 1000 2000		
推土装置	工作油箱	稠化机油	50	1000	新车第一次换油为250h
	铲刀操纵杆轴 角铲支撑 直倾铲液压缸支架 液压缸中心架 倾斜球接头座 倾斜液压缸球接头 倾斜球接头支撑 液压缸球接头 倾斜球接头座	锂基润滑脂	250		

对于有运转记录的机械，也可以将运转台时作为维护周期的依据，推土机的一级维护周期为200h，二级维护周期为1800h，可根据机械的年限，作业条件等情况适当进行增减。对于老型机械，仍可执行三级维护制，即增加600h（季度）的二级维护，1800h（年度）的二级维护改为三级维护，作业项目可相应调整。

5. 推土机的常见故障及排除方法

履带式推土机的常见故障及排除方法见表3-5。

3.1 土方机械

履带式推土机的常见故障及排除方法　　　　　　　表 3-5

故障现象	故障原因	排除方法
主离合器打滑	1. 摩擦片间隙过大 2. 离合器摩擦片沾油 3. 压盘弹簧性能减弱	1. 调整间隙，如摩擦片磨损超过原厚度1/3时，应更换摩擦片 2. 清洗、更换油封 3. 进行修复或更换
主离合器分离不彻底或不能分离	1. 钢片翘曲或飞轮表面不平 2. 前轴承因缺油咬死 3. 压脚调整不当或磨损严重	1. 校正修复 2. 更换轴承，定期加油 3. 重新调整或更换压脚
主离合器发抖	1. 离合器套失圆太大 2. 松放圈固定螺旋松动	1. 进行修复 2. 紧固固定螺栓
主离合器操纵杆沉重	1. 调整盘调整过量 2. 油量不足使助力器失灵	1. 送回调整盘，重新调整 2. 补充油量
液力变矩器过热	1. 油冷却器堵塞 2. 齿轮泵磨损，油循环不足	1. 清洗或更换 2. 更换齿轮泵
变速器挂挡困难	1. 连锁机构调整不当 2. 惯性制动失灵 3. 齿轮或花健轴磨损	1. 重新调整 2. 调整 3. 修复，严重时更换
变速杆挂挡后不起步	1. 液力变矩器和变速器的油压不上升 2. 液压管路有空气或漏油 3. 变速器滤清器堵塞	1. 检查修理 2. 排除空气，紧固管路接头 3. 清洗滤清器
中央传动啮合异常	1. 齿轮啮合不正常或轴承损坏 2. 大圆锥齿轮紧固螺栓松动或第二轴上齿轮轮毂磨损	1. 调整齿轮间隙，更换轴承 2. 紧固螺栓或旋紧第二轴前锁紧螺母后用开口销锁牢
转向离合器打滑，使推土机跑偏	1. 操纵杆没有自由行程 2. 离合器片沾油或磨损过大	1. 调整后达到规定 2. 清洗或更换
操纵杆拉到底不转弯	1. 操纵杆与增力器间隙过大 2. 主从动片翘曲，分离不开	1. 调整 2. 校平或更换
推土机不能急转弯	1. 制动带沾油或磨损过度 2. 制动带间隙或操纵杆自由行程过大	1. 清洗或更换 2. 调整至规定值
液压转向离合器不分离	1. 转向油压、油量不足 2. 活塞上密封环损坏，漏油	1. 清洗滤清器，补充油量 2. 更换密封环
制动器失灵	1. 制动摩擦片沾油或磨损过度 2. 踏板行程过大	1. 清洗或更换 2. 调整
引导轮、支重轮、托带轮漏油	1. 浮动油封及O形圈损坏 2. 装配不当或加油过量	1. 更换 2. 重新装配，适量加油

续表

故 障 现 象	故 障 原 因	排 除 方 法
驱动轮漏油	1. 接触面磨损或有裂纹 2. 装配不当或油封损坏	1. 更换或重新研磨 2. 重新装配，更换油封
引导轮、支重轮、托带轮过度磨损	1. 三轮的中心不在一条直线上 2. 台车架变形，斜撑轴磨损	1. 校正中心 2. 校正修理，调整轴衬
履带经常脱出	1. 履带太松 2. 支重轮、引导轮的凸缘磨损 3. 三轮中心未对准	1. 调整履带张力 2. 修理或更换 3. 校正中心
液压操纵系统油温过高	1. 油量不足 2. 滤清器滤网堵塞 3. 分配器阀上、下弹簧装反	1. 添加至规定量 2. 清洗滤清器 3. 重新装配
液压操纵系统作用慢或不起作用	1. 油箱油量过多或过少 2. 油路中吸入空气 3. 油箱加油口空气孔堵塞	1. 使油量达到规定值 2. 排除空气，拧紧油管接头 3. 清洗通气孔及填料
铲刀提升缓慢或不能提升	1. 油箱中油量不足 2. 分配器回油阀卡住或阀的配合面上沾有污物 3. 安全阀漏油或关闭压力过低 4. 液压泵磨损过大	1. 加油至规定油面 2. 用木棒轻敲回油阀盖，或取出清洗阀座后重新装回 3. 检查，调整压力 4. 适当加垫或更换新泵
铲刀提升时跳动或不能保持提升位置	1. 分配器、滑阀、壳体磨损 2. 液压缸活塞密封圈损坏 3. 操纵阀杆间隙过大 4. 操纵阀卡住	1. 更换分配器 2. 更换 3. 修理调整 4. 检查修理
安全阀不起作用	1. 安全阀有杂物夹住或堵塞 2. 弹簧失效或调整不当	1. 检查并清理 2. 更换或重新调整

3.1.2 挖掘机

目前，在建筑施工中，常用的挖掘机为单斗液压挖掘机（简称单斗挖掘机），它是用单个铲斗开挖和装载土石方的挖掘机械。

1. 单斗挖掘机的分类

（1）按传动的类型不同分类。单斗挖掘机可以分为机械式、半液压式和全液压式。全液压式挖掘机的全部动作都由液压元件来完成，是目前广泛采用的类型。

（2）按行走方式不同分类。单斗挖掘机可以分为履带式、轮式两种。

（3）按工作对象不同分类。单斗挖掘机可以分为正铲、反铲、抓铲和拉铲四种，如图3-4所示。

3.1 土方机械

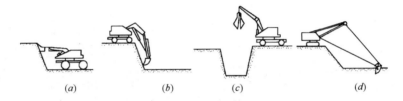

图 3-4 单斗挖土机示意图
(a) 正铲；(b) 反铲；(c) 抓铲；(d) 拉铲

2. 履带式单斗液压挖掘机的基本构造

如图 3-5 所示，为履带式液压传动单斗挖掘机的外形。如图 3-6 所示，为液压式单斗挖掘机的构造。它由动力装置、液压传动系统、工作机构和行走机构等几部分组成。

图 3-5 液压式单斗挖掘机外形

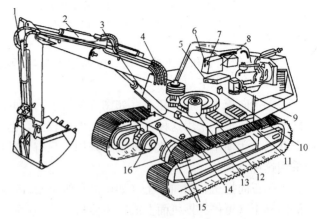

图 3-6 液压式单斗挖掘机构造
1—铲斗液压缸；2—斗杆液压缸；3—动臂液压缸；4—回转液压马达；5—冷却器；6—滤油器；7—磁性滤油器；8—液压油箱；9—液压泵；10—背压阀；11—后四路组合阀；12—前四路组合阀；13—中央回转接头；14—回转制动阀；15—限速阀；16—行走液压马达

3. 单斗挖掘机的性能及适用

（1）正铲挖土机

1) 正铲的性能。正铲挖土机因通常只用于开挖停机面以上的土壤，所以只适宜在土质较好、无地下水的地区工作。如图 3-7 所示，为正铲单斗液压挖土机的简图及主要工作运动状态。其机身可以回转 360°，动臂可升降，斗柄可伸缩，铲斗可转动，当更换工作装置后还可以进行其他施工作业。国产两种正铲液压挖土机的主要技术性能见表 3-6，其工作尺寸与开挖断面之间的比例关系，如图 3-8 所示。

正铲液压挖土机的主要技术性能　　　　表 3-6

技术参数	符号	单位	W-Y100	W-Y60
铲斗容量	q	m³	1.0	0.6
最大挖土半径	R	m	8.0	7.78
最大挖土高度	h	m	7.0	6.34
最大挖土深度	H	m	2.9	4.36
最大卸土高度	H_1	m	2.5	4.05

3 常用施工机械设备

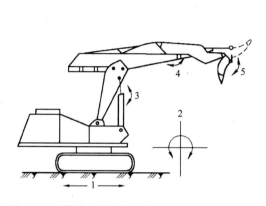

图 3-7 正铲单斗液压挖土机的主要工作运动状态
1—行走；2—回转；3—动臂升降；4—斗柄伸缩；
5—铲斗转动

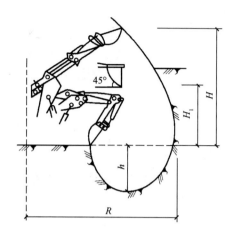

图 3-8 液压正铲工作尺寸

2）正铲挖土和卸土的方式。根据挖土机与运输工具的相对位置不同，正铲挖土和卸土的方式包括以下两种：

①正向挖土、后方卸土（如图 3-9 所示）。即挖土机向前进方向挖土，运输车辆停在它的后面装土。采用这种方法挖土工作面较大，但挖土机卸土时回转角大，运输车辆要倒车开入，运输不方便，故通常很少采用。只有当基坑宽度较小，而深度较大的情况下，才采用这种方式。

②正向挖土、侧向卸土（如图 3-9 所示）。即挖土机向前进方向挖土，运输车辆停在侧面卸土（可停在停机面上或高于停机面）。这种方法应用较广，因挖土机卸土时回转角小，运输方便，故其生产率高。

3）正铲挖土机的工作面及开行通道。挖土机在停机点所能开挖的土方面称为工作面，通常称"掌子"。工作面大小和形状取决于机械的性能、挖土和卸土的方式以及土壤性质等因素。根据工作面的大小和基坑的断面，即可布置挖土机的开行通道。例如当基坑开挖的深度小而面积大时，则只需布置一层通道即可（如图 3-10 所示）。第一次开行采用正向挖土，后方卸土；第二、三次都用正向挖土、侧向卸土，一次挖到底。进出口通道的位置通常可设在基坑的两端，其坡度为 1:7～1:10。

图 3-9 正铲挖土和卸土方式

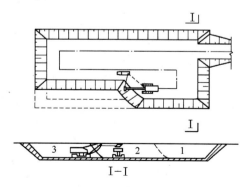

图 3-10 正铲开挖基坑

当基坑宽度稍大于工作面的宽度时，为减少挖土机的开行通道，可采用加宽工作面的方法（如图 3-11 所示），此时正铲按"之"字形路线开行。当基坑的深度较大时，则通道可布置成多层，如图 3-12 所示，为三层通道的布置。

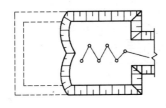

图 3-11　加宽工作面

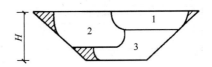

图 3-12　三层通道布置

（2）反铲挖土机

1）反铲挖土机的性能及适用范围。反铲挖土机是开挖停机面以下的土壤，无需设置进出口通道。适用于开挖小型基坑、基槽和管沟，尤其适用于开挖独立柱基，以及泥泞的或地下水位较高的土壤。

表 3-7 及图 3-13 所示为反铲液压挖土机的性能及工作尺寸。

反铲液压挖土机的主要技术性能　　　　表 3-7

技术参数	符号	单位	W-Y40	W-Y60
铲斗容量	q	m³	0.4	0.6
最大挖土半径	R	m	7.19	8.17
最大挖土深度	H	m	4.0	4.2
最大挖土高度	H	m	5.1	7.93
最大卸土高度	h	m	3.76	6.36

2）反铲挖土机的开行方式。反铲挖土机的开行方式包括沟端开行和沟侧开行两种。

①沟端开行（如图 3-14 所示）。挖土机在基槽一端挖土，开行方向与基槽开挖方向一致。其优点是挖土方便，挖的深度和宽度较大。当开挖大面积的基坑时，可采用如图 3-15 所示的分段开挖方法。

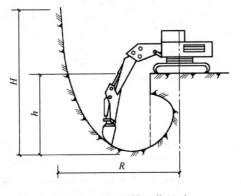

图 3-13　液压反铲工作尺寸

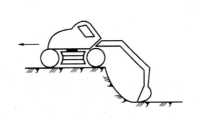

图 3-14　反铲沟端开行图

②沟侧开行（如图 3-16 所示）。即挖土机在沟槽一侧挖土，由于挖土机移动方向与挖

土方向相垂直，因此稳定性较差，而且挖的深度和宽度均较小。但当土方可就近堆在沟旁时，这种方法能弃土于距沟较远的地方。

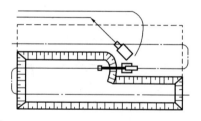

图 3-15 反铲分段开挖基坑

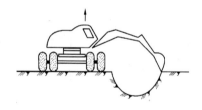

图 3-16 反铲沟侧开行

（3）拉铲挖土机。拉铲挖土机的工作装置简单，可以直接由起重机改装，其特点为铲斗悬挂在钢丝绳下而无刚性的斗柄上。因拉铲支杆较长，铲斗在自重作用下落至地面时，借助于自身的机械能可使斗齿切入土中，因此开挖的深度和宽度均较大，常用以开挖沟槽、基坑和地下室等。也可开挖水下和沼泽地带的土壤。拉铲挖土机的开行方式和反铲一样，包括沟端开行和沟侧开行两种，如图3-17（a）、（b）所示。但这两种开挖方法都有边坡留土较多的缺点，需要大量人工清理。如挖土宽度较小又要求沟壁整齐时，则可采用三角形挖土法，如图3-17（c）所示，即挖土机的停机点相互交错地位于基坑边坡的下沿线上，每停一点在平面上挖去一个三角形的土壤。这种方法可使边坡余土大大减少，而且由于挖、卸土时回转角度较小，所以生产率也较高。

（4）抓铲挖土机。抓铲挖土机通常由正、反铲液压挖土机更换工作装置（去掉铲斗换上抓斗，如图3-18所示）而成，或由履带式起重机改装。可用以挖掘独立柱基的基坑和沉井，以及其他的挖方工程，最适宜于进行水中挖土。国产主要型号单斗挖掘机的主要技术性能见表3-8。

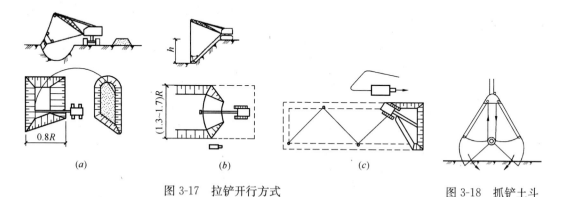

图 3-17 拉铲开行方式　　　　　　　图 3-18 抓铲土斗工作示意

国产主要型号单斗挖掘机技术性能　　　　　表 3-8

型号 项目	W-50	WLY-60	W-100	WY-100	WY-160	WD-400
斗容量(m³)	0.5	0.6	1	1	1.6	4
生产率(m³/h)	120	130	200	200	280	600

3.1 土方机械

续表

型号 项目	W-50	WLY-60	W-100	WY-100	WY-160	WD-400
操纵方式	机械	液压	机械	液压	液压	电动
正铲最大挖掘半径(m)	7.8	7.78	9.8	9.8	8.05	14.3
反铲最大挖掘深度(m)	5.56	5.30	7.30	7.30	5.84	
平台回转速度(r/min)	3.07～7.1	7.55	4.6	4.6	7.6	3.5
接地比压(MPa)	0.06	0.03	0.09	0.09	0.075	0.20
发动机功率(kW)	59.7	70.8	89.5	110	130.5	250
最大爬坡能力(%)	40	40	36	36	70	21
整机质量(t)	20.5	13.5	41/33	21.5(25)	35	200

(5) 土方的开挖顺序和方法：

1) 用正铲挖掘深路堑。在利用正铲挖掘路堑时，通常是把路堑沿着横断面分成多段小堑壕，按着侧向挖土法来进行，如图 3-19 所示。在开始时，先在小堑壕 I 内挖掘，等到挖至路堑的尽头（在长度上），再转到小堑壕 II 去继续按同样方法挖掘。其余均照此类推，一直到挖好为止。至于每一小堑壕要划分多少，应当根据挖土机、运输车的大小及运输路线的位置来确定，尽量深及宽并达到挖掘次数最少为原则。第一条运输线沿路堑边缘开辟，其余的则均利用前次开挖的堑壕。所挖的第一条小堑壕 I 的深度，较以后各条为浅，因为开始的车辆是停置在路堑边缘上的，如果挖得太深，则挖土机的最大卸土高度就不够了，因此土就卸不到上面去。如果因路堑边缘不平，有碍车辆行驶，或是路堑总深度与划分的小堑壕深度不成倍数时，则可以在路堑应挖范围内近边缘处，先挖成一条浅壕，作为运输线，此壕名为先锋壕。如图 3-20 所示。

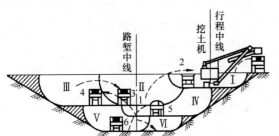

图 3-19 正铲侧向挖掘深路堑时的
挖掘顺序横断面

1～6—运输工具位置；I～VI—挖土机挖掘位置

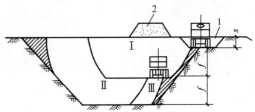

图 3-20 先锋壕的开挖方法

s—运输壕深度；f—对地平面来说挖土机
所挖掘的深度

1—运输壕；2—从运输壕挖出的土壤

I、II、III—挖土机的挖掘顺序

先锋壕的断面宽度以能供车辆行驶即可。所挖出的土暂时堆在路堑的中部，待以后正式挖掘时再将其装运走。

至于挖掘机在路堑的纵断面上（指在路堑的长度上）的挖掘顺序，要根据以下几个因素进行决定：即施工处的原来地形，运输车辆的行驶情况，土的性质及其他。如图 3-21

所示，通常有四种形式。如土可从路堑的两头运出（即两个方向运输）时，可采用如图 3-21（b）及图 3-21（d）所示的挖法。如图 3-21（b）所示的各条小堑壕的斜坡是逐渐减少的，而如图 3-21（d）所示的各条小堑壕从上部到下部都是平的。如土只能由一边运出，则采用如图 3-21（a）及图 3-21（c）所示两种挖掘断面。如图 3-21（a）所示的上下各条堑壕都是向下并同一方向倾斜，而且相互平行，如图 3-21（c）所示的坡度则逐层减少。挖掘机是从地平线开挖的，待第一条堑壕Ⅰ挖到头，再挖到Ⅱ、Ⅲ……，依此类推。运用上述开挖方法应注意下面几点：

①当挖掘到近于水平面的地段〔如图 3-21（b）的Ⅲ及图 3-21（d）所示的中部〕时，应当挖成稍微上升的坡度，以便地下水和雨水的排除。

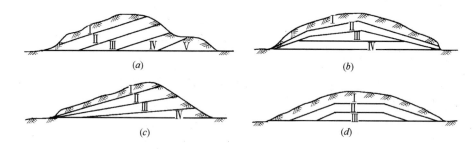

图 3-21　挖掘路堑纵断面的顺序及形式
（a）一边出土时纵向的水平工作面；（b）两边出土时逐渐减少坡度的纵向下作面；
（c）一边出土时逐渐减少坡度的纵向工作面；（d）两边出土时纵向平行工作面

②机械在斜坡上移动要没有坍塌的危险，所以要求有排水设备并防止土渗水造成坍塌。

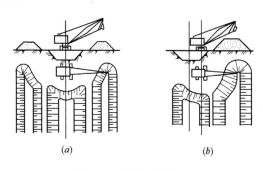

图 3-22　拉铲挖掘路堑
（a）拉铲在两边卸土以一次行程开挖路堑；
（b）拉铲在一边卸土以一次行程开挖路堑

2）用拉铲挖掘路堑。运用拉铲挖掘路堑时，应当按照路堑及机械类型来决定施工方案，同时还要考虑到在一边卸土或两边卸土的情况。如果路堑横断面积不大，挖掘一次就能挖成的话，这时有下面两种施工操作方法：一种是土容许卸在两边，按照图 3-22（a）所示方法，此时拉铲挖土机沿路堑中线移动工作；另一种是土只能卸在一边，如图 3-22（b）所示，挖土机可顺着偏近弃土场一边的地方移动来工作，这样会增加卸土场的面积而有利于卸土。

对较宽的路堑挖掘工作，则可分两次或更多次来进行，如图 3-23 所示。

此时应当注意，挖掘机必须始终平行于路堑纵向中线移动。

3）拉铲按"之"字形移动挖掘宽路堑或基坑。对宽路堑的挖掘工作如使用通常挖土机，一般每处要挖二、三次，而采用步履式挖掘机则很快就能够完成，如图 3-24 所示。

因为沿"之"字形路线移动，就不需另外浪费机械转移的时间。因此采用此法可增加挖掘机的生产率。

3.1 土方机械

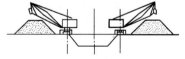
图3-23 拉铲以二次行程挖掘路堑

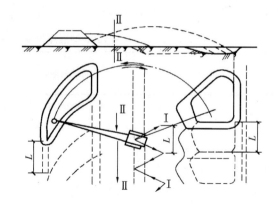
图3-24 拉铲按"之"字形施工

4. 挖掘机的保养与维护

液压挖掘机的技术维护，以WY100型液压挖掘机为例，具体见表3-9。

WY100型液压挖掘机的技术保养　　　　　表3-9

时间间隔	序号	技术保养内容
每班或累计10h工作以后	1	柴油机：参看柴油机说明书的规定
	2	检查液压油箱油面（新机器在300h工作期间每班检查并清洗过滤器）
	3	工作装置的各加油点进行加油
	4	对回转齿圈齿面加油
	5	检查并清理空气过滤器
	6	检查各部分零件的连接，并及时紧固（新车在60h内，对回转液压马达，回转支承、行走液压马达、行走减速液压马达、液压泵驱动装置、履带板等处的螺栓应检查并紧固一次）
	7	进行清洗工作，特别是底盘部分的积土及电气部分
	8	检查油门控制器及连杆操纵系统的灵活性，及时对关节处加油，并及时进行调整
每周或累计工作100h以后	9	按柴油机说明书规定检查柴油机
	10	对回转支承及液压泵驱动部分的十字联轴器进行加油
	11	检查蓄电池，并进行保养
	12	检查管路系统的密封性及紧固情况
	13	检查液压泵吸油管路的密封性
	14	检查电气系统，并进行清洗保养
	15	检查行走减速器的油面
	16	检查液压油箱（对新车100h内清洗油箱，并更换液压油及纸质滤芯）
	17	检查并调整履带张紧度
每季或累计500h工作以后	18	按柴油机说明规定，进行维护保养
	19	检查并紧固液压泵的进油阀和出油阀（用专用工具）（新车应在100h工作后检查并紧固一次）
	20	清洗柴油箱及管路
	21	新车进行第一次更换行走减速器内机油（以后每半年或1000h换一次）
	22	更换油底壳油（在热车停车时立即放出）及喷油泵与调速器内润滑油（新车应在60～100h内进行一次）
	23	新车对行车及回转补油阀进行紧固一次，清洗液压油冷却器

润滑周期及油料型号见表3-10。

WY100型液压挖掘机润滑表　　　　　　　　　　表3-10

润滑部位		润滑剂型号	润滑周期（h）（工作时间）	备注
动力装置	油底壳	夏季：柴油机油T14号 冬季：柴油机油T8或T11号	新车60 正常300～500	
	喷油泵及调速器	—	500	
操纵系统	手柄轴套	ZG-2	20	
液压系统	工作油箱	低凝液压油（-35℃） （原上稠40-Ⅱ液压油）	1000	
	系统灌充量	—	—	
传动系统	十字联轴器	夏季：ZG-2 冬季：ZG-1	50	
	液压泵轴	—	50	
	回转滚盘滚道	—	50	
	多路回路接头	—	50	
	齿圈	ZG-S	50	
作业装置	各连接点	ZG-2	20	
底盘	走行减速箱	HJ-40	100	或换季节换油
	张紧装置液压缸	ZG-2	调整履带时	
	张紧装置导轨面	同上	50	
	上下支承轮	—	2000	

5. 单斗挖掘机的常见故障及排除方法

单斗挖掘机常见故障及排除方法见表3-11。

单斗挖掘机常见故障及排除方法　　　　　　　　　表3-11

故障现象	产生原因	排除或处理方法
（一）整机部分		
机器工作效率明显下降	1. 柴油机输出功率不足 2. 液压泵磨损 3. 主溢流阀调整不当 4. 工作排油量不足 5. 吸油管路吸进空气	1. 检查、修理柴油机汽缸 2. 检查、更换磨损严重的零件 3. 重新调整溢流阀的整定值 4. 检查油质、泄漏及元件磨损情况 5. 排除空气，紧固接头，完善密封
操纵系统控制失灵	1. 控制阀的阀芯受压卡紧或破损 2. 滤油器破损，有污物 3. 管路破裂或堵塞 4. 操纵连杆损坏 5. 控制阀弹簧损坏 6. 滑阀液压卡紧	1. 清洗、修理或更换损坏的阀芯 2. 清洗或更换已损坏的滤油器 3. 检查、更换管路及附件 4. 检查、调整或更换已损坏的连杆 5. 更换已损坏的弹簧 6. 换装合适的阀零件

3.1 土方机械

续表

故障现象	产生原因	排除或处理方法
挖掘力太小，不能正常工作	1. 液压缸活塞密封不好，密封圈损坏，内漏很严重 2. 溢流阀调压太低	1. 检查密封及内漏情况，必要时更换液压缸组件 2. 重新调节阀的整定值
液压输油软管破裂	1. 调定压力过高 2. 管子安装扭曲 3. 管夹松动	1. 重新调整压力 2. 调制或更换 3. 拧紧各处管夹
工作、回转和行走装置均不能动作	1. 液压泵产生故障 2. 工作油量不足 3. 吸油管破裂 4. 溢流阀破坏	1. 更换液压泵组件 2. 加油至油位线 3. 检修、更换吸油管及附件 4. 检查阀与阀座、更换损坏零件
工作、回转和行走装置工作无力	1. 液压泵性能降低 2. 溢流阀调节压力偏低 3. 工作油量减少 4. 滤油器堵塞 5. 管路吸进空气	1. 检查液压泵，必要时更换 2. 检查并调节至规定压力 3. 加油至规定油位 4. 清洗或更换 5. 拧紧吸油管路，并放掉空气
（二）履带行走装置		
行走速度较慢或单向不能行走	1. 溢流阀调压不能升高 2. 行走液压马达损坏 3. 工作油量不足	1. 检查和清洗阀件，更换损坏的弹簧 2. 检修液压马达 3. 按规定加足工作油
行驶时阻力较大	1. 履带内夹有石块等异物 2. 履带板张紧过度 3. 缓冲阀调压不当 4. 液压马达性能下降	1. 清除石块等异物，调整履带 2. 调整到合适的张紧度 3. 重新调整压力值 4. 检查并换件
行驶时有跑偏现象	1. 履带张紧左右不同 2. 液压泵性能下降 3. 液压马达性能下降 4. 中央回转接头密封损坏	1. 调整履带张紧度，使左右一致 2. 检查、更换严重磨损件 3. 检查、更换严重磨损件 4. 更换已损零件，完善密封
（三）轮胎行走装置		
行走操作系统不灵活	1. 伺服同路压力低 2. 分配阀阀杆夹有杂物 3. 转向夹头润滑不良 4. 转向接头不圆滑	1. 检查回路各调节阀，调整压力值 2. 检查调整阀杆，清除杂物 3. 检查转向夹头并加注润滑油 4. 检修接头，去除卡滞毛刺
变速箱有严重噪声	1. 润滑油浓度低 2. 润滑油不足 3. 齿轮磨损或损坏 4. 轴承磨损已损坏 5. 齿轮间隙不合适 6. 差速器、万向节磨损	1. 按要求换装合适的润滑油 2. 加足润滑油到规定油位 3. 修复或换装新件 4. 换装新轴承并调整间隙 5. 换装新齿轮并调整间隙 6. 修复或换装新件

续表

故障现象	产生原因	排除或处理方法
变换手柄挂挡困难	1. 齿轮齿面异状，花键轴磨损 2. 换挡拨叉固定螺钉松动、脱落 3. 换挡拨叉磨损过度	1. 检修或更换已严重磨损件 2. 拧紧螺钉并完善防松件 3. 修复或更换拨叉
驱动桥产生杂声	1. 轴承壳破损 2. 齿轮啮合间隙不适合 3. 润滑油黏度不适合 4. 油封损坏，漏油	1. 检查、修理或更换轴承壳 2. 调整啮合间隙，必要时更换齿轮 3. 检测润滑油黏度，换装合适的油 4. 更换油封，完善油封
轮边减速器漏油	1. 轮壳轴承间隙过大 2. 润滑油量过多，过稠 3. 油封损坏，漏油	1. 调整轴承间隙并加强润滑 2. 调整油量和油质 3. 更换油封，完善油封
制动时制动器打滑	1. 制动鼓中流入黄油 2. 壳内进入齿轮油 3. 摩擦片表面有污物或油渍	1. 清洗制动鼓并完善密封 2. 清洗壳体 3. 检查和清洗摩擦片
制动器操纵失灵	1. 液压缸活塞杆间隙过大 2. 储气筒产生故障 3. 制动块间隙不合适 4. 制动衬里磨损 5. 液压系统侵入空气	1. 检查活塞杆密封件，必要时换装新件 2. 拆检储气筒，更换已损件 3. 检查制动块并调整间隙 4. 换装新件 5. 排除空气并检查、完善各密封处
（四）回转部分		
机身不能回转	1. 溢流阀或过载阀调压偏低 2. 液压平衡失灵 3. 回转液压马达损坏	1. 更换失效弹簧，重新调整压力 2. 检查和清洗阀件，更换失效弹簧 3. 检修马达
回转速度太慢	1. 溢流阀调节压力偏低 2. 液压泵输油量不足 3. 输油管路不畅通	1. 检测并调整阀的整定值 2. 加足油箱油量，检修液压泵 3. 检查并疏通管道及附件
启动有冲击或回转制动失灵	1. 溢流阀调压过高 2. 缓冲阀调压偏低 3. 缓冲阀的弹簧损坏或被卡住 4. 液压泵及马达产生故障	1. 检测溢流阀，调节整定值 2. 按规定调节阀的整定值 3. 清洗阀件，更换损坏的弹簧 4. 检修液压泵及马达
回转时产生异常声响	1. 传动系统齿轮副润滑不良 2. 轴承辊子及滚道有损坏处 3. 回转轴承总成联接件松动 4. 液压马达发生故障	1. 按规定加足润滑脂 2. 检修滚道，更换损坏的辊子 3. 检查轴承各部分，紧固联接件 4. 检修液压马达
（五）工作装置		
重载举升困难或自行下落	1. 液压缸密封件损坏，漏油 2. 控制阀损坏，漏油 3. 控制油路窜通	1. 拆检液压缸，更换损坏的密封件 2. 检修或更换阀件 3. 检查管道及附件，完善密封

3.1 土方机械

续表

故障现象	产生原因	排除或处理方法
动臂升降有冲击现象	1. 滤油器堵塞，液压系统产生气穴 2. 液压泵吸进空气 3. 油箱中的油位太低 4. 液压缸体与活塞的配合不适当 5. 活塞杆弯曲或法兰密封件损坏	1. 清洗或更换滤油器 2. 检查吸油管路，排出空气，完善密封 3. 加油至规定油位 4. 调整缸体与活塞的配合松紧程度 5. 校正活塞缸杆，更换密封件
工作操纵手柄控制失灵	1. 单向阀污染或阀座损坏 2. 手柄定位不准或阀芯受阻 3. 变量机构及操纵阀不起作用 4. 安全阀调定压力不稳、不当	1. 检查和清洗阀件，更换已损坏阀座 2. 调整联动装置，修复严重磨损件 3. 检查和调整变量机构组件 4. 重新调整安全阀整定值
(六) 转向系统		
转向速度不符合要求	1. 变量机构阀杆动作不灵 2. 安全阀整定值不合适 3. 转向液压缸产生故障 4. 液压泵供油量不符合要求	1. 调整或修复变量机构及阀件 2. 重新调整阀的整定值 3. 拆检液压缸，更换密封圈等已损件 4. 检修液压泵
方向盘转动不灵活	1. 油位太低，供油不足 2. 油路脏污，油流不畅通 3. 阀杆有卡纸现象 4. 阀不平衡或磨损严重	1. 加油至规定油位 2. 检查和清洗管道，换装新油 3. 清洗和检修阀及阀杆 4. 检修或更换阀组件
转向离合器不到位	1. 油位太低，供油不足 2. 吸入滤油网堵塞 3. 补偿液压泵磨损严重，所提供的油压偏低 4. 主调整阀严重磨损，泄漏	1. 加油至规定油位 2. 清洗或更换滤油网 3. 用流量计检查液压泵，检修或更换液压泵组件 4. 检修或更换阀组件
(七) 制动系统		
制动器不能制动	1. 制动操纵阀失灵 2. 制动油路有故障 3. 制动器损坏 4. 联接件松动或损坏	1. 检修或更换阀组件 2. 检修管道及附件，使油流畅通 3. 检修制动器，更换已损件 4. 更换并紧固联接件
制动实施太慢	1. 制动管路堵塞或损坏 2. 制动控制阀调整不当 3. 油位太低，油量不足 4. 工作系统油压偏低	1. 疏通和检修管道及附件 2. 检查控制阀并重新调整整定值 3. 加足工作油并保持油位 4. 检查液压泵，调整工作压力
制动器制动后脱不开	1. 制动控制阀调整不当或失效 2. 系统压力不足 3. 管路堵塞，油流不畅 4. 制动液压缸有故障 5. 联动装置损坏	1. 检修或调整阀组件 2. 检修液压泵及阀，保持额定工作压力 3. 检查并疏通管道及附件 4. 拆检液压缸，更换已损件 5. 修复或更换联动装置组件

3.1.3 铲运机

1. 铲运机的用途与分类

铲运机是一种能独立完成铲土、运土、卸土和填筑的土方施工机械。与挖掘机和装载机配合自卸载重汽车施工相比较，具有较高生产率和经济性。铲运机由于其斗容量大，作业范围广，主要用于大土方量的填挖和运输作业，广泛用于公路、铁路、工业建筑、港口建筑、水利及矿山等工程中。

铲运机按运行方式不同有拖式和自行式两种。拖式铲运机是利用履带式拖拉机为牵引装置拖动铲土斗进行作业的，如图 3-25 所示为拖式铲运机外形。

拖式铲运机铲土斗几何容量为 $6\sim7m^3$，适合在 $100\sim300m$ 的作业范围内使用。自行式铲运机近年来发展较快，是采用专门底盘并与铲土斗铰接在一起进行铲运作业，如图 3-26 所示为自行式铲运机的外形。自行式铲运机铲土斗几何容量最大的可以达 $40m^3$ 以上，并且行驶速度较快，适合在 $300\sim3500m$ 的作业范围内使用。

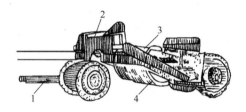
图 3-25 拖式铲运机外形
1—拖杆；2—辕架；3—前斗门；4—铲土斗体

图 3-26 自行式铲运机外形

铲运机按铲土斗几何容量包括小型（斗容量在 $4m^3$ 以下）、中型（斗容量为 $4\sim10m^3$）和大型（斗容量在 $10m^3$ 以上）三种。按照操纵方式不同，铲运机分为液压式和钢丝绳操纵式两种。

铲运机按卸土方式的不同，可分为强制式、半强制式和自由式三种。

2. 铲运机的基本构造

拖式铲运机本身不带动力，在工作时，由履带式或轮式拖拉机牵引。这种铲运机具有牵引车的利用率高，接地比压小，附着能力大和爬坡能力强等优点，在短距离和松软潮湿地带工程中普遍使用，工作效率低于自行式铲运机。

拖式铲运机结构，如图 3-27 所示，由拖把、辕架、工作油缸、机架、前轮、后车轮和铲斗等组成。铲斗由斗体、斗门和卸土板组成。斗体底部的前面装有刀片，用于切土。

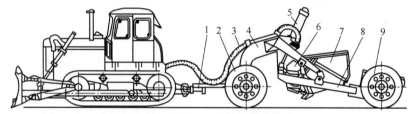
图 3-27 CTY2.5 型铲运机的构造
1—拖把；2—前轮；3—油管；4—辕架；5—工作油缸；6—斗门；7—铲斗；8—机架；9—后轮

3.1 土方机械

斗体可升降,斗门可相对斗体转动,即打开或关闭斗门。以适应铲土、运土和卸土等不同作业的要求。

自行式铲运机多为轮胎式,通常由单轴牵引车和单轴铲斗两部分组成,如图3-28所示。有的在单轴铲斗后还装有一台发动机,铲土工作时可采用两台发动机同时驱动,如图3-28所示。在采用单轴牵引车驱动铲土工作时,有时需要推土机助铲。轮胎式自行铲运机均采用低压宽基轮胎,以改善机器的通过性能。自行式铲运机本身具有动力,结构紧凑,附着力大,行驶速度快,机动性好,通过性好,在中距离土方转移施工中应用比较多,效率比拖式铲运机高。

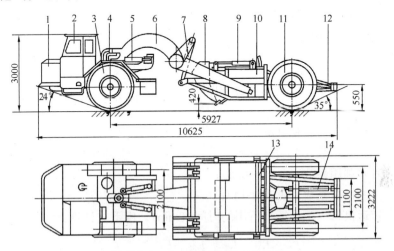

图3-28 CL7型铲运机(mm)
1—发动机;2—单轴牵引车;3—前轮;4—转向支架;5—转向液压缸;6—辕架;7—提升油缸;8—斗门;
9—斗门油缸;10—铲斗;11—后轮;12—尾架;13—卸土板;14—卸土油缸

CL7型自行式铲运机是斗容量为7~9m³的中型、液压操纵、强制卸土的国产自行式铲运机。该机由单轴牵引车及铲运斗两部分组成,如图3-28所示。单轴牵引车采用液力机械传动、全液压转向、最终轮边行星减速和内涨蹄式气制动等机构。铲运斗由辕架、提升油缸、斗门、斗门油缸、卸土板、铲斗、卸土油缸、后轮和尾架等组成,采用液压操纵。

3. 铲运机的主要技术参数

铲运机的主要技术参数有铲斗的几何斗容(平装斗容)、堆尖斗容、发动机的额定功率等,见表3-12。

铲运机的主要技术参数　　　　　　　　　　表3-12

项目	型号	CTY-2.5 拖式	R24H-1 拖式	CL-7
铲斗	平装容量(m³)	2.5	18.5	7
	堆尖容量(m³)	2.75	23.5	9
	铲刀宽度(mm)	1900	3100	2700
	切土深度(mm)	150	390	300
	铺卸厚度(mm)	—	—	400
	操纵方式(mm)	液压	液压	液压

65

续表

项目	型号	CTY-2.5 拖式	R24H-1 拖式	CL-7
发动机	型号	东—75 拖拉机	小松 D150 或 D155	6120
	功率（kW）	45	120	—
	转速（r/min）	1500	2000	—
外形尺寸（m）		5.6×2.44×2.4	11.8×3.48×3.47	9.7×3.1×2.8
重量（t）		1.98	17.8	14

4. 铲运机的生产率计算

铲运机的生产率：

$$Q_e = \frac{60Vk_Hk_B}{t_Tk_S} \text{ (m}^3\text{/h)} \tag{3-5}$$

式中　V——铲斗的几何容积（m³）；
　　　k_H——土充满系数（见表3-13）；
　　　k_B——时间利用系数（0.75～0.8）；
　　　k_S——土的松散系数（见表3-14）；
　　　t_T——铲运机每一工作循环所用的时间（min）。由下式计算：

$$t_T = \frac{L_1}{v_1} + \frac{L_2}{v_2} + \frac{L_3}{v_3} + \frac{L_4}{v_4} + nt_1 + 2t_2 \tag{3-6}$$

式中　L_1——铲土的行程（m）；
　　　L_2——运土的行程（m）；
　　　L_3——卸土的行程（m）；
　　　L_4——回驶的行程（m）；
　　　v_1——铲土的行驶速度（m/min）；
　　　v_2——运土的行驶速度（m/min）；
　　　v_3——卸土的行驶速度（m/min）；
　　　v_4——回驶的行驶速度（m/min）；
　　　t_1——换档时间（min）；
　　　t_2——每循环中始点和终点转向用的时间（min）；
　　　n——换档次数。

铲运机铲斗的充满系数　　　　表3-13

土的种类	充满系数
干砂	0.6～0.7
湿砂（含水量12%～15%）	0.7～0.9
砂土与黏性土（含水量4%～6%）	1.1～1.2
干黏土	1.0～1.1

3.1 土方机械

土的松散系数　　　　　　　　　　　　　　　表 3-14

土的种类和等级		土的松散系数	
		标准值	平均值
Ⅰ	植物性以外的土	1.08～1.17	1.0
Ⅱ	植物土、泥炭黑土	1.20～1.30	1.0
Ⅲ	—	1.4～1.28	1.0
Ⅳ	—	1.24～1.30	1.25
Ⅴ	除软石灰外	1.26～1.32	1.30
Ⅵ	软石灰石	1.33～1.37	1.30

5. 铲运机的施工作业

(1) 铲运机的作业过程。铲运机的作业过程包括铲土、运土、卸土和返回过程。

1) 铲土过程。在铲土时卸土板在铲斗体的最后位置，牵引车挂一档，全开斗门，随着装土阻力的增加逐渐加大油门。在铲土时，铲运机应保持直线行驶，并应始终保持助铲机的推力与铲运机行驶的方向一致。应尽量避免转弯铲土或在大坡度上横向铲土。

2) 运土过程。铲斗装满后运往卸土地点，此时应尽量降低车辆重心，增加行驶的平稳性和安全性，通常不宜把铲斗提得过高。运输时应根据道路情况尽量选择适当的车速。

3) 卸土过程。在铲运机运到卸载地点后，应将斗门打开，卸土板前移将铲斗内土壤卸出。如需分层铺筑路基，应先将铲斗下降到所需铺填高度，选择适当车速（Ⅰ档或Ⅱ档），打开斗门，卸土板将土推出。此时卸土板前移速度应与车辆前进速度相配合，从而使土壤连续卸出。

4) 返回过程。卸土完毕之后，提升铲斗，卸土板复位，并根据路面情况尽量选择高速档返回到铲土作业区段。为了减少辅助时间，铲运斗各机构的操纵可在回程中进行。随着土的种类不同，坡度不同，填土厚度不同，因而在各个工序中，铲运机需用不同的牵引力，也就是采用不同的行驶速度来工作。根据经验，在铲土时，用Ⅰ、Ⅱ档速度；重车开行时，用Ⅲ、Ⅳ档速度；卸土时用Ⅱ档速度；空车开行时，用Ⅴ档速度。

(2) 铲运机的运行路线。铲运机的运行路线有椭圆形、"8"字形和折线形等。

1) 椭圆形路线是一种简单而常用的行驶路线（如图 3-29 所示）。铲运机装满土后转向卸土地点，卸完后再转向取土地点，每个循环共有两个转向。当挖方深度与填方高度之和在 2.2～4.1m 之间，宜采用椭圆形路线。平行于挖方直线挖土，将土料运到挖方一侧的填方中去。在施工

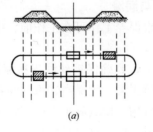 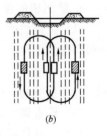

图 3-29　铲运机的椭圆形路线
(a) 横向开挖；(b) 纵向开挖

中，应经常调换方向行驶，避免因经常一侧转向，产生转向离合器及行驶机构的磨损不均匀和转向失灵现象。

2) "8"字形路线是椭圆形纵向开挖路线的演变，取土和卸土轮流在两个工作面上进行，如图 3-30 所示。整个作业循环形成一个"8"字形。在一个循环中有两次挖土和卸

土，只需转弯两次，每一个循环比椭圆形路线少转弯一次。同时由于经常的两侧转弯，行走机构磨损均匀。进车道在平面上的布置与填方轴线成 40°～60°角，出车道则与轴线垂直。与椭圆形方式相比，可增大挖方填方的高差，但需要较长的工作线路，并产生较多的欠挖。

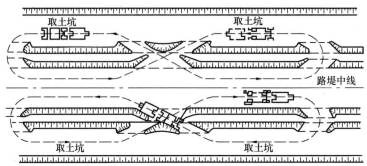

图 3-30　铲运机"8"字形开挖工作路线

3）折线形路线是从"8"字形演变过来的（如图 3-31 所示）。按照这种开行方式，装土和卸土地点是经常变换的，铲运机沿工作前线连续开行，进行挖土卸土工作，在一个方向工作完毕后，便回转过来向相反的方向进行。折线形路线虽然每个循环的转弯次数更少，但其运距较大，需要很多的进出车道，欠挖的土方量很多，因此只有在工作路线长，且挖方填方高差较大时，才采用这种方式。

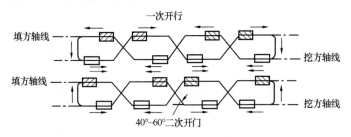

图 3-31　铲运机折形开挖工作路线

6. 铲运机的保养与润滑

（1）铲运机的日常保养工作可在工作前、中、后进行。主要是检查、调整、紧固、清洁和润滑等工作。

（2）在使用过程中，要确保钢丝绳连接紧固，各操纵手柄和踏板灵活可靠，液压系统、传动系统均应运转正常、无噪声、不漏油和不发热等。

（3）检查调整各机构，使其满足上述正常工作要求。同时在保养中加强清洁工作，并按照润滑要求作好润滑工作，这也是提高机械完好率的重要措施。

（4）自行式铲运机日常维护作业项目和技术要求见表 3-15～表 3-17。

自行式铲运机日常维护作业项目和技术要求　　　　表 3-15

部位	序号	维护部件	作业项目	技 术 要 求
发动机	1	燃油箱油位	检查，添加	检查燃油箱存油量，不足时添加
	2	曲轴箱油位	检查，添加	在机械水平状态下，机油油位应在标尺上下刻度之间，不足时添加

3.1 土方机械

续表

部位	序号	维护部件	作业项目	技术要求
发动机	3	冷却液液位	检查，添加	液面不低于水箱上室的一半，不足时添加
	4	空气过滤器	清洁	清除初滤器集尘柄或排尘口的积尘
	5	管路及密封	检查	水管油管畅通、无漏油、漏水现象
	6	紧固件	检查	螺栓、螺母、垫片无松动、缺损
	7	工作状态	检查	无异响，无异常气味，烟色浅灰，仪表指示正常
主体	8	液压油箱	检查	油量充足，不足时添加
	9	液压元件	检查	动作正确，作用良好，无卡滞，无泄露
	10	传动系统	检查	作用可靠，无异常
	11	转向机构	检查	作用可靠，无异常
	12	制动系统	检查	制动气压正常，制动有效可靠
	13	行走装置	检查	轮胎气压符合规定，外表无异物扎入，螺栓、螺母如有松动，应予紧固
工作装置	14	铲斗	检查	铲斗各部结构无变形损坏，铲刀及卸土板等动作灵活
	15	减压装置	检查	铲斗操纵机构作用良好，无泄漏、过热现象
整机	16	整机外部紧固件	检查	松动者紧固、缺损者补齐
	17	各操纵杆	检查	各操纵杆操纵灵活，定位可靠
	18	整机外表	清洁	清除外部粘附的泥土、杂物
	19	工作状态	试运转	作业前空载试运转，无不良现象

自行式铲运机二级（日度）维护作业项目和技术要求　　　　表 3-16

部位	序号	维护部件	作业项目	技术要求
发动机	1	机油曲轴箱	快速分析	油质劣化超标时更换，不足时添加
	2	机油过滤器	清洁	清洗，更换滤芯
	3	燃油过滤器	清洁	拆洗，滤网如损坏，应更新
	4	空气过滤器	清洁	清洗并吹扫干净
	5	风扇及水泵传动带	检查，调整	调整传动带张紧度，如磨损严重，应换新
	6	散热器	检查	无堵塞，水垢严重时清洗
	7	燃油箱	清洁	无油泥，积垢，每500h清洗一次
电器仪表	8	仪表	检查	工作状态中各仪表指针应在绿色范围内
	9	蓄电池	检查，清洗	电解液相对密度高于1.24，液面高出极板10～12mm，极桩清洁，通气孔畅通
	10	电气线路	检查	接头无松动，绝缘良好
	11	照明，喇叭	检查	符合使用要求
	12	发电机调节器	检查	触点平整，接触良好，如有烧蚀应修复
传动系统	13	变矩器、变速器	检查	工作正常，无异响及过热，操纵灵活，定位正确，如油量不定应添加
	14	驱动桥	检查	工作正常，无异响及过热，不漏油，添加减速器润滑油
	15	传动轴及连接螺栓	检查，紧固	工作正常，对松动处进行紧固

续表

部位	序号	维护部件	作业项目	技术要求
转向系统	16	方向盘	检查,调整	方向盘回转度超过30°时,应调整蜗杆与滚轮之间的间隙
	17	转向机	检查,紧固	油量不足时添加,固定螺栓如松动,应紧固
液压系统	18	空气压缩机		工作正常,排放贮气筒内的积水和油污
	19	制动性能	检查,测试	制动应有效可靠,无漏气现象,管路和接头如有松动,应紧固
	20	制动气压	检查,调整	观察气压表,应为0.68~0.7MPa,必要时进行调整
	21	液压油箱	检查油质	如油质劣化超标,应更换,不足时添加
	22	液压元件	检测	工作正常,无泄漏、过热、噪声等异常现象
	23	管路及管接头	检查,紧固	无泄漏,如有松动,应紧固
工作装置	24	铲刀	检查,紧固	螺栓如有松动,应紧固
	25	卸土板	检查	移动灵活,卸土情况良好
	26	斗门	检查	斗门起落平稳,关闭严密,运土时不漏土
	27	后轮	检查	轴承如磨损严重,应予更换
整机	28	紧固件	检查,紧固	按规定力矩紧固各主要螺栓
	29	整机性能	试验	作业正常,无不良情况

自行式铲运机二级(年度)维护作业项目及技术要求　　　　表3-17

部位	序号	维护部件	作业项目	技术要求
发动机	1	曲轴箱	清洗	清洗油道及油底壳,清除污物,更换润滑油
	2	节温器	检查,试验	节温器功能正常,77℃时阀门开始开启,80℃时阀门充分开启,不符此要求时更换
	3	配气机构	检测	用仪表检测气门密封性,如不合格时,应研磨气门;检查气门间隙,如不符规定应进行调整
	4	曲轴连杆机构	测定气缸压力	气缸压缩压力不低于标准值80%,各缸压力差不超过8%;在正常温度时,各进排气口、加机油口、水箱等应无明显漏气声和气泡
	5	润滑系统	检测机油压力	在标定转速时机油压力为245~343kPa范围内,在500~600r/min时,机油压力不小于49kPa
	6	泵及喷油器	测试	在试验台上校验,使其雾化良好,断油迅速,无滴油现象
电器及仪表	7	起动机及电动机	拆检	清洁内部,润滑轴承,更换磨损零件,修整整流子,测量绝缘应良好
	8	电气线路	检查	接头不松动,绝缘无破损
	9	仪表	检测	指针走动平稳,同位正确,数字清晰
传动系统	10	取力箱	检查	扭转减振器应功能正常,各零部件磨损超限或有损坏时,应予更换
	11	变矩器及变速器	检查清洗	变矩器自动锁闭机构功能可靠,变速器各离合器无打滑现象,各零件磨损超限时更换,清洗壳体内部,更换润滑油
	12	驱动桥及轮速减速器	检测	螺旋锥齿轮的啮合间隙为0.30~0.45mm,齿轮轴上圆锥轴承的轴向间隙为0.10mm,间隙不符时应调整
	13	传动轴及万向节	拆检	进行拆检、清洗各零件磨损超限时应更换

3.1 土方机械

续表

部位	序号	维护部件	作业项目	技术要求
转向制动系统	14	转向性能	检查	单轴牵引车相对工作装置能左、右90°转向，转弯直径符合规定
	15	空气压缩机	拆检	压缩机工作24h后，在油水分离器和贮气筒中聚集的机油超过10～15cm³时，应检查活塞及活塞环，如磨损超限应更换
	16	制动器	拆检	制动摩擦片磨损超限时应更换，制动鼓磨损超限时应镗削，其他零件磨损或损坏时，应修复或换新
	17	制动气阀	检查	各气阀应功能可靠，无漏气现象
液压系统	18	液压油箱	清洗	清洗转向及工作装置液压油箱，更换新油
	19	液压泵、液压阀、液压缸	检查	在额定工作压力下，各液压元件应工作正常，无渗漏、噪声及过热等现象；液压缸应伸缩平稳，无卡滞及爬行现象
液压系统	20	液力传动，转向工作装置等液压系统	检测	各系统工作压力应符合规定，否则，应查明原因，进行调整
工作装置	21	各铰接处	检查	各铲接处的销轴、销套磨损严重时应更换
	22	牵引车和铲斗连接	检修	应连接牢固，如上下立轴及水平轴磨损严重时，应更换；连接螺栓如有松动，应紧固
	23	铲刀和推土机	检修	磨损或变形严重时，应进行焊修
	24	尾架	检修	尾架应紧固，无脱焊、变形，顶推装置完好
整机	25	各紧固件	检查，紧固	按规定力矩紧固主要螺栓，配齐缸损件
	26	机体涂覆面	除锈，补漆	应无锈蚀、起泡，必要时进行除锈补漆
	27	整机性能	试运转	各项性能符合要求

对于有运转记录的机械，也可将运转台时作为维护周期的分级依据，铲运机的一级维护周期为200h，二级维护周期为1800h，可以根据机械年限、作业条件等情况适当增减。对于老型机械，仍可执行三级维护制，即增加600h（季度）的二级维护，原定1800h（年度）的二级维护改为三级维护，作业项目可相应调整。

（5）自行式、拖式铲运机润滑部位及周期见表3-18、表3-19。

自行式铲运机润滑部位及周期　　　　　　　　　　表3-18

润滑部位	点　数	润滑剂	润滑周期（h）
换挡架底部轴承	1		
传动轴伸缩叉	2		
转向液压缸圆柱销	4		
换向机构曲柄	2		
卸土液压缸圆柱销	4	钙基脂	
滚轮	3	冬ZG-2	8
辕架球铰节	2	夏ZG-4	
斗门液压缸圆柱销	4		
提斗液压缸圆柱销	4		
中央框架水平轴	2		
中央框架上下立轴	2		

续表

润滑部位	点 数	润滑剂	润滑周期（h）
前制动凸轮轴支架 制动器圆柱销及凸轮轴 气门前端	2 12 4	钙基脂 冬 ZG-2 夏 ZG-4	50
功率输出箱	1	汽油机油 冬 HQ-6 夏 HQ-10	50 加注 1000 更换
万向节滚针	4		200 加注 1000 更换
变矩器 变速器	1 1	汽油机油 冬 HU-22 夏 HU-30	50 加注 1000 更换
转向油箱 铲斗工作油箱			50 加注 2000 更换
减速器 轮边减速器 差速器 转向器	1 2 1 1	齿轮油 冬 HL-20 夏 HL-30	50 加注 1000 更换
变矩器壳体前轴承 制动调整臂涡轮、蜗杆 操纵阀手柄座	1 4 3	钙基脂 冬 ZG-2 夏 ZG-4	200
前后轮毂轴承	4		2000 更换

拖式铲运机润滑部位及周期 表3-19

润滑部位	点数	润滑剂	润滑周期（h）
转轴 提斗下滑轮及滑轮转座	2 2	钙基脂 冬 ZG-2 夏 ZG-4	30
斗门轴座 象鼻前滑轮	2 2		60
提斗上滑轮 象鼻上滑轮 卸土导向滑轮 斗门导向滑轮 辕架轴座滑轮 卸土四联定滑轮 卸土四联动滑轮 卸土斗门两联动滑轮	2 1 3 2 2 2 2 1	钙基脂 冬 ZG-2 夏 ZG-4	60

3.1 土 方 机 械

续表

润滑部位	点数	润滑剂	润滑周期（h）
斗门导向滑轮 斗门定滑轮	2 1	冬 ZG-2 夏 ZG-4	120
拖把轴承 转座 卸土、提升导向滑轮转座 卸土导向滚轮 蜗形器	1 1 4 8 1		160
前轮轴承 后轮轴承	2 2		1200 更换
提斗、蜗形器、弹簧钢丝绳	3	石墨脂 ZG-S	1200 涂抹

7. 铲运机的常见故障及排除方法

自行式铲运机常见故障及排除方法见表 3-20。

自行式铲运机常见故障及排除方法　　　　表 3-20

故障现象	故 障 原 因	排 除 方 法
挂挡后机械不走或者蠕动现象	1. 变速器挡位不对 2. 油液少 3. 挡位杆各固定点有松动	1. 重新挂挡 2. 添加油料到规定容量 3. 紧固
液力变矩器油温高且升温快	1. 油量过多或过少 2. 滤油器堵塞 3. 离合器打滑 4. 变速器挡位不对 5. 有机械摩擦	1. 放出或注入油量至定额 2. 清洗或更换滤油器 3. 除去离合器摩擦片和压板上的油污 4. 重新挂挡 5. 检查后调整或修理
主油压表上升缓慢，供液压泵有响声	1. 滤网堵塞 2. 油量少 3. 各密封不良，漏损多 4. 油液起泡沫	1. 清洗滤网，必要时更换 2. 添加油料至规定要求 3. 更换密封，消除损漏 4. 检查后更换
车速低，油温升高	1. 使用挡位不正确 2. 制动蹄未解脱 3. 工作装置手柄及气动转向阀手柄位置不对	1. 换至适当挡位 2. 松开制动蹄 3. 调整到中间位置
各挡位主油压低	1. 油量少 2. 液压泵磨损 3. 离合器密封漏油 4. 滤网堵塞 5. 主调压阀失灵	1. 添加至规定量 2. 检查修理，必要时更换 3. 更换密封件 4. 清洗滤网，必要时更新 5. 检查修复或更换
主油压表摆动频繁	1. 油量少 2. 油路内进入空气 3. 油液泡沫多	1. 添加到规定量 2. 将空气排出 3. 检查后更换油液
转向无力	阀调压螺栓松动，油压低	紧固调整使油压正常

3 常用施工机械设备

续表

故障现象	故 障 原 因	排 除 方 法
转向不灵	1. 油量少 2. 系统有漏油现象 3. 滤油器阻塞	1. 增添油量到规定量 2. 检查后,紧固接头,更换密封件 3. 清洗或必要时更换滤网
转向有死点	1. 换向机构调整不当 2. 转向阀节流滤网阻塞	1. 重行调整 2. 清洗或必要时更换滤网
转向失灵油温升高	1. 转向阀或双作用安全阀的调整阀或单向阀失灵 2. 油路有阻塞 3. 油量少	1. 检查后调整或修理 2. 清洗滤网或更换 3. 添加到规定量
方向盘自由行程大于30°	1. 转向机轴承间隙大 2. 拉杆刚性不足,结合处间隙大	1. 调整或必要时更换 2. 进行加固并调整间隙
气压降至0.68MPa以下,空气仍从压力控制器排除	1. 控制器放气孔被堵塞 2. 止回阀漏气 3. 控制器鼓膜漏气,盖不住阀门座	1. 用细铁丝通开放气孔 2. 检查密封情况,如橡胶阀体损坏,应更换新件 3. 检查后如密封件损坏,应更换新件
压力低于0.68MPa	控制器调整螺钉过松,阀门开放压力低	将调整螺钉拧入少许
停止供气后贮气筒压力下降快	控制器止回阀漏气	检查止回阀密封情况,如损坏更换新件
放气压力高于0.7MPa	控制器调整螺钉过紧,阀门开放压力高	将调整螺钉拧出少许
发动机熄火后贮气筒压力迅速下降	1. 阀门密封不良或阀门损坏 2. 阀门同位弹簧压力小	1. 连踏制动踏板数下并猛然放松,使空气吹掉阀门上脏物。如阀门损坏,应更新 2. 检查,如压力不足,可在弹簧下加垫片或更换新件
熄火后踏下制动踏板压力迅速下降	活塞鼓膜损坏	更换新膜
制动鼓放松缓慢、发热	活塞被脏物卡住,运动不灵活	拆开检查,清除脏物
纹盘卷筒发热	制动带太紧	调整制动带
操纵时,斗门不起或卸土板不动	1. 纹盘摩擦锥未能接上 2. 摩擦锥的摩擦片磨损 3. 摩擦片上有油垢	1. 调整摩擦离合器 2. 更换新件 3. 清洗
铲斗提升位置不能保持所需高度	1. 制动器松动 2. 制动带磨损 3. 制动带上有油垢 4. 弹簧松弛	1. 调整制动带 2. 调整,必要时更换 3. 清洗 4. 更换
卸土后,卸土板不同原位,斗门放不下	1. 卸土板歪斜,滚轮卡死 2. 钢丝绳卡住在滑轮组的缝里	1. 矫正歪斜,更换滚轮 2. 打出钢丝绳,更换并矫正滑轮壳
卸土板回位后斗门放不下	1. 卸土板歪斜,滚轮卡死 2. 斗门臂歪斜与斗臂卡住	1. 矫正歪斜,更换滚轮 2. 消除歪斜
滑轮组发热或咬住	1. 滑轮歪斜或不动 2. 润滑油不足或轴承损坏	1. 换滑轮并消除歪斜原因 2. 及时加油或更换轴承

3.1 土方机械

续表

故障现象	故障原因	排除方法
钢丝绳滑出	挡绳板损坏或位置不恰当	修理或调整
铲斗各部动作缓慢	1. 油箱油量少 2. 工作液压泵压力低，有内漏现象 3. 多路换向阀调压螺钉松动，回路压力低 4. 液压缸、多路换向阀有内漏 5. 油路或滤网有堵塞现象	1. 加添至规定量 2. 检查部件磨损和密封情况，必要时更换新件 3. 将调压螺钉拧紧 4. 检查部件磨损和密封情况，必要时更换新件 5. 疏通油路、清洗滤网或更换
铲斗下沉迅速	1. 提升液压缸泄漏 2. 多路换向阀泄漏	1. 检查修复、更换密封件 2. 检查修复或更换部件
操纵不灵活	1. 多路换向阀连接螺栓压力不够 2. 操纵杆不灵活	1. 检查后调整或更换 2. 检查修理或更换

3.1.4 装载机

1. 装载机的用途与分类

装载机是一种作业效率较高的铲装机械，用以装载松散物料和爆破后的矿石以及对土壤作轻度的铲掘工作，同时还能用于清理、刮平场地、短距离装运物料及牵引等作业。如果更换相应的工作装置后，还可以完成推土、挖土、松土、起重以及装载棒料等工作。所以被广泛用于建筑、筑路、矿山、港口、水利及国防等各部门中。装载机根据行走装置的不同分为轮式及履带式两种。轮式装载机的特点包括自重轻、行走速度快、机动性好、作业循环时间短和工作效率高等。轮式装载机不损伤路面，可自行转移工地，并能够在较短的运输距离内当运输设备用。因此在工程量不大，作业点不集中、转移较频繁的情况下，轮式装载机的生产率大大高于履带式装载机。所以轮式装载机发展较快。我国铰接车架、轮式装载机的生产已形成了系列。定型的斗容量有 0.5～5m³。履带式装载机具有重心低、稳定性好、接地比压小，在松软的地面附着性能强、通过性好等特点。特别适合在潮湿、松软的地面，工作量集中、无需经常转移和地形复杂的地区作业。但当运输距离超过30m时，使用成本将会明显增大。履带式装载机转移工地时需平板拖车拖运。

装载机按照卸料方式不同分为前卸式、回转式和后卸式三种。目前国内外生产的轮式装载机大多数为前卸式，因其结构简单，工作安全可靠，视野好，因而应用广泛。回转式装载机的工作装置可以相对车架转动一定角度，使得装载机在工作时可与运输车辆成任意角度，装载机原地不动依靠回转卸料。回转式装载机可在狭窄的场地作业，但其结构复杂，侧向稳定性不好。后卸式装载机前端装料，向后卸料。在作业时无需调头，可直接向停在装载机后面的运输车辆卸载。但卸载式铲斗必须越过驾驶室，不安全，所以应用并不广泛，通常用于井巷里作业。

装载机按照铲斗的额定装载重量分为小型（小于10kN）、轻型（10～30kN）、中型（30～80kN）、重型（大于80kN）四种。轻、中型装载机通常配有可更换的多种作业装置,主要用于工程施工和装载作业。装载机型号数字部分表示额定装载量。例如 ZL60 表示其额定装载重量为 60kN。

装载机按照发动机功率分小、中、大和特大型装载机。功率小于 74kW 为小型,如 ZL30 装载机;功率 74~147kW 为中型,如 ZL40 装载机;功率 147~515kW 为大型,如 ZL50 装载机;功率大于 515kW 为特大型。

2. 轮胎式装载机的基本构造

轮胎式装载机是以轮胎式底盘为基础,配置工作装置和操纵系统组成。优点是重量轻、运行速度快、机动灵活、作业效率高,在行走时不破坏路面。如果在作业点较分散,转移频繁的情况下,其生产率要比履带式高得多。缺点是轮胎接地比压大、重心高、通过性和稳定性差。目前国产 ZL 系列装载机均为轮式装载机,应用非常广泛。轮式装载机由工作装置、行走装置、发动机、传动系统、转向制动系统、液压系统、操纵系统和辅助系统组成。如图 3-32 所示。

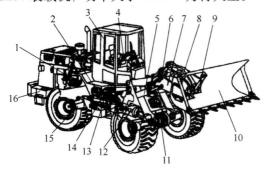

图 3-32 轮式装载机总体结构
1—发动机;2—变矩器;3—驾驶室;4—操纵系统;5—动臂油缸;6—转斗油缸;7—动臂;8—摇臂;9—连杆;10—铲斗;11—前驱动桥;12—转动轴;13—转向油缸;14—变速箱;15—后驱动桥;16—车架

(1) 工作装置。工作装置由动臂、动臂油缸、铲斗、连杆、转斗油缸及摇臂组成。动臂和动臂油缸铰接在前车架上,动臂油缸的伸或缩使工作装置举升或下降,从而使铲斗举起或放下。转斗油缸的伸或缩使摇臂前或后摆动,再通过连杆控制铲斗的上翻收斗或下翻卸料。因作业要求,在装载机的工作装置设计中,应确保铲斗的举升平移和下降放平,这是装载机工作装置的一个重要特性。这样就可减少操作程序,提高生产率。铲斗举升平移当铲斗油缸全伸使铲斗上翻收斗后,在动臂举升的全过程中,转斗油缸全伸的长度不变,铲斗平移(铲斗在空间移动),旋转不大于 15°。铲斗下降放平当动臂处于最大举升高度、铲斗下翻卸料(铲斗斗底与水平线夹角为 45°)时,转斗油缸保持不变,当动臂油缸收缩,动臂放置最低位置时,铲斗能够自动放平处于铲掘位置,从而使铲斗卸料后,不必操纵铲斗油缸,只要操纵动臂油缸使动臂放下,铲斗就可自动处于铲掘位置。

工作装置运动的具体步骤为:铲斗在地面由铲掘位置收斗(收斗角为 α)→动臂举升铲斗至最高位置→铲斗下翻卸料(斗底与水平线夹角 $\beta=45°$)→动臂下降至最低位置→铲斗自动放平。如图 3-33 所示。

(2) 传动系统。装载机的铲料是靠行走机构的牵引力使铲斗插入料堆中的。当铲斗插入料堆时会受到很大的阻力,有时甚至使发动机熄火。为了充分发挥其牵引力,故前、后桥都制成驱动式的,装载机的传动系统通常都装有液力变矩器,采用液力传动。目前,一些新型的中小型装载机采用液压机械传动,使传动系统的结构简化。如图 3-34 所示为 ZL50 装载机传动系统,采用液力传动。发动机装在后架上,发动机的动力经液力变矩器传至行星换挡变速箱,再由变速箱把动力经传动轴分别传到前、后桥及轮边减速器,以驱动车轮转动。发动机的动力还经过分动箱驱动工作装置油泵工作。采用液力变矩器后使装载机具有良好的自动适应性能,能够自动调节输出的扭矩和转速。使装载机可以根据道路

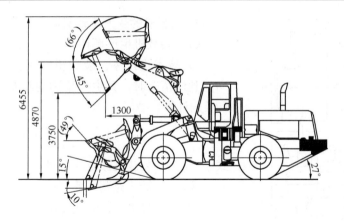

图 3-33 装载机主要工作尺寸

状况和阻力大小自动变更速度和牵引力,以适应不断变化的各种工况。当铲削物料时,能够以较大的速度切入料堆,并随着阻力增大而自动减速,提高轮边牵引力,以确保切削。液压机械传动的装载机是近年来发展的新机型。发动机的动力由液压泵转变为液压能,经过控制阀后驱动液压马达转动,马达经减速器减速后驱动装载机的前、后桥,实现整机行走。取消了主离合器(或液力变矩器)等部件,使结构简单、紧凑,重量减轻。随着液压技术的发展,行走机构采用液压机械传动是中小型装载机今后研究和发展的方向。

(3) 行走装置。行走装置由车架、变速箱、和前、后驱动桥和前、后车轮等组成。前驱动桥与前车架刚性联接,后驱动桥在横向可以相对于后车架摆动,从而保证装载机四轮触地。铰接式装载机的前、后桥可通用,结构简单,制造较为方便。在驱动桥两端车轮内侧装有行走制动器,变速箱输出轴处装有停车制动器,实现机械的制动。装载机其他装置包括驾驶室、仪表、灯光等。现代化的装载机还应当配置空调和音响等设备。

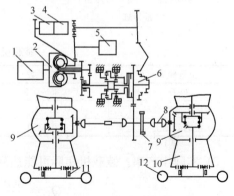

图 3-34 ZL50型装机传动系统
1—发动机;2—液力变矩器;3—液压泵;4—变速液压泵;5—转向液泵;6—变速器;7—手制动;8—传动轴;9—驱动桥;10—轮边减速器;11—脚制动器;12—轮胎

(4) 液压系统。如图 3-35 所示为ZL50装载机的工作装置液压系统。发动机驱动液压泵,液压泵输出的高压油通向换向阀、控制铲斗油缸、和换向阀、控制动臂油缸。图示位置为两阀都放在中位,压力油通过阀后流回油箱。换向阀为三位六通阀,可控制铲斗后倾、固定和前倾三个动作。换向阀为四位六通阀,控制动臂上升、固定、下降和浮动四个动作。动臂的浮动位置是装载机在作业时,因工作装置的自重支于地面,铲料时随着地形的高低而浮动。这两个换向阀之间采用顺序回路组合,即两个阀只能单独动作而不能同时动作,确保液压缸推力大,利于铲掘。安全阀的作用是限制系统工作压力,当系统压力超过额定值时安全阀打开,高压油流回油箱,避免损坏其他液压元件。两个双作用溢流阀并联在铲斗液压缸的油路中。作用是用于补偿因工作装置不是平行四边形结构,而在运动中产生不协调。

3 常用施工机械设备

3. 装载机的生产率计算和主要技术参数

（1）装载机生产率计算

1）技术生产率。装载机在单位时间内不考虑时间的利用情况时，其生产率称为技术生产率，按公式（3-7）计算：

$$Q_T = \frac{3600qk_H t_T}{tk_s} \quad (3-7)$$

式中 q——装载机额定斗容量（m^3）；
k_H——铲斗充满系数（见表3-21）；
t_T——每班工作时间（h）；
k_s——物料松散系数；
t——每装一斗的循环时间（s）。其值由公式（3-8）计算：

$$t = t_1 + t_2 + t_3 + t_4 + t_5 \quad (3-8)$$

式中 t_1——铲装的时间（s）；
t_2——载运的时间（s）；
t_3——卸料的时间（s）；
t_4——空驶的时间（s）；
t_5——其他所用的时间（s）。

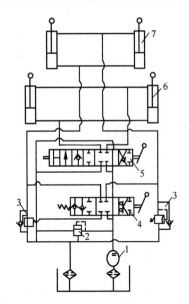

图 3-35 ZL50 装载机工作装置液压系统原理图
1—液压泵；2—溢流阀；3—溢流阀；4—换向阀；5—换向阀；6—动臂液压缸；7—铲斗液压缸

装载机铲斗充满系数　　表 3-21

土石种类	充满系数	土石种类	充满系数
砂石	0.85~0.9	普通土	0.9~1.0
湿的土砂混合料	0.95~1.0	爆破后的碎石、卵石	0.85~0.95
湿的砂黏土	1.0~1.1	爆破后的大块岩石	0.85~0.95

2）实际生产率。装载机实际可能达到的生产率 Q_T，可用公式（3-9）计算：

$$Q_T = \frac{3600qk_H k_B t_T}{tk_s} \; (m^3/h) \quad (3-9)$$

式中 k_H——铲斗充满系数（见表3-21）；
k_B——时间利用系数；
t_T——每班工作时间（h）；
k_s——物料松散系数；
q——装载机额定斗容量（m^3）。

（2）装载机的主要技术参数。装载机的主要技术参数，见表3-22。

装载机的主要技术参数　　表 3-22

技术参数	单位	ZL10型铰接式装载机	ZL20型铰接式装载机	ZL30型铰接式装载机	ZL40型铰接式装载机	ZL50型铰接式装载机
发动机型号	—	495	695	6100	6120	6135Q-1
最大功率/转速	kW/r/min	40/2400	54/2000	75/2000	100/2000	160/2000

3.1 土方机械

续表

技术参数	单位	ZL10型铰接式装载机	ZL20型铰接式装载机	ZL30型铰接式装载机	ZL40型铰接式装载机	ZL50型铰接式装载机
最大牵引力	kN	31	55	72	105	160
最大行驶速度	km/h	28	30	32	35	35
爬坡能力	deg	30°	30°	30°	30°	30°
铲斗容量	m	0.5	1	1.5	2	3
装载重量	t	1	2	3	3.6	5
最小转弯半径	mm	4850	5065	5230	5700	—
传动方式	—	液力机械式	液力机械式	液力机械式	液力机械式	液力机械式
变矩器型式	—	单涡轮式	双涡轮式	双涡轮式	双涡轮式	双涡轮式
前进档数	—	2	2	2	2	2
倒退档数	—	1	1	1	1	1
工装操纵型式	液压	液压	液压	液压	液压	液压
轮胎型式	—	—	12.5～20	14.00	16.00	24.5～25
长	mm	4454	5660	6000	6445	6760
宽	mm	1800	2150	2350	2500	2850
高	mm	2610	2700	2800	3170	2700
机重	t	4.2	7.2	9.2	11.5	16.5

4. 装载机的施工作业

在建筑工程施工中一般选用轻型和中型装载机，在矿山和采石场选用重型装载机。装载机工作时要配以自卸卡车等运输车辆，可得到较高的生产率。装载机与运输车配合作业时，通常以2～3部装满车辆为宜。如果选较大装载机，一斗即可装满车辆时，应减慢卸载速度。装载机自身运料时的合理运距为，履带式装载机通常不要超过50m，轮式装载机通常应控制在50～100m，最大不超过100m，否则会降低经济效益。

（1）铲装作业

1）对松散物料的铲装作业。首先将铲斗放在水平位置，并下放至与地面接触，然后以一档、二档速度前进，使铲斗斗齿插入料堆中，之后边前进边收斗，待铲斗装满后，将动臂升到运输位置（离地约50cm），再驶离工作面。如装满有困难时，可操纵铲斗上下颤动或稍举动臂。其装载过程如图3-36所示。

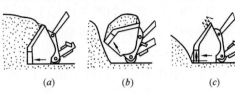

图3-36 装载机铲装松散物料
（a）铲装过程；（b）装满收斗过程；（c）颤动铲装过程

2）铲装停机面以下物料作业。在铲装时，应先放下铲斗并转动，使其与地面成一定的铲土角，然后前进，使铲斗切入土中，切土深度通常保持在150～200mm左右，直至铲斗装满，然后将铲斗举升到运输位置，再驶离工作面运至卸料处。铲斗下切铲土角约10°～30°。对于难铲的土壤，可操纵动臂使铲斗颤动，或稍改变一下切入角度。装载过程如图3-37所示。

3 常用施工机械设备

图 3-37 装载机铲装停机面以下土壤

3) 铲装土丘时作业。装载机在铲装土丘时,可采用分层铲装或分段铲装法。在分层铲装时,装载机向工作面前进,随着铲斗插入工作面,逐渐提升铲斗,或者随后收斗直至装满,或者装满后收斗,然后驶离工作面。在开始作业前,应使铲斗稍稍前倾。这种方法由于插入不深,而且插入后又有提升动作的配合,因此插入阻力小,作业比较平稳。因铲装面较长。可得到较高的充满系数,如图 3-38 所示。如果土壤较硬,也可以采取分段铲装法。这种方法的特点是铲斗依次进行插入动作和提升动作。作业过程是铲斗稍稍前倾,从坡角插入,待插入一定深度后,提升铲斗。当发动机转速降低时,切断离合器,使发动机恢复转速。在恢复转速过程中,铲斗将继续上升并装一部分土,转速恢复之后,接着进行第二次插入,这样逐段反复,直至装满铲斗或升到高出工作面为止,如图 3-39 所示。

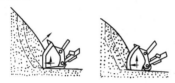

图 3-38 装载机分层铲装法

图 3-39 装载机分段铲装作业

(2) 与自卸汽车配合作业。装载机经常与自卸车配合进行作业,常见的作业方式包括以下几种。其中 V 形作业效率最高,特别适于铰接式装载机。

1) "I" 形作业法,如图 3-40（a）所示。装载机装满铲斗后直线后退一段距离,在装载机后退并把铲斗举升到卸载高度的过程中,自卸车后退到与装载机相垂直的位置,铲斗在卸载后,自卸车前进一段距离,装载机前进驶向料堆铲装物料,进行下一个作业循环,直到自卸车装满为止。作业效率低,只有在场地较窄时采用。

2) "V" 形作业法,如图 3-40（b）所示。自卸车与工作面成 60°角,装载机装满铲斗后,在倒车驶离工作面的过程中调头 60°使装载机垂直于自卸车,然后驶向自卸车卸料。卸料后装载机驶离自卸车,并调头驶向料堆,进行下一个作业循环。

3) "L" 形作业法,如图 3-40（c）所示。自卸车垂直于工作面,装载机铲装物料后,后退并调转 90°,然后驶向自卸车卸料,空载装载机后退,并调整 90°,然后直线驶向料堆,进行下一个作业循环。

4) "T" 形作业法,如图 3-40（d）所示。此种作业法便于运输车辆顺序就位装料驶走。

5. 装载机维护保养与润滑

装载机各级维护作业项目见表 3-23～表 3-25,润滑部位及周期见表 3-26,其他机型也可参照执行。对于有运转记录的机械,也可以将运转台时为维护周期的依据。装载机的一级维护周期为 200h,二级维护周期为 1800h,可以根据机械年限、作业条件等情况适当增减。对于老型机械,仍可执行三级维护制,即增加 600h（季度）的二级维护,1800h（年度）的二级维护改为三级维护,作业项目可相应调整。

3.1 土方机械

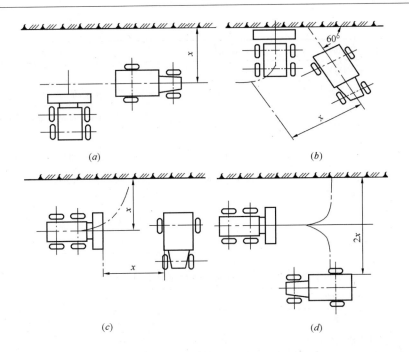

图 3-40 装载机的作业方式
(a)"I"形作业法；(b)"V"形作业法；(c)"L"形作业法；(d)"T"形作业法

轮胎式装载机日常维护作业项目及技术要求　　　　表 3-23

部位	序号	维护部件	作业项目	技术要求
发动机	1	曲轴箱机油量	检查、添加	停机面处于水平状态，冷车，油面达到标尺刻线标记，不足时添加
	2	散热器水位	检查、添加	停机状态，水位至加水口，不足时添加
	3	风扇传动带	检查、调整	传动带中段加 50N 压力，能按下 10~20mm
	4	运转状态	检查	无异响、异味，烟色浅灰
	5	仪表	检查	指示值均在绿色范围内
	6	油管、水管、气管及各部附件	检查	管路畅通、密封良好
	7	紧固件	检查、紧固	无松动、缺损
	8	燃油箱	检查	放出积水及沉淀物
主体	9	液压油箱	检查	油量充足，无泄漏
	10	液压元件及管路	检查	动作准确，作用良好，无卡滞，无泄漏
	11	操纵机构	检查	离合器杆、制动踏板、锁杆无卡滞
	12	离合器	检查	作用可靠
	13	制动器	检查	作用可靠
	14	锁定装置	检查	作用可靠、无异常
	15	齿轮油量	检查、添加	变速器 45L，转向机和驱动桥 36L
	16	各机构及结构件	检查	无松动、缺损

3 常用施工机械设备

续表

部位	序号	维护部件	作业项目	技术要求
车轮	17	轮辋螺栓	检查、紧固	无松动
	18	传动轴螺栓及各销轴	检查、紧固	固定可靠,无松动
	19	轮胎	检查、紧固	气压正常,螺母固定可靠,清除胎面花纹中夹物
工作装置	20	液压缸	检查	作用可靠,动作顺畅无异常,无泄漏
	21	连接件	检查、紧固	连接牢固,焊缝无裂纹
	22	铲斗及斗齿	检查	无松动、无损伤
其他	23	整机	清洁	清除外表油垢、积尘、驾驶室无杂物
	24	工作状态	试运转	运转正常

轮胎式装载机一级（月度）维护作业项目及技术要求　　表 3-24

部位	序号	维护部件	作业项目	技术要求
发动机	1	V带张紧度	检查	伸长量过大,超过张紧度要求时换新
	2	油机泵吸油粗滤网	清洗	拆下滤网清洗后吹净
	3	空气过滤器	清洗	清洁滤网,油浴式的更换机油
	4	通气管内滤芯	清洗	取出清洗后吹净,浸上机油后装上
	5	燃油过滤器	清洗	清洗壳体和滤芯,排除水分和沉积物
	6	机油过滤器	清洗	清洗粗滤器及滤芯
	7	涡轮增压器的机油过滤器	清洗	将滤芯放在柴油中清洗后吹干
	8	散热器	清洗	用清洗剂通入散热器中,清除积垢及沉淀物
电器	9	起动机发电机	检查	导线接触良好,消除外部污物
	10	蓄电池	检查,清洁	电解液相对密度不低于1.24,添加蒸馏水,清洁极桩
传动转向系统	11	变矩器、变速器	检查	工作正常,无异响及过热现象,如油液变质应更换
	12	前后桥	检查	工作正常,连接件紧固情况良好,润滑油量和质量符合要求
	13	传动轴	检查	工作正常,连接情况良好,运转中无异响
	14	转向机构	检查	转向轻便,转向液压缸工作正常,无渗漏,油压应为14MPa,不足时调整,补充新油至规定油面
制动系统	15	空气压缩机	检查	工作正常,如油水分离器中聚积机油过多,应查明窜油原因,及时修复
	16	盘式制动器	检查	工作正常,制动摩擦片磨损超限应更换,拆洗加力罐,对分泵进行放气,制动液存量符合要求
	17	手制动器	检查、调整	调整制动间隙为0.5mm,制动接触面达85%以上
	18	轮胎	检查充气	充气压力前轮为360kPa 后轮为300kPa

3.1 土方机械

续表

部位	序号	维护部件	作业项目	技术要求
液压系统	19	液压油箱	检查	液压油劣化超标,应更换
	20	管路及管接头	检查	如有松动应紧固,软管损坏应更换
	21	液压泵、液压缸	检查	工作正常,无内泄外漏现象,最大工作压力应达到14MPa
	22	动臂	检测	将动臂提升到极限位置,保持15min,下降量不大于10mm
其他	23	各紧固件	检查,紧固	无松动、缺损,按规定力矩紧固主要螺栓
	24	整机工况	试运转	运转正常,无不良现象

轮胎式装载机二级(年度)维护作业项目和技术要求 表3-25

部位	序号	维护部件	作业项目	技术要求
发动机	1	润滑系统	检测,清洗	拆检机液压泵,机油压力应在2~4MPa范围内
	2	冷却系统	检测,清洗	清洗散热器,去除积垢,检测节温器应启闭有效
	3	涡轮增加器	检查,调整	清除叶轮油泥,调整转子间隙,叶轮旋转灵活
	4	配气机构	检查,调整	调整气门间隙,检查汽门密封性能,必要时研磨
	5	喷液压泵及喷油器	校验	在试验台上进行测试并校验,要求雾化良好,断油迅速,无滴油,喷油压力为20MPa
	6	活塞连杆组件	检查,更换	检查活塞环、汽缸套、连杆小头衬套及轴瓦的磨损情况,必要时更换
	7	曲轴组件	检查,更换	检查推力轴承、推力板的磨损情况,主轴承内外圈是否有轴向游动现象,必要时更换
	8	发电机,起动机	检查,清洁	清洗各机件、轴承、检查整流子及传动齿轮磨损情况,必要时修复或更换
	9	各主要部位垫片	检查,更换	对已损坏或失去密封作用的应更换
	10	各主要部位螺栓	检查,紧固	按规定扭矩,紧固各主要部位的螺栓
传动转向系统	11	变速器、变矩器	解体检查	各零部件磨损超限或损坏时应予更换
	12	前后桥、差速器及减速器	解体检查	主螺旋锥齿轮啮合间隙为0.2~0.35mm,半轴齿轮和圆锥齿轮啮合间隙为0.1mm,轴向间隙0.03~0.005mm
	13	传动轴	解体,检查	传动轴花键和滑动花键的侧隙不大于0.30mm,十字轴轴颈和滚针轴承的间隙不大于0.13m,超限时应更换
	14	转向机	检查	转向轻便灵活,转向角左右各为35°,当方向盘转到极限位置时,油压应力为12MPa,清洁并更换磨损零件

续表

部位	序号	维护部件	作业项目	技术要求
制动系统	15	空气压缩机	解体检查	活塞、活塞环、气阀等磨损超限时更换
	16	制动器	解体检查	更换磨损零件及制动摩擦片
	17	制动助力器	解体检查	更换磨损零件及制动液
	18	手制动器	解体检查	清洗并更换磨损零件,摩擦片铆钉头距表面 0.5mm 时更换
液压系统	19	液压泵、缸等液压元件	检测	在额定压力下,液压泵、液压缸、液压阀等应无渗漏、噪声,工作平稳,动臂液压缸在铲斗满载时,分配阀置于封闭位置,其沉降量应小于 40mm/h
	20	工作压力	测试	变矩器进口压力为 0.56MPa,出口油压为 0.45MPa。变速工作压力为 1.1~1.5MPa,转向工作压力为 12MPa
整机	21	工作装置、车架	检查,紧固	各部焊缝无开裂,销轴、销套磨损严重时应更换,紧固各连接件
	22	驾驶室	检查	无变形,门窗开闭灵活,密封良好
	23	整机外表	检查	必要时进行补漆或整机喷漆
	24	整机性能	试运转	运转正常,作业符合要求

轮胎式装载机润滑部位及周期　　　　　　　　　　表 3-26

序号	润滑部位	润滑点数	润滑周期（h）	油品种类	备 注
1	工作装置	14	8	钙基润滑脂 冬 ZG-2 夏 ZG-4	添加
2	前传动轴	3	60		
3	后传动轴	3	60		
4	转向液压缸销轴	4	60		
5	转向随动杆	2	60		
6	动臂液压缸销轴	2	60		
7	转斗液压缸后销轴	2	60		
8	车架铰接销	2	60		
9	副车架销	2	60		
10	发动机曲轴箱	1	600	CC级柴油机油	更换
11	变矩器、变速器	1	1800	8号液力传动轴油	更换
12	前、后驱动桥	2	1800	车辆齿轮油 冬 HL-20 夏 HL-30	更换
13	方向机	1	1800		
14	轮边减速器	2	1800		
15	制动助力器	2	1800	201 合成制动器	更换
16	液压油油器	1	1800	N68HM 液压油	更换

6. 装载机的常见故障及排除方法

轮胎式装载机常见故障及排除方法见表 3-27。

3.1 土方机械

轮胎式装载机常见故障及排除方法　　　　　　表 3-27

	故障现象	故障原因	排除方法
传动系统	各档变速压力均低	1. 变速器油池油位过低 2. 主油道漏油 3. 变速器滤油器堵塞 4. 变速泵失效 5. 变速操纵阀调整不当 6. 变速操纵阀弹簧失效 7. 蓄能器活塞卡住	1. 加油到规定油位 2. 检查主油道 3. 清洗或更换滤油器 4. 拆检修复或更换 5. 按规定重新调整 6. 更换弹簧 7. 拆检并消除被卡现象
传动系统	某个档变速压力低	1. 该档活塞密封环损坏 2. 该油路中密封圈损坏 3. 该档油道漏油	1. 更换密封环 2. 更换密封圈 3. 检查漏油处并予排除
传动系统	变矩器油温过高	1. 变速器油池油位过高或过低 2. 变矩器油散热器堵塞 3. 变矩器高负荷工作时间太长	1. 加油至规定油位 2. 清洗或更换散热器 3. 适当停机冷却
传动系统	发动机高速运转、车开不动	1. 变速操纵阀的切断阀阀杆不能回位 2. 未挂上档 3. 变速调压阀弹簧折断	1. 检查切断阀，找出不能回位原因，并予排除 2. 重新推到档位或调整操纵杆系 3. 更换调压阀弹簧
传动系统	驱动力不足	1. 变矩器油温过高 2. 变矩器叶轮损坏 3. 大超越离合器损坏 4. 发动机输出功率不足	1. 适当停车冷却 2. 拆检变矩器、更换叶轮 3. 拆检并更换损坏零件 4. 检修发动机
传动系统	变速器油位增高	1. 转向泵轴端窜油 2. 双联泵轴端窜油	1. 更换轴端油封 2. 更换轴端油封
制动系统	脚制动力不足	1. 夹钳上分泵漏油 2. 制动液压管路中有空气 3. 制动气压低 4. 加力器皮碗磨损 5. 轮毂漏油到制动摩擦片 6. 制动摩擦片磨损超限	1. 更换分泵矩形密封圈 2. 排除空气 3. 检查气路系统的密封性，消除漏气 4. 更换磨损皮碗 5. 检查或更换轮毂油封 6. 更换摩擦片
制动系统	制动后挂不上挡，表不指示	1. 制动阀推杆位置不对 2. 制动阀回位弹簧失效 3. 制动阀活塞杆卡住	1. 调整推杆位置 2. 检查或更换回位弹簧 3. 拆检制动阀活塞杆及鼓膜
制动系统	制动器不能正常工作	1. 制动阀活塞杆卡住，回位弹簧失效或折断 2. 加力器动作不良 3. 夹钳上分泵活塞不能同位	1. 检查修复，更换回位弹簧 2. 检查加力器 3. 检查或更换矩形密封圈
制动系统	停车后空气罐压力迅速下降（30min 气压降超过 0.1MPa）	1. 气制动阀气门卡住或损坏 2. 管接头松动或管路破裂 3. 空气罐进气口单向阀不密封或压力控制器不密封	1. 连续制动以吹掉脏物或更换阀门 2. 拧紧接头或更换软管 3. 检查不密封原因，必要时更换
制动系统	手制动力不足	1. 制动鼓和摩擦片间隙过大 2. 制动摩擦片上有油污	1. 按使用要求重新调整 2. 清洗干净摩擦片

85

故障现象		故障原因	排除方法
液压系统	动臂提升力不足或转斗力不足	1. 液压缸油封磨损或损坏 2. 分配阀磨损过多，阀杆和阀体配合间隙超过规定值 3. 管路系统漏油 4. 安全阀调整不当、压力偏低 5. 双联泵严重内漏 6. 吸油管及滤油器堵塞	1. 更换油封 2. 拆检并修复，使间隙达到规定值或更换分配阀 3. 找出漏油处并予排除 4. 调整系统压力至规定值 5. 更换双联泵 6. 清洗滤油器并换油
	动臂或转斗提升缓慢	1. 系统内漏，压力偏低 2. 流量转换阀阀杆被卡，辅助泵来油不能进入工作装置	1. 检查消除内漏，调整压力 2. 清洗流量转换器，消除阀杆卡住的现象
转向系统	方向盘空行程过大	1. 齿条和转向臂轴间隙过大 2. 万向节间隙过大	1. 按要求进行调整 2. 更换万向节
	转向力矩不足	1. 转向泵磨损，流量不足 2. 转向溢流阀压力过低 3. 转向阀严重内漏	1. 检修或更换转向泵 2. 将溢流阀压力调至规定值 3. 检修或更换转向阀
	转向费力	1. 转向阀滑阀卡住 2. 转向液压系统流量不足 3. 流量转换阀调速弹簧失效或打断 4. 流量转换阀阀杆被卡	1. 检修阀体和滑阀之间的配合间隙达到使用要求 2. 检修或更换转向泵 3. 更换弹簧 4. 清洗阀杆、阀座，消除卡住现象
	转向臂轴或其他受力件损坏	1. 在直线位置时，转向臂上扇形齿未对中间位 2. 转向液压系统压力过低 3. 进转向缸油管接错	1. 按规定调至中间位 2. 按规定调整压力 3. 按要求连接管路

3.1.5 平地机

1. 平地机的用途与分类

平地机属于连续作业的轮式土方施工机械。平地机具有平整、疏松、拌和铺路材料及耙平材料等功能，主要用于大面积的场地平整、路基础断面整形，修整斜坡与边沟和填筑路堤等作业平地机具备作业范围宽、操纵灵活、控制精度高、安全舒适等特点，广泛应用于高等级公路（高速公路）修建、机场建设、水利工程及农田基本建设等大面积场地的平整、路基修筑、清除机场跑道和广场积雪等施工作业。早期生产和使用的拖式平地机，因机动性差、操纵费力，已被淘汰。目前使用的平地机为自行式。平地机按照发动机功率可分轻型、中型、重型和超重型四种。发动机功率在 56kW 以下的为轻型平地机；56~60kW 的为中型平地机；90~149kW 的为重型平地机；149kW 以上的为超重型平地机。平地机按照工作装置的操纵方式分为机械操纵和液压操纵两种。目前自行式平地机的工作装置基本上都采用液压操纵。平地机按照计价结构形式分整体机架式平地机和铰接机架式平地机，如图3-41所示。整体机架是将后车架与弓形前车架铰接为一体，车架的刚度好，转弯半径较大。铰接式机架是将后车架与弓形前车架铰接于一起，用液压缸控制其转动角，转弯半径小，有更好的作业适应性。

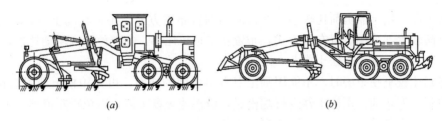

图 3-41 平地机结构
（a）整体式车架；（b）铰接式车架

2. 平地机的基本构造

平地机的外形结构如图 3-42 所示，主要由发动机、传动系统、制动系统、转向系统、液压系统、电气系统、操作系统、前后桥、机架、工作装置及驾驶室组成。

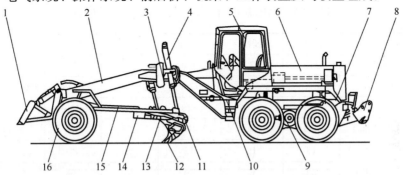

图 3-42 平地机的外形结构示意图

1—前推土板；2—前机架；3—摆架；4—刮刀升降油缸；5—驾驶室；6—发动机；7—后机架；8—后松土器；9—后桥；10—铰接转向油缸；11—松土耙；12—刮刀；13—铲土角变换油缸；14—转盘齿圈；15—牵引架；16—转向轮

主要介绍一下平地机的工作装置，平地机的工作装置包括刮土装置、松土装置和推土装置。

刮土装置是平地机的主要工作装置，如图 3-43 所示。牵引架的前端是个球形铰，与车架前端铰接连接，后端固定回转圈，通过升降油缸和摆架与平地机前车架相连，刮土刀与回转圈连接，在驱动装置的驱动下带动刮土刀全回转。刮刀背面的侧移油缸推动刮刀沿两条滑轨侧向滑动。切削角调节油缸可改变刮土刀的切削角（也称铲土角）。所以平地机刮土刀可升降、倾斜、侧移、引出和 360°回转等运动，其位置可在较大范内进行调整，以满足平地机平地、切削、侧面移土、路基成形和边坡修整等作业要求。

松土工作装置按作业负荷程度分为耙

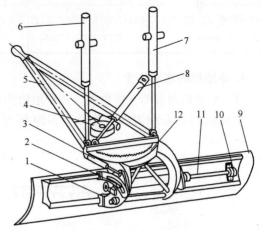

图 3-43 刮土工作装置

1—角位器；2—角位器紧固螺母；3—切削角调解油缸；4—回转驱动装置；5—牵引架；6—右升降油缸；7—左升降油缸；8—牵引架引出油缸；9—刮土刀；10—滑轨；11—刮刀侧移油缸；12—回转圈

土器和松土器。耙土器负荷比较小,通常采用前置布置方式,布置在刮土刀和前轮之间。松土器负荷较大,采用后置布置方式,布置在平地机尾部,安装位置离驱动轮近,车架的刚度大,允许进行重负荷松土作业。

当遇到比较坚硬土壤时,不能用刮土刀直接切削的地面,可先用松土装置疏松土壤,然后再用刮土刀切削。用松土器进行翻松时,应慢速逐渐下齿,以免折断齿顶,不准使用松土器翻松石渣路及高级路面,以免损坏机件或发生意外。

3. 平地机的主要技术性能

表 3-28 为几种国内外平地机的主要技术性能表。

平地机的主要技术性能参数　　　　　　　　　表 3-28

项目 \ 型号	PY160A	PY180	PY250(16G)	140G	GD505A-2	BG300A-1	MG150
型式	整体	铰接	铰接	铰接	铰接	铰接	铰接
标定功率(kW)	119	132	186	112	97	56	68
铲刀 宽×高(mm)	3705×555	3965×610	4877×78	3658×610	3710×655	3100×580	3100×585
铲刀 提升高度(mm)	540	480	419	464	430	330	340
铲刀 切土深度(mm)	500	500	470	438	505	270	285
前桥摆动角(左、右)	16	15	18	32	30	26	—
前轮转向角(左、右)	50	45	50	50	36	36.6	48
前轮倾斜角(左、右)	18	17	18	18	20	19	20
最小转弯半径(mm)	800	7800	8600	7300	6600	5500	5900
最大行驶速度(km/h)	35.1	39.4	42.1	41.0	43.4	30.4	34.1
最大牵引力(kN)	78	156	—	—	—	—	—
整机质量(t)	14.7	15.4	24.85	13.54	10.88	7.5	9.56
外形尺寸(长宽×高)(mm)	8146×2575×3253	10280×2595×3305	1014×2140×3527				

4. 平地机的施工作业

(1) 平地机刮刀的工作角度。在平地机作业的过程中,必须根据工作进程的需要正确调整平地机的铲土刮刀的工作角度。即刮刀水平回转角 α 和刮刀切土角 γ,如图 3-44 所示。

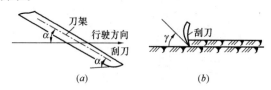

图 3-44 平地机刮刀的工作角度
(a) 刮刀水平回转角 α;(b) 刮刀切土角 γ

刮刀水平回转角为刮刀中线与行驶方向在水平面上的角度,当回转角增大时,工作宽度减小,但物料的侧移输送能力提高,切削能力也提高,刮刀单位切削宽度上的切削力增大。回转角应当视具体情况及要求进行确定。对于剥离、摊铺、混合作业及硬土切削作业,回转角可取 30°~50°;对于推土摊铺或进行最后一道刮平以及进行松软或轻质土刮整作业时,回转角可取 0°～30°。

铲刀的切土角为铲土刮刀切削边缘的切线与水平面的角度。铲刀角的大小通常以作业类型来确定。中等切削角（60°左右）适用于一般的平整作业。在切削、剥离土壤时，需要较小的铲土角，以降低切削阻力。当进行物料混合及摊铺时，选用较大的铲土角。

(2) 刮刀移土作业。刮刀移土作业可分为刮土直移作业、刮土侧移作业和斜行作业，如图 3-45 所示。

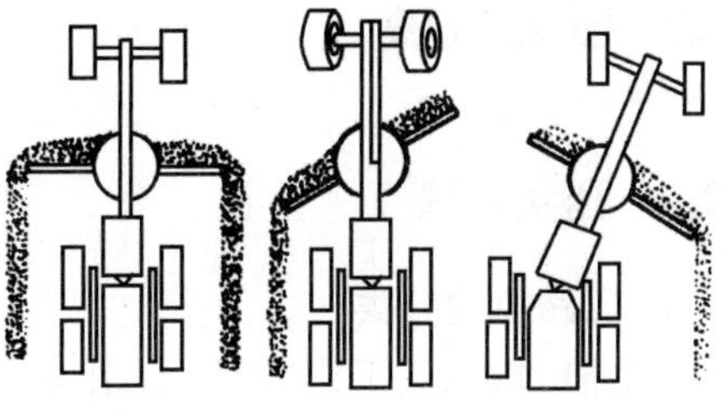

图 3-45 刮刀移土作业
(a) 刮土直移作业；(b) 刮土侧移作业；
(c) 斜行作业

1) 刮土直移作业。将刮刀回转角置为 0°，即刮刀轴线垂直与行驶方向，此时切削宽度最大，但只能以较小的切入深度作业，主要用于铺平作业。

2) 刮土侧移作业。将刮刀保持一定的回转角，在切削和运土过程中，土沿刮刀侧向流动，回转角越大，切土和移土能力越强。刮土侧移作业用于铺平时还应采用适当的回转角，始终保证刮刀前有少量的但却是足够的料，既要运行阻力小，又要确保铺平重量。

3) 斜行作业。刮刀侧移时应当注意不要使车轮在料堆上行驶，应使物料从车轮中间或两侧流过，在必要时，可采用斜行方法进行作业，使料离开车轮更远一些。

(3) 刮刀侧移作业。平地机作业时，在弯道上或作业面边界呈不规则的曲线状地段作业时，可同时操纵转向和刮刀侧向移动，机动灵活的沿曲折的边界作业。当侧面遇到障碍物时，通常不采用转向的方法躲避，而是将刮刀侧向收回，过了障碍物后再将刮刀伸出。

(4) 刀角铲土侧移作业。适用于挖出边沟土壤来修整路型或填筑低路堤。先根据土壤的性质调整好刮刀铲土角和刮刀角。平地机以一档速度前进后，让铲刀前置端下降切土，后置端抬升，形成最大的倾角，如图 3-46 (a) 所示，被刀角铲下的土层就侧卸于左右轮之间。为了便于掌握方向，刮刀的前置端应正对前轮之后，在遇有障碍物时，可将刮刀的前置端侧伸于机外，再下降铲土。但必须注意，此时所卸的土壤也应处于前轮的内侧，如图 3-46 (b) 所示，这样不被驱动后轮压上，以免影响平地机的牵引力。

(5) 机外刮土作业。这种作业多用于修整路基、路堑边坡和开挖边沟等工作。在工作前，首先将刮刀倾斜于机外，然后使其上端向前，平地机以一档速度前进，放刀刮土，于是刮刀刮下的土就沿刀卸于左右两轮之间，然后再将刮下的土移走，但要注意的是，用来刷边沟的边坡时，刮土角应小些；刷路基或路堑边坡时，刮土角应大些，如图 3-47 所示。

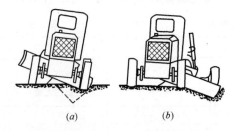

图 3-46 平地机刀角铲土侧移作业
(a) 刮刀一端下倾铲土；(b) 刮刀侧升后下倾铲土

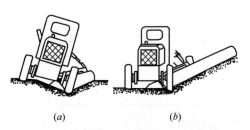

图 3-47 平地机刮刀机外刮土刷坡作业
(a) 刷边沟边坡；(b) 刷路基路堑边坡

3.2 压实机械

3.2.1 压实机械

1. 压路机的分类

压路机根据其工作原理、工作装置的形状、行走方式、传动和操纵形式等，可分成很多类型，见表3-29。

压路机的分类　　　　　　　　　表3-29

序号	分类方式	说　　明
1	按压实力作用原理划分	按压实力作用可分为静作用压路机和振动压路机两类： （1）静作用压路机是用碾轮沿被压实材料表面往复滚动，靠自重产生的静压力作用，使被压层产生永久变形，从而达到压实的目的 （2）振动压路机是用碾轮沿被压实材料表面既作往复滚动，又以一定的频率、振幅振动，使被压层同时受到碾轮的静压力和振动力的综合作用，以提高压实效果
2	按照不同行走方式划分	静压力压路机可分为拖式和自行式两种： （1）拖式压路机。一般由履带式拖拉机牵引，具有结构质量大、爬坡能力强、生产效率高等特点，适用于大、中型土石方填筑碾压作业 （2）自行式压路机。一般结构较轻，机动灵活，但通过性能较差，主要用于道路建筑工程 振动压路机可分为手扶式、脱式和自行式三种
3	按不同动力传递方式划分	按动力传递方式可分为机械式、液力机械式和静液压式三种。液力机械式和静液压式压路机的起动、制动冲击力小，压实效果较好，已逐步代替机械式压路机。自行式压路机还有前轮驱动和全轮驱动两种，全轮驱动具有压实效果较好、爬坡能力强、通过性能好等特点
4	按碾轮的材料和表面形状的不同划分	按碾轮材料和表面形状分为钢制光轮、钢制带凸块（羊足）碾轮和充气轮胎碾轮三种

2. 压路机的施工作业

（1）路基压实施工

1）路基压实施工的基本要求

①根据路基土质特性及所选压路机的压实功能，确定适宜的压实厚度（见表3-30）。

各类压路机的作业参数　　　　　　　表3-30

机械名称	规格（t）	最佳压实土层厚度（m）	碾压次数	适用范围
拖式压路机	光面（5） 凸块式（5）	0.10～0.15 0.25～0.35	8～10 8～10	各类土壤 粘性土壤
自行式钢轮压路机	5 10 12	0.10～0.15 0.15～0.25 0.20～0.30	12～16 8～10 6～8	各类土壤及路面

3.2 压 实 机 械

续表

机械名称	规格（t）	最佳压实土层厚度（m）	碾压次数	适用范围
轮胎式压路机	自行（10）	0.15～0.20	8～10	各类土壤
	拖式（25）	0.25～0.45	6～8	
	拖式（50）	0.40～0.70	5～7	
振动压路机	手扶（0.75）	0.50	2	非粘性土壤
	自行（6.5）	1.20～1.50	2	

②测定土壤的含水量。含水量应控制在最佳含水量（表3-31）的±2%范围之内。

各类土壤的最佳含水量和最大密实度 表3-31

土壤名称	最佳含水量（%）	最大密实度（t/m³）	需要密实度（t/m³）
砂土	8～12	1.60～1.95	—
轻亚砂土	9～15	1.60～1.95	1.65～1.75
亚黏土	13～19	1.60～1.75	1.60～1.65
重质亚黏土	16～20	1.60～1.75	1.55～1.60
黏土	20以上	1.55～1.75	—

③作业前，操作人员应当检查和调整压路机各部位及作业参数，确保压路机正常的技术性能。在作业中，要随时掌握和了解压实层的含水量和压实度的变化情况，按照规定要求，达到压实度的质量指标。

2）路基压实施工的步骤。路基的压实施工可按初压、复压和终压三个步骤进行。

①初压。是对铺筑层进行的最初1～2遍的碾压作业，其目的是使铺筑层表层形成较稳定、平整的承载层，以利于压路机以较大的作用力进行进一步的压实作业。初压可以采用重型履带式机械或拖式凸块压路机，也可以采用静作用压路机进行碾压，其碾压速度应不超过1.5～2km/h。初压后，需要对铺筑层进行整平。

②复压。是继初压后的5～8遍碾压作业，它是压实的主要作业阶段，其目的是使铺筑层达到规定的压实度。复压的碾压速度应逐渐增加，通常静作用压路机取2～3km/h，轮胎压路机为3～4km/h，振动压路机为3～6km/h。在复压过程中，应当随时测定压实度，以便做到既达到压实度标准，又不致过度碾压。

③终压。是继复压之后，对每一铺筑层竣工前所进行的1～2遍碾压作业。终压的目的是为了使压实层表面密实平整。终压可采用静作用压路机，其碾压速度可高于复压时的速度。

3）路基压实作业的原则。路基压实作业应当遵循先轻后重、先慢后快、先边后中的原则。

①先轻后重。先用较轻的或不加配重的压路机进行初压，然后再换用重型或加配重的压路机进行复压。

②先慢后快。压路机碾压速度随着碾压遍数增加而逐渐由慢到快。随着碾压遍数的增加，铺筑层的密实度增加而可逐渐加快碾压速度，利于提高压路机的作业效率。

③先边后中。碾压作业应先从路基一侧距边缘30～50cm处开始，沿路基延伸方向，逐渐向路基中心线处进行碾压，当碾压到超过路基中心线30～50cm之后，再从路基另一

侧边缘开始向路基中心线处碾压。

在进行弯道路段碾压作业时,则应当由路基内侧低处逐渐向外侧高处碾压。碾压完一遍之后,再从内侧开始向外侧碾压,如此重复碾压。

(2) 路面基层的压实施工

1) 下承层的碾压。在铺筑底基层之前,可用三轮式轮胎压路机对路基按照"先边后中、先慢后快"的原则碾压 3~4 遍,以检验路基的压实度,并对松散的表层进行补充压实。需要开挖路槽的,应在路槽挖好后立即碾压,避免气候影响含水量。下承层压实,不宜采用振动压路机,以免路基表层产生松散。

2) 基层的碾压。下承层压实之后,即可铺筑和压实基层。因基层的种类和材料不同,压实方法也不尽相同。

①级配碎石和级配砾石基层的碾压。压实级配碎、砾石的基层,应按照"先边后中、先慢后快"的原则,碾压 6~8 遍。选用振动压路机压实效果较好,轮胎压路机机次之,静作用压路机较差。碾压时,应当注意以下几点:

a. 相邻碾压带应重叠 20~30cm。

b. 压路机的驱动轮或振动轮应当超过两段铺筑层横接缝和纵接缝 50~100cm;前段横接缝处可留下 5~8m,纵接缝处留下 0.2~0.3m 不予碾压,待和下段铺筑层重新拌和后,再进行压实。

c. 路面双侧应多压 2~3 遍,以确保路边缘的稳定。

d. 根据需要,在碾压时可在铺筑层上洒少量水,以利压实和减少石料被压碎。

e. 不允许在刚压实或正在碾压的路段内进行压路机调头及紧急制动,并应尽量避免在压实段同一横线位置换向。

②稳定土基层的碾压。稳定土基层的压实和路基的压实相似。但由于对基层表面的质量有严格要求,在碾压时,必须注意以下几点:

a. 严格控制松铺厚度,以确保压实后铺筑层的厚度符合工程要求。铺筑层厚度应遵循"宁高勿低、宁挖勿补"的原则,确保基层的整体性和稳定性。

b. 不允许使用拖式压路机或凸块压路机进行压实。初压后,应当仔细整平和修整路拱。在整平作业时,禁止任何车辆通行。

c. 严格控制含水量,通常铺筑层含水量应比最佳含水量高 1%,不可少于最佳含水量。碾压过程中如表层发干,应当及时补洒少量水。

d. 水泥稳定土铺筑的基层,从拌和到碾压之间应控制在 4h 之内,每作业段以 200m 左右为宜,避免水泥固结,影响质量。其他材料铺筑的基层,也应做到当天拌和、当天碾压。

e. 前一作业段横接缝处应留 3~5m 不碾压,待和下一段重新拌和再碾压,并要求压路机的驱动轮压过横接缝 50~100cm。

f. 路面两侧边缘应多压 2~3 遍,在碾压时,应避免碾压轮沾带混合土。

(3) 路面面层的压实施工

1) 沥青贯入式面层的碾压。沥青贯入式面层是在初步压实的碎石层上喷洒沥青后,再分层铺撒嵌缝石料和喷洒沥青,再经压实而形成的路面面层,其厚度通常为 4~8cm。

①初压。当基层上喷洒沥青并铺撒主层石料之后,立即用静作用压路机进行初压。先

沿路缘或修整过的路肩往返各碾压一次；然后按照"先边后中"的原则，以 2km/h 的速度再碾压 1 遍后，检查和修整路形；接着再碾压两遍，使主层石料稳定就位，无明显推移现象。

②复压。换用三轮或轮胎压路机以 2～4km/h 的速度碾压 4～6 遍。待铺筑层石料嵌挤紧密，无明显轮迹时，喷洒沥青和铺撒第一次嵌缝石料。然后采用振动压路机，以 30～50Hz 的高振频、0.6～0.8mm 的低振幅和 3～6km/h 的速度碾压 3～4 遍。接着喷洒和铺撒第二层沥青及嵌缝石料，再碾压 3～4 遍，使嵌缝料大部分均匀地嵌入石料孔隙。又紧接着喷洒第三次沥青和铺撒封面料，并进行终压。

③终压。在终压时，仍采用复压时的振动压路机，以静压方式碾压 2～4 遍，碾压到表面无明显轮迹为止。终止的速度可提高到 4～6km/h。

以上各作业程序应连续进行，做到当天铺筑，当天压实。一般碾压作业的路段以 200m 左右为宜。

2）沥青混凝土面层的碾压。沥青混凝土面层均采用热拌热铺法。

①初压。初压的目的是防止热沥青混合料滑移和产生裂纹。可以采用一般压路机按照"先边后中"的原则，以 1.5～2km/h 的速度，轮迹相互重叠 30cm，依次进行静作用碾压两遍。初压中的注意事项包括：

a. 掌握好开始碾压时沥青混合料的温度。如温度过高，碾压时混合料易被碾压轮从两侧挤出或粘滞，影响路面的平整度；当温度过低时，会给复压和终压带来困难而不易压实。

b. 必须使压路机的驱动轮朝摊铺方向进行碾压，其目的是减轻路面产生横向波纹和裂缝的可能性。

c. 在进行弯道碾压时，应当从内侧低处向外侧高处依次碾压，并尽量保持直线碾压。

d. 当碾压纵坡路段时，无论上坡还是下坡，均应使驱动轮朝坡底方向，转向轮朝坡顶方向，以免松散的、温度较高的混合料产生滑移。

e. 采用全驱动的双轮振动压路机进行初压时，可以采用前轮振动碾压，后轮静力碾压。

f. 正在初压的路段内，不允许压路机进行急转弯、变速、制动和停车。

g. 初压结束之后，应检查和修整摊铺层的平整度和路形。

②复压。紧接初压后，立即进行复压，目的是使摊铺层迅速达到规定的压实度。复压中仍按"先边后中、先慢后快"的原则进行碾压。除了初压中的注意事项之外，还应注意以下几点：

a. 每次换向的停机位置不要在同一横继线上。

b. 在采用振动压路机碾压有超高的路段时，可使前轮振动碾压，后轮静力碾压，这样可有效地防止混合料侧向滑移，如碾压纵坡较大的路段时，复压的最初 1～2 遍不要进行振动碾压，以免混合料滑移。

c. 碾压半径较小的弯道时，如沥青混合料产生滑移，应当立即降低碾压速度。

③终压。当复压使摊铺层达到压实度标准后，可立即进行终压。终压采用压路机的速度应当高于复压时的碾压速度。以静力碾压的方式碾压 2～4 遍。为了有效地消除路面的纵向轮迹和横向波纹，可使压路机碾压运行方向和路中线成 150 左右的夹角碾压 1～2 遍。

3. 静作用压路机

静作用压路机是以其自身的工作质量对被压实材料施加压力,提高其压实度的压实机械。

(1) 静作用压路机的分类。静作用压路机的分类、特点及适用范围见表 3-32。

静作用压路机的分类、特点及适用范围 表 3-32

碾轮形状	行走方式	结构特征	主 要 特 点	适用范围
凸块式	拖式	单筒、双筒并联	凸块的形状如羊足,又称羊足碾。有单筒和双筒并联两种。一般为拖式,由拖拉机牵引,爬坡能力强。凸块对土壤单位压力大(6MPa),压实效果好,但易翻松土壤	碾压大面积分层填土层
光轮式	自行式	两轴两轮	发动机驱动,机械传动,液压转向,两滚轮整体机架,一般为6～8t、6～10t的中型压路机。液压面平整,但压层深度浅	碾压土、碎石层、面层平整碾压
光轮式	自行式	两轴三轮	除后轴为双轮外,结构与两轴两轮相似,一般为 10～12t、12～15t 的中、重型压路机	碾压土、碎石层,最终压实
轮胎式	拖式	单轴	由安装轮胎(5～6个)的轮轴和机架及配重箱组成,需拖拉机牵引,能利用增减重来调整碾压能力,还能增减轮胎充气压力来调整轮胎线压力,以适应土壤的极限强度。具有质量量大、压实深度大、生产率高的特点	既可碾压土、碎石基础,又可碾压路面层,由于轮胎的搓揉作用,最适于碾压沥青路面
轮胎式	自行式	双轴	是具有双排轮胎的特种车辆,前排轮胎为转向从动轮,一般配置4～5个;后排轮胎为驱动轮,一般配置5～6个,前后排轮胎的行驶轨迹既叉开,又部分重叠,一次碾压即可达到压实带的全宽	既可碾压土、碎石基础,又可碾压路面层,由于轮胎的搓揉作用,最适于碾压沥青路面

(2) 光轮式压路机。光轮式压路机(如图 3-48 所示)是建筑工程中使用最为广泛的一种压实机械,按照机架的结构形式可分为整体式和铰接式;按传动方式可分为液压传动和机械传动;根据滚轮和轮轴数可分为二轮二轴式、三轮二轴式及三轮三轴式。

1) 光轮式压路机的结构组成。光轮式压路机通常都是动力装置(柴油发动机)、传动系统、行驶滚轮(碾压轮)、机架和操纵系统等组成的。如图 3-49 所示为二轮二轴式压

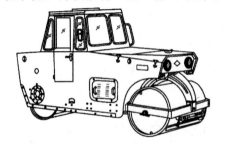

图 3-48 光轮式压路机

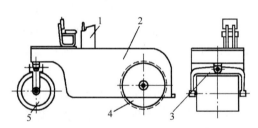

图 3-49 两轮两轴式压路机外形
1—操纵台;2—机罩;3—方向轮叉脚;4—驱动轮;5—方向轮

路机总体构造示意图。

2）光轮式压路机安全操作要点：

①压路机碾压的工作面，应经过适当平整，对新填的松软路基，应先用打夯机夯实后，方可用压路机碾压。当土的含水量超过30%时不得碾压，含水量少于5%时，宜适当洒水。工作地段的纵坡不应超过压路机最大爬坡能力，横坡不应大于20°。

②应根据碾压要求选择机重。当光轮压路机需要增加机重时，可在滚轮内加砂或水。当气温降至0℃时，不得用水增重。

③轮胎压路机不宜在大块石基础层上作业。

④作业前，各系统管路及接头部分应无裂纹、松动和泄漏现象，滚轮的刮泥板应平整良好，各紧固件不得松动，轮胎压路机还应检查轮胎气压，确认正常后方可起动。不得用牵引法强制启动内燃机，也不得用压路机拖拉任何机械或物件。起动后，应进行试运转，确认运转正常，制动及转向功能灵敏可靠，方可作业，压路机周围应无障碍物或人员。

⑤碾压时应低速行驶，变速时必须停机。速度宜控制在3～4km/h范围内，在一个碾压行程中不得变速。碾压过程应保持正确的行驶方向，碾压第二行时必须与第一行重叠半个滚轮压痕。

⑥变换压路机前进、后退方向，应待滚轮停止后进行。不得将换向离合器作制动用。

⑦在新建道路上进行碾压时，应从中间向两侧碾压。碾压时，距路基边缘不应少于0.5m。

⑧修筑坑边道路时，应由里侧向外侧碾压，距路基边缘不应少于1m。

⑨上、下坡时，应事先选好挡位，不得在坡上换挡，下坡时不得空挡滑行。

⑩两台以上压路机同时作业时，前后间距不得小于3m，在坡道上不得纵队行驶。

⑪在运行中，不得进行修理或加油。需要在机械底部进行修理时，应将内燃机熄火，刹车制动，并揳住滚轮。

⑫对有差速器锁住装置的三轮压路机，当只有一只轮子打滑时，方可使用差速器锁住装置，但不得转弯。

⑬作业后，应将压路机停放在平坦坚实的地方，并制动住。不得停放在土路边缘及斜坡上，也不得停放在妨碍交通的地方。

⑭严寒季节停机时，应将滚轮用木板垫离地面，防止冻结。

⑮压路机转移工地距离较远时，应采用汽车或平板拖车装运，不得用其他车辆拖拉牵运。

3）光轮式压路机的维护保养。光轮式压路机的维护保养见表3-33。

光轮式压路机的维护保养　　　　表3-33

项　目	技术要求及说明
日保养 （运转8～10h）	1. 检查变速器、分动器和液压油箱中油位及油质，必要时添加 2. 必要时向终传动齿轮副或链传动装置加注润滑油或润滑脂 3. 清洁各个部位，尤其要注意调节和清洁刮泥板 4. 检查与调试手制动、脚制动器和转向机构 5. 紧固各部螺栓，检视防护装置，清洁机体 6. 检查燃油箱油位，检查空气滤清器集尘指示器

续表

项 目	技术要求及说明
周保养 （运转 50h）	1. 更换油底壳润滑油 2. 清洗空气滤清器滤芯 3. 更换机油滤清器 4. 检查蓄电池 5. 检查油管及管接头是否有渗漏现象 6. 检查变速器和分动器油位 7. 润滑传动轴十字节及轴头；润滑主离合器分离轴承滑套及踏板轴支座；润滑侧传动齿轮副及中间齿轮轴承；润滑换向离合器压紧轴承；润滑踏板和踏板轴支座；润滑变速拉杆座
半月保养 （运转 100h）	柴油机散热器表面清洗；液压油冷却器表面清洗
月保养 （运转 200h）	1. 更换液压油滤清器滤芯；更换油底壳油和机油滤清器 2. 清洗空气滤清器的集尘器 3. 检查并调整换向离合器的间隙 4. 检查风扇和发电机 V 带的张紧力 5. 检查并调整制动器的各部间隙及制动液压缸的油平面 6. 清除液压油箱中的冷凝水 7. 检查各油管接头处是否漏油 8. 检查变速器、分动器、中央传动及行星齿轮式最终传动中的油平面 9. 对全机各个轴承点加注润滑油
季保养 （运转 500h）	进行柴油机气门间隙的调整；更换液压油箱滤清器的滤芯
半年保养 （运转 1000h）	更换柴油滤清器的滤芯；清洗柴油机供液压泵中的粗滤器
年保养 （运转 2000h）	更换液压轴；更换变速器、分动器、主传动和末端传动中的润滑油

4）光轮式压路机常见故障及排除方法。光轮式压路机常见故障及排除方法见表 3-34。

光轮式压路机常见故障及排除方法 表 3-34

故障现象	产生原因	排除或处理方法
发动机开起后车不能起动	1. 主离合器小伞齿轮损坏 2. 离合器片过热粘结 3. 分离杆变形或断裂 4. 离合器弹簧失效	1. 拆检或更换损坏的齿轮及轴 2. 拆检离合器，修复或更换磨损的摩擦片 3. 检查并修复或更换分离杆 4. 更换失效的弹簧
换向（离合器）操作失灵	1. 离合器拉杆（压爪）变形或损坏 2. 离合器片过热粘结 3. 调整螺钉松脱 4. 连杆系统空行程太大	1. 修复或更换拉杆（压爪） 2. 修复或更换磨损的摩擦片 3. 紧固或更换螺钉 4. 调整连杆系统各铰销，使间隙适当
变速箱有严重噪声	1. 轴头小伞齿轮断齿 2. 轴承损坏或间隙过大 3. 第1、3轴之间的串接滚针轴承磨损 4. 有变速齿轮断齿	1. 修补或更换小伞齿轮 2. 调整轴承间隙，更换损坏的轴承 3. 拆检第1、3轴，更换已损坏的滚针及其附件 4. 拆检变速箱，修补或更换已损齿轮

3.2 压实机械

续表

故障现象	产生原因	排除或处理方法
液压转向系统工作不正常	1. 齿轮液压泵产生故障 2. 齿轮液压泵的三角传动胶带打滑，致使油压不稳定 3. 换向液压缸产生故障 4. 换向操纵阀失灵 5. 节流阀调整定值不符合要求 6. 蜗轮传动副严重磨损	1. 检修液压泵 2. 更换磨损的三角传动胶带，调整大、小带轮之中心距 3. 拆检液压缸，更换密封圈等磨损件 4. 检修或更换操纵阀 5. 依据所需工作压力调定节流阀 6. 检修或更换蜗轮及蜗杆
差速器功能失效	1. 主动锥形齿轮损坏 2. 差速齿圈牙齿严重磨损 3. 中央传动齿轮及轴承架损坏 4. 轴承损坏或间隙太大 5. 差速锁损坏，不起作用 6. 传动件润滑不良	1. 修复或更换损坏的锥形齿轮 2. 更换磨损严重的齿圈及附件 3. 更换齿轮，修复轴承架 4. 更换轴承，调整间隙 5. 拆检差速锁，不能修复则更换 6. 加足润滑油，改善润滑
传动系统有不正常声响	1. 传动轴及杆件空行程太长 2. 传动轴万向节严重磨损 3. 侧传动小齿轮断齿 4. 半轴花键损坏	1. 调整传动轴及杆件铰销间隙，消除空行程 2. 更换万向节或铰销 3. 检查侧传动系统，修复或更换损坏的齿轮 4. 拆检半轴，更换已损
前轮转向动作沉重	1. 转向臂变形或断裂 2. 转向立轴的轴承损坏 3. 方向轮轴的轴承损坏 4. 叉脚横销严重磨损	1. 修复或更换转向臂 2. 拆检立轴，更换损坏的轴承 3. 拆检轮轴，更换损坏的轴承 4. 拆检叉脚，更换磨损的轴销

4. 振动压路机

（1）构造组成。振动压路机由工作装置、传动系统、振动装置、行走装置和驾驶操纵等部分组成。如图 3-50 所示，为 YZC12 型（自行式）振动压路机总体结构。

（2）安全操作要点：

1）作业时，压路机应先起步后才能起振，内燃机应先置于中速，然后再调至高速。

2）变速与换向时应先停机，变速时应降低内燃机转速。

3）严禁压路机在坚实的地面上进行振动。

4）碾压松软路基时，应先在不振动情况下碾压 1~2 遍，然后再振动碾压。

5）碾压时，振动频率应保持一致。对可调振频的振动压路机，应先调好振动频率后再作业。

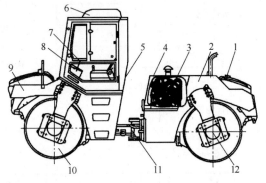

图 3-50 YC212 型压路机总体结构
1—洒水系统；2—后车架；3—发动机；4—机罩；5—驾驶室；6—空调系统；7—操纵台；8—电气系统；9—前车架；10—振动轮；11—中心铰接架；12—液压系统

6）换向离合器、起振离合器和制动器的调整，应在主离合器脱开后进行。

7）上、下坡时，不得使用快速档。在急转弯时，包括铰接式振动压路机在小转弯绕圈碾压时，严禁使用快速档。

8）压路机在高速行驶时不得接合振动。

9）停机时应先停振，然后将换向机构置于中间位置，变速器置于空挡，最后拉起手制动操纵杆，内燃机怠速运转数分钟后熄火。

（3）保养与润滑。自行式压路机的保养工作，除了每班都要进行的日常保养之外，尚须执行1～4级的定期保养制度。压路机的润滑见表3-35。

自行式振动压路机润滑部位及周期　　　　　　表 3-35

润滑部位	润滑点数	润滑剂种类	润滑周期（h）	备注
振动轮滑动轴承	2	钙基润滑脂 冬 ZG-2 夏 ZG-4	8	加注
振动轮齿轮	1		8	
转向轮轴承	2		50	
转向液压缸前销	1		50	
转向液压缸后销	1		50	
主离合器踏脚	1		50	
制动器踏脚轴	2		50	
调频手轮托架	1		50	
主离合器链条导轮	1		50	
主离合器拨叉轴	2		50	
主离合器输出轴轴承	1		50	
振动 V 带张紧轮	3		50	
振动轮主动齿轮轴承	1		50	
链条张紧轮	1	钙基润滑脂 冬 ZG-2 夏 ZG-4	50	
调频大斜齿轮轴承	1			
输出 V 带张紧轮	1			
末级传动链	1	汽机油 冬 HQ-10 夏 HQ-15	50	
变速手柄连接杆	1			
链式万向节	1			
调频齿轮组	1			
副齿轮箱	1	齿轮油 冬 HL-20 夏 HL-30	50	添加
			1200	更换
变速器	1		50	添加
			1200	更换
液压油箱	1	液压油 稠化40号	50	添加
			1200	更换

（4）常见故障及排除方法。自行式压路机常见故障及排除方法见表3-36。

3.2 压实机械

自行式振动压路机常见故障及排除方法　　　　　表 3-36

故障现象	故　障　原　因	排　除　方　法
离合器打滑	1. 离合器压板与离合器摩擦片以及离合器摩擦片之间接触不均匀，或间隙太大 2. 离合器摩擦片过度磨损 3. 离合器压板与离合器摩擦片以及离合器摩擦片之间有污物 4. 离合器操纵机构的拉杆长短不合适	1. 拆卸调整，或在分动器内把调整螺母旋转，使间隙达到合适 2. 更换新摩擦片 3. 拆卸并清洗离合器压板及摩擦片，更换新油 4. 调整拉杆长度
离合器脱不开	1. 离合器盘形弹簧太弱 2. 离合器摩擦片烧坏 3. 离合器压板与离合器片间隙太小	1. 更换新弹簧 2. 拆卸更换新摩擦片 3. 将调整螺母旋转，间隙调至合适
离合器推不上	1. 离合器压板与离合器片间隙过小 2. 离合器操纵拉杆长短不适	1. 调整螺母退回 2. 调整拉杆长短
分动器内发出不正常的噪声	1. 轴承磨损过大发生松动 2. 齿轮过度磨损 3. 箱内用油不对	1. 更换轴承 2. 更换齿轮 3. 更换合适的油
分动器过度发热	1. 离合器摩擦片间隙太小 2. 离合器摩擦片歪斜 3. 离合器摩擦片压不住，打滑 4. 箱内用油不对	1. 调整调节螺母，使间隙增大 2. 拆卸离合器，校平摩擦片 3. 调整摩擦片间隙 4. 更换合适的油
变速机构跳挡	1. 变速杆定位装置的弹簧太弱 2. 齿轮齿部磨损过大	1. 调整定位弹簧 2. 更换齿轮
变速不能啮合	1. 齿轮磨损过大 2. 变速叉过多的磨损	1. 更换齿轮 2. 修补或更换变速叉
变速操纵手柄位置不对	1. 变速操纵机构的拉杆力短不适 2. 长变速杆的销孔位不对，或销钉退出	1. 更换齿轮 2. 修补或更换变速叉
变速操纵手柄位置不对	1. 变速操纵机构的拉杆长短不适 2. 长度速杆的销孔位不对，或销钉退出	1. 调整拉杆的长短 2. 重装销杆或重新配钻铰孔或将销钉打紧旋牢
变速器发出不正常噪声	1. 轴承磨损过大，发生松动 2. 齿轮过度磨损 3. 花键轴过度磨损 4. 齿轮油过少或过稀	1. 更换轴承 2. 清除齿轮 3. 修补或更换新轴 4. 加注齿轮油到规定平面或更换合适粘度的齿轮油
终传动有较大的冲击或转动不灵	1. 齿轮牙齿过度磨损或磨坏 2. 齿轮间夹有泥沙污垢 3. 链条或链轮过度磨损	1. 更换齿轮 2. 清除泥沙及污垢 3. 更换链条和链轮
终传动有较大的响声	1. 链条没张紧 2. 链条和齿轮缺油	1. 调节张紧轮 2. 重新加足润滑油
振动轮中的振动箱发热	1. 振动箱中加油量不足或过多 2. 偏心振动轴轴承进入污物	1. 重新调整振动箱中油量 2. 清洗振动箱污物
振动轮行走中有冲击	1. 两边大铜套磨损过大 2. 减振环脱胶或龟裂	1. 更换铜套 2. 更换减振环

续表

故障现象	故障原因	排除方法
刹车机构失灵或发热	1. 刹车带与刹车鼓之间的间隙过大或过小 2. 刹车带磨损 3. 刹车带磨损面有污油 4. 钢丝绳过长	1. 调整调节螺母使刹车带和刹车鼓之间隙合适 2. 更换刹车带 3. 清除油污 4. 调整钢丝绳长度
刮泥板不能清除轮面的附着物	1. 压紧刮泥板的弹簧松弛 2. 刮泥板与轮面的间隙过大	1. 调整弹簧 2. 调整刮泥板与轮面的间隙
液压泵不出油或出油量不足，压力表油压过低	1. 储油箱内油液量不足 2. 滤油器上污物太多，甚至已堵塞 3. 气冷油质变厚 4. 安全阀弹簧松 5. 管道接头不密封或管道堵塞 6. 油压表损坏 7. 液压泵传动带打滑 8. 齿轮液压泵内零件损坏	1. 补充油液 2. 将滤网取出用煤油清洗 3. 更换合适油液 4. 适当调整 5. 检查修理 6. 更换新表 7. 调整传动带紧度 8. 拆卸检修齿轮泵
液压系统发热或漏油	1. 储油箱内油量不足 2. 压力表压力过大 3. 油管内有污物，流通不顺 4. 油液过薄或过厚 5. 管接头松动	1. 补充油液 2. 调整安全阀压力 3. 清洗油管 4. 更换合适的油 5. 重新旋紧漏油接头
转向轮转向换向和起振离合器操纵迟缓无力	1. 液压泵油量不足 2. 控制阀内部漏损过大 3. 工作液压缸活塞磨损过大 4. 油压不足 5. 活塞杆油封盖过紧 6. 活塞杆生锈	1. 调整液压泵传动带，检查管道是否漏损 2. 更换控制阀柱塞，使配合间隙保持在 0.01～0.02mm 之间 3. 更换皮碗或活塞 4. 调整安全阀弹簧 5. 将油封盖松开 6. 磨光活塞杆并涂上润滑油
行走速度慢	1. 发动机到分动器的 V 带太松 2. 三条 V 带长度相差太多或已失效 3. 柴油机的油门操纵机构松脱	1. 调节 V 带张紧轮，使 V 带张紧 2. 重新更换 V 带 3. 重新调整油门操纵机构
振动频率上不去	1. 分动器到振动轮之 V 带太松 2. 张紧弹簧太弱 3. V 带拉长已失效 4. 柴油机的油门操纵机构松脱 5. 发动机到分动箱之 V 带太松	1. 调节张紧弹簧的张紧力 2. 重新更换张紧弹簧 3. 重新更换 V 带 4. 重新调整油门操纵机构 5. 张紧带张紧轮

3.2.2 夯实机械

1. 蛙式打夯机

蛙式打夯机是冲击式小型夯实机械，由于其体积小，重量轻，构造简单，机动灵活、实用，操纵、维修方便，夯击能量大，夯实工效较高，在建筑工程上使用很广，适用于黏性较低的土（粉土、砂土、粉质黏土）基坑（槽）、管沟及各种零星分散、边角部位的填方的夯实，以及配合压路机对边缘或边角碾压不到之处的夯实。

（1）构造和工作原理。蛙式打夯机，目前已有多种，它们的基本构造均为托盘、传动、夯击三大部分所组成。其工作原理一致，即利用偏心块在回转中所产生的冲击能量，使夯头作上下夯击，并使整个夯机跳跃前进。如图 3-51 所示，为蛙式打夯机构造示意图。

（2）安全操作要点：

1）蛙式打夯机应适用于夯实灰土和素土的地基、地坪及场地平整，不得夯实坚硬或软硬不一的地面、冻土及混有砖石碎块的杂土。

2）在操作前，必须检查蛙式夯机带松紧程度及连接件。

3）在作业时，夯机扶手上的按钮开关和电动机的接线都应绝缘良好。如发现有漏电现象，应立即切断电源，进行检查。

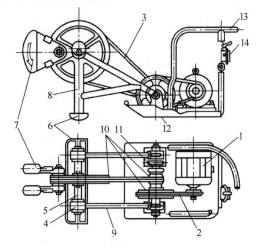

图 3-51　蛙式夯机构造示意图
1—电动机；2、3—三角胶带；4—轴套；5—前轴；6—夯板；7—偏心块；8—立柱；9—夯架动臂；10—带轮；11—主传动轴；12—托盘；13—操纵手柄；14—倒顺开关

4）填方土层的厚度为 200～300mm。夯实的遍数为 3～4 遍。

5）手握扶手时要掌握机身的平稳，不可用力向后压，以免影响夯机的跳动，但要注意夯机的行进方向，并及加以调整。

6）在工作工程中，可以根据需要，在一定范围内调整夯机的跳动，但要随时注意夯机的行进方向，并及时加以调整。

7）当夯机作业时，应一人扶夯，一人传递电缆线，且必须戴绝缘手套和穿绝缘鞋。递线人员应跟随夯机后或两侧调顺电缆线，电缆线不得扭结或缠绕，且不得张拉过紧，应当保持 3～4m 的余量。

8）在作业时，应防止电缆线被夯击。在移动时，应将电缆线移至夯机后方，不得隔机抢扔电缆线，当转向倒线困难时，应停机调整。

9）在较大基坑作业时，夯板应当避开房心内地下构筑物、钢筋混凝土基桩、枕座及地下管道等。

10）在建筑物内部作业时，夯板或偏心块不得打在墙壁上。

11）多台蛙式打夯机在同一现场业时，为了防止碰撞，确保安全，夯机的并行间距不得小于 5m，纵行间距要大于 10m。

12）夯机前进方向和靠近 1m 范围内、不准站立非操作人员。

13）夯机连续作业时间不宜过长，当电动机超过额定温度时，应停机降温。

14）当夯机发生故障时，应先切断电源，然后排除故障。

15）每天作业完毕，均要对夯机进行保养，存放地点应确保夯机不受雨雪等侵蚀。

（3）蛙式打夯机的保养见表 3-37。

3 常用施工机械设备

蛙式打夯机的保养   表 3-37

保养级别（作时间）	工作内容	备注
一级保养 （60～300h）	1. 全面清洗外部 2. 检查传动轴轴承、大带轮轴承的磨损程度，必要时拆卸修理或更换 3. 检查偏心块的连接是否牢固 4. 检查大带轮及固定套是否有严重的轴向窜动 5. 检查动力线是否发生折损或破裂 6. 调整 V 带的松紧度 7. 全面润滑	轴承松旷不及时修理或更换会使传动轴摇摆不稳。动力线发生折损和破裂容易发生漏电
二级保养 （400h）	1. 进行一级保养的全部工作内容 2. 拆检电动机、传动轴、前轴，并对轴承、轴套进行清洗和换油 3. 检查夯架、托盘、操纵手柄、前轴、偏心套等是否有变形、裂纹和严重磨损 4. 检查电动机和电器开关的绝缘程度，更换破损的导线	如轴承磨损过甚时，须修理或更换。对发现的各种缺陷应及时修好

（4）常见故障及排除方法见表 3-38。

蛙式打夯机常见故障及排除方法   表 3-38

故障现象	产生原因	排除方法
夯击次数减少、夯头抬起高度降低、夯击力下降	V 带松弛	进行张紧调整
轴承过热	缺少润滑油（脂）	及时补充润滑油
拖盘行走不顺利、不稳定，夯机摆动	托盘底部粘带泥土过多	清理
托盘前进距离不准	V 带松弛	进行张紧调整
夯机工作中有杂音	螺栓松动、弹簧垫片折断	旋紧螺母、更换垫片
前轴左、右窜动	轴的定位挡套磨损，或轴连接松旷	更换磨损件，紧固前轴
夯机向一边偏斜	设计不佳，夯机重量左、右不均	可将电动机重新安装（左、右调整位置，需更换机座）

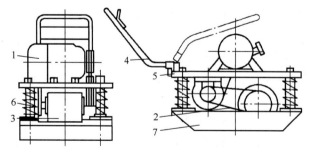

图 3-52 H2-380A 型电动振动式打夯机的构造
1—电动机；2—传动胶带；3—振动体；4—手把；5—支撑台板；
6—弹簧；7—夯板

2. 振动打夯机

振动打夯机是靠平板作较高的振动（通常为 50Hz，最低 25Hz，最高可达 200Hz）来密实土和自行移动的打夯机，对于各种土有较好的压实效果，特别是对非黏性的砂质土、砾石、碎石的效果最佳。

（1）主要构造。振动平板夯有内燃机驱动的和电动机驱动的两种形式，如图 3-52 所示，为 H2-380A

型电动振动式打夯机的构造。除了动力装置之外,其基本结构是相同的。主要由离合器、V带传动机构、弹簧、夯板、偏心轴、传动齿轮、支撑台板、操纵手柄等构成。

(2) 使用要点。平板振动夯使用前的准备工作,可参照其他形式打夯机来进行。在工作中,发现振动频率下降、轴承过热、机械走偏等现象时,应及时停机,检查偏心振动子和轴承等部件。偏心块必须牢固地连接在转轴上,轴也不得有弯曲,轴承不能松旷,否则必须进行校正或者更换。夯板、支撑台板、减振弹簧均不得有变形、裂纹等缺陷,在必要时,应予平整、补焊,甚至更换。

(3) 常见故障及排除方法见表 3-39。

振动打夯机常见故障及排除方法　　　　　表 3-39

故障现象	产生原因	排除方法
振动频率下降、振幅减少	V带松弛	重新张紧V带
	偏心块松脱	修理或紧固
	更换弹簧	弹簧失效
轴承过热、有杂音	轴承缺少润滑脂或严重磨损	拆卸端盖,补加润滑油,或更换轴承
运行不稳,并有较大的噪声	弹簧失效或断裂	更换弹簧
	联接部分松旷	检查并紧固联接件

3.3 桩工机械

3.3.1 桩工机械的类型及表示方法

1. 桩工机械的类型

根据施工预制桩或灌注桩将桩工机械分成两大类:

(1) 预制桩施工机械。施工预制桩主要包括三种方法:

1) 打入法。打入法使用桩锤冲击桩头,在冲击瞬间桩头受到一个很大的力,而使桩贯入土中。打入法使用的设备主要包括以下四种:

①落锤。构造简单,使用方便,是一种古老的桩工机械。但贯入能力低,生产效率低,对桩的损伤较大。

②柴油锤。其工作原理类似于柴油发动机,是目前最为常用的打桩设备,但公害较重。

③蒸汽锤。蒸汽锤是以蒸汽或压缩空气为动力的一种打桩机械。

④液压锤。液压锤是一种新型打桩机械,它具备冲击频率高,冲击能量大,公害少等优点,但构造复杂,造价高。

2) 振动法。振动法是使桩身产生高频振动,使桩尖处和桩身周围的阻力大大减小,桩在自重或稍加压力的作用下贯入土中。这种施工方法的优点是噪音极小,桩头不受损坏。但压入法使用的压桩机本身非常笨重,组装迁移都较困难

3) 压入法。压入法是给桩头施加强大的静压力,将桩压入土中。这种施工方法噪音极小,桩头不受损坏。但压入法使用的压桩机本身非常笨重,组装迁移都比较困难。

(2) 灌注桩施工机械。灌注桩的施工关键在成孔，成孔方法有挤土成孔法和取土成孔法。

1) 挤土成孔法。挤土成孔法所使用的设备于施工预制桩的设备相同，它是将一根钢管打入土中，至设计深度后将钢管拔出，即可成孔。这种施工方法中常采用振动锤，因为振动锤既可以将钢管打入，又可以将钢管拔出。

2) 取土成孔法。取土成孔法采用了许多种成孔机械，其中主要的有：

①全套管钻孔机。是一种大直径桩孔的成孔设备。它利用冲抓锥挖土、取土。为了防止孔壁坍落，在冲抓的同时将一套管压入。

②回转斗钻孔机。其挖土、取土装置是一个钻斗。钻斗下有切土刀，斗内可装土。

③反循环钻机。这种钻机的钻头只进行切土作业，构造很简单。取土的方法是将图制成泥浆，用空气提升法或喷水提升法将其取出。

④螺旋钻孔机。其工作原理类似于麻花钻，边钻边排屑。是目前我国施工小直径桩孔的主要设备。螺旋钻孔机又分为长螺旋和短螺旋两种。

⑤钻扩机。是一种成型带扩大头桩孔的机械。

2. 桩工机械的表示方法

桩工机械的表示方法见表 3-40。

桩工机械的表示方法　　　　表 3-40

类型				产品		主参数代号	
名称	代号	名称	代号	名称	代号	名称	单位
柴油打桩锤	D（打）	筒式	—	筒式柴油打桩锤	D	冲击部分重量	10^{-2}kg
		导杆式	D（导）	导杆式柴油打桩锤	DD		
液压锤	CY	液压式	—	液压锤	CT	冲击部分重量	10^{-2}kg
振动打桩锤	D、Z（打、振）	机械式	—	机械式振动桩锤	DZ	振动锤功率	kW
		液压式	Y（液）	液压式振动桩锤	DZY		
压桩机	Y、Z（压，桩）	液压式	Y（液）	液压式桩机	YZY	最大压桩力	10^{-1}kN
成孔机	K（孔）	长螺旋式	L（螺）	长螺旋钻孔机	KL	最大成孔直径	mm
		短螺旋式	D（短）	短螺旋钻孔机	KD		
		回转斗式	U（斗）	回转斗钻孔机	KU		
		动力头式	T（头）	动力头钻孔机	KT		
		冲抓式	Z（短）	冲抓式成孔机	KZ		
		冲抓式	D（短）	全套管钻孔机	KZT		
		潜水式	Q（短）	潜水式钻孔机	KQ		
		转盘式	P（短）	转盘式钻孔机	KP		
桩架	J（架）	轨道式	G（轨）	轨道式桩架	JG	最大成孔直径	mm
		履带式	U（履）	履带式桩架	JU		
		步履式	B（步）	步履式桩架	JB		
		简易式	J（简）	简易式桩架	JJ		

3.3.2 打桩机械

1. 打桩机的组成

打桩机是由桩锤、桩架和动力装置三个主要部分组成：

(1) 桩锤。桩锤是冲击桩身并将其打入土中的设备。桩锤的工作部件是一个很重的能作上下往复运动的锤头，即冲击部分。锤头冲击桩头，使桩克服土的阻力而下沉。

(2) 桩架。桩架是悬挂桩锤的装置，并引导桩锤上下运动以及举起桩身的设备。不同类型的桩锤需要配用相应的桩架。

(3) 动力装置。动力装置是提供打桩动能来源的装置。各种不同的打桩机械，所采用的动力装置也有所不同。例如蒸汽打桩机的动力装置为锅炉；柴油打桩机的动力装置是柴油桩锤；液压锤的动力装置为液压泵与其液压元件组成的液压系统；而自落式打桩机的动力装置为电动卷扬机，若采用起重机桩架，则落锤的动力由起重机供给。

2. 桩架

(1) 履带式桩架。履带式桩架以履带为行走装置，机动性好，使用方便，有悬挂式桩架、三支点桩架和多功能桩架三种。目前国内外生产的液压履带式主机既可作为起重机使用，也可以作为打桩架使用。

1) 悬挂式桩架。悬挂式桩架以通用履带起重机为底盘，卸去吊钩，将吊臂顶端与桩架连接，桩架立柱底部有支撑杆与回转平台连接，如图 3-53 所示。桩架立柱可用圆筒形，也可用方形或矩形横截面的桁架。为了增加桩架作业时整体的稳定性，在原有起重机底盘上，需要附加配重。底部支撑架是可伸缩的杆件，调整底部支撑杆的伸缩长度，立柱就可从垂直位置改变成倾斜位置，这样可以满足打斜桩的需要。由于此类桩架的侧向稳定性主要由起重机下部的支撑杆保证，侧向稳定性较差，因此只能用于小桩的施工。

2) 三支点履带桩架。三支点式履带桩架为专用的桩架，也可由履带起重机改装（平台部分改动较大），主机的平衡重至回转中心的距离以及履带的长度和宽度比起重机主机的相应参数要大一些，整机的稳定性好。桩架的立柱上部由两个斜撑杆与机体连接，立柱下部与机体托架连接，因而称之为三支点桩架。斜撑杆支撑在横梁的球座上，横梁下有液压支腿。

3) 多功能履带桩架。如图 3-54 所示，R618 型多功能履带桩架总体构造图。回转平台可 360°全回转。这种多功能履带桩架可安装回转斗、短螺旋钻孔器、长螺旋钻孔器、柴油锤、液压锤、振动锤和冲抓斗等工作装置。还可以配上全液压套管摆动装置，进行全套管施工作业。另外还可以进行地下连续墙施工和逆循环钻孔，做到一机多用。

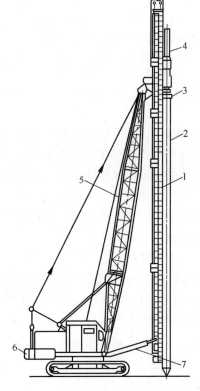

图 3-53 悬挂式履带桩架构造
1—桩架立柱；2—桩；3—桩帽；4—桩锤；
5—起重锤；6—机体；7—支撑杆

3 常用施工机械设备

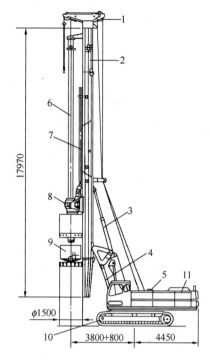

图 3-54 R6188 多功能尾带桩架
1—滑轮架；2—立柱；3—立柱伸缩油缸；4—平行四边形机构；5—主、副卷扬机；6—伸缩钻杆；7—进给油缸；8—液压动力头；9—回转斗；10—履带装置；11—回转平台

本机采用液压传动，液压系统包括三个变量柱塞液压泵和三个辅助齿轮油泵。各个油泵可单独向各工作系统提供高压液压油。在所有液压油路当中，均设置了电磁阀。各种作业全部由电液比例伺服阀控制，可精确地控制机器的工作。

平台的前部有各种不同工作装置液压系统预留接口。在副卷扬机的后面留有第三个卷扬机的位置。立柱伸缩油缸和立柱平行四边形机构，一端与回转平台连接，另一端则与立柱连接。平行四边形机构可使立柱工作半径改变，但立柱仍能保持垂直位置。这样可以精确地调整桩位，而无需移动履带装置。履带的中心距可依靠伸缩油缸从 2.5～4m 调整。履带底盘前面预留有套管摆动装置液压系统接口和电气系统插座。如果需使用套管进行大口径及超深度作业，可装上全液压套管摆动装置。这时，只要将套管摆动装置的液压系统和电气系统与底盘前部预留的接口相连，即可进行施工作业。在运输状态时，立柱可自行折叠。

这种多功能履带桩架自重 65t，最大钻深 60m，最大桩径 2m。钻进扭矩 172kN·m，配上不同的工作装置，可以适用于泥土、砂土、砂砾、卵石、砾石和岩层等成孔作业。

(2) 步履式桩架。步履式桩架是国内应用较为普遍的桩架，在步履式桩架上可配用长、短螺旋钻孔器、柴油锤、液压锤和振动桩锤等设备进行钻孔和打桩作业。如图 3-55 (a) 所示，为 DZB1500 型液压步履式钻孔机，由短螺旋钻孔器和步履式桩架组成。步履式桩架包括平台、下转盘、步履靴、前支腿、后支腿、卷扬机构、操作室、电缆卷筒、电气系统和液压系统等组成。下转盘上有回转滚道，上转盘的滚轮可以在上面滚动，回转中心轴一端与下转盘中心相连，另一端与平台下部上转盘中心相连。

在回转时，前、后支腿支起，步履靴离地，回转液压缸伸缩使下转盘与步履靴顺时针或逆时针旋转。若前、后支腿回缩，支腿离地，步履靴支撑整机，回转液压缸伸缩带动平台整体顺时针或逆时针旋转。下转盘底面安装有行走滚轮，滚轮与步履靴相连接。滚轮能在步履靴内滚动。移位时靠液压缸伸缩使步履靴前后移动。在行走时，前、后支腿液压缸收缩，支腿离地，步履靴支撑整机，钻架整个工作重量落在步履靴上，行走液压缸伸缩使整机前或后行走一步，然后让支腿液压缸伸出，步履靴离地，行走液压缸伸缩使步履靴回复到原来位置。重复上述动作可以使整个钻机行走到指定位置。臂架的起落由液压缸完成。在施工现场整机移动对位时，不用落下钻架。转移施工场地时，可以将钻架放下，安上行走轮胎，如图 3-55 (b) 所示的运输状态。

3. 打桩锤

(1) 柴油锤

3.3 桩 工 机 械

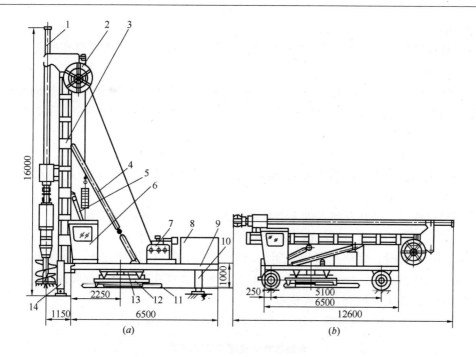

图 3-55 DZB1500 型液压步履式短螺旋钻孔机
(a) DZB1500 型液压步履式钻孔机;(b) 钻孔机运输状态
1—钻机部分;2—电缆卷筒;3—臂架;4—斜撑;5—起架液压缸;6—操纵室;7—卷扬机;
8—液压系统;9—平台;10—后支腿;11—步履靴;12—下转盘;13—上转盘;14—前支腿

1) 柴油锤的主要技术性能。筒式柴油锤和导杆式柴油锤的性能见表 3-41:

筒式柴油锤和导杆式柴油锤的性能　　　　　　　　表 3-41

名称	单位	型号									
		DD6	DD18	DD25	D12	D25	D36	D40	D50	D60	D72
冲击体质量	kN	—	—	—	12	25	36	40	50	60	72
冲击能量	kN·m	7.5	14	30	30	62.5	120	100	125	160	180
冲击次数	次/min	—	—	—	40～60	40～60	36～46	40～60	40～60	35～60	40～60
燃油消耗	L/h	—	—	—	6.5	18.5	12.5	24	28	30	43
冲程	M	—	—	—	2.5	2.5	3.4	2.5	2.5	2.67	2.5
锤总重	kN	12.5	31	42	2.7	65	84	93	105	150	180
锤总高	m	3.5	4.2	4.5	3.83	4.87	5.28	4.87	5.28	5.77	5.9

2) 柴油锤的施工作业要点:

①在启动前,将燃油箱阀门打开,用起落架将上活塞提起并高于上气缸 1cm 左右,用专用工具将贮油室油塞打开,按照规定加满润滑油,自动润滑的柴油锤,除了在油箱内加满润滑油外,还应向润滑油路加润滑油,同时排除管路中的空气。

②桩架必须安放平稳坚实。桩锤在启动时,应当注意桩锤、桩帽在同一直线上,防止偏心打桩。

③初打时,应当关闭供油泵的油门,使锤冷打,当桩的贯入度小于 10cm/击时,才能

107

逐渐开启油门。

④在打桩过程中，应当有专人负责拉好曲臂上的控制绳，如遇到意外情况时可紧急停锤。

⑤打桩过程中，应当注意观察上活塞的润滑油是否从油孔中泄出，下活塞的润滑油应每隔15min注入一次。如一根桩打进时间超过15min，则必须将桩打完后立即加注润滑油。

⑥上活塞起跳高度不得超过2.5m。

⑦在打桩的过程中，应当经常用线锤及水平尺检查打桩架。如垂直度偏差超过1%，必须及时纠正，以免把桩打斜。

⑧打桩过程中，严禁任何人进入以桩轴线为中心的4m半径范围内。

⑨施工完毕后，应当清洁机体，加油润滑。

⑩短期内不用时，须将燃料阀关闭。如果长期不用，应将冷却水、燃油及润滑油放尽，并做一次解体保养，涂上防锈油，装好上活塞止动螺栓和下活塞保险块，然后将桩锤从桩架上放下，盖上保护套，入库保存。

3）柴油锤常见故障及排除方法。柴油锤常见故障及排除方法见表3-42：

柴油锤常见故障及排除方法　　　　　　　　表3-42

故障现象	故障原因	排除方法
桩锤不能启动	土质软，桩的阻力小	关闭油门，对桩冲击几次然后供油启动。此时应拉动曲臂控制绳多供油一次，连续数次即可
	外界温度过低	关闭油门，突击几次，以提高气缸内温度后启动。或打开检查孔旋盖，放入浸有乙醚的棉纱，旋紧旋盖后启动。水箱内应加热水
	砧块凹形球碗有水	打开检查铜丝堵，清洗干净
突然停止运动	燃油不足	向燃油箱加油
	油管堵塞	清洗油管
	上活塞活塞环卡死	打开清洗修复或更换活塞环
桩锤不能正常工作	油管内有空气	拆开油管，拉动曲臂以排除空气
	供油泵柱塞副间隙过大	更换柱塞副
	供油泵曲臂严重磨损	更换或修复曲臂
	单向阀漏油	更换橡皮锥头或进油阀
	砧块球碗有异物	清洗球碗
	润滑油流进球碗过多	调整润滑油油量
	气缸磨损过大	修复气缸或更换加大活塞环
	冲击球头球面，麻点过多	修复球头、球碗
桩锤不能停止运转	供油泵内部回路堵塞	清洗供油泵
	供油泵调节阀位置不正确	松开调节阀压板，调整调节阀位置
排气为黑色	燃油过多	调节供油量
	燃油不纯	更换燃油

3.3 桩 工 机 械

续表

故障现象	故障原因	排 除 方 法
废气从缓冲橡胶出喷出	活塞环失去弹力	更换活塞环
	润滑油不足，活塞环卡死	观察加油泵是否出油，或人工向油嘴加油
上活塞跳过高	燃油过多	调节供油量
	土质太硬	贯入度控制在每锤击 10 次为 20mm

(2) 振动锤

1) 振动锤的分类。振动锤是基础施工中广泛应用的一种沉桩设备。沉桩在工作时，利用振动桩锤产生的周期性激振力，使桩周围的土壤液化，减小了土壤对桩的摩阻力，达到使桩下沉的目的。

振动桩锤按照工作原理可分为振动式和振动冲击式，振动冲击锤振动器所产生的振动不直接传给桩，而是通过冲击块作用在桩上，使桩受到连续的冲击。这种振动锤可以用于黏性土壤和坚硬土层上打桩和拔桩工程。

振动桩锤根据电动机和振动器相互联接的情况，分为刚性式和柔性式两种。刚性式振动锤的电动机与振动器刚性连接。在工作时，电动机也受到振动，必须采用耐振电动机。此外工作时电动机也参加振动，加大了振动体系的质量，使振幅减小。柔性式的电动机与振动器用减振弹簧隔开。适当地选择弹簧的刚度，可使电动机受到的振动减少到最低程度。电动机不参加振动，但电动机的自重仍然通过弹簧作用在桩身上，给桩身一定的附加载荷，有助于桩的下沉。但柔性式构造复杂，未能得到广泛的应用。振动桩锤根据强迫振动频率的高低可以分为低、中、高频三种。但其频率范围的划分并没有严格的界限。通常以 300~700r/min 为低频，700~1500r/min 为中频，2300~2500r/min 为高频。还有采用振动频率达 6000r/min 的称为超高频。另外振动桩锤根据原动机可分为电动式、气动式与液压式，按照构造分为振动式和中心孔振动式。

我国是以振动锤的偏心力矩 M 来标定振动锤的规格。偏心力矩是偏心块的重量 q 与偏心块中心至回转中心的距离 r 的乘积 $M=qr$。此外，还有以激振力 P 或电动机功率 W 来标定振动出的规格的。

2) 振动锤的特点：

①由于振动锤是靠减小桩与土壤间的摩擦力达到沉桩的目的，因此在桩和土壤间摩擦力减小的情况下，可用稍大于桩和锤重的力即可将桩拔起。因此振动锤不仅适合于沉桩，而且适合于拔桩。沉桩、拔桩效率都很高。

②振动锤使用方便，不用设置导向桩架，只要用起重机吊起即可工作。但目前振动锤绝大部分是电力驱动，所以必须有电源，而且需要较大容量，在工作时拖着电缆。液压振动锤是目前正在研究的项目。

③振动锤在工作时不损伤桩头。

④振动锤工作噪声小，不排出任何有害气体。

⑤振动锤不仅能施工预制桩，而且适合施工灌注桩。

3) 振动锤的技术参数。振动锤的技术参数见表 3-43。

振动锤的技术参数　　　　　　　表 3-43

产品型号 性能指标	DZ22	DZ90	DZJ60	DZJ90	DZJ240	VM2-4000E	VM2-1000E
电动机功率（kW）	22	90	60	90	240	60	394
静偏心力矩（N·m）	13.2	120	0～353	0～403	0～3528	300、360	600、800、1000
激振力（kN）	100	350	0～477	0～546	0～1822	335、402	669、894、1119
振动频率（Hz）	14	8.5	—	—	—		
空载振幅（mm）	6.8	22	0～7.0	0～6.6	0～12.2	7.8、9.4	8、10.6、13.3
允许拔桩力（kN）	80	240	215	254	686	250	500

4）振动锤的构造。振动锤的主要组成部分包括原动机、振动器、夹桩器和减震装置。如图 3-56 所示。

①原动机。在绝大多数的振动锤中都采用鼠笼异步电动机作为原动机，只在个别小型振动锤中使用汽油机。近年来为了对振动器的频率进行无级调节，开始使用液压马达。采用液压马达驱动，由地面控制，可实现无级调频。此外液压马达还有启动力矩大，外形尺寸小，重量轻等优点。但液压马达也有一些缺点，所以还有待进一步研究改进。

根据振动锤的工作特点，对作为振动锤的原动机的电动机，在结构和性能上也提出一些特殊的要求：

a. 要求电动机在强烈的振动状态下可靠地运转，这一振动加速度可以达 10g（g 为重力加速度）。所以电动机的结构件全部应当采用焊接结构，转轴采用合金钢。在选择绝缘材料时，也应当考虑耐振的要求。

b. 要求电动机有很高的启动力矩和过载能力。振动锤的启动时间比较长，需要很大的启动电流。造成这种现

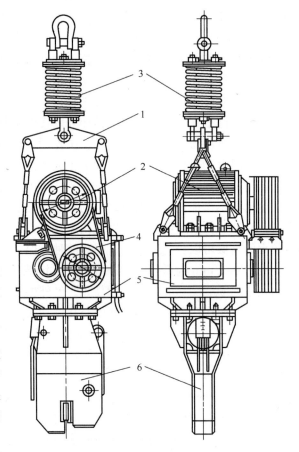

图 3-56　振动锤的构造
1—扁担梁；2—电动机；3—减震装置；4—传动机构；
5—振动器；6—夹桩器

象的原因不仅是由于偏心块的惯性力矩所造成的，更主要的是由于土壤的弹性引起的。因此振动锤所用电动机均采用△接线，以便采用 Y—△启动，减小启动电流。此外，转子导电材料应具有一定的电阻系数，以提高启动力矩。电动机在工作过程中有时超载很严重。因此电动机所使用的绝缘材料应能承耐因过载而产生的高温。根据上述要求，在设计和选择电动机时，应使其启动转矩、启动电流和最大转矩分别为额定值的 3 倍、7.5 倍和

3倍。

  c. 要求电动机适应户外工作。为了适应户外工作，通常采用封闭式。但通常封闭扇冷式电动机的风扇及风扇罩的耐振性不好，因此应当做成封闭自冷式。这样的结构形式对耐振有利，但电动机的发热问题就突出了。这样在选择绝缘材料和转子导电材料时，既要考虑耐振又要考虑耐高温。

  ②振动器。振动器是振动锤的振源。现在振动锤都是采用定向机械振动器。最常用的是具有两根轴的振动器，但也有采用四轴或六轴振动器和单轴振动器的。

  ③夹桩器。振动锤在工作时，必须与桩刚性相连，这样才能将振动锤所产生不断变化大小和方向（向上向下）的激振力传给桩身。因此振动锤下部都设有夹桩器。夹桩器将桩夹紧，使桩与振动锤成为一体，一起振动。大型振动锤全都采用液压夹桩器。液压夹桩器夹持力大，操作迅速，相对重量轻。其主要组成部分是油缸、倍率杠杆和夹钳。当改变桩的形状时，夹钳应能够做相应的变换。振动锤用作灌注桩施工时，桩管用法兰以螺栓和振动锤连接，不用夹桩器。在小型振动锤上采用手动杠杆式、手动液压式或气动式夹桩器。

  ④减震装置。减震装置由几组组和弹簧与起吊扁担构成，防止振动器的振动传到悬吊它的桩架或起重机上去。吸振器在沉桩时受力较小，但在拔桩时受到较大的载荷。当超载时，螺旋弹簧被压密而失效，使振动传至吊钩。但无法因此而把吸振器的刚度提高。因为刚度越大，吸振效果越差。因此吸振器应当根据拔桩力来设计计算。除大型振动桩锤外，多数振动桩锤既可用于沉桩，也可用于拔桩。拔桩时，在吊钩与振动器之间有一组减震弹簧可大大削弱船导吊沟上的振动力。

  5）振动桩锤施工作业要点：

  ①在作业前，应对桩锤进行检测。检测电动机、电机电缆的绝缘值是否符合要求；检查电气箱内各元件，要求完好；检查传动皮带的松紧度；检查夹持器与振动器连接处的螺栓是否紧固。

  ②在电源接通前，先按一下停止按钮，夹持器的操纵杆应当放在中立位置；接通电源后，检查操纵盘上电压表的电压值是否在额定范围内。

  ③合上操纵盘上的总开关，接通液压泵电源，启动电动机，准备投入运行。

  ④当桩插入夹桩器内后，把操纵杆扳到夹紧位置，使夹桩器将桩慢慢夹紧，直至听到油压卸载声为止。在整个作业过程中，操纵杆应始终放在夹紧位置，液压系统压力不能下降。

  ⑤悬挂桩锤的起重机，吊钩必须有保险装置。

  ⑥电源至控制箱之间的距离，通常不宜超过100m，各种导线截面也应符合规定。

  ⑦在拔钢板桩时，应按照通常的沉入顺序的相反方向拔起。夹持器在夹持板桩时，应当尽量靠近相邻的一根，较易起拔。

  ⑧钢板桩或其他型钢的桩，当其头部有钻孔时，应将钻孔填平或割掉，或在钻孔处焊上加强板，以防桩身拔断。

  ⑨当夹桩器将桩夹持后，须待压力表显示压力达到额定值后，方可指挥起拔。当拔桩离地面1~1.5m时，应停止振动，将吊桩用钢丝绳拴好，然后断续启动桩锤进行拔桩。

  ⑩在拔桩时，当桩尖距地面还有1~2m时，应关闭桩锤，由起重机直接将桩拔出。

  ⑪拔桩时，必须注意起重机额定起重量的选择，一般用估算法，即起重机的回转半径

应以桩长 1m 对 1t 的比率来确定。

⑫桩被完全拔出后,在吊桩钢丝绳未吊紧前,不允许将夹桩器松掉。

⑬沉桩时,操作者必须有效地控制沉桩速度,防止电流表指数急剧上升而损坏电动机。如沉桩太慢,可在桩锤上适当加一定量的配重。

⑭沉桩时,吊桩的钢丝绳必须紧跟桩下沉速度而放松。通常在入土 3m 之前,可利用桩机的回转或导杆前后移动,校正桩的垂直度,超过此深度进行修正时,导杆易损坏或变形。

6)振动锤的常见故障及排除方法见表 3-44。

振动锤常见故障及排除方法 表 3-44

故障现象	故障原因	排除方法
电动机不运转	电源开关未导通	检查后导通
	熔断式保护器烧断	查找原因,及时更换
	电缆线内部不导通	用仪表查找电缆线接断处并接通
	启动装置中接触不良	清除操纵盘触点片上的脏物
	耐振电动机本身烧坏	更换或修复
电动机启动时有响声	启动器或整流子片接触不良	修理或更换
	电缆线某处即将断裂	用仪表查找电缆线接断处并接通
电动机转速慢及激振力小	电压太低或电源容量不足	提高电压,增加电源容量
	电缆线流通截面过小	按说明书要求更换
	从电源到操纵盘距离太远	按说明书规定重新布置
	激振器箱体内润滑油超量	减少到规定的油位线
	传动胶带太松	用张紧轮调整
熔断丝经常烧断	电流过大	土体对桩的阻力过大,应在振动桩锤上适当增加配重或更换大一级的桩锤
	启动方法错误造成电流峰值过大	严格按说明书规定的启动方法重新启动
夹桩器打滑,夹不住桩	夹桩器液压缸压力太低	调整溢流阀,将压力提高到规定值
	夹齿磨损	重新堆焊或更换夹齿片
	活动齿下颚周围有泥沙	清除泥沙及杂物
	液压缸压力超过额定值,使杠杆弯曲,行程减少	调整液压缸压力,更换杠杆或修复
	各部销子及衬套磨损太大	检查后重新更换
液压油压力太小	液压泵电动机转动方向相反	检查电动机转动方向,及时更正
	压力表损坏	通过检验台调整或更换
	压力表开关未打开	适当打开压力表开关
	溢流阀流量过大	调整溢流阀压力
	液压泵转轴断裂	更换转轴或液压泵
	溢流阀阀芯磨损	更换阀芯
	液压油油箱油位不足	按说明书规定添加
	管道漏油	查明原因,进行修复

3.3 桩工机械

续表

故障现象	故障原因	排除方法
振动器箱体异响	齿轮啮合间隙过大	调整齿轮啮合间隙
	箱体内有金属物遗留	排除
振动有横振现象	偏心块调整不当	按说明书规定调整

4. 静力压桩机

(1) 静力压桩机的构造特点。静力压桩机是依靠静压力将桩压入地层的施工机械。当静压力大于沉桩阻力时，桩就沉入土中。压桩机在施工时无振动，无噪声，无废弃污染，对地基及周围建筑物影响较小。能够避免冲击式打桩机因连续打击桩而引起桩头和桩身的破坏。适用于软土地层及沿海和沿江淤泥地层中施工。在城市中应用对周围的环境影响力小。

如图 3-57 所示，是 YZY-500 型全液压静力压桩机，主要组成部分包括：支腿平台结构、长船行走机构、短船行走机构、夹持机构、导向压桩机构、起重机、液压系统、电器系统和操作室等。

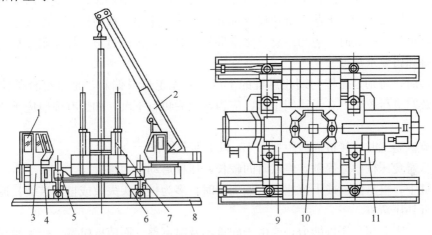

图 3-57　YZY-500 型全液压静力压桩机
1—操作室；2—起重机；3—液压系统；4—电器系统；5—支腿；6—配重铁；7—导向压桩架；
8—长船行走机构；9—平台机构；10—夹持机构；11—短船行走及回转机构

(2) 静力压桩机的施工作业要点：

1) 静力压桩机的安装。静力压桩机的安装地点，必须按施工要求进行先期处理，使场地整平并具有坚实的承载力。安装时，应特别注意两个行走机构之间的安装间距，防止底盘平台不能正确对位而导致返工。电源在接通前，应检查电源电压，使其保持在额定电压范围内。各液压管路连接时，不得将管路强行弯曲。安装过程中，防止液压油过多流损。在安装配重前，必须对各紧固件进行检查，防止因紧固件未拧紧而造成构件变形。安装完毕后，应对整机进行试运转。特别是吊桩用的起重机，应进行满载试吊。

2) 静力压桩机使用与操作：

①在压桩施工中，插正桩位，如果遇到地下障碍使桩在压入过程中倾斜时，不能用桩机行走的方式强行纠偏，应将桩拔起，待地下阻碍物清除后，重新插桩。

②桩在压入过程中，夹持机构与桩侧打滑时，不能任意提高液压油压力，强行操作，而应找出打滑原因，采取有效措施后方能继续压桩。

③桩贯入阻力过大，使桩无法压至标高时，不能任意增加配重，否则将会引起液压元件和构件损坏。

④桩顶无法压到设计标高时，必须将桩凿去，严禁用桩机行走的方式，将桩强行推断。

⑤压桩过程中，如果遇周围土体隆起，影响桩机行走时，应将桩机前方隆起的土铲去，不应强行通过，以免损坏桩机构件。

⑥桩机在顶升过程中，应尽量避免任一船形轨道压在已入土的单一桩顶上，否则将使船形轨道变形。

⑦桩机的电气系统，必须有效的接地。在施工中，电缆须专人看护，每天下班时，将电源总开关切断。

3）静力压桩机的施工过程：

①在压桩过程中，当桩尖碰到夹砂层时，压桩阻力可能突然增大，甚至超过压桩能力，使压机上抬。此时可以最大的压桩力作用在桩顶后，采用停车，使桩有可能缓慢穿过砂层。如果有少量桩确实无法下沉达设计标高，如相差不多，截除桩头，继续施工。

②在接近设计标高时，应当注意严格掌握停压时间，停压过早，补压阻力加大；停压过迟则沉桩超过要求深度。

③压桩时，特别是压桩初期注意桩的下沉，有无走位或偏斜，是否符合桩位中心位置，以便及时进行校正，在无法纠正时，应当拔出后再行下沉，如遇有障碍应予清除重行插桩施压。

④多节桩施工时，接桩面应距地面1m以上便于操作。

⑤尽量避免压桩中途停歇，停歇时间较长，压桩启动阻力增大。

⑥压桩中，桩身倾斜或下沉速度突然加快时，多为桩接头失效或桩身破裂。通常可在原桩位附近补压新桩。

⑦当压桩阻力超过压桩能力，或由于配重不及时调整，而使桩机发生较大倾斜时，应当立即采取停压措施，以免造成断桩或压桩架倾倒事故。

⑧必须做好每根桩的压桩记录。

（3）静力压桩机常见故障及排除方法。静力压桩机常见故障及排除方法见表3-45：

静力压桩机常见故障及排除方法　　　　　表3-45

故障	原因	排除方法
液压缸活塞动作缓	油压太低	提高溢流阀卸载压力
	液压缸内吸入空气	检查油箱油位，不足时添加；检查吸油管，消除漏气
	滤油器或吸油管堵塞	拆下清洗，疏通
	液压泵或操纵阀内泄漏	检修或更换
油路漏油	管接头松动	重新拧紧或更换
	密封件损坏	更换漏油处密封件
	溢流阀卸载压力不稳定	修理或更换

3.3 桩工机械

故障	原因	排除方法
液压系统噪声太大	油内混入空气	检查并排出空气
	油管或其他元件松动	重新紧固或装橡胶垫
	溢流阀卸载压力不稳定	修理或更换

3.3.3 灌注桩成孔机械

1. 螺旋钻孔机

螺旋杆钻孔机包括长螺旋杆钻孔机和短螺旋杆钻孔机两种，工作原理与麻花钻相似，钻具旋转、钻具的钻头刃口切削土壤，与桩架配合使用。具有成孔效率高、振动小、噪声低和污染小等优点，是我国桩机发展较快的一种，同时配合泵送混凝土一次成桩工艺，工效更快，适用于软质地及较硬的黄红土壤，通常深度到 18～25m。短螺旋钻机配带硬质合金的短螺旋钻头，可钻风化岩和硬度较高的岩层。钻孔深度可达 80m 以内。

（1）长螺旋钻孔机

1）长螺旋钻孔机的构造

长螺旋钻孔机由履带桩架及长螺旋钻孔器组成。适合于地下水位较低的黏土及砂土层施工。长螺旋钻孔器由动刀头、钻杆、中间稳杆器、下部导向圈和钻头等组成。如图 3-58 所示。钻孔器通过滑轮组悬挂在桩架上。钻孔器的升降、就位由桩架控制。为了使钻杆钻进时的稳定和初钻时插钻的准确性，在钻杆长度 1/2 处，安装有中间稳杆器，在钻杆下部装有导向圈。导向圈固定于桩架立柱上。

下面介绍一下主要部件：

①动力头。动力头是螺旋钻机的驱动装置，包括机械驱动和液压驱动两种方式。由电动机（或液压马达）和减速箱组成。液压马达自重轻，调速方便，国外多采用液压马达驱动。螺旋钻机应用较多的为单动单轴式，由液压马达通过行星减速箱（或电动机通过减速箱）传递动力。此种钻机动力头传动效率高，传动平稳。

②钻杆。钻杆在作业中传递扭矩，使钻头切削土层，同时将切下来的泥土通过钻杆输送到地面。钻杆是一根焊有连续螺旋叶片的钢管，长螺杆的钻杆分段制作，钻杆与钻杆的连接可以采用阶梯法兰连接，也可以用六角套筒并通过锥销连接。螺旋叶片的外径比钻头直径小 20～30mm，这样可以减少螺旋叶片与孔壁的摩擦阻力。螺旋叶片的螺距约为螺旋叶片直径的 0.6～0.7 倍。长螺旋钻孔机在钻孔时，孔底的土壤沿着钻杆的螺旋叶片上升，将土卸于钻杆周围的地面上，

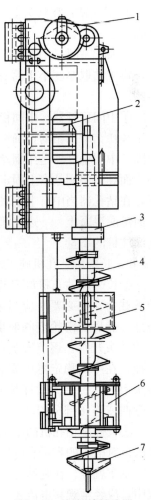

图 3-58 长螺旋钻孔器
1—滑轮组；2—动力头；3—连接法兰；4—钻杆；5—中间稳杆器；6—下部导向阀；7—钻头

或通过出料斗卸于翻斗车等运输工具运走。切土和排土都是连续的，成孔速度较快，但长螺旋的孔径通常小于1m，深度不超过20m。

③钻头。钻头用于切削土层，钻头的直径与设计的桩孔直径一致，考虑到钻孔的效率，适应不同地层的钻孔需要，应当配备各种不同的钻头，如图3-59所示。

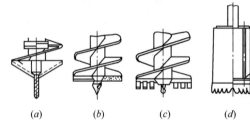

图3-59　长螺旋钻头型式
(a) 双翼尖底钻头；(b) 平底钻头；(c) 耙式钻；
(d) 筒式钻头

a. 双翼尖底钻头：是最为常用的一种，在翼边上焊有硬质合金刀片，可用来钻硬黏土或冻土。

b. 平底钻头：在双螺旋切削刃带上有耙齿式切削片，耙齿上焊有硬质合金刀片，适用于松散的土层。

c. 耙式钻：在钻头上焊了六个耙齿，耙齿露处刃口5cm左右，适用于有砖块瓦块的杂添土层。

d. 筒式钻头：在筒裙下部刃口处镶有八角针状硬质合金刀头，合金刀头外露2mm左右，每次钻取厚度小于筒身高度，在钻进时应加水冷却，适用于钻混凝土块、条石等障碍物。

④中间稳杆器。中间稳杆器和下部导向圈长螺旋钻机由于钻杆长，为了使钻杆施钻时稳定和初钻时插钻的正确性，应当在钻杆长度的1/2处安装中间稳杆器，并在下部安装导向圈。中间稳杆器是用钢丝绳悬挂在钻机的动力头上，并随钻杆动力头沿桩架立柱上下移动，而导向圈则基本上固定在导杆最低处。目前新型的长螺旋杆钻孔机的钻孔器采用中空形，在钻孔器当中有上下贯通的垂直孔，可以在钻孔完成之后，从钻孔器的孔中，直接从上面浇灌混凝土。一边浇灌，一边缓慢地提升钻杆。这样有助于孔壁稳定，减少坍孔，提高灌注桩的质量。

2）长螺旋钻孔机施工作业要点

①长螺旋钻孔机的安装作业。在安装钻孔机前，应对地基进行处理，使地基有一定的承载力，在必要时应当采取措施，如垫钢板等。打桩机导杆未竖立前要将钢丝绳穿绕好。然后将滑轮组临时绑扎在导杆上，以免树立导杆时被撞击。在安装钻杆时，应从动力头开始，逐节安装，不能将钻杆在地面全部连接后一次性起吊安装。根据钻杆直径，在中间稳定器中安装不同直径的防磨圈，然后用钢丝绳将中间稳杆器悬挂在动力头上，其长度为钻杆长度的一半，注意检查钻杆与动力头应保持垂直，防止钻杆产生弯曲或连接部分损坏。

②长螺旋钻孔机的施工要点。在作业前，应当检查机械设备连接情况，必须符合使用要求。对电源的容量和电压应满足钻机的需要。确定钻杆旋转方向是否正确，然后开动钻机基础车就位。在施钻时，应将钻机缓慢放下，使钻头对准孔位。开始下钻，在钻孔的过程中，应经常观察电流表，如超过额定电流时，应放慢下钻速度。为了防止电动机过载，应在控制箱内设置过电流断电器。

在过电流继电器断电之后，应间隔10min左右再重新启动。重新启动后，30min内不应再过载。钻机运转时，应有专人看护，并防止电缆被缠入钻杆中。操作过程中，需要改

3.3 桩工机械

变钻杆的回转方向时，须等钻杆完全停止转动后再重新启动。钻孔作业中，如遇断电应立即将钻杆全部从孔内拔出。避免因土体回缩的压力而造成钻机不能运转或钻杆拔不出等现象。作业完毕后，应将钻杆及钻头全部提升至孔外，并冲洗干净。关闭电源总开关，将钻机放到最低位置。钻头磨损小于基本尺寸 20mm 时，要及时更换。作业后，对钻杆、钻头、滑动支架、出土器等进行清理，对各连接部分涂抹润滑油。按照规定的润滑部位及周期进行润滑。

(2) 短螺旋钻孔机

短螺旋钻机的钻具与长螺旋钻机很相似。但短螺旋钻机钻杆上的螺旋叶片，只在其下部焊有 2m 左右的一小段，而钻杆的其余部分只是一根圆形或方形的杆。这样短螺旋就不能像长螺旋将土直接输送到地面，而是采取断续工作的方式。先将钻头放下进行切削钻进。钻头把切下来的土送到螺旋叶片上。当叶片上堆满土以后（有时可将土堆至钻杆无叶片的部分）。将钻头连同土一起提起来进行卸土。由于短螺旋式采用这样一种工作方式，因此它的工作参数与长螺旋不同。

短螺旋钻机的钻杆有两种钻速。一种是钻进的转速，由于短螺旋钻机不用靠离心力向上输土，相反它希望能够将较多的土堆机在叶片上，因此钻进转速都选在临界转速以下。短螺旋钻杆的另一种钻速是甩土钻速。当叶片上积满土以后，把钻头提出地面，这是应使钻杆高速旋转，叶片上的土在离心力的作用下，被抛向四周。因此甩土钻速则应选的较高。另外由于短螺旋钻杆自身的重量较小，在钻进时需要加压；而在提升时，又因为携带着大量的土而形成土塞，所以需要有较大的提升力。

因为短螺旋钻机的钻杆简单，所以钻杆的接长简单迅速，是钻机在运输状态时长度能较小。一种装在伸缩臂汽车起重机吊臂端部的短螺旋钻机，其钻杆的基本部分的长度很短，在运输状态可以附在吊臂的侧面，丝毫不会影响起重机的运行速度。这种短螺旋钻机常作为电力、电信线路立杆的工程车。它可以完成运输电杆、钻电杆孔和架设电杆等项工作，是一种高效的工程救险车。

2. 回转斗钻孔机

回转斗钻孔机式使用特制的回转钻头，在钻头旋转时切下的土进入回转斗，装满回转斗后，停止旋转并提出孔外，打开回转斗弃土，并再次进入孔内旋转切土，重复进行直至成孔。

(1) 回转斗钻孔机构造

回转斗钻孔机由伸缩钻杆、回转斗驱动装置、回转斗、支撑架和履带桩架等组成，如图 3-60 所示。也可以将短螺旋钻头换成回转斗即可成为回转斗钻孔机。

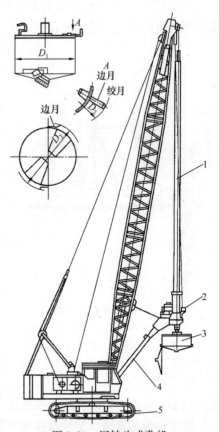

图 3-60 回转斗成孔机
1—伸缩钻杆；2—回转头驱动装置；
3—回转斗；4—支撑架；5—履带桩架

回转斗是一个直径与桩径相同的圆斗，斗底装有切土刀，斗内可以容纳一定量的土。回转斗与伸缩钻杆连接，由液压马达驱动。在工作时，落下钻杆，使回转斗旋转并与土壤接触，回转斗依靠自重（包括钻杆的重量）切削土壤，即可进行钻孔作业。斗底刀刃切土时将土装入斗内。装满斗后，提起回转斗，上车回转，打开斗底将土卸入运输工具内，再将钻斗转回原位，放下回转斗，进行下一次钻孔作业。为了防止坍孔，也可以用全套管成孔机作业。此时可将套管摆动装置与桩架底盘固定。利用套管摆动装置将套管边摆动边压入，回转斗则在套管内作业。灌注桩完成后可将套挂拔出，套管可重复使用。回转斗成孔的直径现已可达3m，钻孔深度因受伸缩钻杆的限制，通常只能达到50m左右。回转斗成孔法的缺点是钻进速度低，功效不高，因为要频繁地进行提起、落下、切土和卸土等动作，而每次钻出的土量又不大。在孔深较大时，钻进效率更低。但可以适用于碎石土、砂土、黏性土等地层的施工，地下水为较高的地区也能使用。

（2）回转斗钻孔机施工要点

1）采用回转斗钻孔法对孔的扰动较大，为保护孔上部的稳定，必须设置较通常所用护筒略长的护筒。

2）如果在桩长范围内的土层都是黏土时，可不必灌水或注稳定液，可干钻，效率较高。

3）回转斗钻孔的稳定液管理是回转斗钻孔成孔的关键，应当根据地质情况、混合泥浆的材料组成决定其最佳配合的浓度。

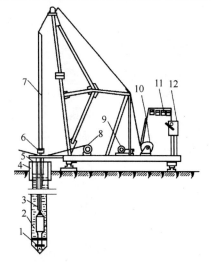

图3-61 潜水钻机示意图
1—钻头；2—潜水钻机；3—电缆；4—护筒；5—水管；6—滚轮（支点）；7—钻杆；8—电缆盘；9—0.5t卷扬机；10—1t卷扬机；11—电流电压表；12—启动开关

4）采用适宜的泥浆（稳定液），可产生如下效果：

①支撑土压力，对于有流动性的地基土层，用泥浆能抑制其流动。

②能够抑制地基土层中的地下水压。

③在孔臂上形成泥膜，以抑制土层的崩坍。

④在挖掘砂土时，可使其碎屑的沉降缓慢，清孔容易。

⑤泥浆液渗入地基土层中能增加底基层的强度，可防止地下水流入钻孔内。

3. 潜水钻机

潜水钻机主要由潜水电动机、齿轮减速器、密封装置、钻杆、钻头等组成，如图3-61所示。这种钻机的特点是动力、减速机构与钻头连接在一起，共同潜入水下工作。因此钻孔效率可相对提高。而且钻杆不需要旋转，除了可减小钻杆的截面之外，还可以大大避免因钻杆折断而发生的工程事故。此外，这种钻机噪声较小，操作劳动条件也大有改善。

潜水钻机的规格、型号及技术性能见表3-46。

在施工时，将电动机变速器机构加以密封，并与底部钻头连接在一起组成一个专钻机具，潜入孔内作业，钻削下来的土块被循环的水或泥浆带出孔外，如图3-62所示。

3.3 桩 工 机 械

潜水钻机的规格、型号及技术性能　　　　表 3-46

技术性能指标		钻机型号						
		KQ-800	GZQ-800	KQ-1250A	GZQ-1250A	KQ-1500	GZQ-1500	KQ-2000
钻孔深度（m）		80	50	80	50	80	50	80
钻孔直径（mm）		450～800	800	450～1250	1250	800～1500	1500	800～2000
主轴转速（r/min）		200	200	45	45	38.5	38.5	21.3
最大转矩（kN·m）		1.90	1.07	4.60	4.76	6.87	5.57	13.72
潜水电动机功率（kW）		22	22	22	22	37	22	41
潜水电动机转速（r/min）		960	960	960	960	960	960	960
钻进速度（m/min）		0.3～1.0	0.3～1.0	0.3～1.0	0.16～0.20	0.06～0.16	0.02	0.03～0.10
整机外形尺寸（mm）	长	4306	4300	5600	5350	6850	5300	7500
	宽	3260	2230	3100	2220	3200	3000	4000
	高	7020	6450	8742	8742	10500	8350	11000
主要质量（t）		0.55	0.55	0.70	0.70	1.00	1.00	1.00
整机重量（t）		7.28	4.60	10.46	7.50	15.43	15.40	20.18

潜水钻机的特点包括：体积小、重量轻、机器结构轻便简单、机动灵活、成孔速度较快等。适用于地下水位高的轻便土层，如淤泥质土、黏性土及砂质土等。潜水钻机构造如图 3-63 所示。

4. 全套管钻机

全套管钻机主要适用于大型建筑桩基础的施工。施工时在成孔的过程中一面下沉钢质套管，一面在钢管中抓挖黏土或砂石，直至钢管下沉到设计深度，成孔后灌注混凝土，同时逐步将钢管拔出。工作可靠，在成孔桩施工中被广泛应用。

（1）全套管钻机的类型与结构。全套管钻机按结构分为整机式和

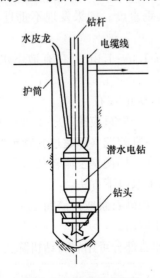

图 3-62　潜水钻成孔法

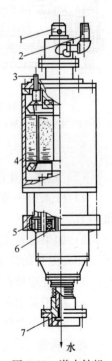

图 3-63　潜水钻机构造示意图

1—提升盖；2—进水管；3—电缆；4—潜水钻机；5—行星减速箱；6—中间进水管；7—钻头接箍

分体式。

1) 整机式（如图 3-64 所示）以履带式底盘为行走系统，将动力系统、钻机作业系统等合为一体。

2) 分体式套管钻机（如图 3-65 所示），由履带起重机、锤式冲抓斗、套管和独立摇动式钻机等组成。冲抓斗悬挂在桩架上，钻机与桩架底盘固定。分体式是以压拔管机构作为一个独立系统，在施工时，必须配备机架（如履带起重机），才能够进行钻孔作业。分体式由于结构简单，又符合一机多用的原则，目前已广泛采用。

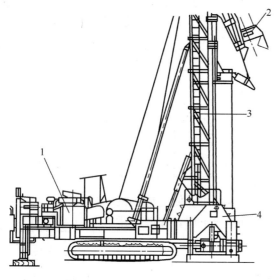 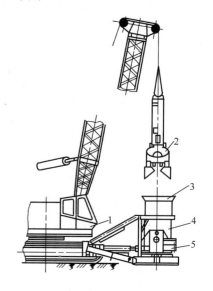

图 3-64　整体式全套管钻机
1—履带主机；2—落锤式抓斗；3—钻架；
4—套管作业装置

图 3-65　分体式套管钻机
1—履带起重机；2—落锤式抓斗；3—导向口；4—套管；5—独立摇动式钻机

(2) 施工作业注意要点：

1) 压入第一节套管时，须特别注意其垂直度。如果发现不垂直，应当拔起重压，保证垂直。

2) 如果在软土层，要使套管超前下沉 1.0～1.2m，在有地下水压力从孔底翻砂时，可以加大泥浆的比重，制止翻砂。

3) 对普通硬性土时，可使套管超前约 30cm 左右。

4) 由于采用落锤抓斗取土。在砂层中，一般只应挖 20～30cm，可视施工情况确定。

5) 为避免泥砂涌入，在通常情况下也不宜超挖（即超过套管预挖）。十分坚硬的土层中，超挖极限 1.5m，并注意土壤裂缝的存在，即便是土壤较硬，也会出现孔壁坍塌。

6) 大直径卵石或探头石的挖掘，可以采取以下方法：

①冲击锤冲碎，落锤抓斗取出，也可以用砂石泵或捞渣筒。

②采用预挖，卵石落入孔底，落锤抓斗取出。

③当套管内部无水时，与套管接触的卵石部分可用岩石钻机除去。

④使用凿岩机。

7) 规定在完成挖掘，灌注混凝土，拔出套管之前不应该停止摇动，但当土壤压力很小时，无需这种连续性运动，若砂层过深，特别是粉细砂，含水率大，连续摇晃会使砂层致密（排水固结作用），导致套管拔不动，在此情况下要小心操作。

8）挖掘、拔管时，应当密切注意套管周围的土壤，每隔几小时摇动 10min，并在到达一定深度（5m 左右）之后，每下压 50cm，上拔下压 10cm，并观察压拔管及晃管压力表。

9）在灌注混凝土作业时，除了按照规定要求清孔外，须保证钢筋笼的最大外径应满足主筋外面与套管内面有 2～3 倍以上混凝土最大粗骨料尺寸间隙。

10）在主筋每隔一段位置，绑扎一些耳环作为垫块，防止插入套管时钢筋笼的倾斜。

11）钢筋笼的竖起、插入、搭接、安装的高度及与套管的关系应详细记录，该记录可作为判断是否存在钢筋笼随套管一起升起的依据。

12）混凝土在灌注时，导管与套管依次拔出，注意套管的底面应始终保持在混凝土界面以下 2m 处。

13）灌注的混凝土除了应满足施工要求外，特别要求混凝土的初凝时间不得小于 2h。

14）采用全套管施工法要求各工序紧密配合，动作紧凑并特别注意防止拔出套管过程钢筋笼被带起或套管拔不出等情况。因此灌注混凝土和钢筋笼的绑扎、尺寸以及对周围土壤压力等都应随时观察，以确保顺利施工。

15）如有上述情况发生应即采取相应措施即时处理，如果处理的时间过长，则应停止灌注，并处理废混凝土，重新灌注。

3.4 地基处理施工机械

3.4.1 钻机机械

1. 钻机类型

钻机一般分为回转式和冲击式两种。回转式钻机是利用钻机的回转器带动钻具旋转，磨削孔底地层而钻进，通常使用管状钻具，能够取柱状岩芯标本。冲击式钻机是利用卷扬机借钢丝绳带动有一定重量的钻具上下反复冲击，使钻头击碎孔底地层形成钻孔后以抽筒提取岩石碎块或扰动土样。

国产的有 30 型、50 型和 100 型等适用于建筑工程地基勘探的钻机，见表 3-47。

常用的钻机类型　　　　　　表 3-47

钻机类型	适用地层	钻进情况	钻进深度 (m)	钻孔直径 (mm) 开孔	钻孔直径 (mm) 终孔	钻机总重 (kg)
XU-300-2 型立轴回转式钻机	各种地层	油压自动钻进	300	110	75	900
XU-100 型立轴回转式钻机	各种地层	油压自动钻进	100	110	75	419（不包括动力机）
XU-100-1 型立轴回转式钻机	黏性土岩层	机械自动和手把钻进	100	110	75	423
SH-30 冲击、回转两用钻机	黏性土、砂土、卵石、浅层基岩	机械回转、冲击钻进	30	110	110	500

3 常用施工机械设备

如图 3-66 所示，为钻机钻进情况。在钻进时，对不同地层应选择采用适宜的钻头，如图 3-66 中 12 以及图 3-67 中 1～3 所示，为常用的钻头。

2. 钻探方法的选用

钻探方法可根据地层类别及勘察要求按表 3-48 选用。

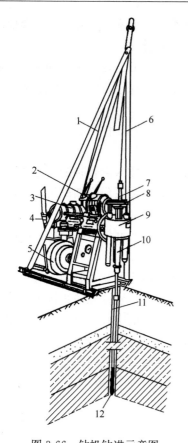

图 3-66 钻机钻进示意图
1—钢丝绳；2—卷扬机；3—柴油机；4—操纵把；5—转轮；6—钻架；7—钻杆；8—卡杆器；9—回转器；10—立轴；11—钻孔；12—螺旋钻头

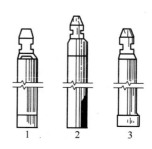

图 3-67 三种常用钻头
1—抽筒；2—钢砂钻头；3—硬质合金钻头

钻探方法的适用范围　　　　　　　　表 3-48

钻探方法		钻进地层					勘察要求	
		黏性土	粉土	砂土	碎石土	岩石	直观鉴别、采取不扰动试样	直观鉴别、采取扰动试样
回转冲击	螺旋钻探	++	+	+	−	−	++	++
	无岩芯钻探	++	++	++	+	++	−	−
	岩芯钻探	++	++	++	+	++	++	++
	冲击钻探	−	+	++	++	−	−	−
	锤击钻探	++	++	++	+	−	++	++
振动钻探		++	++	++	+	−	+	++
冲洗钻探		+	++	++	−	−	−	−

注：++适用；+部分适用；−不适用。

3. 钻孔布置

钻孔布置一般分为技术孔和鉴别孔两类，布置在每个地貌单元和地貌交接部位，在微地貌和地层变化较大的地段予以加密，其间距可参考表 3-49 确定。钻孔深度一般根据拟

3.4 地基处理施工机械

建的建筑物类别或建筑物基础形式按表 3-50 与表 3-51 确定。钻孔的孔径应当根据工程要求、地质条件和钻探方法综合考虑后确定。为了鉴别和划分地层，终孔直径不应小于 33mm；为了采取原状土样，取样段孔径不应小于 108mm；为了采取岩石试样，取样段孔径，对于软质岩石，不应小于 108mm；对于硬质岩石，不应小于 89mm；作孔内试验时，试验段的孔径应当按照试验要求确定。

勘探点间距（m） 表 3-49

场地类别	初步勘探		详细勘探	
	勘探线间距	勘探点间距	Ⅰ类建筑物	Ⅱ类建筑物
简单场地	200～400	150～300	35～50	50～75
中等复杂场地	100～200	50～150	20～35	25～50
复杂场地	<100	<50	<20	<25

初步勘探时勘探孔深度（m） 表 3-50

建筑物类别	勘探孔种类	
	一般性勘探孔	控制性勘探孔
Ⅰ类	10～15	15～30
Ⅱ类	6～12	12～20

详细勘探时勘探孔深度（m） 表 3-51

基础形式	基 础 宽 度				
	1	2	3	4	5
条形基础	6	10	12	—	—
单独柱基	—	6	—	11	12

取土器上部封闭性能的好坏能够决定取土器是否能够顺利进入土层和提取的土样是否可能漏掉。上部封闭装置的结构形式可分为活阀式和球阀式两类，如图 3-68 所示，为上提活阀式取土器。在钻探时，按照不同土质条件，分别采用击入或压入取土器两种方法在钻孔中取得原状土样。击入法一般以重锤少击效果较好；而压入法以快速压入为宜，这样可以减少取土过程中土样的扰动。

3.4.2 触探机械

1. 静力触探

静力触探（CPT）是借静压力将触探头（简称探头）压入土层，利用电测技术测得贯入阻力来判定土的力学性质。静力触探与常规的勘探手段相比较，它能够快速、连续地探测土层及其性质的变化，一般在拟定桩基方案时采用。按照提供静压力的方法，静力触探仪可以分为机械式和油压式两类。油压式静力触探设备，如图 3-69 所示。

触探头是静力触探设备的核心部分。当触探杆将探头匀速贯入土层时，一方面引起尖锥以下局部土层的压缩，产生作用于尖锥的阻力；

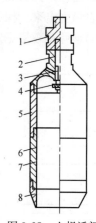

图 3-68 上提活阀式取土器

1—接头；2—连接帽；3—操纵杆；4—活阀；5—余土管；6—衬筒；7—取土筒；8—筒靴

3 常用施工机械设备

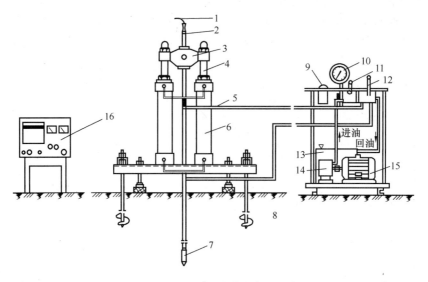

图3-69 双缸油压式静力触探设备

1—电缆；2—触探杆；3—卡杆器；4—活塞杆；5—油管；6—油缸；7—探头；8—地锚；
9—倒顺开关；10—压力表；11—节流阀；12—换向阀；13—油箱；14—油泵；15—电动机；
16—记录器

另一方面，在孔壁周围形成一圈挤实层，从而导致了作用于探头侧壁的摩阻力。探头受到的这两种阻力是土的力学性质的综合反映。因此只要通过适当的内部结构设计，且使探头具有能测得土层阻力的传感器的功能，便可以根据所测得的阻力大小来确定土的性质。如图3-70所示，当探头贯入土中时，顶柱将探头套受到的土层阻力传到空心柱上部，由于空心柱下部用螺纹与探头管连接，因此使贴于其上的电阻应变片与空心柱一起产生拉伸变形。这样，探头在贯入过程中所受到的土层阻力就可以通过电阻应变片转变成电信号并由仪表量测出来。探头按照其结构可以分为单桥和双桥两类，如图3-70和图3-71所示，探头的型号及规格见表3-52和表3-53。

测定比贯入阻力的单桥探头型号及规格　　　　　表3-52

型号	锥底直径 （mm）	锥底面积 （cm²）	有效侧壁长度 （mm）	锥角 （°）	电桥测路
Ⅰ-1	35.7	10	57	60	单桥
Ⅰ-2	43.7	15	70	60	单桥
Ⅰ-3	50.4	20	81	60	单桥

测定锥头阻力和侧壁摩擦力的双桥探头型号及规格　　　　　表3-53

型号	锥底直径 （mm）	锥底面积 （cm²）	摩擦筒表面积 （cm²）	锥角 （°）	电桥测路
Ⅱ-1	35.7	10	200	60	双桥
Ⅱ-2	43.7	15	300	60	双桥

单桥探头所测到的是包括锥尖阻力和侧壁摩阻力在内的总贯入阻力 P（kN）。一般用比贯入阻力 p_s（kPa）表示，即：

3.4 地基处理施工机械

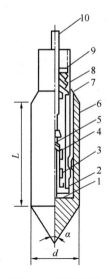

图 3-70 单桥探头

1—顶柱；2—防水盘根；3—电阻应变片；4—空心柱；5—导线；6—外套管；7—防水塞；8—探头管；9—密封圈；10—四芯电缆

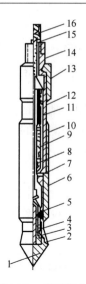

图 3-71 双桥探头

1—探头；2—顶柱；3—探头空心柱；4—探尖电阻丝片；5—探尖导线；6—探头座；7—侧壁顶柱；8—侧壁电阻片；9—侧壁空心柱；10—侧壁摩擦筒；11—侧壁导线；12—侧壁支座；13—连接手；14—探杆接手；15—固定螺栓；16—九芯电缆

$$p_s = \frac{P}{A} \tag{3-10}$$

式中 A——探头截面面积（m^2）。

利用双桥探头可以同时分别测得锥尖阻力与侧壁摩阻力，其结构比单桥探头复杂。

双桥探头可测出锥尖总阻力 Q_e（kN）与侧壁总摩阻力 P_f（kN）。一般以锥尖阻力 q_e（kPa）与侧壁摩阻力 f_s（kPa）表示：

$$q_e = \frac{Q_e}{A} \tag{3-11}$$

$$f_s = \frac{P_f}{F_s} \tag{3-12}$$

式中 F_s——外套筒的总表面积（m^2）。

根据锥尖阻力 q_e 和侧壁摩阻力 f_s，可计算同一深度处的摩阻比 R_s：

$$R_s = \frac{f_s}{q_e} \times 100\% \tag{3-13}$$

地基土的承载力取决于土本身的力学性质，而静力触探所得的比贯入阻力等指标在一定程度上也反映了土的某些力学性质。根据静力触探资料，可以间接地按照地区性的经验关系估算土的承载力、压缩性指标和单桩承载力等。

2. 动力触探

动力触探一般是将一定质量的穿心锤，以一定的高度（即落距）自由下落，将探头贯入土中，然后记录下贯入一定深度所需的锤击次数，并以此判断土的性质。下面着重介绍标准贯入试验（SPT）与轻便触探两种动力触探方法。

标准贯入试验应与钻探工作相配合，如图 3-72 所示，其设备是在钻机的钻杆下端连接标准贯入器,将质量为 63.5kg 的穿心锤套在钻杆上端。在试验时,穿心锤以 76cm 的高度(即落距)自由下落,将贯入器垂直打入土层中 15cm(此时不计锤击数),随后记录打入土层 30cm 的锤击数,即为实测的锤击数 N';试验后拔出贯入器,取出其中的土样进行鉴别描述。

在标准贯入试验中,随着钻杆入土长度的增加,杆侧土层的摩阻力及其他形式的能量消耗也相对增大,因此使测得的锤击数 N' 值偏大。当钻杆长度大于 3m 时,锤击数应当按照下式校正:

$$N = \alpha N' \tag{3-14}$$

式中 N——标准贯入试验锤击数;
α——触探杆长度校正系数,按表 3-54 确定。

触探杆长度校正系数 α 表 3-54

触探杆长度 (m)	≤3	6	9	12	15	18	21
α	1.00	0.92	0.86	0.81	0.77	0.73	0.70

根据标准贯入试验测得的锤击数 N,可以确定地基土的承载力、估计土的抗剪强度和黏性土的变形指标、判别黏性土的稠度和砂土的密实度以及估计地震时砂土液化的可能性。

《建筑地基基础设计规范》GB 50007—2011 推荐的一种轻便触探试验,如图 3-73 所示,其设备简单,操作方便,适用于粉土、

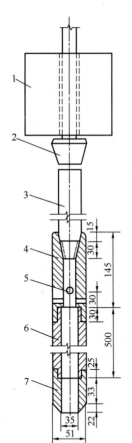

图 3-72 标准贯入试验设备

1—穿心锤;2—锤垫;3—钻杆;4—贯入器头;5—出水孔;6—由两半圆形管并合而成的贯入器身;7—贯入器靴

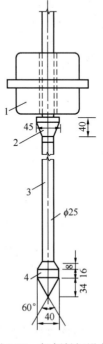

图 3-73 轻便触探设备

1—穿心锤;2—锤垫;3—触探杆;4—尖锥头

黏性土和黏性素填土地基的勘察，但触探深度限于4m以内。在试验时，先用轻便钻具开孔至被试土层，然后用手提质量为10kg的穿心锤，使其以50cm的高度（即落距）自由下落，这样连续冲击，将尖锥头竖直打入土层，每贯入30cm的锤击数称为N_{10}。

根据轻便触探指标N_{10}，可确定黏性土和素填土的承载力，并可以按照不同位置的N_{10}值的变化情况判定地基持力层的均匀程度。

3.4.3 地基夯实机械

1. 施工机具设备

（1）夯锤。国内外的夯锤材料，尤其是大吨位的夯锤，多数采用以钢板为钢壳和内灌混凝土的锤，如图3-74所示。目前也有为了运输方便和工程需要，浇筑成在混凝土的锤上能临时装配钢板的组合锤。为了日益增加的锤重，锤的材料已趋向于由钢材铸成。夯锤的平面一般有圆形和方形等，其中也有气孔式和封闭式两种。实践证明，圆形与带有气孔的锤相对较好，可以克服方形锤由于上、下两次夯击着地不完全重合，而造成夯击能量损失和锤着地时倾斜。夯锤中宜设置若干个上、下贯通的气孔，这样既可以减小起吊夯锤时的吸力；又可以减少夯锤着地前的瞬时气垫的上托力，从而减少能量的损失。国内、外的资料报道中，锤底面积一般取决于表层土质，对于砂质土和碎石类土一般为$3 \sim 4m^2$，对于黏性土或淤泥质土等软弱土不宜小于$6m^2$。锤底静压力值可取$25 \sim 40MPa$，对于细颗粒土锤底静压力宜取小值。

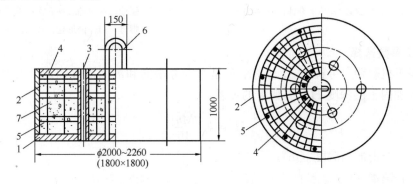

图3-74 混凝土夯锤构造（圆柱形重12t，方形重8t）
1—30mm厚钢板底板；2—18mm厚钢板外壳；3—6×φ159mm钢管；4—水平钢筋网片φ16@200mm；5—钢筋骨架φ14@400mm；6—φ50mm吊环；7—C30混凝土

（2）超重设备。起重设备宜采用带有自动脱钩装置的履带式起重机或采用三脚架、龙门架作超重设备。国外有采用轮胎式起重机或专用三足起重架和轮胎式强夯机，用于吊40t夯锤，落距可以达到40m。国外所使用的履带式起重机都是大吨位吊机，一般在100t以上。由于100t吊机的卷扬机能力只有20t左右，如果夯击工艺采用单缆锤击法，则100t吊机最大只能起吊20t的夯锤。因我国绝大多数强夯工程只具备小吨位起重机的工作条件，只有采用自动脱钩的办法使夯锤形成自由落体进行强夯。采用履带式起重机，如图3-75所示。可在臂杆端部设置辅助门架，或采取其他安全措施，防止落锤时机架倾覆。起重设备的起吊能力，当直接用钢丝绳吊时，应当大于夯锤重量的3～4倍，在采用自动脱钩时，应大于1.5倍锤重。

(3)脱钩装置。当锤重超出卷扬机的能力时,使用滑轮组并借助脱钩装置起落,且宜采用自由脱钩,常用吊式落钩,如图 3-76 所示,在施工时,应注意有足够的强度并灵活使用。

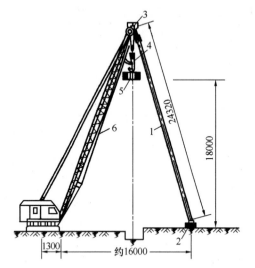

图 3-75　15t 履带式起重机加钢辅助桅杆
1—325mm×8mm 钢管辅助桅杆；2—底座；3—弯脖接头；4—自动脱钩器；5—夯锤；6—拉绳

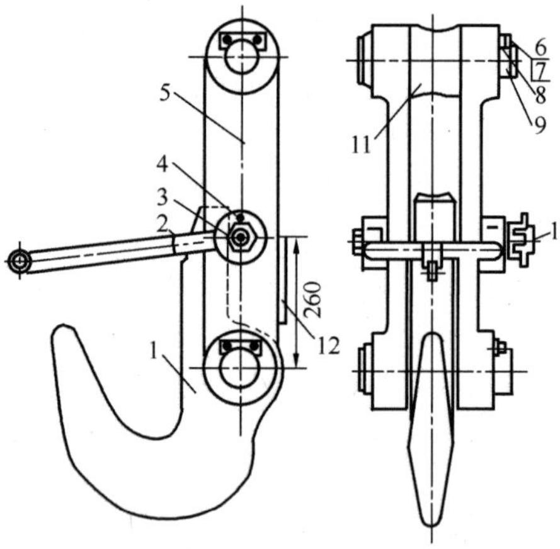

图 3-76　脱钩装置
1—吊钩；2—锁卡焊合件；3—螺栓；4—开口销；5—架板；6—螺栓；7—垫圈；8—止动板；9—销轴；10—螺母；11—鼓形轮；12—护板

2. 施工参数选择

(1)锤重机落距。夯锤重 M 与落距 h 是影响夯击能和加固深度的两个重要因素,一般根据要求加固土层深度 H,有如下的关系:

$$H = k\sqrt{\frac{Mh}{10}} \tag{3-15}$$

式中　H——夯击加固深度（m）；

　　　M——锤重（t）；

　　　h——落距（m）；

　　　k——有效加固系数,一般黏性土、砂土为 0.45~0.6,高填土为 0.6~0.8,湿陷性黄土为 0.35~0.50。

锤重通常不应小于 8t,常用的有 10t、12t、17t、18t、25t,落距通常不小于 6m,多采用 8m、10m、12m、13m、15m、17m、18m、20m、25m 等几种,每一击的夯击能称为平均夯击能,一般砂土取 500~1000kJ/m²,黏性土取 1500~3000kJ/m²。

(2)夯点布置及间距:

1)夯点布置。夯点布置可根据建筑物的结构,按照等边三角形、等腰三角形或正方形布置。对于夯击大面积地基,通常采用梅花形或正方形网格排列,如图 3-77 所示；对条形基础夯点可成行布置,对独立柱基础,可按照柱网设置单夯点。

2)夯点间距(夯距)。夯距应当根据土的性质和要求处理的深度而定,为使深层土得以加固,第一遍应较大,可取 5~9m；以后各遍夯距可与第一遍相同或更小,这样使夯击

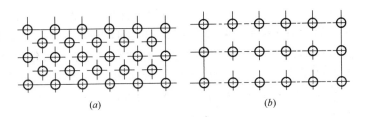

图 3-77 夯点布置
(a) 梅花形布置；(b) 正方形布置

能向深度延伸传递。需要注意的是，下一遍夯点往往在第一遍夯点中点，最后一遍以较低的夯击能进行彼此重叠连接，以确保近地表土能均匀夯密实。但也不宜使夯距太近，这样会使相互邻近的夯击加固效应向深部传递，易产生辐射向裂隙。

(3) 夯击数和夯击遍数。国内确定夯击数的方法有所不同：有的以孔隙水压力达到液化压力为准则；有的则以最后一击的沉降量达某一数值为限值；也有的以上、下两击所产生的沉降差小于某一数值为标准。总之，各夯击点的夯击数，应使土体竖向压缩最大，而侧向位移最小为原则，一般为 4~10 击。所谓"遍数"应理解为在原夯坑上，在孔隙水压力经一定时间基本消散后，而再续夯者称为另一遍，而插夯不应作为另一遍。与此同理，夯坑间距亦应以夯坑实际中心距为准，不能将插夯的夯坑算在夯坑间距内。夯击遍数应当视现场地质条件和工程要求而定，通常对透水性弱的细颗粒土层以及加固要求高的工程，夯击遍数较多。一般包括最后一遍"搭夯"在内，一共夯击 2~5 遍。在夯击时，最好单击能量大，则夯击击数少，随之夯击遍数也相应减少，而技术经济效果就好。但对饱和黏性土所需的能量不能一次施加，否则土体会产生流动，达不到夯实的效果，非但无法提高强度，反而会有所降低，且难于恢复。为此第一遍应先施加部分能量，间歇一段时间之后，在原夯坑上再施加所余能量的一部分或全部分，根据需要重复几遍施加。这样可以逐渐增加土的强度，改善土的压缩性，类似于软土地基的分段预压固结。此外，夯击时同时应满足下列要求：

1) 最后两击的下沉量不宜大于 50mm，单位夯击能量下沉量应不大于 100mm。
2) 夯坑周围不应有过大的隆起和变异。
3) 当夯坑过深时，避免起锤困难。

(4) 两遍之间的间隔时间。间隔时间是指两次夯击之间的时间间隔，取决于加固土层中孔隙水压力消散所需要的时间。一般待土层稳定后再夯击下一遍，通常为 1~4 周。对于无地下水位，地下水位在 5m 以下，含水量较少的碎石类土及透水性强的砂性土，孔隙水压力的峰值出现在夯完后的瞬间，消散时间只有 2~4min，因此对渗透性较大的砂性土，两遍夯击的间歇时间很短，即可连续夯击。对于黏性土，由于孔隙水压力消散较慢，因此当夯击能逐渐增长时，孔隙水压力亦相应叠加。其间歇时间取决于孔隙水压力的消散情况，通常为 2~4 周。目前国内有的工程对黏性土地基的现场埋设了袋装砂井，以便加速孔隙水压力的消散，缩短间歇时间。有时根据施工流水顺序先后，两遍间也能够达到连续夯击的目的。

(5) 加固范围及加固影响深度。当一个长度为 L、宽度为 B 的建筑场地，如在整个地表面上均匀夯击，此时现场四周产生外部没有夯击过和内部夯击过的边缘。为了避免在夯击后的土中出现不均匀的"边界现象",从而引起建筑物的差异沉降,因此必须规定对夯击面积增加一个附加值。国外有的资料中提到长和宽的两边各大出一个加固厚度 H,亦即强夯加固范围为 $(L+H)$、$(B+H)$。实际上,在通常情况下,边缘的增加宽度是可以减少的。国内也有提出在基础外各边各大出 H_2;或多布置一圈夯击点进行加固;或增加夯击区四周施加的能量,以免在夯实的土中出现"边界现象"。

强夯的有效加固影响深度应根据当地经验来确定,在缺少经验或试验资料时可按表 3-55 确定。

强夯法有效加固影响深度(m) 表 3-55

单位夯击能 (kJ·m^{-2})	有效加固影响深度		单位夯击能 (kJ·m^{-2})	有效加固影响深度	
	碎石土、砂土等	粉土、黏性土、湿陷性黄土		碎石土、砂土等	粉土、黏性土、湿陷性黄土
1000	5.0～6.0	4.0～5.0	4000	8.0～9.0	7.0～8.0
2000	5.0～7.0	5.0～6.0	5000	9.0～9.5	8.0～8.5
3000	7.0～8.0	6.0～7.0	6000	9.5～10.0	8.5～9.0

注:强夯法的有效加固影响深度从起夯面算起。

(6) 起夯面。起夯面可高于或低于基底。高于基底是预留压实高度,使夯实后表面与基底为同一标高;低于基底是当要求加固深度加大,能量级达不到所需加固深度时,降低起夯面,满夯时再回填至基底以上,使满夯后与基底标高一致,此时满夯的加固深度加大,需增大满夯的单击夯击能。

(7) 垫层设置。对软弱饱和土或地下水位浅时常需在地面铺设一层砂砾石垫层、碎石垫层,厚度通常为 50～150cm。预铺垫层可形成一覆盖压力,减小坑侧土隆起,使坑侧土得到加固。预铺垫层的又一作用就是在夯击后能形成坑底易透水土塞,从而加大加固深度,并可以作为坑底土孔隙水压力的消散通道,加快孔底土孔隙水压力的消散。另外这一垫层还可以防止夯坑底涌土,并利于施工机械的行走。

垫层材料宜采用粗颗粒的碎石、矿渣、砂砾石,粗颗粒粒径宜小于 10cm。对处理土层为饱和砂、软土时,坑底易涌土、涌砂,故垫层材料不宜采用砂。

垫层厚度不宜过厚或过薄,过厚会在锤底形成大的垫层,扩散动应力,减弱下部软弱土的加固作用和加固深度;过薄则起不到垫层作用。

3. 施工要点

在施工前,应当做好强夯地基地质勘察,对于不均匀土层,适当增加钻孔和原位测试工作,掌握土质情况,作为制定强夯方案和对比夯前、夯后加固效果之用。查明强夯影响范围内的地下构筑物和各种地下管线的位置及标高,采取必要的防护措施,以免因强夯施工而造成破坏。

在施工前,应检查夯锤质量、尺寸、落锤控制手段及落距、夯击遍数、夯点布置、夯击范围,进行现场试夯,用以确定施工参数。

(1) 在夯击时,落锤应当保持平稳,夯位应准确,夯击坑内积水应及时排除。当坑底含水量过大时,可铺砂石后再夯击。

(2) 强夯应当分段进行,顺序从边缘夯向中央。对厂房柱基亦可一排一排夯,起重机

3.4 地基处理施工机械

直线行驶，从一边驶向另一边，每夯完一遍，进行场地平整，放线定位后又进行下一遍夯击。强夯的施工顺序为先深后浅，即先加固深层土，再加固中层土，最后加固浅层土。夯坑底面以上的填土（经推土机推平夯坑）比较疏松，加上强夯产生的强大振动，亦会使周围已夯实的表层土有一定的振松，如前述，一定要在最后一遍点夯完之后，再以低能量满夯一遍。但在夯后工程质量检验时，有时会发现厚度1m左右的表层土，其密实程度要比下层土差，说明满夯未达到预期的效果，这是因为目前大部分工程的低能满夯，是采用和强夯施工同一夯锤以低落距夯击，因为夯锤较重，而表层土因无上覆压力，侧向约束小，所以夯击时土体侧向变形大。对于粗颗粒的碎石、砂砾石等松散料来说，侧向变形就更大，更不易夯密。

（3）因为表层土是基础的主要持力层，如处理不好，将会增加建筑物的沉降和不均匀沉降。所以必须高度重视表层土的夯实问题。有条件的满夯时宜采用小夯锤夯击，并适当增加满夯的夯击次数，以提高表层土的夯实效果。

（4）对于高饱和度的粉土、黏性土和新饱和填土，进行强夯时，很难以控制最后两击的平均夯沉量在规定的范围内，可采取适当将夯击能量降低；将夯沉量差适当加大；填土采取将原土上的淤泥清除，挖纵横盲沟，以排除土内的水分，同时在原土上铺50cm的砂石混合料，以保证强夯时土内的水分排出，在夯坑内回填块石、碎石或矿渣等粗颗粒材料，进行强夯置换等措施。

通过强夯将坑底软土向四周挤出，使在夯点下形成块（碎）石墩，并与四周软土构成复合地基，有明显的加固效果。

（5）雨季强夯施工，场地四周设排水沟、截洪沟，防止雨水入侵夯坑；填土中间稍高；土料含水率应当符合要求，分层回填、摊平、碾压，使表面保持1%～2%的排水坡度，当班填当班压实；雨后抓紧排水，推掉表面稀泥和软土，再碾压，夯后夯坑立即填平、压实，使之高于四周。

（6）冬期施工应当清除地表冰冻再强夯，夯击次数相应增加，如有硬壳层要适当增加夯次或提高夯击质量。

（7）做好施工过程中的监测和记录工作，其中包括检查夯锤重和落距，对夯点放线进行复核，检查夯坑位置，按照要求检查每个夯点的夯击次数、每夯的夯沉量等，对各项施工参数、施工过程实施情况做好详细记录，作为质量控制的依据。

3.4.4 搅拌桩施工机械

1. 施工机具设备

（1）搅拌机械。国外的搅拌机械有陆上和水上专用的、深层和浅层搅拌的、多轴和单轴的、单轴叶片喷浆和双轴中心管喷浆的等各种。SJB-1型搅拌机包括电动机、减速器、搅拌轴、搅拌头、中心管、输浆管、单向球阀等部件，如图3-78所示。该机采用2台30kW潜水电动机，经两级行星齿轮

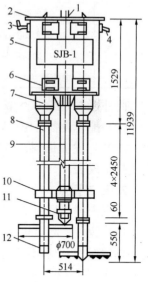

图 3-78 SJB-1 型深层搅拌机
1—输浆管；2—外壳；
3—出水口；4—进水口；
5—电动机；6—导向滑块；7—减速器；8—搅拌轴；9—中心管；10—横向系板；11—球形阀；
12—搅拌头

减速驱动搅拌轴从而使拌和叶片转动。而固化剂被注入加固土中是通过灰浆泵从中心管下端管口压开单向球阀实现的。搅拌机与吊机以导向系统配合使用。

搅拌头是一个重要的部件,它直接影响着水泥浆和软黏土的拌和均匀程度及地基的加固效果。SJB-1 型深层搅拌机技术数据见表 3-56。

SJB-1 型深层搅拌机技术数据　　　　　　　　　表 3-56

项　　目		规格性能	数量
深层搅拌机	搅拌轴数量	$\phi 127mm \times 10mm$	2 根
	搅拌轴长度	每节长度 2.5m	2 节
	搅拌时外径	$\phi 700 \sim 800mm$	
	电动机功率	$2 \times 30kW$	1 台
起吊设备及导向系统	履带式起重机	GH500 型,起重高度>14m,起重量>10t	1 台
	提升速度	$0.3 \sim 1.0m/min$	
	导向架	$\phi 88.5mm$ 钢管制	1 座
固化剂配制系统	灰浆泵	HB6-3 型,输浆量 $3m^3/h$,工作压力 1.5MPa	1 台
	灰浆拌和机	HL-1 型,200L	2 台
	集料斗	400L	1 个
	提升速度测量仪	$0 \sim 2m/min$	1 台
	磅秤	计量	1 台
技术指标	一次加固面积	$0.7 \sim 0.9m^2$	
	最大加固深度	10m	
	加固效率	$40 \sim 50m/台班$	
	总质量(不含起重机)	6.5t	

此外还有 G2B-600 型和 DJB-14D 型搅拌机。

(2) 配套设备。SJB-1 型搅拌机配套设备如图 3-79 所示,主要包括:灰浆拌和机,2 台,200L,轮流供料;骨料斗,容积 400L;灰浆泵,HB6-3 型;压力输浆管;导向架;电气控制仪表。

2. 施工要点

水泥土搅拌桩地基施工按照以下顺序进行。

(1) 脱位。起重机悬吊搅拌机到指定桩位对中,当地面起伏不平时,应使起重机平衡。桩位对中误差不大于 10cm,导向架及搅拌轴位应与地面垂直,偏离度不应超过 1.5%。

(2) 预拌下沉。将搅拌机用钢丝绳挂在起重机上,用输浆胶管将储料罐、砂浆泵同搅拌机连通,待搅拌机正常后启动,放松钢丝绳,使搅拌机设备依自重沿导向架切土下沉,下沉速度可由电流监控表控制,通常为 $0.38 \sim 0.75m/min$。工作电流不应大于 70A。若下沉速度太慢,可从输浆系统补给清水以利钻进。

(3) 水泥浆制备。待搅拌机下沉到一定深度后,开始制备水泥浆,待压浆时倾入骨料中。

(4) 喷射搅拌。搅拌机下沉到设计深度后,提升 20cm,开启灰浆泵将泥浆压入土中,

3.4 地基处理施工机械

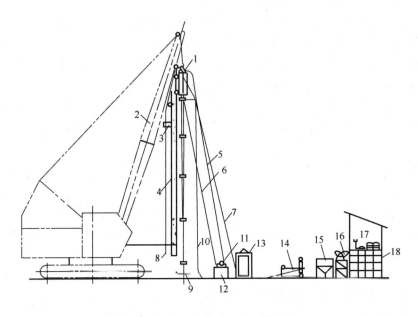

图3-79 SJB-1型搅拌机配套设备

1—搅拌机；2—起重机；3—测速仪；4—导向架；5—进水管；6—回水管；7—电缆；8—重锤；9—搅拌头；10—输浆胶管；11—冷却泵；12—储水池；13—控制柜；14—灰浆泵；15—骨料斗；16—灰浆拌和机；17—磅秤；18—工作平台

边喷射边旋转，同时严格按照要求确定提升速度，通常为0.3～0.5m/min，且须均匀提升。

(5) 重复上下搅拌。为了使软土和水泥浆搅拌均匀，可再次将搅拌机边旋转边沉入土中，到设计深度后再将搅拌机提升出地面。至此，一根柱状加固体即告完成。施工工艺流程，如图3-80所示。

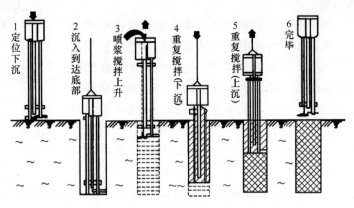

图3-80 深层搅拌加固工艺流程

3. 施工注意事项

(1) 检查水泥外掺剂和土体是否符合要求。

(2) 调整好搅拌机、灰浆泵等设备。

(3) 在施工现场事先应予平整，必须清除地上、地下一切障碍物。潮湿和场地低洼时应抽水和清淤，分层夯实回填黏性土料，不得回填杂填土或是生活垃圾。

(4) 作为承重水泥土搅拌桩施工时，设计停浆（灰）面应当高出基础底面标高 300～500mm（基础埋深大取小值、反之取大值），在开挖基坑时，应将该施工质量较差段用手工挖除，以防发生桩顶与挖土机械碰撞断裂现象。

(5) 为确保水泥土搅拌桩的垂直度，要注意起吊搅拌设备的平整度和导向架的垂直度，水泥土搅拌桩的垂直度控制在不超过 1.5% 的范围内，桩位布置偏差不得大于 50mm，桩径偏差不得大于 4%D（D 为桩径）。

(6) 每天上班开机之前，应先测量搅拌头刀片直径是否达到 700mm，搅拌头刀片有磨损时应及时加焊，防止桩径偏小。

(7) 预搅下沉时不宜冲水，当遇到较硬的土层下沉太慢时，方可适当冲水，但应用缩小浆液水灰比或增加掺入浆液等方法来弥补冲水对桩身强度的影响。

(8) 施工时因故停浆，应当将搅拌头下沉至停浆点以下 0.5m 处，待恢复供浆时再喷浆提升。如果停机 3h 以上，应拆卸输浆管路，清洗干净，防止恢复施工时堵管。

(9) 壁状加固时，桩与桩的搭接长度宜为 200mm，搭接时间不大于 24h，当因特殊原因超过 24h 时，应当对最后一根桩先进行空钻留出榫头以待下一个桩搭接；如间隔时间过长，与下一根桩无法搭接时，应当在设计和业主方认可后，采取局部补桩或注浆措施。

(10) 拌浆、输浆、搅拌等均应有专人记录，桩深记录误差不得大于 100mm，时间记录误差不得大于 5s。

3.4.5 振冲地基施工机械

1. 施工机械设备

(1) 振冲器。振冲器是中空轴立式潜水电动机直接带动偏心块振动的短柱状机具，是利用电动机转动通过弹性联轴器带动振动机体中的中空轴，转动偏心块产生一定的频率和振幅的水平振力。水管从电动机上部进入，穿过两根中空轴至端部进行射水和供水。端部锥体和振动机体外设有翼板以减小振动时的转矩。振冲器与上部悬挂导管之间装有减振接头，借以减少振动能量向上传递。振冲器的构造，如图 3-81 所示。振冲器主要有 ZCQ-13、ZCQ-30 和 ZCQ-55 三种，其中最常用为 ZCQ-30

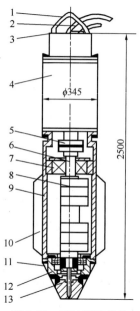

图 3-81 振冲器的构造
1—吊具；2—水管；3—电缆；4—电动机；5—联轴器；6—轴；7—轴承；8—偏心块；9—壳体；10—翅片；11—轴承；12—头部；13—水管

型，功率为 30kW，当在防振要求高的建筑物附近施工时，可以采用功率较小的 ZCQ-13 型。其技术参数见表 3-57。

振冲器的技术参数 表 3-57

型 号	ZCQ-13	ZCQ-30	ZCQ-55	BL-75
电动功率（kW）	13	30	55	75
转速（r/min）	1450	1450	1450	1450

3.4 地基处理施工机械

续表

型号	ZCQ-13	ZCQ-30	ZCQ-55	BL-75
额定电流（A）	25.5	60	100	150
不平衡质量（kg）	29.0	66.0	104.0	
振动力（kN）	35	90	200	160
振幅（mm）	4.2	4.2	5.0	7.0
振冲器外径（mm）	274	351	450	426
长度（mm）	2000	2150	2500	3000
总质量（t）	0.78	0.94	1.6	2.05

（2）起吊设备。操纵振冲器的起吊设备通常采用8～15t履带或轮胎式起重机，也有采用自行井架施工平车或其他设备，如图3-82所示。其特点是移动方便、工效高、施工安全。

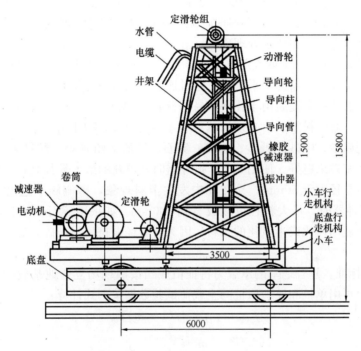

图3-82　自行井架施工专用平车

（3）控制设备。控制设备包括控制电流操作台、150A以上容量电流表（或自动记录电流表）、500V电压表及水泵、供水管道、加料设备（吊斗或翻斗）等。每台振动器应有1台水泵，且水压力为400～600kPa，流量20～30m³/h。

2. 施工参数选择

（1）振冲密实法

1）振冲点布置与加固范围。振冲点布置采用等边三角形或正方形两种，如图3-83所示。对于大面积挤密处理，用等边三角

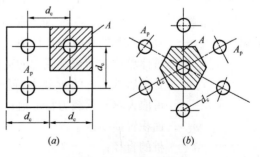

图3-83　振冲点布置

(a) 正方形布置；(b) 等边三角形布置

形比用正方形布置可得到更好的效果。振冲密实法的加固范围应当根据建筑物的重要性和场地条件确定，一般都大于基底面积，在建筑物基础外边缘每边放宽不得少于5m。

2) 振冲点间距。振冲点位的间距与土的颗粒组成、要求达到的密实程度、地下水位、振冲器功率、水量等有关，应当通过现场试验确定，可以取1.8～2.5m。在设计大面积砂层挤密处理时，振冲点的间距也可以用下式计算：

$$d = a\sqrt{\frac{V_p}{V}} \tag{3-16}$$

式中　d——振冲点间距（m）；

a——系数，正方形布置为1，等边三角形布置为1.075；

V_p——单位桩长的平均填料量，通常为0.3～0.5m³；

V——原地基为达到规定密实度单位体积所需的填料量。

3) 振冲深度。当可液化土层不厚时，振冲深度应当穿透整个液化土层；当可液化土层较厚时，振冲深度按抗震要求处理确定。

4) 选择填料。填料一方面填充于振冲器上提后在砂层中可能留下的孔洞中，另一方面作为传力介质，在振冲器的水平振动下通过连续加填料，可将砂层进一步挤压加密。

对中粗砂，振冲器上提后由于孔壁极易坍落自行填满下方的孔洞，从而可不加填料，就地振密。但是，对于粉细砂，必须加填料后才能获得较好的振密效果。

填料可以用粗砂、中砂、砾砂、碎石、卵石、圆砾、角砾等，粒径为5～50mm。填料粒径越粗，挤密效果越好。使用30kW振冲器时，填料的最大粒径宜在50mm以内，若填料的多数颗粒粒径大于50mm，易在孔中发生卡料现象，影响施工进度。因此在使用75kW大功率振冲器时，最大粒径可以放宽到100mm。如果用碎石作填料，应选用质地坚硬的石料，不能用风化或半风化的石料，因为后者经振挤后易破碎，影响桩体的强度和透水性能。

5) 承载力标准。复合地基的承载力特征值应当按照现场复合地基载荷试验确定，在初步设计时，也可用单桩和处理后桩间土载荷试验数据按下式计算：

$$f_{spk} = mf_{pk} + (1-m)f_{sk} \tag{3-17}$$

$$m = \frac{d^2}{d_e^2} \tag{3-18}$$

等边三角形布置　　　　$d_e = 1.05S$

正方形布置　　　　　　$d_e = 1.13S$

矩形布置　　　　　　　$d_e = 1.05\sqrt{S_1 S_2}$

式中　f_{spk}——复合地基的承载力特征值；

f_{pk}——桩体单位截面积承载力的特征值；

f_{sk}——处理后桩间土的承载力特征值，宜按照当地经验取值，如无经验值时，可取天然基承载力特征值；

m——面积置换率；

d——桩的直径；

d_e——等效影响的直径；

S、S_1、S_2——桩的间距、纵间距和横间距。

对小型工程的黏性土地基如无现场载荷试验资料，复合地基的承载力特征值可以按照下式估算：

$$f_{spk} = [1 + m(n-1)]f_{sk} \qquad (3-19)$$

式中　n——桩土应力比，无实测资料时可取 2～4，原土强度低取大值，原土强度高取小值。

式中的桩间土承载力特征值也可用处理前地基土的承载力特征值代替。

6）沉降计算。地基在处理后的变形计算应按照《建筑地基基础设计规范》GB 50007—2011 的有关规定执行。

复合土层的压缩模量可按下式计算：

$$E_{sp} = [1 + m(n-1)]E_s \qquad (3-20)$$

式中　E_{sp}——复合土层的压缩模量；
　　　E_s——桩间土的压缩模量，宜按当地经验取值，如无经验值时，可取天然地基压缩模量。

式中的桩土应力比 n 在无实测资料时，对黏性土可以取 2～4，对砂土取 1.5～3，原土强度低取大值，原土强度高取小值。

（2）振冲置换法

1）桩孔布置与加固范围。处理范围应当根据建筑物的重要性和场地条件确定，一般都大于基底面积。对一般地基，在基础外缘宜扩大 1～2 排桩；对可液化地基，在基础外缘扩大的范围不应小于基底下可液化土层厚度的 1/2。桩位置，对大面积满堂处理，宜用等边三角形进行布置；对独立或条形基础，宜采用正方形、矩形或等腰三角形布置。

2）桩的间距。桩的间距应当根据上部结构荷载大小和场地土层情况，并结合所采用的振冲器功率大小综合考虑。30kW 振冲器布桩间距可以采用 1.3～2.0m；55kW 振冲器布桩间距可采用 1.4～2.5m；75kW 振冲器布桩间距可取 1.5～3.0m。荷载大或对黏性土宜采用较小的桩距，荷载小或对砂土应当采用较大的桩距。

3）桩长。通常做法是在桩体全部制成后，将桩体顶部 1m 左右一段挖去，铺 200～500mm 厚的碎石垫层，然后在上面做基础。挖除桩顶部分长度的理由是该处上覆压力小，很难做出符合密实要求的桩体。在设计基础底部高程时应当考虑这一情况。

当相对硬层的埋藏深度不大时，应按相对硬层埋藏深度确定桩长；当相对硬层的埋藏深度较大时，应按建筑物地基的变形允许值确定桩长。桩长不宜短于 4m。在可液化的地基中，桩长应当按照要求的抗震处理深度确定。

4）桩体材料。桩体材料可就地取材，坚硬而不受侵蚀影响的碎石、卵石、角砾、圆砾、碎砖等均可利用，其粒径不应大于 80mm。对于碎石，常用的粒径为 20～50mm。桩的直径可按每根桩所用的填料量计算，常为 0.8～1.2m。

3. 施工要点

1）在施工前后进行振冲试验，以确定成孔合适的水压、水量、成孔速度和填料方法；达到土体密度时的密实电流、填料量和留振时间。一般来说，密实电流不小于 50A，填料量每米桩长不小于 $0.6m^3$，每次填料量控制在 $0.20～0.35m^3$，留振时间 30～60s。

2）在振冲前应当按照设计图要求定出桩孔中心位置并编好孔号，在施工时应复查孔位和编号，并做好记录。

3）振冲置换造孔的方法主要包括以下几种：

①跳打法：每排孔施工时隔一孔造一孔，反复进行。

②排孔法：由一端开始到另一端结束。

③帷幕法：先造外围2～3圈孔，再造内圈孔，此时可隔一圈造一圈或依次向中心区推进。

振冲施工必须防止漏孔，因此要做好孔位复查工作。

4）在造孔时，振冲器贯入速度通常为1～2m/min。每贯入0.5～1.0m，宜悬留振冲5～10s扩孔，待孔内泥浆溢出时再继续贯入。当造孔接近加固深度时，振冲器应在孔底适当停留并减小射水压力。

5）在振冲填料时，应当保持小水量补给。采用边振边填，应对称均匀；如将振冲器提出孔口再加填料时，每次加料量以比孔高0.5m为宜。每根桩的填料总量必须符合设计要求及规范规定。

6）填料密实度以振冲器工作电流达到规定值为控制标准。在完工后，应在距地表面1m左右深度桩身部位加填碎石进行夯实，以确保桩顶密实度。密实度必须符合设计要求或施工规范规定。

7）振冲地基施工时对原土结构造成扰动，强度降低。所以质量检验应在施工结束后间歇一定时间，对砂土地基间隔1～2周，黏性土地基间隔3～4周，对粉土、杂填土地基间隔2～3周。桩顶部位由于周围土体约束力小，密实度较难达到要求，检验取样时应当考虑此因素。

8）对用振冲密实法加固的砂土地基，如不加填料，质量检验主要是地基的密实度。可用标准贯入、动力触探等方法进行，但选点应当有代表性。质量检验具体选择检验点时，宜由设计、施工、监理（或业主方）在施工结束之后根据施工实施情况共同确定检验位置。

3.4.6 高压喷射注浆施工机械

1. 主要机具及施工参数

旋喷施工的主要机具和参数见表3-58。

旋喷施工的主要机具和参数　　　　　　表3-58

项　目			单管法	二重管法	三重管法
参数		喷嘴孔径（mm）	φ2～3	φ2～3	φ2～3
		喷嘴个数（个）	2	1～2	1～2
		旋转速度（r/min）	20	10	5～15
		提升速度（mm/min）	200～250	100	50～150
机具性能	高压泵	压力（MPa）	20～40 浆液	20～40 浆液	20～40 水
		流量（L/min）	60～120	60～120	60～120
	空压机	压力（MPa）	—	0.7	0.7
		流量（L/min）	—	1～3	1～3
	泥浆泵	压力（MPa）	—	—	3～5
		流量（L/min）	—	—	100～150
	高压水泥浆泵	压力（MPa）	36～40	36～40	—
		流量（L/min）	80～110	80～110	—

注：采用高压水泥浆泵为新单管法和新二重管法，其成直径较传统机具的大些。

2. 施工要点

高压喷射注浆法施工顺序如图 3-84 所示。

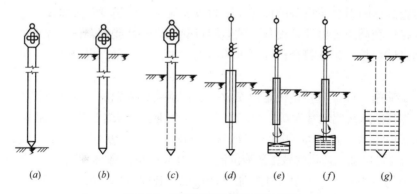

图 3-84 高压喷射注浆法施工顺序
(a) 振动打桩机就位；(b) 桩管打入土中；(c) 拔起一段套管；(d) 拆除地面上套管，插入喷射注浆管；(e) 喷浆；(f) 自动提升喷射注浆管；(g) 拔出喷射注浆管与套管，下部形成喷射桩加固体

(1) 钻机就位。喷射注浆施工的第一道工序就是将使用的钻机安置在设计的孔位上，使钻杆头对准孔位的中心。同时为确保钻孔达到设计要求的垂直度，钻机就位后，必须进行水平校正，使其钻杆轴线垂直对准钻孔中心位置。喷射注浆管的允许倾斜度不得大于 1.5%。

(2) 钻孔。钻孔的目的是将喷射注浆管插入预定的地层中。钻孔方法有很多，主要视地层中地质情况、加固深度、机具设备等条件而定。一般单管喷浆多使用 76 型旋转振动钻机，钻进深度可达 30m 以上，适用于标准贯入度小于 40 的砂土和黏性土层，当遇到比较坚硬的地层时宜用地质钻机钻孔。通常在二重管和三重管喷浆法施工中，采用地质钻机钻孔。钻孔的位置与设计位置的偏差不得大于 50mm。

(3) 插管。插管是将喷射注浆管插入地层预定的深度，使用 76 型振动钻机钻孔时，插管与钻孔两道工序合二为一，即钻孔完毕，在插管作业同时完成。使用地质钻机钻孔完毕，必须拔出岩芯管，并换上喷射注浆管插入预定深度。在插管的过程中，为防止泥沙堵塞喷嘴，可边射水、边插管，水压力通常不超过 1MPa。如压力过高，则易将孔壁射塌。

(4) 旋喷作业。当旋喷管插入预定深度后，立即按照设计配合比搅拌浆液，开始旋喷后即旋转提升旋喷管。旋喷参数中有关喷嘴直径、提升速度、旋转速度、喷射压力、流量等应当根据土质情况、加固体直径、施工条件及设计要求由现场试验确定。当浆液初凝时间超过 20h 时，应及时停止使用该水泥。

(5) 冲洗。喷射施工完毕后，应将注浆管等机具设备冲洗干净，管内、机内不得残存水泥浆。一般把浆液换成水，在地面上喷射，以便把泥浆泵、注浆管软管内的浆液全部排除。

(6) 移动机具。将钻机等机具设备移到新孔位上。

3. 施工注意事项

(1) 在施工前，先进行场地平整，挖好排浆沟，并根据现场环境和地下埋设物的位置等情况，复核高压喷射注浆的设计孔位。

(2) 检查水泥、外掺剂（减缓浆液沉淀、缓凝或速凝、防冻等）的质量证明或复试试验报告。

(3) 检查高压喷射注浆设备的性能、压力表、流量表的精度及灵敏度。

(4) 连接成套高压喷射注浆设备，试运转，确认设备性能符合设计要求。

(5) 通过试成桩，确认符合设计要求的压力、水泥喷浆量、提升速度、旋转速度等施工参数。

(6) 在旋喷施工前，应将钻机定位安放平稳，旋喷管的允许倾斜度不得大于1.5％。

(7) 水泥浆的水灰比通常为0.7～1.0。为了消除纯水泥浆离析和防止泥浆泵管道堵塞，可在纯水泥浆中掺入一定数量的陶土和纯碱，其配合比为：水泥：陶土：纯碱＝1：1：0.03。根据需要可以加入适量的减缓浆液沉淀、缓凝或速凝、防冻、防蚀等外加剂。

(8) 因喷射压力较大，容易发生窜浆（即第二个孔喷进的浆液，从相邻的孔内冒出），影响邻孔的质量，应当采用间隔跳打法施工，通常两孔间距大于1.5m。

(9) 水泥浆的搅拌宜在旋喷前1h以内搅拌。旋喷过程中冒浆量应控制在10％～25％之间。根据经验，冒浆量小于注浆量20％者为正常现象，超过25％或完全不冒浆时，应当查明原因并采取相应的措施。

(10) 当高压喷射注浆过程中出现压力骤然下降、上升或大量冒浆等异常情况时，应当立即停止提升和喷射注浆以防桩体中断，同时查明产生的原因并及时采取措施排除故障。如果发现有浆液喷射不足，影响桩体的设计直径时，应进行复合。

(11) 当高压喷射注浆完毕，应迅速拔出注浆管，用清水冲洗管道。为了防止浆液凝固收缩影响桩顶高程，必要时可在原孔位采用冒浆回灌或第二次注浆等措施。

3.5 混凝土机械

3.5.1 混凝土搅拌机

1. 混凝土搅拌机的类型

常用的混凝土搅拌机按照其搅拌原理分为自落式搅拌机和强制式搅拌机两类。

(1) 自落式搅拌机。自落式搅拌机的搅拌鼓筒是垂直放置的。随着鼓筒的转动，混凝土拌和料在鼓筒内做自由落体式翻转搅拌。自落式搅拌机多用以搅拌塑性混凝土和低流动性混凝土。筒体和叶片磨损较小，易于清理，但动力消耗大，效率低。自落式搅拌机的搅拌时间通常为90～120s/盘，其构造如图3-85～图3-87所示。鉴于此类搅拌机对混凝土骨料有较大的磨损，从而影响混凝土质量，现已逐步被强制式搅拌机所取代。

(2) 强制式搅拌机。强制式搅拌机的鼓筒内包括若干组叶片，在搅拌时，叶片绕竖轴或卧轴旋转，将材料强行搅拌，直至搅拌均匀。强制式搅拌机的搅拌作用强烈，适宜于搅拌干硬性混凝土和轻骨料混凝土，也可以搅拌流动性混凝土，具有搅拌质量好、搅拌速度快、生产效率高、操作简便及安全等优点。但机件磨损严重，通常需用高强合金钢或其他耐磨材料作内衬，多用于集中搅拌站。

涡桨式强制搅拌机的外形如图3-88所示，构造如图3-89所示。如图3-90所示，为强制式混凝土搅拌机的几种形式。

3.5 混凝土机械

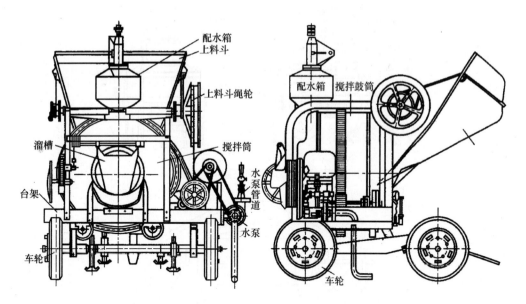

图 3-85 自落式搅拌机

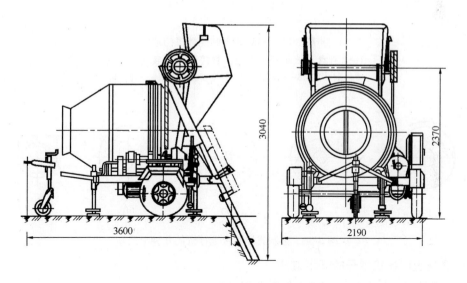

图 3-86 自落式锥形反转出料搅拌机

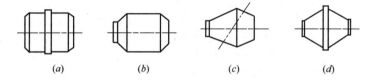

图 3-87 自落式混凝土搅拌机搅拌筒的几种形式
(a) 鼓筒式搅拌机；(b) 锥形反转出料搅拌机；
(c) 单开口双锥形倾翻出料搅拌机；(d) 双开口双锥形倾翻出料搅拌机

3 常用施工机械设备

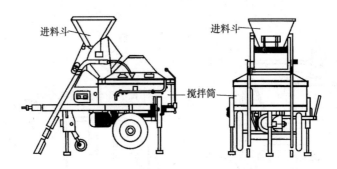

图 3-88 涡桨式强制搅拌机的外形

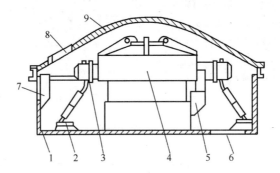

图 3-89 涡桨式强制搅拌机构造

1—搅拌盘；2—搅拌叶片；3—搅拌臂；4—转子；5—内壁铲刮叶片；6—出料口；7—外壁铲刮叶片；8—进料口；9—盖板

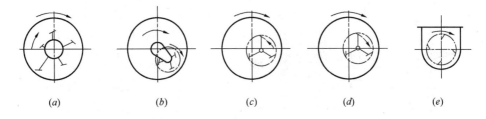

图 3-90 强制式混凝土搅拌机的几种形式

2. 混凝土搅拌机型号的表示方法

（1）搅拌机型号和编制方法，如图 3-91 所示。

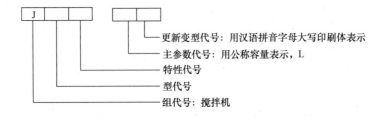

图 3-91 搅拌机型号和编制方法

（2）自落式和强制式混凝土搅拌机因工作部分在结构上的不同还有若干基本机型，如表 3-59 所示。

3.5 混凝土机械

自落式和强制式混凝土搅拌机的机型 表3-59

类型		代号	示意图
自落式	反转出料	JZ	
	倾翻出料	JF	
强制式	涡浆	JW	
	行星	JN	
	双卧轴	JD	
	单卧轴	JS	

(3) 按照该编制方法举例说明，如：

1) 公称容量为200L、内燃机驱动、第一次更新的自落式锥形反转出料的搅拌机：混凝土搅拌机 JZR200A GB/T9142。

2) 公称容量为500L、电动机驱动的强制式单卧轴液压上料的搅拌机：混凝土搅拌机 JDY500 GB/T 9142。

3. 混凝土搅拌机的主要性能参数

(1) 额定容量

1) 进料容量V_1（又称装料容量），即装进搅拌筒同未经搅拌的干料体积。

2) 出料容量V_2（又称公称容量），即一罐次混凝土出料后经捣实的体积。它是搅拌机的主要性能指标，决定着搅拌机的生产率，是选用搅拌机的主要依据。国家标准规定以其出料容量（L，$1L=10^{-3}m^3$）为搅拌机的主要参数并以系列化。其系列为（公称容量）：50、100、150、200、250、350、500、750、1000、1250、1500、2000、2500、3000、3500、4000、4500、6000。

3) 各种容量的关系。

①搅拌筒的几何容积V_0（指搅拌筒能容纳配合料的体积）与进料容量V_1的关系：

$$V_0/V_1 = 2 \sim 4 \quad (3-21)$$

②搅拌号后卸出的混凝土体积V_2和装进干料容量V_1的关系：

$$\varphi_1 = V_2/V_1 = 0.65 \sim 0.7 \text{ 即 } V_2 = (0.65 \sim 0.7)V_1 \tag{3-22}$$

式中　φ_1——出料系数。

(2) 工作时间

1) 上料时间：从料斗提升开始至料斗内混合干料全部卸入搅拌筒的时间。

2) 出料时间：从搅拌筒内卸出的不少于公称容量的 90%（自落式）或 93%（强制式）的混凝土拌合物所用的时间。

3) 搅拌时间：从混合干料中粗骨料全部投入搅拌筒开始，到搅拌机将混合料搅拌成匀质混凝土所用的时间。

4) 工作周期：从上料开始到出料完毕一罐次作业所用时间。

(3) 生产率

混凝土搅拌机的生产率的计算公式为：

$$Q = 3600V_1\varphi_1/t_1 + t_2 + t_3 \tag{3-23}$$

式中　Q——生产率（m³/h）；

V_1——进料容量（m³）；

t_1——每次上料时间（s）；使用上料斗进料时，通常为 8~15s；通过料斗或链斗提升机装料时，可取 15~26s。

t_2——每次搅拌时间（s）；虽混凝土坍落度合搅拌机容量的大小而不同，可参考搅拌机有关性能参数；

t_3——每次出料时间（s）；出料时间通常为 10~30s。

φ_1——出料系数，对混凝土通常取 0.65~0.7，砂浆取 0.85~0.95。

如果搅拌机每小时的出料次数为 Z，且为连续生产，则搅拌机的生产率亦可按下式计算：

$$Q = ZV_1\varphi_1 k/1000 \tag{3-24}$$

式中　k——时间利用系数，根据施工组织而定，通常为 0.9。

4. 混凝土搅拌机的技术参数

(1) 鼓筒混凝土搅拌机技术参数。鼓筒搅拌机的技术参数详见表 3-60。

鼓筒搅拌机的技术参数　　　表 3-60

项　目		J_1-0.15	J_1-250	J_1-250A	J_1-400	J_1-400A	J_1-400B	J_1-800
额定装料容量（L）		240	250		400			1200
额定出料容量（L）		150	160		250			800
搅拌筒尺寸（mm）		$\phi1218\times960$			$\phi1447\times1178$		$\phi1457\times929$	$\phi1720\times1370$
搅拌筒转数（r/min）		18						14
搅拌时间（s）		约 120			70~110			90~110
生产率（m³/h）		3~5			5~8			14~24
原动机	功率	5.5kW	10 马力		7.5kW		20 马力	17kW
	转数（r/min）	1440	1500		1450		1500	1450
量水方式		虹吸式	虹吸式	虹吸式	虹吸式	虹吸式	虹吸式	定量水表

3.5 混凝土机械

续表

项　目		型　号						
		J₁-0.15	J₁-250	J₁-250A	J₁-400	J₁-400A	J₁-400B	J₁-800
量水容量（L）		45	40		65		70	0～200
供水方式		水泵	水泵	水泵	水泵	水泵	水泵	>0.1MPa自来水
水泵上水时间（s）		30						
轮距（mm）		1820 1835		1890	1875		—	固定式
轮胎规格		7.00～16		4.50～16	7.50～20 7.00～20		—	—
牵引速度（km/h）		20						
外形尺寸	长（mm）	2280			3700（3300）		3220	3000
	宽（mm）	2200		2165	2806		2640	2400
	高（mm）	2400			3000（2910）		3280	2560
重量（kg）		1600	1500	1900	3500	3900	3200	3800

（2）锥形反转出料搅拌机性能参数。锥形反转出料搅拌机适用于拌置骨料最大粒径在80mm以下的塑性和半干硬性混凝土。可供各种建筑工程及中、小型混凝土制品厂使用。锥形反转出料搅拌机性能参数见表3-61。

锥形反转出料搅拌机性能参数　　　　表3-61

型号	基　本　参　数				
	出料容量（L）	进料容量（L）	搅拌额定功率（kW）	工作周期（s）	骨料最大粒径（mm）
JZ150	150	240	≤3.0	≤120	60
JZ200	200	320	≤4.0	120	60
JZ250	250	400	≤4.0	≤120	60
JZ350	350	560	≤5.5	≤120	60
JZ500	500	800	≤11.0	≤120	80
JZ750	750	1200	≤15.0	≤120	80
JZ1000	1000	1600	≤22.0	≤120	100

（3）锥形倾翻出料混凝土搅拌机技术参数。锥形倾翻出料混凝土搅拌机一般为固定式，因此只有以电动机为动力的JF型系列，表3-62为锥形倾翻出料混凝土搅拌机的技术参数。

锥形倾翻出料混凝土搅拌机的技术参数　　　　表3-62

型号	基　本　参　数				
	出料容量（L）	进料容量（L）	搅拌额定功率（kW）	工作周期（s）	骨料最大粒径（mm）
JF50	50	80	≤1.5	—	40
JF100	100	160	≤2.2	—	60

续表

型号	基本参数				
	出料容量 (L)	进料容量 (L)	搅拌额定功率 (kW)	工作周期 (s)	骨料最大粒径 (mm)
JF150	150	240	≤3.0	≤120	60
JF250	250	400	≤4.0	≤120	60
JF350	350	560	≤5.5	≤120	80
JF500	500	800	≤7.5	≤120	80
JF750	750	1200	≤11.0	≤120	120
JF1000	1000	1600	≤15.0	≤144	120
JF1500	1500	2400	≤22.0	≤144	150
JF3000	3000	4800	≤45.0	≤180	180
JF4500	4500	7200	≤60.0	≤180	180
JF6000	6000	9600	≤75.0	≤180	180

（4）立轴强制式混凝土搅拌机的技术参数。立轴强制式搅拌机常用规格的性能参数见表3-63。

立轴强制式混凝土搅拌机的性能参数　　　　表3-63

型号	基本参数				
	出料容量 (L)	进料容量 (L)	搅拌额定功率 (kW)	工作周期 (s)	骨料最大粒径 (mm)
JW350 JN350	350	560	≤18.5	≤72	40
JW500 JN500	500	800	≤22.0	≤72	60
JW750 JN750	750	1200	≤30.0	≤80	60
JW1000 JN1000	1000	1600	≤45.0	≤80	60
JW1250 JN1250	1250	2000	≤45.0	≤80	60
JW1500 JN1500	1500	2400	≤55.0	≤80	60

（5）单、双卧轴强制式混凝土搅拌机性能参数。卧轴强制式搅拌机的主要型式和各型的技术性能及有关参数见表3-64。

卧轴强制式混凝土搅拌机性能参数　　　　表3-64

型式、型号 性能	单卧轴（移动或固定）式			双卧轴固定式	
	JD150型	JD200型	JD250型	JS350型	JS500型
额定进料容量（L）	240	300	375	560	800
额定出料容量（m³）	0.15（150l）	0.2	0.25	0.35	0.5

3.5 混凝土机械

续表

型式、型号 性能	单卧轴（移动或固定）式			双卧轴固定式	
	JD150型	JD200型	JD250型	JS350型	JS500型
每次搅拌循环时间（s）	—	30～50	—	30～50	—
搅拌轴转速（r/min）	—	36.3	33	36；36.2	33.7
最大骨料粒径（mm）	—	卵石：60	卵石：80；碎石：60	卵石：60；碎石：40	卵石：80；碎石：60
料斗提升速度（m/min）	—	—	—	19	18
量水器容量（L）	—	40	—	85	—
生产率（m³/h）	7～9	10	12～15	14～21	20～24
功率（kW）	—	7.5	14.1	搅拌：15；上料：4；水泵：1.5	搅拌：7
转速（r/min）	—	1500	—	—	1460
外形尺寸（mm）长×宽×高	2850×1830×2570	3150×206×224	350×2120×3000	2880×3160×2770	6510×2750×4850
重量（kg）	1620	2070	2600	主机：1750；整机：3000	主机：2400；整机：4000

5. 混凝土搅拌机的使用操作

（1）搅拌机在使用前，应按照"十字作业"法（调整、紧固、润滑、清洁、防腐）的要求，来检查搅拌机各机构是否齐全、灵敏可靠、运转正常，并按照规定位置加注润滑油。各种搅拌机（除反转出料外）都为单向旋转进行搅拌，因此不得反转。

（2）搅拌机启动后进入正常运转，方准加料，必须使用配水系统准确供水。

（3）上料斗上升之后，严禁料斗下方有人通过，更不得有人在料斗下方停留，以免制动机构失灵发生事故。如果需要在上料斗下方检修机器时，必须将上料斗固定（强制式和锥形反转出料式用木杠顶牢，鼓形自落式用保险链环扣住），上料手柄在非工作时间也应当用保险链扣住，不得随意扳动。上料斗在停机前必须放置到最低位置，绝对不准悬于半空，或以保险链扣在机架上梁，不得存在隐患。

（4）机械在作业中，严禁各种砂、石等物料落入机械的运转部位。操作人员必须精力集中，不允许离开岗位，上料时配合比要准确，注意控制不同搅拌机的最佳搅拌时间。如遇中途停电或是发生故障就要立即停机、切断电源，将筒内的混合物料清理干净。如果需人员进入筒内维修，筒外必须有人看闸监护。

（5）检查和校正。

（6）强制式混凝土搅拌机无振动机构，因而原材料易粘存在斗的内壁上，可以通过操纵机构使料斗反复冲撞限位挡板倾料。但要确保限位机构不被撞坏，不失其限位灵敏度。在卸料手柄甩动半径内，不准站人或是有人停留。卸料活门应当保持开启轻快和封闭严密，如果发生磨损，其配合的松紧度，可以通过卸料门板下部的螺栓进行调整。

（7）每班工作完毕之后，必须将搅拌筒内外积灰、粘渣清除干净，搅拌筒内不准有清洗积水，以防搅拌筒和叶片生锈。清洗搅拌机的污水应当引入指定地点，并进行处理，不准在机旁或建筑物附近任其自流。尤其冬季，严防搅拌机筒内和地面积水甚至结冰，应有防冻防滑防火措施。

（8）在操作人员下班前，必须切断搅拌机电源，锁好电闸箱，确保机械各操作机构处于零位。

6. 混凝土搅拌机的维护保养

（1）日常保养。每次作业后，清洗搅拌筒内外积灰。搅拌筒内与拌合料不接触部分，清洗完毕后涂上一层机油，便于下次清洗。移动式搅拌机的轮胎气压应保持在规定值，轮胎螺栓应旋紧。料斗钢丝绳如有松散现象，应排列整齐并收紧钢丝绳。用气压装置的搅拌机，作业后应将储气筒及分路盒内积水放出。按照润滑部位及周期表进行润滑作业。清洗搅拌机的污水应引入指定地点，并进行处理，不准在机旁或建筑物附近任其自流。尤其冬季，严防搅拌机筒内和地面积水甚至结冰，应有防冻防滑防火措施。

（2）定期保养（周期500h）。调整三角皮带松紧度。检查并紧固钢板卡子螺栓。料斗提升钢丝绳磨损超过规定时，应予更换，如果尚能使用，应进行除尘润滑。内燃搅拌机的内燃机部分应按内燃机保养有关规定执行。电动搅拌机应消除电器的积尘，并进行必要的调整。按照相应搅拌机说明书规定的润滑部位及周期进行润滑作业。

3.5.2 混凝土搅拌楼（站）

1. 混凝土搅拌楼（站）的分类

混凝土搅拌楼（站）按照工艺布置形式可分为单阶式和双阶式两类。

（1）单阶式。砂、石、水泥等材料一次就提升到搅拌楼（站）最高层的储料斗，然后配料称量直到搅拌成混凝土，均借物料自重下落而形成垂直生产工艺体系，其工艺流程，如图3-92所示。此类形式具有生产率高、动力消耗少、机械化和自动化程度高、布置紧凑、占地面积小等特点，但其设备较复杂，基建投资大，因此单阶式布置适用于大型永久性搅拌楼（站）。

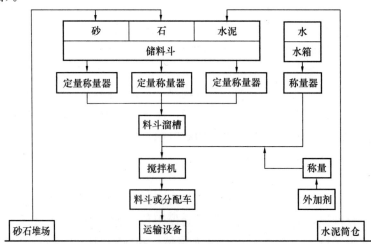

图3-92 单阶式搅拌楼（站）工艺流程

3.5 混凝土机械

（2）双阶式。砂、石、水泥等材料分两次提升，第一次将材料提升至储料斗；经配料称量后，第二次再将材料提升并卸入搅拌机，其工艺流程，如图 3-93 所示。其优点包括设备简单、投资少、建成快等；但其机械化和自动化程度较低、动力消耗大，因此该布置形式适用于中小型搅拌楼（站）。

此外，搅拌楼（站）按装置方式可分为固定式和移动式两类。前者适用于永久性的搅拌楼（站）；后者适用于施工现场。

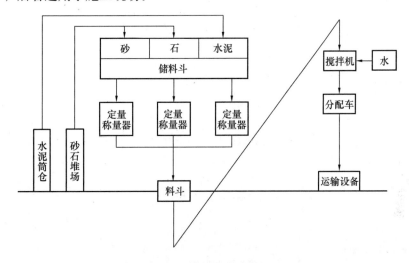

图 3-93 双阶式搅拌楼（站）工艺流程

2. 混凝土搅拌楼（站）型号的表示方法

混凝土搅拌楼（站）型号的表示方法见表 3-65。

混凝土搅拌楼（站）型号的表示方法　　　　表 3-65

机类	机型	特性	代号	代号含义	主参数
混凝土搅拌楼（站）H（混）	混凝土搅拌楼 L（楼）	锥形反转出料式（Z）	HLZ	锥形反转出料混凝土搅拌楼	生产率（m³/h）
		锥形倾翻出料式（F）	HLF	锥形倾翻出料混凝土搅拌楼	
		涡浆式（W）	HLW	涡浆式混凝土搅拌楼	
		行星式（N）	HLN	行星式混凝土搅拌楼	
		单卧轴式（D）	HLD	单卧轴式混凝土搅拌楼	
		双卧轴式（S）	HLS	双卧轴式混凝土搅拌楼	
	混凝土搅拌站 Z（站）	锥形反转出料式（Z）	HZZ	锥形反转出料混凝土搅拌站	
		锥形倾翻出料式（F）	HZF	锥形倾翻出料混凝土搅拌站	
		涡浆式（W）	HZW	涡浆式混凝土搅拌站	
		行星式（X）	HZX	行星式混凝土搅拌站	
		单卧轴式（D）	HZD	单卧轴式混凝土搅拌站	
		双卧轴式（S）	HZS	双卧轴式混凝土搅拌站	

3. 混凝土搅拌楼（站）的性能指标

目前，混凝土搅拌站生产厂和机型迅速增多，现在以老机型 HZ25 型和华建系列混凝土搅拌站的主要技术性能为例，分列如表 3-66 和表 3-67 所示。

3 常用施工机械设备

HZ25 型混凝土搅拌站主要技术性能　　　　表 3-66

类　　别	项　　目	数　　据
搅拌站	最大生产率（m³/h）	25
	外形尺寸（m）	7.57×2.45×2.47
	整机自重（t）	7.5
搅拌机组	出料容量（L）	500
	涡轮转速（r/min）	35
	搅拌主电动机功率（kW）	22
	电动机转速（r/min）	1460
	容许骨料最大粒径碎石（mm）	60
	卵石（mm）	80
带式输送机	输送能力（t/h）	250
	带宽（mm）	745
	裙边边挡高度（mm）	136
	电动机功率（kW）	4
	电动机转速（r/min）	720
螺旋输送机（投料）	输送能力（t/h）	30
	输送长度（m）	2.55
	倾斜角度（°）	45
	螺旋叶片直径（mm）	250
	螺旋轴转速（r/min）	180
	电动机功率（kW）	2.2
	电动机转速（r/min）	720
螺旋输送机（计量）	输送能力（t/h）	30
	输送长度（m）	3.25
	倾斜角度（°）	55
	螺旋叶片直径（mm）	250
	螺旋轴转速（r/min）	180
	电动机功率（kW）	4
	电动机转速（r/min）	720
称量系统	水泥杠杆秤	±1/100
	沙石杠杆秤	±2/100
供水系统	水泵型号	BG50-12
	电动机功率（kW）	1.1
	流量计型式	Dg=50LW 型
	供水范围（L）	0～99.9
供给外加剂系统	外加剂泵 JQS 型	增强塑料泵
	电动机功率（kW）	1.5
	流量计型式	DG=15LW 型
	供外加剂范围（L）	0～99.9
气路系统	空压机型号	2V-0.3/7 型
	额定排气压力（MPa）	0.7
	排气量（m³/min）	0.3
	电动机功率（kW）	3
	贮气筒容量（m³）	30.15

3.5 混凝土机械

华建系列混凝土搅拌站主要技术性能　　　　表 3-67

型　　号		HZS70	HZS75	HZS90	HZS120
生产率（m³/h）		70	75	90	120
总装机容量（kW）		180	210	206	230
搅拌主机型号		DKX1.25	JS1500	DKX1.67	DKX2.0
出料高度（m）		3.85	3.80	3.85	3.85
称量精度		骨料±2%，水泥、添加剂±1%			
骨料	储存	20m³×4 隔仓			
	输送	骨料仓→称量带式输送机→倾斜带式输送机→骨料储料斗→搅拌机			
	称量	称量皮带机。称量范围 500～5000kg			
水泥	储存	水泥筒仓（1～4 个）			
	输送	水泥筒仓→螺旋输送机→水泥称斗→搅拌机			
	称量	水泥称斗，称量范围 100～1200kg			
水	泵送	称量范围 50～500kg			
添加剂	泵送	称量范围 0～20kg×2			

4. 单阶式搅拌楼

(1) 工艺流程。材料经一次提升进入贮料斗中，然后靠自重下落经过各工序。因从贮料斗开始的各工序完全靠自重使材料下落来完成，所以便于自动化。采用独立称量，可缩短称量时间，因此效率高。单阶式本身占地面积小，所以大型固定式搅拌楼通常都采用单阶式，特别是为水利工程服务的大型搅拌装置都采用单阶式。在一套单阶式搅拌装置中安装 3～4 台大型搅拌机，每小时可以生产几百立方米的混凝土。但单阶式搅拌楼的建筑高度大，要配置大型运输设备。

如图 3-94 所示，为单阶式搅拌楼的工艺流程图，砂、石骨料装在置于地面上的大型

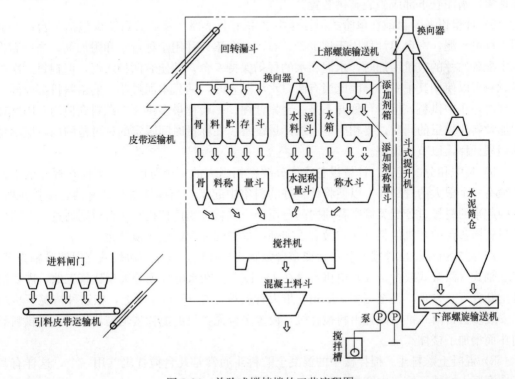

图 3-94　单阶式搅拌楼的工艺流程图

贮筒内，经水平、倾斜皮带输送机运送到搅拌楼最高点的回转漏斗中，由回转漏斗分配至预定的骨料贮存斗内。水泥由水泥筒仓经过一条由螺旋输送机和斗式提升机组成的封闭通道进入水泥贮斗。添加剂和搅拌用水通过泵送进入搅拌楼顶部的水箱和添加剂箱。在计量开始后，砂石骨料、水泥、水、添加剂经各自的称量斗按照预定的比例称量后进入搅拌机进行搅拌，搅拌好的混凝土被卸入搅拌楼底层的混凝土贮斗内，最后由混凝土贮斗将搅拌好的混凝土卸入混凝土运输机械中。

（2）设备配置：

1）骨料输送设备。对于单阶式搅拌楼来说，皮带运输机是首选的骨料输送设备。

2）水泥输送设备。水泥输送设备包括两种形式：一种是斗式提升机和螺旋输送机组成的机械输送系统；另一种是气力输送系统。

3）回转漏斗。在一座搅拌楼中由于所需骨料品种较多，因此贮斗的数目也较多。而向这些贮斗中供料的皮带运输机则只有一条（根据运输量的计算也只需要一条）。为了将由一条皮带运输机运上来的各种不同的骨料装入相应的贮斗（仓）中，这就需要一台分料设备。这台分料设备就是回转漏斗。

4）贮料仓。贮料仓是一整套包括料仓本身以及给料机或闸门、料位指示器、砂石含水测定仪等的装置。贮料仓的数目至少包括三个，石子、砂子和水泥仓。当搅拌装置所生产的混凝土的品种较多时，贮料仓的数目可多至 8 个，其中 2 个是水泥斗，在其余 6 个中往往将 4~5 个用做石子贮料仓。由于混凝土品种的变化除改变水泥标号外，经常是石子粒度的改变。在粗骨料贮料仓下部常用扇形门，在细骨料贮料仓下部常采用扇形闸门或皮带给料机。在水泥仓下部常采用叶轮式给料机或螺旋给料机，为了消除水泥仓常发生的拱塞现象，水泥仓下部应当装破拱装置。

5）计量设备。目前在单阶式搅拌楼中多采用电子秤。秤的数目至少包括三台，一台用于称量水泥，一台累计秤用于称量砂、石，一台累计秤用于称量水和附加剂。当一套设备中配备的秤的数量增加时，水泥和水的秤仍保持一台，即使有两种水泥，但在每一次配料时只可以使用其中一种。因此当有两只水泥贮仓时，两只水泥贮斗下的给料机都向同一台秤的秤斗中供料，但这台秤并不是一台累计秤。一台秤最多供 4 个贮料仓使用。因此在增加贮料斗数量的同时，要相应地增加计量设备。在称量时间限定的许可范围内，应尽量选用累计秤，以节约设备。

6）集中和分配装置。计量设备往往分散在相当大的一个范围里。因此在秤斗的下面必须有一个很大的骨料斗，以便将计量好的料集中起来。当搅拌楼只装有两台搅拌机时，集中起来的料经过分配叉管交替地向两台搅拌机供料。当搅拌机有三台时则通过一台回转分料管向各台搅拌机供料。水和液态添加剂经单独的分配管注入搅拌机。

7）搅拌机械。搅拌楼安装一台或多台强制式搅拌机，其中有卧轴式（以双卧轴为多）或立轴式（涡桨式或行星式）单机容量在 $1m^3$ 以上。在水电大坝等大型建筑工地，需要混凝土几百万立方米，甚至更多，所用的最大骨料粒径在 150mm 以上，在这种情况下也可以安装多台自落式锥形倾翻出料搅拌机。设置多台搅拌机的搅拌楼均需增加对主机供料导向斗而增加了楼体高度。

8）混凝土贮料斗。搅拌楼中的混凝土贮料斗通常是几台搅拌机共用一个，这样有利于向混凝土搅拌运输车中卸料。

(3) 竖向和平面布置。单阶式搅拌楼的平面尺寸都不大，但高度较大。因此搅拌楼各层标高的确定都十分仔细。降低各层标高不仅使整个装置的高度减小，同时还减小了皮带运输机的长度及斗式提升机的高度。如图 3-95 所示是单阶式搅拌楼的简图，图中字母表示了搅拌楼平面尺寸和各层的高度。而且具体尺寸则因所装搅拌机的类型和容量而异，可参考表 3-68 中有关数据。

搅拌楼竖向布置尺寸数据　　　　　表 3-68

搅拌机型式 台数×容量	贮料斗容量 (m^3)	各 部 尺 寸									
		A（边长）	B	C	D	E	F	G	H	I	J
自落 2×0.75	125	6.0 方形	4.1	3.75	3.55	4.5	5.3	18.60	21.20	6.0	2.15
自落 2×1.0	160	6.0 方形	4.1	4.15	3.55	4.5	6.3	20.00	22.60	6.0	2.15
强制 2×1.0	200	4.0 六角形	4.1	6.25	3.55	4.5	5.3	20.10	23.70	8.0	2.15
自落 2×1.5	250	4.0 六角形	4.1	7.45	3.90	4.9	6.3	24.05	26.65	8.0	2.50
强制 2×1.50	300	4.0 六角形	4.1	8.65	3.90	4.6	5.8	25.35	27.95	>8.0	2.50
自落 2×2.00	300	4.0 六角形	4.1	8.65	3.90	5.3	6.6	25.95	28.55	>8.0	2.80
强制 2×2.0	350	4.0 八角形	4.1	6.25	4.40	5.0	6.3	23.45	25.05	10.0	2.80
自落 2×3.0	400	4.0 八角形	4.1	6.85	4.40	5.6	7.0	25.35	27.95	>10.0	3.10
强制 2×3.00	500	4.0 八角形	4.1	7.55	4.40	5.3	6.6	25.35	27.95	>10.0	3.10

在设计搅拌楼时，首先要确定的竖向尺寸是卸料高度。搅拌楼是大型混凝土生产装置，应当考虑用混凝土搅拌运输车运送产品。搅拌运输车受料口的高度在 3.5m 以上。搅拌楼的卸料高度都设计为 3.8m，如图 3-95 所示。

在平面布置上，小型搅拌楼采用矩形，中型和大型搅拌楼则采用六角形和八角形。采用六角形和八角形不仅便于布置搅拌机和计量设备，更主要的是六角形和八角形贮料斗包括更大的容积。

搅拌楼在垂直方向有五层：出料层、搅拌层、计量层、贮料层及分配层。

搅拌层的标高（F）决定于卸料高度，混凝土贮斗的容量，另外与搅拌机的类型也有一定关系。搅拌层本身的高度（E）因搅拌机的类型和容量而异。多台搅拌机在平面上布置，两台时采用对置，在超过两台时，采用辐射形。贮料仓的高度（C）如图 3-95 所示，在搅拌楼的竖向尺寸里占比例最大。但减小尺寸 C 就会减少贮料量。在供料没有一个十分可靠保证的情况下，不应减少贮量。适当增加贮料斗的平面尺寸（L），可在不减少贮料的前提下减小贮料斗层的高度。因此在一些大型搅拌楼中尺寸 L 往往大于搅拌楼的平面尺寸 A。分配层是皮带运输机的入口和安装回转漏斗的地方。在各种不同容量的搅拌楼上，分配层的高度（B）如图 3-95 所示，是大致相同的，分配层上回转漏斗入

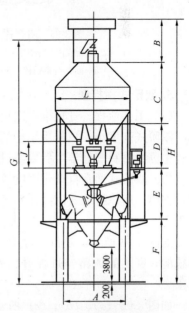

图 3-95　搅拌楼竖向布置

口的标高（G）是代表皮带运输机的提升高度，是设计中一个比较重要的尺寸。计量层的高度（D）主要决定于计量设备的尺寸（J）。计量器在平面上的布置应尽量地紧凑，减小集中斗的尺寸，降低搅拌层的高度（E）。采用累计秤能获得较好的效果。如图3-96所示是一种组合称量器它是由一台水泥秤和一台砂石累计秤组合而成。水泥秤斗在其中部，砂石秤斗包在两侧。在称量杠杆系统上，水泥和砂石是各自独立的，分别进行单独称量和累计称量。水泥秤斗和砂石秤斗有各自的卸料门。在开启卸料闸门时，水泥为砂石裹携进入搅拌机中，这一过程相当于预搅拌，因此可以提高搅拌机的效率。这种组合称量器的秤斗本身就起着集中斗的作用，所以能够有效降低搅拌层的高度。

如图3-97所示，是设有7台称量器时的平面布置。两个水泥贮斗，两台给料机共用一台秤。图中2是石子秤，贮斗的给料由闸门控制。图中3是砂子秤，由皮带给料机给料。

水和附加剂计量装置可以单独布置，可以距中心较远。因水可沿很小斜度的管道流动。

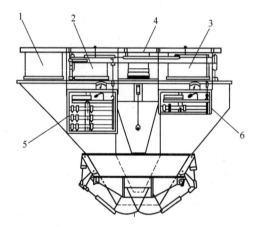
图3-96 组合称量器
1、2、3—砂石贮斗闸门；4—水泥卸料口；
5—砂、石累积秤；6—水泥秤

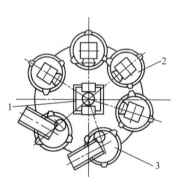
图3-97 称量器平面布置图
1—水泥秤；2—石子秤；3—砂子秤

5. 双阶式搅拌楼

（1）工艺流程。骨料第一次提升进入贮料斗，经称量配料集中，第二次提升装入搅拌机。双阶式高度小，只需用小型的运输设备，整套装置设备简单、投资少、建设快。在双阶式中因为材料配好集中后要经过二次提升，所以效率低。在以套装置中通常只能装一台搅拌机。双阶式通常自动化程度较低，往往是采用累计计量，并且因为建筑高度小，容易架设安装，所以拆装式的搅拌站都设计成双阶的，而移动式搅拌站则必须采用双阶式工艺流程。

如图3-98所示，是目前常用的工艺流程方案。方案的一个共同点为：水泥是由一条单独的，密闭的通路经过提升、称量而进入搅拌机中，这样可以避免发生水泥飞扬的现象。

如图3-98（a）、（b）、（c）所示，三个方案相比较，方案（b）图中省去了一套骨料称量斗，而将骨料提升斗兼做称量斗。这样不仅省去了一套秤斗，而且降低了高度。但是，

3.5 混凝土机械

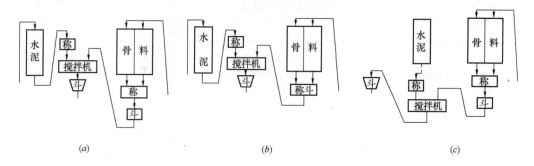

图 3-98 搅拌站的三种工艺流程

在提升斗提升、下降时会使整个称量系统受到冲击。如图 3-98（c）所示是一个较为新颖的方案。在这个方案里作为二次提升的不是提升斗，而是搅拌机本身。

这种方案需要安装一种特殊的"爬升式搅拌机"，这种搅拌机不仅能够搅拌混凝土，而且像提升斗一样爬升卸料，在提升过程中还能进行搅拌，节省时间。但从图上可以看出，骨料集中斗在向搅拌机中卸料时，还需要稍移动提升。实际上成为一种三阶式。

(2) 结构型式。双阶式搅拌站的结构型式是多样的，主要在于砂石供料形式上的区别和机电结构组合变形的多样性，现在将主要的几种形式分别叙述如下：

1) 以拉铲集砂石料的搅拌站

①拉铲骨料斗门下带称量斗的型式。悬臂拉铲将砂石堆积于扇形隔料仓的卸料门之上。开启气动卸料门砂石骨料分别卸入称量斗中进行累计称量。当砂石提升斗下降至累计称量斗底部时开启称量斗底部料门，将称量好的砂石骨料卸入提升斗中，提升至卸料高度，将砂石投入搅拌机当中。

②提升斗又是称量斗的形式。提升斗下行至底部时进入称量架中开启卸料门，砂石先后进入提升斗进行累计计量。此种方式在砂石进料时序上增加了累计称量时间（累计称量时间＋料斗提升时间＋料斗卸料时间＋料斗下降时间）大于搅拌机搅拌周期，比拉铲骨料斗门下带称量斗的型式的生产率下降了。但它在基础处理上不增设地坑，相对而言它的适应性更为广泛。

③拉铲骨料斗门下设置皮带秤，用皮带输送机上料的形式。拉铲下料门分别开启之后，砂石骨料分别进入累计皮带秤，称量完后皮带机启动，短皮带机将砂石转运至斜皮带输送机上，然后由斜皮带将砂石集于搅拌机上存料斗中，当搅拌机一个搅拌周期完成之后，存料斗斗门开启将砂石投入搅拌机。

2) 搅拌站与配料机相结合的形式

目前国内各种配料站中，以砂石采用装载机上料，在砂石贮料斗的卸料门下装置称为量斗（秤斗底部为皮带机）进行累计称量的型式较多。大、中型配料机则是砂、石单独计量，在称量斗卸料门下方配有水平皮带输送机，计量完毕后，将称量斗的骨料卸到水平皮带机上，然后转运至搅拌机或搅拌机上方的贮料斗。配料机的计量方式目前都采用电子秤，有采用多吊点传感器的，也有通过一级杠杆采用单吊点传感器的。

(3) 设备配置。双阶式搅拌站有多种工艺方案及结构型式，因此其配置设备也是多种多样的。常见的双阶式搅拌站设备配套情况见表 3-69，可供设计时选择。

双阶式搅拌站配置设备 表 3-69

功能		设备配置选择
骨料贮存		星形贮料仓 直列式贮料仓 圆筒形贮料仓
水泥贮存		金属筒仓 塑料筒仓
骨料输送（一次提升）		拉铲 皮带运输机 斗式提升机 装载机
水泥输送（一次提升）		螺旋输送机、斗式提升机 气力输送设备
称量	骨料	杠杆秤、电子秤（自动或手动）、机械电子秤
	水泥	杠杆秤、电子秤（自动或手动）、机械电子秤
	水	水秤、自动水表、定量水箱
骨料二次提升		提升机 皮带机
水泥提升（二次提升）		螺旋输送机
搅拌机		双锥反转出料式 双锥倾翻出料式 涡浆强制式 行星强制式 卧轴强制式

6. 混凝土搅拌楼（站）的使用与维护

（1）使用操作要点

混凝土搅拌楼（站）的操作人员必须熟悉所操作设备的性能及特点，并认真执行操作规程和保养规程。新设备在使用前，必须经过专业人员安装调试，在技术性能各项指标全部符合规定并经验收合格后方可投产使用。经过拆卸运输后重新组装的搅拌站，也应调试合格后使用。电源电压、频率、相序必须与搅拌设备的电器相符。电气系统的保险丝必须按照电流大小规定使用，不允许任意加大或用其他非熔丝代替。操作盘上的主令开关、旋钮、按钮、指示灯等应当经常检查其准确性、可靠性。操作人员必须弄清操作程序和各旋钮、按钮的作用后，方可独立进行操作。机械启动后，应当先观察各部运转情况，并检查油、气、水的压力是否符合要求。骨料规格应与搅拌机的性能相符，粒径超出许可范围的不允许使用。机械在运转过程中，不得进行润滑和调整工作。严禁将手伸入料斗、搅拌筒探摸进料情况。由于搅拌机不具备满载启动的性能，因此搅拌中不得停机。在发生故障或停电时，应立即切断电源，将搅拌筒内的混凝土清除干净，然后进行检修或等待电源恢复。控制室的室温应保持在 25℃ 以下，以免因温度而影响电子元件的灵敏度和精确度。

切勿使机械超载工作,并应经常检查电动机的温升。当发现运转声音异常、转速达不到规定时,应立即停止运行,并检查其原因。停机前应先卸载,然后按照顺序关闭各部开关和管路。作业后,应对设备进行全面清洗和保养。电气部分应按通常电气安全规程进行定期检查。三相电源线截面积,铜线不得小于 $25mm^2$,铝线不得小于 $35mm^2$,并需有良好的接地保护,电源电压波动应在±10%以内。

(2) 维护保养

1) 作业前检查

①检查搅拌机润滑油箱和空压机曲轴箱的油面高度。搅拌机采用 20 号机油,空压机冬季用 13 号压缩机油,夏季用 19 号压缩机油。

②冷冻季节和长期停放后使用,应当对水泵和附加剂泵进行排气引水。

③检查气路系统中气水分离器积水情况。在积水过多时,打开阀门排放。检查油、水、气路通畅情况和有无溢漏。各料门启闭是否灵活。

2) 作业后清理维护

①清理搅拌筒、出料门及出料斗积灰,并用水冲洗,同时冲洗附加剂及其供给系统。

②冰冻季节,应当放净水泵、附加剂泵、水箱及附加剂箱内存水,并启动水泵和附加剂泵运转 1～2min。

3) 每周检查维护

①润滑点,如出料门轴、各储料斗和称量斗门轴、胶带输送机托轮、压轮、张紧轮轴承和传动链条、螺旋输送机各部轴承等,必须进行润滑。铲臂固定座应当定期润滑。

②检查搅拌机叶片、内外刮板和铲臂保护磨损情况,在必要时调整间隙或更换。

③检查调整传动胶带张紧度;检查紧固各部连接螺栓;检查各接触点和中间继电器的静、动触头是否损伤或烧坏;在必要时应修复或更新。

④当搅拌站需要转移或停用时,应将水箱,附加剂箱、水泥、砂、石储存斗及称量斗内的物料排净,并清洗干净。转移中应将杠杆秤表头平衡砣及秤杆加以固定,以保护计量装置。

3.5.3 混凝土搅拌运输车

1. 混凝土搅拌运输车的性能指标

目前,混凝土搅拌输送车生产厂和机型迅速增多,现以选择产量较多的机型为例,其主要技术性能见表 3-70 和表 3-71。

新宇建机系列混凝土搅拌输送车主要技术性能　　　　表 3-70

型　　号	6m³ 三菱 FV415JMCLDUA	7m³ 斯太尔 1491H280/B32	8m³ 斯太尔 1491H310/B38
发动机	8DC9-2A	WD615.67	WD615.67
发动机额定功率	300PS/r/min (220kW/r/min)	280PS/r/min (260kW/r/min)	310PS/2400r/min (228kW/2400r/min)
输送车外形尺寸(mm)	7190×2490×3790	8413×2490×3768	9317×2490×3797
空车质量(kg)	10280	11960	12070

续表

型号	6m³三菱 FV415JMCLDUA	7m³斯太尔 1491H280/B32	8m³斯太尔 1491H310/B38
重车总质量(kg)	25130	2140	31090
搅拌筒容量(m³)	8.9	10.2	13.6
搅拌容量(m³)	5	6	7
搅动容量(m³)	6	7	8
搅拌筒进料(r/min)	1～17	1～17	1～17
搅拌筒搅拌(r/min)	8～12	8～12	8～12
搅拌筒搅动(r/min)	1～5	1～5	1～5
搅拌筒出料(r/min)	1～17	1～17	1～17
液压泵	PV22	PV22	PV22
液压马达	MF22	MF22	MF22
液压油箱容量(L)	80	80	80
水箱容量	250	250	250

混凝土搅拌输送车主要技术性能　　　　表3-71

型号		SDX5265GJBJC6	JGX5270GJB	JCD6	JCD7
拌筒几何容量（L）		12660	9500	9050	11800
最大搅动容量（L）		6000	6090	6090	7000
最大搅拌容量（L）		4500	—	5000	—
拌筒倾卸角（°）		13	16	16	15
拌筒转速（r/min）	装料	0～16	0～16	1～8	6～10
	搅拌	—	—	8～12	1～3
	搅动	—	—	1～4	—
	卸料	—	—	—	8～14
供水系统	供水方式	水泵式	压水箱式	压力水箱式	气送或电泵送
	水箱容量（L）	250	250	250	800
搅拌驱动方式		液压驱动	液压驱动	F4L912柴油机驱动	液压驱动前端取力
底盘型号		尼桑NISSAN CWA45HWL	T815P 13208	T815P 13208	FV413
底盘发动机功率（kW）		250	—	—	—
外形尺寸（mm）	长	7550	8570	8570	8220
	宽	2495	2500	2500	2500
	高	3695	3630	3630	3650
质量（kg）	空车	12300	11655	12775	—
	重车	26000	26544	27640	—

3.5 混凝土机械

2. 混凝土搅拌运输车的使用与维护

(1) 使用、操作要点

新车开始使用前必须进行全面检查和试车，一切正常后方可正式使用。各部液压油的压力应按规定要求不能随意改动，液压油的油量、油质、油温应达到规定要求，所有油路各部件无渗漏现象。

在搅拌运输时，装载混凝土的重量不能超过允许载重量。搅拌车在露天停放时，装料前应先将搅拌筒反转，使筒内的积水和杂物排出，以保证运输混凝土的质量。搅拌车通过桥、洞时，应注意通过高度及宽度，以免发生碰撞事故。工作装置连续运转时间不应超过8h。搅拌车运送混凝土的时间不得超过搅拌站规定的时间，如果中途发现水分蒸发，可适当加水，以保证混凝土质量。运送混凝土途中，搅拌筒不得停转，以防止混凝土产生初凝及离析现象。搅拌筒由正转变为反转时，必须先将操纵手柄放至中间位置，待搅拌筒停转后，再将操作手柄放至反转位置。水箱的水量要经常保持装满，以防急用。冬季停车时，要将水箱和供水系统水放净。出料斗根据需要使用，不够长时可自行接长。在出料前，最好先向筒内加少量水，使进料流畅，并可防止粘料。

(2) 维护、保养要点

1) 在搅拌车发动前，必须进行全面检查，确保各部件正常，连接牢固，操作灵活。

2) 严格按照表3-72规定的润滑部位及周期进行润滑，并保持加油处清洁。

混凝土搅拌运输车上车润滑部位及周期　　表3-72

润滑部位	润滑剂	润滑周期	润滑部位	润滑剂	周期
斜槽销	钙基脂 ZG-1	每日	万向节十字轴	钙基脂 ZG-1	每周
加长斗连接销			托轴		每月
升降机构连接销			操纵软轴	齿轮油 HL-2D	每月
操纵机构连接点					
斜槽销支撑轴		每周	液压马达		每年

3) 对于液压泵、马达、阀等液压和气压元件，应按照产品说明书要求进行保养。

4) 及时检查并排除液压、气压、电气等系统管路的漏损及断电等现象。

5) 定期检查搅拌叶片的磨损情况并及时修补。

6) 经常检查各减速器是否有异响和漏油现象并及时排除。

7) 对机械进行清洗、维修以及换油时，必须将发动机熄火停止运转。

8) 在下班前，要清洗搅拌筒和车身表面，以防混凝土凝结在筒壁和叶片及车身。

9) 在露天停放时，要盖好有关部位，以防生锈，失灵。

10) 汽车部分按汽车说明书进行维护保养。

3. 混凝土搅拌运输车的常见故障及处理

混凝土搅拌运输车的常见故障及处理见表3-73。

混凝土搅拌运输车的常见故障及处理　　表3-73

常见故障	故障原因	排除方法
进料斗堵塞	进料搅拌不均匀，出现"生料"，放料过快	堵塞后用工具捣通，控制放料速度

续表

常见故障	故障原因	排除方法
搅拌筒不能转动	发动机或液压泵发生故障	检修柴油机或液压泵，如果混凝土已装入搅拌筒时，柴油机或液压泵发生故障，则应采取如下紧急措施：将一辆救援搅拌运输车驶近有故障的车，将有故障的液压马达油管接到救援车的液压泵上，由救援车的液压泵带动故障车的液压马达旋转，紧急排除故障车拌筒内的混凝土
	液压管路损坏	修理管路
	操纵失灵	修理操作系统
搅拌筒转动不出料	混凝土坍落度太小	加适量水，拌筒以搅拌速度搅拌30转，然后反转出料
	叶片磨损严重	修复或更换
搅拌筒转动不出料	滚道和托轮磨损不均	修复或更换
	夹卡套太松	调整夹卡套螺母
噪声	油泵吸空 吸油滤油器堵塞	更换滤油器
	油生泡沫 油量不足	补油
	空气滤清器堵塞	更换滤清器
	油温过高 冷却器故障	检修冷却器
液压泵压力不足	油脏，油泵磨损	清洗更换油，修理油泵
流量太小	真空表度数很大 吸油滤油器失效	更换滤油器
	漏油 机件磨损，接头松动，管壁磨损	修理或更换

3.5.4 混凝土泵及泵车

1. 液压活塞式混凝土泵

液压活塞式混凝土泵的种类包括很多，但是其基本的组成部件是相同的。闸板阀式混凝土泵的具体的结构如图 3-99 所示。对于混凝土泵车，还有臂架、回转塔、底架和底盘

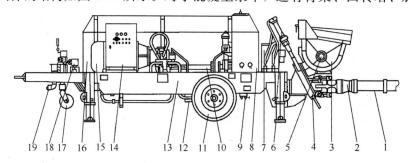

图 3-99 混凝土泵的基本构造

1—输送管道；2—Y形管组件；3—料斗总成；4—滑阀总成；5—搅拌装置；6—滑阀油缸；7—润滑装置；8—油箱；9—冷却装置；10—油配管总成；11—行走装置；12—推送机构；13—机架总成；14—电气系统；15—主动力系统；16—罩壳；17—导向轮；18—水泵；19—水配管

等四个部分。

(1) 料斗。料斗又称骨料斗，其中还装有搅拌装置。它是混凝土泵的承料器，主要作用包括：

1) 混凝土输送设备向混凝土泵供料的速度与混凝土泵输送速度无法完全一致，料斗可以起到中间调节的作用。

2) 料斗中的搅拌装置可对混凝土进行二次搅拌，减小混凝土的离析现象，并改善混凝土的可泵性。

3) 搅拌装置螺旋布置的搅拌叶片还起到向分配阀和混凝土缸喂料的作用，提高混凝土泵的吸入效率。

料斗主要由料斗本体及搅拌装置两部分组成，料斗本体主要包括料斗体、防溅板、方格网和料斗门等四部分。料斗本体用钢板焊接而成，其前后左右用四块厚钢板。左右两带圆孔的侧板是用来安装搅拌装置，而其后壁由混凝土出口与两个混凝土缸连通，前臂与输送管道相连。混凝土泵在作业时要将防溅板竖起，防止料斗进料时混凝土砂浆溅到混凝土泵的其他部位；当混凝土泵停止工作时，将防溅板放倒，盖在料斗的上部，可以减少杂物进入料斗的机会。方格网用圆钢或钢板条焊接而成，用两个铰点同料斗连接。当检修料斗内部或清理料斗时，可以将方格网向上翻起。方格网可防止混凝土拌合物中超粒径的骨料或其他杂物进入料斗，减少泵送故障，同时保护了操作人员的安全。搅拌装置包括搅拌轴部件、搅拌轴承及其密封件等部分。搅拌轴传动装置的形式包括两种，一种是液压马达通过机械减速后驱动搅拌轴；另外一种是液压马达直接驱动搅拌轴（如图 3-100 所示）。而机械减速的方式又包括链传动、蜗轮蜗杆传动以及齿轮传动。

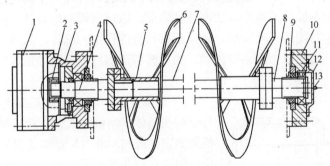

图 3-100 搅拌装置

1—液压马达；2—花键套；3—马达座；4—左半轴；5—轴套；6—搅拌叶片；7—中间轴；8—右半轴；9—J形密封圈；10—轴承座；11—轴承；12—端盖；13—油杯

搅拌轴部件包括搅拌轴、螺旋搅拌叶片、轴套等。搅拌轴由中间轴、左半轴、右半轴组成并通过轴套用螺栓连接成一体，轴套上焊接着螺旋搅拌叶片。这种结构形式利于搅拌叶片的拆装。搅拌轴是靠两端的轴承、轴承座（马达座）支撑的，搅拌轴承采用调心轴承，轴承座外部还装有黄油嘴的螺孔，其孔道通到轴承座的内腔，在工作时可对轴承进行润滑。为了防止料斗内的混凝土浆进入搅拌轴承，左、右半轴轴端装有J形密封圈。左半轴轴头通过花键套和液压马达连接，在工作时由液压马达直接驱动搅拌轴带动搅拌叶片旋转。

（2）推送机构。推送机构是混凝土泵的执行机构，它是将液压能转换为机械能，通过油缸的推拉交替动作，使混凝土克服管道阻力输送到浇筑部位。它主要由主油缸、混凝土缸和水箱等三部分组成，如图 3-101 所示。

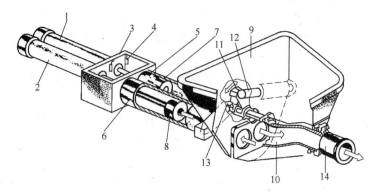

图 3-101　推送机构
1、2—主油箱；3—水箱；4—换向机构；5、6—混凝土缸；7、8—混凝土活塞；
9—料斗；10—分配阀；11—摆臂；12、13—摆动油缸；14—出料口

1）主油缸。主油缸由油缸体、油缸活塞、活塞杆、油缸头及缓冲装置等组成。主油缸的主要特点：换向冲击大，通常要有缓冲装置。缓冲装置是混凝土泵设计的关键技术之一，大多数厂家都是采用油缸端部安装单向节流阀的 TR 机构。其原理如图 3-102 所示，当液压缸活塞快到行程终了，越过缓冲油口时单向节流阀打开，使高压油有一部分经缓冲油口到低压腔，使两腔压差减小，活塞速度降低；以达到缓冲的目的，并为活塞换向作准备；另外，还有为封闭腔自动补油，确保活塞行程的作用。此外，因活塞杆不仅与油液接触，而且还与水、水泥浆、泥浆等接触，为了改善活塞杆的耐磨和耐腐蚀性，在其表面通常要镀一层硬铬。

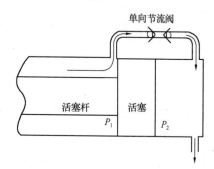

图 3-102　TR 机构工作原理

2）混凝土缸。混凝土缸后端与水箱连接，前端与分配阀箱体（闸板阀式泵）相连接，并通过托架与机架固定，或与料斗（S 管阀式泵）直接相连，通过拉杆固定在料斗与水箱之间。主油缸活塞杆伸入到混凝土缸内，活塞杆前端通过中间接杆连接着混凝土缸活塞。中间接杆用 45°圆钢制成，其两端有定位止口，两端分别与油缸活塞杆和混凝土活塞用螺栓相连（或用半圆式的卡式接头）。

混凝土缸通常用无缝钢管制造，因混凝土缸内壁与混凝土及水长期接触，承受着剧烈的摩擦和化学腐蚀，所以在混凝土缸内壁镀有硬铬层，或经过特殊热处理以提高其耐磨性和抗腐蚀性。混凝土活塞由活塞体、导向环、密封体、活塞头芯和定位盘等组成。各个零件通过螺栓固定在一起。混凝土密封体用耐磨的聚氨酯制成，起到导向、密封和输送混凝土的作用。

3）水箱。水箱用钢板焊成，即是储水容器，又是主油缸与混凝土缸的支持连接件。

水箱上面有盖板，打开盖板可清洗水箱内部，且可观测水位。在推送机构工作时，水在混凝土缸活塞后部随着混凝土缸活塞来回流动，其作用主要包括：

①清洗作用：清洗混凝土缸缸壁上每次推送后残余的砂浆，减少混凝土缸体与活塞的磨损。

②隔离作用：防止主油缸泄漏出的液压油进入混凝土中，影响到混凝土的质量。

③冷却润滑作用：冷却润滑混凝土活塞、活塞杆及活塞杆密封部位。

2. 混凝土输送泵车

为了提高混凝土泵的机动性和灵活性，在混凝土输送泵的基础上，发展成输送泵车。它是将液压活塞式或挤压式混凝土泵安装于汽车底盘上，并用液压折叠式臂架管道来输送混凝土，进而构成一种汽车式混凝土输送泵，其外形如图 3-103 所示。在车架的前部设有转台，其上装有三段式可折叠的液压臂架，在工作时可进行变幅、曲折和回转三个动作。

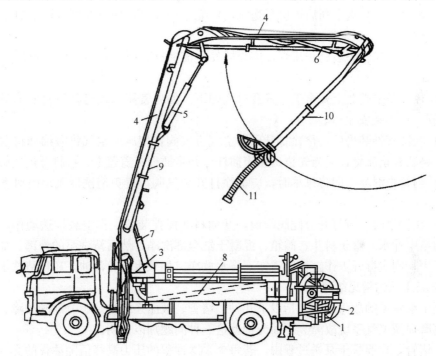

图 3-103　混凝土输送泵车外形
1—混凝土泵；2—输送泵；3—布料杆回转支承装置；4—布料杆臂架；5、6、7—控制布料杆摆动的油缸；8、9、10—输送管；11—橡胶软管

3. 混凝土泵的使用要点

（1）泵必须放置在坚固平整的地面上，如果必须在倾斜地面停放时，可用轮胎制动器卡住车轮，倾斜度不得超过 3°。

（2）如果气温较低，空运转时间应长些，要求液压油的温度升至 15℃ 以上时才能投料泵送。

（3）泵送前应向料斗加入 10L 清水和 0.3m³ 的水泥浆，若管长超过 100m，应当随布管延伸适当增加水和砂浆。

（4）水泥砂浆在注入料斗后，应使搅拌轴反转几周，让料斗内壁得到润滑，然后再正转，使砂浆经料斗喉部喂入分配阀体内。开泵时不要将料斗内的砂浆全部泵出，应当保留在料斗搅拌轴轴线以上，待混凝土加入料斗后再一起泵送。

（5）泵送作业中，料斗中的混凝土平面应当保持在搅拌轴轴线以上，供料跟不上时要停止泵送。

（6）料斗网格上不得堆满混凝土，要控制供料流量，及时清除超粒径的骨料及异物。

（7）当搅拌轴卡住不转时，要暂停泵送，及时排除故障。

（8）发现进入料斗的混凝土有分离现象时，要暂停泵送，待搅拌均匀后再泵送。如果骨料分离严重，料斗内灰浆明显不足时，应当剔除部分骨料，另加砂浆重新搅拌。在必要时，可打开分配阀阀窗，把料斗及分配阀内的混凝土全部清除。

（9）供料中断时间，通常不宜超过1h。停泵后应每隔10min作2～3个冲程反泵—正泵运动，再次投入泵送前应先搅拌。

（10）垂直向上泵送中断后再次泵送时，要先进行反泵，使分配阀内的混凝土吸回料斗，经过搅拌后再正泵泵送。

（11）作业后如管路装有止流管，应当插好止流插杆，防止垂直或向上倾斜管路中的混凝土倒流。

（12）在管路末端装上安全盖，其孔口应朝下。如果管路末端已是垂直向下或装有向下90°弯管，可不装安全盖。

（13）气洗管件装妥后，徐徐打开压缩空气进气阀，使压缩空气将海绵球将混凝土压出。如管路装有止流管，应当先拔出止流插杆，并将插杆孔盖盖上，再打开进气阀。

（14）当管中混凝土即将排尽时，应徐徐打开放气阀，避免清洗球飞出时对管路产生冲击。

（15）在洗泵时，应打开分配阀阀窗，开动料斗搅拌装置，作空载推送动作。同时在料斗和阀箱中冲水，直至料斗、阀箱、混凝土缸全部洗净，然后清洗泵的外部。如果泵机几天内不用，则应拆开工作缸橡胶活塞，将水放净。如果水质较浑浊，还得清洗水系统。

4. 混凝土泵的常见故障

混凝土泵常见的故障通常包括以下几种：堵管、液压系统故障、分配阀故障、混凝土缸与活塞磨损及电气系统故障。下面分别就这五种问题加以说明。

（1）堵管。在混凝土泵送过程中，若每个泵送冲程的压力高峰值随冲程的交替而迅速上升，并且很快达到溢流压力，且正常混凝土泵的泵送动作突然自动停止，同时溢流阀发出溢流声，这表明混凝土的输送管道发生严重堵塞，应及时排除。

1）反泵排出法。一旦堵管可按反泵按钮，反泵3～4个行程，**堵管即可排除**。如果反泵操作无效，则只有找出堵管位置，清管排除。在拆管前应先反泵，释放输送管内混凝土的压力，以免混凝土喷溅伤人。如果反泵不能正常进行，一个行程都走不满，则可能是混凝土缸堵塞，应放出料斗内的料，用水清洗混凝土缸。

2）堵塞位置判定。如果反泵操作不能排除堵塞，则要找出堵塞位置，拆管清除。可以进行反泵—正泵操作交替操作，一边沿管路敲打输送管。堵管的地方，声音沉闷，且没有混凝土流动的嚓嚓声。找出位置，拆开清理即可。通常直管堵塞可能性小，弯管可能性大，最末端管易堵塞。

3）堵塞原因及预防措施。由于混凝土质量或输送管布置不合理，均会造成堵管，但

3.5 混凝土机械

可以通过操作人员的控制加以避免,见表 3-74。

堵管原因及处理措施　　　　　　表 3-74

项目	故障原因	处理方法
混凝土质量	坍落度不稳定	保证 12~18cm 之间
	单位立方水泥量太少	保证≥320kg/m^3
	含砂率太低	保证≥40%
	骨料粒径级配不合要求	按要求重新调整
	搅拌后停留时间太长	重新搅拌
混凝土管道	输送管集中转弯过多	避免
	管接头密封不严	接头严密
	接长管路时,一次加接太多且没有湿润	一次至多加接 1~2 根并用水湿润
	出口端软管弯曲过度	软管弯曲半径不小于 1m
	管路太长,而眼睛板与切割间隙过大	更换新的
操纵方法	出现堵管征兆时,未及时反泵,强行往前输送	应及时反泵
	中断供料时间太长	尽量避免,一般夏季停机不超过半小时,冬季不超过 45min

(2) 液压系统故障。混凝土泵在正常工作时,液压泵始终在高压大流量状态下工作,双缸换向频繁,液压系统易出现故障。常见的故障包括系统故障和元件故障,系统故障主要由元件故障引起,最终落实在对元件故障的处理上。元件故障的处理可参考有关该机的使用说明书。系统故障的另一个主要原因是油温过高,造成油温过高的原因主要包括:液压油箱油量不足;冷却风扇停转;冷却器散热片集尘过多,散热性能不好;冷却器内部回路堵塞;液压回路中某些辅助系统的中低压溢流阀设定压力过高或损坏;液压系统内部泄漏过大。

液压系统内部泄漏将引起油温过高。液压件之所以可以正常工作,主要依靠自身良好的密封性能。工作时间较长后,滑动副可能磨损,密封件可能老化,这样在工作过程中很容易造成内部泄流。内泄使油温升高,降低了油液的黏稠度,进一步加大内泄,造成恶性循环。系统油温的高低是衡量泵工作好坏的一个重要尺度。

液压油应保持一定的清洁度。目前用于回路的过滤器精度通常在 5~10μm。应定期清洗滤芯和更换液压油。

(3) 分配阀故障。以 S 阀为例,其常见的故障是 S 阀不摆动或摆动不到位、切割环与眼镜板磨损严重。S 阀频繁摆动,如果 S 管的两端支撑密封因润滑不好,而慢慢磨损,最后料斗中的水泥浆渗漏到轴颈中,大大地增加了阻力,最后使 S 阀无法转动或转动不到位。在泵送混凝土施工中,一旦出现这种故障,处理起来是非常困难的。这要求施工人员在工作前认真检查,在工作中严格按照规程定期加润滑油。使轴颈转动副腔内充满润滑脂,使料斗中的水泥砂浆无法进入。

切割环与眼镜板磨损严重使 S 阀与眼镜板的间隙过大,漏浆严重,无法达到高的出口压力,从而在给高层输送混凝土时,工作无力,不能正常工作。应定期检查 S 阀与眼镜板之间的间隙,在间隙过大时,调节摆臂上的异形调节螺母,(切割环与 S 管之间有一个橡胶弹簧起压力补偿作用）使橡胶弹簧保持一定的预紧力，间隙达到正常。磨损严重时应及时更换切割环或眼镜板。

（4）混凝土缸与活塞磨损。通常混凝土缸的材料是相当硬且耐磨的，活塞采用耐磨橡胶或聚氨酯材料而且其唇边要比缸径大 3~4mm。在安装时，先将唇边内压通过缸端部的斜口滑入缸内。这种尺寸的配合可以确保活塞与缸的密封性。随着工作时间的加长活塞的唇边逐渐磨损，当磨损到一定程度时，部分混凝土砂浆就会残漏在混凝土缸壁上，和水箱中的水接触后，使水变得混浊。使用者应经常注意水箱中水的混浊程度，一般一个台班，应更换 2~3 次水。如果发现水在短期内迅速变浑，应更换活塞。根据使用工况的不同，在输送 3 万~5 万 m^3 混凝土后，混凝土缸的磨损达到极限，此时应更换混凝土缸。

（5）电气系统故障。常见电气系统故障及其排除方法见表 3-75。

常见电气系统故障及其排除方法 表 3-75

故障现象	故障原因	处理方法
QF 合不上闸	过流瞬动整定值太小	调整整定值
	操作机构磨损	修理操作机构或更换
	脱扣器双金属片未复位	稍后冷却，自动复位
主电机不能启动	无控制电源	检查电源
	QF 未合闸	合上 QF
	主电机故障使 QF 自动跳闸	检查电机主回路
	主油泵损坏卡死	更换主油泵
电机有"嗡嗡"的声音	电源断相	检查 QF、KM 触头是否有一项未闭合
	定子绕组断线	更换电机（检修）
电机温度升高	电源断相	检查三相电源
	负载过重	降低输出功率
	电压过低或过高	检查电压，太低或太高不能开机
控制回路无电源	熔断器熔断	更换熔芯
	中间继电器触头损坏或卡死	更换中间继电器
电磁铁不工作	整流桥损坏	检查更换整流二极管
	熔断器损坏	更换熔芯
	线圈烧坏	更换电磁铁线圈
	线路接触不良	检查恢复线路

3.5.5 混凝土喷射机

1. 混凝土喷射机的分类

（1）按照混凝土拌合料的加水方法不同可分为干式、湿式和介于两者之间的半湿式三种。

1）干式。按照一定比例的水泥基骨料，搅拌均匀后，经压缩空气吹送到喷嘴和来自压力水箱的压力水混合后喷出。这种方式的施工方法简单，速度快，但粉尘太大，喷出料回弹量损失较大，且要用高强度等级水泥。国内生产的大多数为干式。

2) 湿式。进入喷射机的是已加水的混凝土拌合料。因此喷射中粉尘含量低，回弹量也减少，是理想的喷射方式。但是湿料易于在料罐、管路中凝结，造成堵塞，清洗麻烦，因此未能推广使用。

3) 半湿式。又称潮式，即混凝土拌合料为含水率 5%～8% 的潮料（按体积计），这种料喷射式粉尘减少，由于比湿料粘接性小，不粘罐，是干式和湿式的改良方式。

(2) 按照喷射机结构形式可以分为缸罐式、螺旋式和转子式三种。

1) 缸罐式。缸罐式喷射机坚固耐用。但由于机体过重，上、下钟形阀的启闭需手工繁重操作，劳动强度大，且易造成堵管，因此已逐步淘汰。

2) 螺旋式。螺旋式喷浆机结构简单、体积小、质量小、机动性好。但输送距离超过 30m 时容易返风，生产率低且不稳定，只适用于小型巷道的喷射支护。

3) 转子式。转子式喷射机具有生产能力大、输送距离远、出料连续稳定、上料高度低、操作方便，适合机械化配套作业等优点，并可用于干喷、半湿喷和湿喷等多种喷射方式，是目前应用最为广泛的机型。

2. 双罐式混凝土喷射机

(1) 结构

如图 3-104 所示，是双罐式喷射机的结构图，这是最早发展起来的一种喷射机。

上罐作为贮料室，搬动杠杆，放下钟形阀门，干拌合料可以借助于皮带运输机或人力加入到上罐中，此时下罐上的钟形阀门应处于关闭状态。

下罐实际是起给料器作用。搬动杠杆，打开阀门，上罐中的拌合料即落入下罐当中；关闭阀门通入压缩空气，开动电动机、经三角皮带传动、蜗杆蜗轮传动、竖轴驱动搅拌给料叶轮回转，叶轮是一个具有径向叶片而分成个空格的圆盘，它转动时既疏松了拌合料，又连续均匀地将拌合料送至出料口。而压缩空气一面自上挤压拌合料，同时又在叶轮附近将拌合料吹松送向出料口。

上下罐的加料口处有橡皮密封圈，以防漏气。当下罐处于给料状态时，上罐再进行加料。如操作得当，使上罐的加料时间远小于下罐的给料时间，则喷射工作可连续进行。

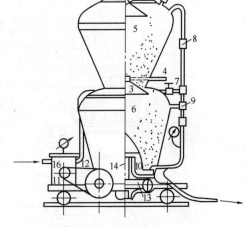

图 3-104 双罐式喷射机
1、4—杠杆手柄；2、3—钟形阀；5—上罐；6—下罐；
7、8、9—压气阀门；10—叶轮；11—电动机；12—三角皮带；13—蜗轮减速箱；14—竖轴；15—排气阀门；
16—风动马达

(2) 特点及设计要点

1) 罐体呈漏斗形，便于拌合料靠自重下流，其罐壁的倾角应大于拌合料的静自然坡角，以防拱塞。

2) 双罐可上下连接，也可并列。双罐上下连接，使构造简单，共用一套搅拌叶轮装置，造价低；但高度较大，给加料带来困难，必需用皮带机加料；双罐并列式，高度可降低 40% 左右，使加料状况有所改善，但仍需皮带加料，而构造较为复杂、造价高，因此采用这种型式的较少。

3）加料口及钟形阀应保证圆形，用橡胶圈密封，密闭效果很好，密封圈既耐用又便于制作、更换，所以可用较高的气压输送较远的距离。其压气压力可视输送管道的长度而调整。

4）从操作强度方面来讲，罐体愈大，劳动强度愈低，由于每送出一罐要用较长的时间，操作者可以有较多的停歇时间。但是罐体过大，非但高度增加很多，而且自重加大。

5）罐壁的厚度可按薄壁筒（圆柱部分）来计算，但还要考虑长期使用造成内壁的磨损。

6）双罐式喷射机的磨损件不多，构造简单，所以在工作中故障较少；而手柄多、阀门多，每输送一罐拌合料，就要将这些手柄、气阀和钟形阀重复操作一遍，因此劳动强度相当大。

3. 直筒料孔转子式混凝土喷射机

直筒料孔式喷射机结构，如图 3-105 所示。

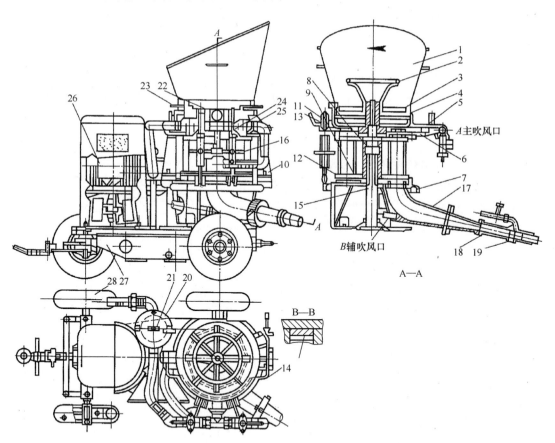

图 3-105 直筒料孔转子式喷射机

1—贮料斗；2—搅拌器；3—配料器；4—变量夹板；5—转子；6—上底座；7—下底座；8—上结合胶板；9—下结合胶板；10—支座；11—拉杆；12—衬板；13—橡皮弹簧；14—冷却水管；15—传动轴；16—转向指示箭头；17—出料弯管；18—输送软管；19—喷嘴；20—油水分离器；21、22—风压表；23—压气开关；24—堵管讯号器；25—压气阀；26—电动机；27—齿轮减速箱；28—走行轮胎

3.5 混凝土机械

搅拌器对拌合料进行二次拌和，以确保级配均匀。配料器及变量夹板使拌合料经上底座上的孔洞流入转子上的料孔中，料孔呈直筒形穿通转子，所以易于制作，并且很少发生堵塞故障。贮料斗是不动的，与底座相连并通过支座、拉杆与下底座连接。压缩空气由主风口 A 经上底座通入。转子的周向排列着个料孔，当转子转动到某一个料孔与上底座上的进料孔相对时，拌合料即被配料器拨入料孔中。

转子在竖置的电动机经联轴器、齿轮减速箱及传动轴的带动下回转，当装有拌合料的料孔转入上孔口与上底座的进风口相对、下孔口与下底座上的出料口相对时，拌合料就被压缩空气吹送着顺出料弯管、软管至喷嘴与压力水混合后喷射而出，喷射到支护面上。搅拌器及配料器也是由传动轴带动的。为了防止漏气，在上下底座上各装有上下胶合板，胶合板可用聚氨酯耐磨橡胶制作，板面与转子端面衬板接触，因此胶合板是密封件，并要求耐磨损。衬板可用球墨铸铁制作，表面经过精磨，因其与胶合板之间的接触良好与否，将直接影响漏气与灰尘大小。

自上底座、上胶合板、上衬板、转子、下衬板、下胶合板至下底座，它们之间是靠 5 个拉杆及其橡皮弹簧来保持压紧的，通常只要使橡皮弹簧具有 2～3mm 的变形，即可达到密封的要求；如过紧，会使胶合板磨损增加、动力消耗加大。在上底座上装有冷却水管，在开车前应先接通水源，不允许未通冷却水而进行工作或空转。变量夹板在安装时，其下料口必须与上底座上的进料口相错开，最好处于相对称的方向；避免让拌合料直接落入转子的料孔当中，这样会发生堵管及上下胶合板严重磨损。变量夹板及配料器，每次刮入料孔的拌合料最多只达到全部料孔高度的 80% 左右，当过满时，胶合板会很快磨损、漏风、堵管。喷嘴所接水压力，应大于 0.1MPa，太低时，供水不足，与拌合料混合不均，既影响混凝土的强度，也使喷射时灰尘增大回弹量增多。

如输送距离在 200m 以上时，则需两台 0.7MPa 的压气机并联供气。转子的转向必须如箭头所示的方向回转。当发生堵管时，讯号器可使压气机停车。

这种直筒料孔式转子式喷射机的缺点是：作为密封件的胶合板直径大而且要用上、下两块；胶合板易磨损，在更换时要整个拆开，很不方便。

4. U 形料孔转子式混凝土喷射机

U 形料孔转子式喷射机是转子料孔呈 U 形。如图 3-106 所示，转子在中央竖轴的带动下回转转子上周向地排列着一些 U 形孔（通常为 12～14 个），其靠近中心轴的为风孔，而外侧的为料孔。进风口及出料弯管皆与上壳体固定。拌合料在搅拌器、定量隔板及配料器的配合下，使之从漏斗进入转子的 U 形孔中。当这个 U 形孔转过

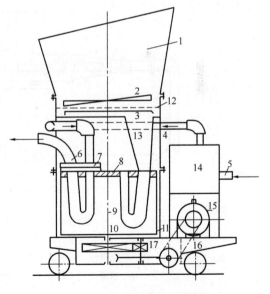

图 3-106 U 形料孔转子喷射机
1—贮料斗；2—搅拌器；3—配料器；4—上壳体；5—进风管；6—出料弯管；7—橡胶密封板；8—衬板；9—传动轴；10—转子；11—下壳体；12—定量隔板；13—下料斗；14—油水分离器；15—电动机；16—三角皮带；17—蜗轮、齿轮箱

180°，U形孔的二口分别与出料弯管及进风管口对接时，则U形孔的拌合料就被压送出去。显然，这种转子式喷射机的橡胶密封板比直筒式料孔转子喷射机的橡胶密封板尺寸要小得多，这对于密封效果和备件供应都比前一种要好；另外当橡胶板磨坏时，只要拆开上壳体即可进行更换，也比前一种方便。但这种喷射机的转子料孔，制造比较麻烦，当发生堵塞时对U形道的清理不够方便。

为了使出料流畅，料孔的中心线对转子轴的中心线作一些倾角，实践证明，以10°最佳。料孔的断面积与风孔的断面积越接近，吹送的效果越好，但由于转子上U形孔外圈直径D_1大于内圈直径D_2（如图3-107所示），因此料孔的直径d_1常大于风孔的直径d_2，其断面积比，经试验得2.2∶1较好。

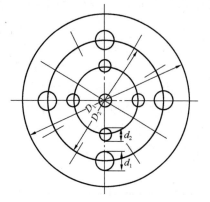

图3-107 配料孔

5. 螺旋式混凝土喷射机

（1）构造。螺旋式混凝土喷射机是一种用螺旋作给料器、将从漏斗口下来的拌合料推挤到吹送室进行吹送的。如图3-108所示，电动机经减速器、轴承座而带动螺旋回转。螺旋的前部呈锥形，所以自贮料漏斗流入的拌合料被螺旋带着愈向前移动，就被挤得愈加密实，从而起了密封作用，而进入输送管后则松散开来。压缩空气由压风管引入，经风门、接风管通入中空的螺旋轴至锥形壳体的端部与拌合料混合、吹送进入输料软管。螺旋轴是由轴承座等悬臂地支承在壳体中的。整个设备安装在底座上，可以沿着轨道行走。

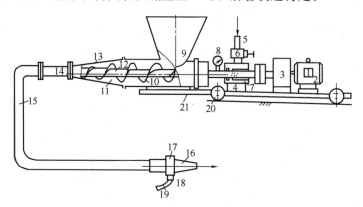

图3-108 螺旋式混凝土喷射机
1—接线盒；2—电动机；3—减速器；4—轴承座；5—压风管；6—风门；7—接风管座；8—压力表；9—加料斗；10—平直螺旋；11—锥形螺旋；12—螺旋轴；13—锥形壳体；14—接管；15—橡胶软管；16—喷嘴；17—混合室；18—水阀；19—把手；20—车轮；21—底座

（2）特点。造价低，结构简单、重量轻，只有300kg左右。上料高度低，操作方便，通常可不用皮带运输机上料，因机器高度只有70~80cm，所以可由人工直接加料。输送距离较短，通常只有十几米，因为它是靠螺旋及挤实的拌合料作密封装置的，如输送距离太远则需增加风压，会出现贮料器返风现象。这种喷射机的工作风压通常为0.15~0.25MPa。

(3) 设计要点：

1) 螺旋处于悬臂状态，如果自齿轮箱至螺旋为一条通轴，使安装和更换螺旋皆不方便，应该在齿轮箱出轴端与螺旋轴分段并用联轴器连接。

2) 螺旋轴的悬臂较长时，对防止反风是有利的。但因螺旋有一定的重量，而螺旋下垂，会加剧螺旋及壳体的磨损，经不断试验，当圆柱部分的螺旋径为520mm 内径为198mm时，采用圆柱部分的长度在500mm 左右，螺距为120mm，锥形部分的锥度为9°，锥管长度390mm 可以得到最佳的输送效果。

6. 鼓轮式混凝土喷射机

(1) 结构。如图3-109所示，是一种鼓轮式喷射机，它是以鼓轮作为配料器并将吹送室与贮料器隔离。鼓轮的周向均布有8个V形槽，V形槽的隔板（叶片）顶部镶以密封用的衬条，衬条可用锰钢，但最好用聚四氟乙烯、氯丁橡胶或是尼龙60，以提高密封和耐磨性能，衬板装在壳体内。壳体通过丝杠支承在支架上，调整丝杠可使壳体左右移动。壳体的两端装有端盖，通过调整螺钉、压紧环而压端面密封坏与鼓轮端面接触。进风弯头由支架下部引入，经鼓轮下部的V形槽至卸料弯头，即是吹送室。鼓轮轴带动鼓轮以低速回转，当拌合料由贮料斗经齿条筛进入鼓轮中时，如图3-109所示，有三个轮槽中充满拌合料与衬条一起，起密封作用，当转到最下方时即被压缩空气吹送出去。因轮叶的厚度较薄，鼓轮在不停地转动，所以输送管的送料是连续的。

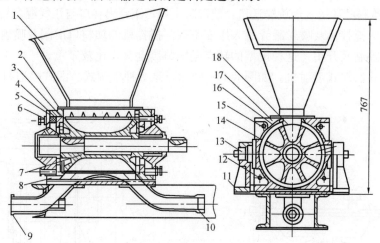

图3-109 鼓轮式喷射机

1—料斗；2—端面密封环；3—端环；4—压紧环；5—端盖；6—调节螺栓；7—鼓轮；8—轴承座；9—卸料弯头；10—进风弯头；11—支架；12—拉杆；13—丝杠；14—衬条；15—衬板；16—弹性衬垫；17—壳体；18—齿条筛

鼓轮的端面与密封环板不断地进行摩擦，用螺钉可随时调整其压紧程度以防漏风。密封环板用胶质材料制成，磨坏后可更换。

(2) 特点：

1) 结构简单、体积小、质量轻（约300~400kg）、移动方便。

2) 连续出料、运转平稳、脉冲效应小。

3) 上料高度低，仅1m左右，可以人工直接加料。

4) 鼓轮控制了加料、卸料，故不易堵塞。

5) 操作简单、劳动强度低。

6) 易磨损零件（如衬条、密封环板）易于更换。

7) 因为是靠衬条等进行密封的，密封能力不强，故输送距离最大不超过100m，通常以几十米以内为佳，否则压气漏损增大、容积效率降低，拌合料流速减慢，容易产生堵塞现象。

8) 这种喷射机还可以在砂石原料中含有一定水分的情况下与水泥拌和进行工作，这样就可以无论是阴雨天气、砂子是干或湿，皆可开展喷射作业。实践证明，当拌合料中含有4%～5%的水分时，喷射工作面的粉尘浓度可降至$12mg/m^3$以下，利于保护操作人员的健康，但并不发生堵管现象。

7. 风动式湿式混凝土喷射机

风动式湿式喷射机是将已加水拌和好的混凝土，经喷射机压送至喷嘴又受压缩空气作用而进行喷射的设备。风动式湿式喷射机大半是在干式喷射机的基础上发展起来的，通常都是正压式的。由于湿拌合料的重率较大，因此耗风量要比干式的多20%～35%，而输送距离不及干式的远，通常为60～100m。

(1) 立式双罐式湿式喷射机。如图3-110所示，是一台搅拌机与一个喷射罐重叠组成的湿式喷射机。混凝土干拌合料在搅拌机中加水得到良好的强制拌和后，打开球面阀落入到喷射罐中，再经拨料叶片送入螺旋输送机，使混凝土均匀流到出料口与压气混合后喷出。

在工作时，搅拌机及喷射罐皆通入压缩空气。搅拌机的加料口滑阀及喷射罐的球面阀皆由压缩空气控制其开闭。这种机型的缺点是上料高度大，比较笨重。

(2) 单罐式、湿式喷射机。如图3-111所示，是一种单罐式、湿式喷射机。这种单罐

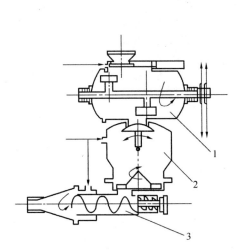

图3-110 立式双罐式湿式喷射机
1—搅拌筒；2—喷射贮料罐；3—输送螺旋

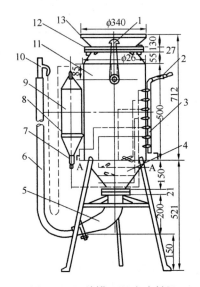

图3-111 单罐、湿式喷射机
1—把手；2—快速开关阀；3—分风器；4—螺旋风环；5—输料弯管；6—输料软管；7—调节开关；8—扩散栅；9—速凝剂贮存器；10—喷嘴；11—罐体；12—球面阀；13—受料斗

式喷射机是周期式工作的，即每喷完一罐要停歇一段时间加料。打开球面阀，混凝土湿拌合料由受料斗落入罐中，加满后关闭球面阀打开快速风阀门，则压缩空气进入分风器，分别经6个风嘴及风管进入锥体环向螺旋风嘴，这6个风嘴焊在罐底锥体上，各嘴之间互成120°并与水平成9°仰角，风嘴舌尖与锥面距离约9mm，因此送风后在罐内形成压气螺旋。并沿切线方向扫射罐壁且吹扫拌合料；当罐内压力与进风管的压力达到平衡时，压气螺旋由动压转为静压，则迫使拌合料流向输料管至喷嘴喷射。此时，分风器上的另一个风嘴经压气管接到速凝剂贮存器的底部，通过扩散栅将速凝剂经输送管吹送到喷嘴处与湿拌合料混合后喷出。这种具有螺旋布置的风嘴，既利于疏松拌合料防止堵管，又有清理罐体内壁的作用。

3.5.6 混凝土振动机械

1. 混凝土振动机械的分类

混凝土振动机械的种类很多，可按其作用方式、驱动方式和振动频率等进行分类，见表3-76。

混凝土振动机械的分类　　　　　表3-76

序号	分类方式	说　　明
1	按作用方式分类	按照对混凝土的作用方式，可分为插入式内部振捣器、附着式外部振捣器和固定式振动台等三种。附着式振动器加装一块平板可改装为平板式振动器
2	按驱动方式分类	按照振动器的动力源可分为电动式、气动式、内燃式和液压式等。电动式结构简单，使用方便，成本低，一般情况都用电动式的
3	按振动频率分类	按照振动器的振动频率，可分为高频式（133～350Hz或8000~20000次/min）、中频式（83～133Hz或5000～8000次/min）、低频式（33～83Hz或2000～5000次/min）三种： （1）高频式振动器适用于干硬性混凝土和塑性混凝土的振捣，其结构形式多为行星滚锥插入式振动器 （2）中频式振动器多为偏心振子振动器，一般用作外部振动器 （3）低频振动器用于固定式振动台

因混凝土振动器的类型较多，施工中应根据混凝土的骨料粒径、级配、水灰比、稠度及混凝土构筑物的形状、断面尺寸、钢筋的疏密程度及现场动力源等具体情况进行选用。同时要考虑振动器的结构特点、使用、维修及能耗等技术经济指标选用。各类混凝土振动器的特点及应用范围见表3-77。

混凝土振动器的分类及特点　　　　表3-77

序号	分类	形式	特点	适用范围
1	插入式振动器	行星式、偏心式、软轴式、直联式	利用振动棒产生的振动波捣实混凝土，由于振动棒直接插入混凝土内振捣，效率高，质量好	适用于大面积、大体积的混凝土基础和构件，如柱、梁、墙、板以及预制构件的捣实
2	附着式振动器	用螺栓紧固在模板上为附着式	振动器固定在模板外侧，借助模板或其他物件将振动力传递到混凝土中，其振动作用深度为25cm	适用于振动钢筋较密、厚度较小及不宜使用插入式振动器的混凝土结构或构件

3 常用施工机械设备

续表

序号	分类	形式	特点	适用范围
3	平板式振动器	振动器安装在钢平板或木平板上为平板式	振动器的振动力通过平板传递给混凝土，振动作用的深度较小	适用于面积大而平整的混凝土结构物，如平板、地面、屋面等构件
4	振动台	固定式	动力大、体积大，需要有牢固的基础	适用于混凝土制品厂振实批量生产的预制构件

2. 混凝土内部振动机械

混凝土内部振动器是指将振动器的振动部分（例如振动棒）直接插入混凝土内部，将振动传递给混凝土使之捣实的机械。这种振动器多用于较厚的混凝土层的振捣。混凝土内部振捣器，因传动机构的不同，又有软轴式、硬轴式和锤式几种。其中以电动软轴式应用最为广泛。

（1）电动软轴偏心式振动器

电动软轴偏心式振动器如图 3-112 所示。它由机体（电动机）、增速机构、传动软轴及振动棒等四大部分组成。其构造特点是振动体用传动软轴与驱动部分联系，形成柔性连接，这样可以最大限度地减轻操作人员的持重，并且传动软轴允许在一定范围内的各向挠曲。所以振动体能从任何方向穿过钢筋骨架而插入混凝土中，使操作方便。

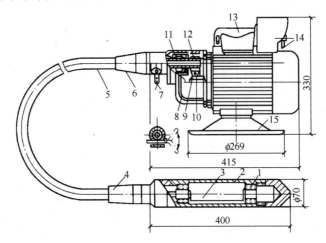

图 3-112　电动软轴偏心式振动棒构造示意

1、11—轴承；2—振动棒；3—偏心振动子；4、6—软管接头；5—软轴；7—软管紧锁扳手；8—增速器；9—电动机转子轴；10—胀轮式防逆装置；12—增速小齿轮；13—提手；14—电源开关；15—回转底盘

电动软轴偏心式振动器的缺点是振动子的振动力直接作用在两端轴承上，且通过滚动轴承将离心振动力传给振动棒形成环形振波而捣实混凝土。因此滚动轴承的工作条件极差，极易发热和磨损，所以耐用度低。为了提高偏心振动子的振动频率，尚须增设齿轮增速机构，使整个机构趋于复杂。再有，从混凝土捣固效率着眼，电动软轴偏心式的振动器振动频率还偏低，所以这种振动器已逐渐被电动软轴行星式振动器代替。

(2) 电动软轴行星式振动器

电动软轴行星式振动器的外形与电动软轴偏心式振动器相似,保持着操作方便的优点,在构造上和偏心式振动器的主要不同之处是采用了行星振动子和不再设增速器。如图 3-113 所示为电动软轴行星式振动棒的外形构造。电动软轴行星式振动器由电动机、限向器、弹簧软轴、振动棒和底盘等部分组成。

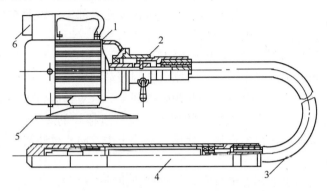

图 3-113 插入式振动器
1—电动机;2—限向器;3—软轴;4—振动棒;
5—电动机支座;6—开关

在作业时,电动机通过限向器带动弹簧软轴旋转,软轴再驱动振动子产生高频振动,此高频振动和振动力传给振动体(棒头),进而对周围的混凝土产生振实。

电动软轴行星式振动器的主要优点是传动软轴的转速无需提高,这样不仅省掉了增速机构,减轻机重,并且改善了软轴的工作条件。另外在振动体壳内虽也安装了滚动轴承,但由于软轴的转速不很高,从振动子上传过来的振动,已被弹性铰万向节缓冲,其受载不大,因此轴承不易发热和磨损,使用寿命较长。行星式振动棒的振动频率远远高于偏心式振动棒,有高速振动器之称。

(3) 混凝土振动棒的操作要点

1) 振动棒的选择,振动棒的直径、频率和振幅是直接影响生产率的主要因素。因此在工作前应选择合适的振动棒。

2) 在振动器使用之前,首先应当检查所有电动机的绝缘情况是否良好,长期闲置的振动器启用时必须测试电动机的绝缘电阻,检查合格后方可接通电源进行试运转。

3) 振动器的电动机旋转时,如果软轴不转,振动棒不起振,系电动机旋转方向不对,可调换任意两相电源线即可;如果软轴转动,振动棒不起振,可摇晃棒头或将棒头轻嗑地面,即可起振。当试运转正常后,方可投入作业。

4) 作业时,要使振动棒自然沉入混凝土,不可用猛力往下推。通常应垂直插入,并插到下层尚未初凝层中 50~100mm,以促使上下层互相结合。

5) 电动机运转正确时振动棒应发出"呜——"的声音,振动稳定而有力;若振动棒有"哗哗"声而不振动,可将棒头摇晃几下或将振动棒的尖头对地面轻轻磕 1~2 下,待振动棒发出"呜——"的声音,振动正常之后方能插入混凝土中振捣。

6) 在振捣时,要做到"快插慢拔"。快插是为了防止将表面混凝土先振实,与下层混凝土发生分层、离析现象。慢拔是为了使混凝土能来得及填满振动棒抽出时所形成的空间。

7) 振动棒各插点间距应均匀，通常间距不应超过振动棒有效作用半径的1.5倍。

8) 振动棒在混凝土内振密的时间，通常每插点振密20～30s，见到混凝土不再显著下沉，不再出现气泡，表面泛出水泥浆和外观均匀为止。如果振密时间过长，有效作用半径虽然能适当增加，但总的生产率反而降低，而且还可能使振动棒附近混凝土产生离析。这对塑性混凝土更为重要。此外振动棒下部的振幅要比上部大，因此在振密时，应将振动棒上下抽动5～10cm，使混凝土振密均匀。

9) 在作业过程中要避免将振动棒触及钢筋、芯管及预埋件等，更不得采取通过振动棒振动钢筋的方法来促使混凝土振密。否则就会因振动而使钢筋位置变动，还会降低钢筋与混凝土之间的粘结力，甚至会发生相互脱离的现象，这对预应力钢筋影响更大。

10) 在作业时，振动棒插入混凝土的深度不应超过棒长的2/3～3/4。否则振动棒将不易拔出而导致软管损坏；更不得将软管插入混凝土中，防止砂浆浸蚀及渗入软管而损坏机件。

11) 振动器在使用中如遇温度过高，已立即停机冷却检查，如机件故障，要及时进行修理。冬季温低下，振动器在作业前，要采取缓慢加温，使棒体内的润滑油解冻后，方能作业。

(4) 混凝土振动棒的安全技术要求

1) 插入式振动器电动机电源上，应安装漏电保护装置，熔断器选配应当符合要求，接地应安全可靠。电动机未接地线或接地不良者，严禁开机使用。

2) 振动器操作人员应掌握通常安全用电意识，作业时应穿戴好胶鞋和绝缘橡皮手套。

3) 工作停止移动振动器时，应当立即停止电动机转动；在搬动振动器时，应切断电源。不得用软管和电缆线拖拉、扯动电动机。

4) 电缆上不得有裸露之处，电缆线必须放置在干燥、明亮处；不得在电缆线上堆放其他物品，以及车辆在其上面直接通过；更不能用电缆线吊挂振动器等物。

5) 在作业时，振动棒软管弯曲半径不得小于规定值；软管不得有断裂。如果软管使用过久，长度变长时，应及时进行修复或更换。

6) 振动器启振时，必须由操作人员掌握，不得将启振的振动棒平放在钢板或水泥板等坚硬物上，避免振坏。

7) 严禁用振动棒撬拔钢筋和模板，或将振动棒当锤使用；在操作时，勿使振动棒头夹到钢筋里或其他硬物中而造成损坏。

8) 作业完毕，应将电动机、软管、振动棒擦刷干净，按照规定要求进行保养作业。振动器存放时，不要堆压软管，应平直放好，避免变形；并防止电动机受潮。

3. 混凝土外部振动机械

混凝土外部振动器可以分为平板式表面振动器和附着式振动器两种。它们的基本构造都是在一台两极电动机转子轴的两端安装偏心块（盘）振动子而形成电动机振子，只是因为使用目的的不同装着形式不同的底板而已。所以在工程上可以互换改装使用，不加什么区别。

(1) 平板式表面振动器。平板式振动器是放置在混凝土表面进行直接捣固的振动器。工作时，通过矩形底盘将振动波传递给混凝土，其有效振动深度通常为200～300mm。适

3.5 混凝土机械

用于浇筑厚度为 150~200mm 的肋形板、多孔空心板及大面积的厚度不超过 300mm 的地面、道路的混凝土工程的捣固。平板式振动器有标准产品，但目前应用最多的是用附着式振动器加上底板改装而成。如图 3-114 所示为附着式振动器的构造，它实际上是一台特殊构造的交流电动机，在其转子轴两端装有偏心振动子，直接装在模板上进行作业。在工作时，振动波传给模板，模板再将振动波传给里面的混凝土，使之达到捣实的目的。

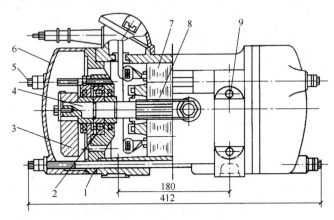

图 3-114　附着式振动器
1—轴承座；2—轴承；3—偏心块；4—轴；5—螺栓；6—端盖；7—定子；8—转子；9—地脚螺栓孔

附着式振动器通常采用扇形偏心振动子，振子装在转子轴两端，并由护盖加以保护。有的附着式振动器还采用盘形振动子，如图 3-115 所示为两种振动子的构造。

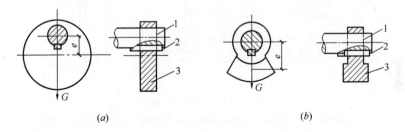

图 3-115　偏心振动子
（a）盘形偏心振动子；（b）扇形偏心振动子
1—电动机转子轴；2—平键；3—振动子

附着式振动器偏心动力矩的大小等于不平衡的重量 G 与不平衡重心离旋转轴心的距离（偏心距）e 的乘积，其单位为 N·m。

（2）混凝土振动台。混凝土振动台是钢筋混凝土构件的主要成型机械，是混凝土预制构件厂的重要生产设备。其特点是激振力强，振动效率高，振动质量好。

振动台的构造如图 3-116 所示。它由电动机、同步器（亦称协调箱）、万向节、偏心振动子、振动台面、弹簧及弹簧支座等组成。在工作时，电动机经传动装置带动两组频率相同而转向相反且对称的偏心块或偏心锤装置相对转动，使整个振动台上下振动（无横向振动）。振动频率可根据主动轴的安装位置及电动机的转速进行调节。

偏心块振动子轴用联轴万向节或花键轴联接，可以起调整作用，也可以减少同步器的

3 常用施工机械设备

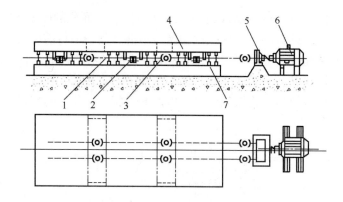

图 3-116　混凝土振动台构造示意图
1—弹簧座；2—偏心振动子；3—联轴万向节；4—振动台面；5—同步器（协调箱）；6—电动机；7—底座

振动。偏心块轴通过轴承和轴承座固定在振动台面下。如图 3-117 所示，为可调式偏心盘振动子的组装构造。振动台最大的优点是其所产生的振动力与混凝土的重力方向是一致的，振波正好通过颗粒的直接接触由下向上传递，能量损失很少。而插入式的内部振动器只能够产生水平振波，与混凝土重力方向不一致，振波只能通过颗粒间的摩擦来传递，因此其效率不如振动台局。

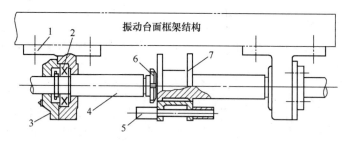

图 3-117　可调节振动子
1—吊轴承座；2—轴承；3—轴承座盖；4—传动轴；5—调重销；6—锁母及垫圈；7—偏心盘

4. 混凝土振动机械常见故障及排除方法

混凝土振动器的常见故障及排除方法见表 3-78～表 3-80。

插入式振动器常见故障及排除方法　　表 3-78

故障现象	故障原因	排除方法
电动机转速降低，停机再启动时不转	1. 定子磁铁松动 2. 一相熔丝烧断或一相断线	1. 拆卸检修 2. 更换熔丝、检查、接通断线
电动机旋转、软轴不旋转或缓慢转动	1. 电动机旋向接错 2. 转管过长 3. 防逆装置失灵 4. 软轴接头或软轴松胶	1. 对换电源任两项 2. 软轴软管接头一端对齐，另一端要使软轴接头比软管接头长 55mm，多余软管要锯去 3. 修复防逆装置使之正常工作 4. 设法紧固

178

3.5 混凝土机械

续表

故障现象	故障原因	排除方法
开启电动机、软管抖振剧烈	1. 软轴过长 2. 软轴损坏，软管压坏或软管衬簧不平	1. 软轴软管接头一端对齐，多余的软轴锯去 2. 更换合适的软轴软管
振动棒轴承发热	1. 轴承润滑脂过多或过少 2. 轴承型号不对，游隙过小 3. 轴承外圈与套管配合过松	1. 相应增减润滑脂 2. 更换符合要求的轴承 3. 更换轴承或套管
滚道处过热	滚锥与滚道安装相对尺寸不对	重新装配
振动棒不起动	1. 软轴和振动子之间未接好或软轴扭断 2. 滚锥与滚道安装尺寸不对 3. 轴承型号不对 4. 锥轴断 5. 滚处有油、水	1. 接好接头，或更换软轴 2. 重新装配 3. 更换符合要求的轴承 4. 更换锥轴 5. 清除轴、水，检查油封，消除漏油
振动无力	1. 电压过低 2. 从振动棒外壳漏入水泥浆 3. 行星振动子不起振 4. 滚道有油污 5. 软管与软轴摩擦力太大	1. 调整电压 2. 清洗干净，更换外壳密封 3. 摇晃棒头或将端部轻轻碰木块或地面 4. 清除油垢，检查油封，消除漏油 5. 检查软管，知其相符

平板式振动器常见故障及排除方法　　　　　　　　　　　　　表 3-79

故障现象	故障原因	排除方法
不振动	1. 偏心块紧固螺栓松脱 2. 振动轴弯曲，偏心块卡死	1. 拆卸电动机端盖，重新紧固偏心块，使其在轴上固定牢靠 2. 拆卸电动机端盖，校正振动轴，重新安装偏心块
振动板振动不正常，有异响	连接螺栓松动或脱落	重新连接并紧固螺栓
电动机过热	电动机外壳粘有灰浆使散热不良	清除灰浆结块，保持电动机外壳清洁

振动台常见故障及排除方法　　　　　　　　　　　　　　　　表 3-80

故障现象	故障原因	排除方法
振动不均匀	1. 万向节螺栓松动或断裂 2. 万向节不同心	1. 拧紧或更换螺栓 2. 调整两轴的同心度
振动不起来	1. 电气系统有故障 2. 传动部位有杂物卡住	1. 检查找出原因并排除 2. 清除杂物
运转时有异响	1. 齿轮啮合间隙过大或折断 2. 轴承损坏或松旷 3. 缺少润滑油	1. 检查更换齿轮 2. 更换轴承 3. 清洗并重新加注润滑油

3.6 钢筋机械

3.6.1 钢筋冷拉机

常用的钢筋冷拉机械包括卷扬机冷拉机械、阻力轮冷拉机械和液压冷拉机械等。其中卷扬机冷拉机械具有适应性强、设备简单、成本低、制造维修容易等特点。本细节以卷扬机冷拉机械为例。

1. 构造组成

如图 3-118 所示,卷扬机冷拉机的主要组成部分包括:电动卷扬机、滑轮组、地锚、导向滑轮、夹具和测力机构等。主机采用慢速卷扬机,冷拉粗钢筋时选用 JM5 型;冷拉细钢筋时选用 JM3 型。为了提高卷扬机牵引力,降低冷拉速度,以适应冷拉作业需要,常配装多轮滑轮组。如 JM5 型卷扬机配装六轮滑轮组后,其牵引力由 50kN 提高到 600kN,绳速由 9.2m/min 降低到 0.76m/min。

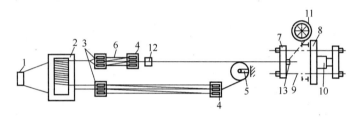

图 3-118 卷扬机式钢筋冷拉机结构示意图
1—地锚;2—卷扬机;3—定滑轮组;4—动滑轮组;5—导向滑轮;6—钢丝绳;7—活动横梁;8—固定横梁;9—传力杆;10—测力器;11—放盘架;12—前夹具;13—后夹具

2. 工作原理

因卷筒上钢丝绳是正、反向穿绕在两副动滑轮组上,所以当卷扬机旋转时,夹持钢筋的一组动滑轮被拉向卷扬机,使钢筋被拉伸;而另一组动滑轮则被拉向导向滑轮,为下一次冷拉时交替使用。钢筋所受的拉力经传力杆、活动横梁传给测力装置,进而测出拉力的大小。拉伸长度可通过标尺测出或用行程开关来控制。

3. 性能指标

卷扬机式钢筋冷拉机主要技术性能见表 3-81。

卷扬机式钢筋冷拉机主要技术性能　　　　　表 3-81

项目	粗钢筋冷拉	细钢筋冷拉
卷扬机型号规格	JJM-5(5t 慢速)	JJM-3(3t 慢速)
滑轮直径及门数	计算确定	计算确定
钢丝绳直径(mm)	24	15.5
卷扬机速度(m/min)	小于 10	小于 10
测力器型式	千斤顶式测力器	千斤顶式测力器
冷拉钢筋直径(mm)	12~36	6~12

4. 安全操作

(1) 应根据冷拉钢筋的直径，合理选用卷扬机。卷扬钢丝绳应经封闭式导向滑轮并和被拉钢筋水平方向成直角。卷扬机的位置应使操作人员能见到全部冷拉场地，卷扬机与冷拉中线距离不得少于5m。

(2) 冷拉场地应在两端地锚外侧设置警戒区，并应安装防护栏及警告标志。无关人员不得在此停留。操作人员在作业时必须离开钢筋2m以外。

(3) 用配重控制的设备应与滑轮匹配，并应有指示起落的记号，没有指示记号时应有专人指挥。配重框提起时高度应限制在离地面300m以内，配重架四周应有栏杆及警告标志。

(4) 作业前，应检查冷拉夹具，夹齿应完好，滑轮、拖拉小车应润滑灵活，拉钩、地锚及防护装置均应齐全牢固。确认良好后，方可作业。

(5) 卷扬机操作人员必须看到指挥人员发出信号，并待所有人员离开危险区后方可作业。冷拉应缓慢、拉匀。当有停车信号或见到有人进入危险区时，应立即停拉，并稍稍放松卷扬钢丝绳。

(6) 用延伸率控制的装置，应装设明显的限位标志，并应有专人负责指挥。

(7) 夜间作业的照明设施，应装设在张拉危险区外。当需要装设在场地上空时，其高度应超过5m。灯泡应加防护罩，导线严禁采用裸线。

(8) 作业后，应放松卷扬钢丝绳，落下配重，切断电源，锁好开关箱。

5. 保养与维护

外观检查冷拉钢筋时，其表面不应发生裂纹和局部缩颈；不得有沟痕、鳞落、砂孔、断裂和氧化脱皮等现象。液压式冷拉机还应注意液压油的清洁，要按期换油，夏季用HC—11，冬季用HC—8。对于冷拉设备和机具及电器装置等，在每班作业前要认真检查，并对各润滑部位加注润滑油。低于室温冷拉钢筋时，可以适当提高冷拉力。用伸长率控制的装置，必须装有明显的限位装置。进行钢筋冷拉作业前，应先检查冷拉设备的能力和钢筋的力学性能是否相适应，防止超载。成束钢筋冷拉时，各根钢筋的下料长度应一致，其互差不可超过钢筋长度的1‰，并不可大于20mm。冷拉钢筋时，如焊接接头被拉断，可重焊再拉，但重焊部位不可超过两次。作业后应对全机进行清洁、润滑等维护作业。

3.6.2 钢筋冷拔机

1. 分类及构造组成

按照卷筒布置的方式，拔丝机包括立式和卧式两种。拉拔后的钢筋仍成盘圈状。卧式拔丝机相当于一台卷筒处于悬臂状态的卷扬机，卸料高度低，但不便于机械化卸料。立式拔丝机有圆锥齿轮传动及蜗轮蜗杆传动的两种形式。如图3-119所示，为一台圆锥齿轮传动的拔丝机。

电动机经齿轮减速器、圆锥齿轮、竖轴、带动卷筒以每分钟三十余转的转速回转。盘圈钢筋的端头经轧细后通过架上的润滑剂盒及拔丝模到卷筒侧面的链卡子上固结，开动电动机即可进行拔丝，其拉拔速度可达75m/min。对于几个卷筒联用的多级拔丝机，因被拉钢筋逐渐增长，所以卷筒的转速也要逐级地提高。轧头机有手动式及电动式两种。

冷拔工作所需的能量相当大，因此对于拔丝模及卷筒都要进行冷却（卷筒内部冷却）。

3 常用施工机械设备

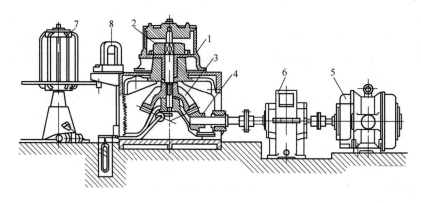

图 3-119 拔丝机
1—拔丝卷筒；2—竖轴；3、4—圆锥齿轮；5—电动机；
6—减速器；7—盘圈钢筋架；8—拔丝模架

这种冷拔后仍旧呈盘圈的钢筋，在使用时还要通过调直机调直，然后按照所需的长度剪切。钢筋在进入拔丝模之前一定要经过润滑剂盒润滑，否则拔丝模的寿命将大为降低。润滑剂是由牛油、石灰、肥皂粉及凡士林等合成的。

2. 性能指标

拔丝机的技术性能如表 3-82。

拔丝机的技术性能 表 3-82

指标	单位	1/750	4/650
卷筒个数	—	1	4
卷筒直径	mm	750	650
进/出钢筋直径	mm	9/4	7.1/3～5
卷筒转速	r/min	30	40～60
拔丝速度	m/min	75	80～160
功率/转速	kW/r/min	46/750	40/1000、2000
钢筋拉拔后强度极限	MPa	13000	14500
冷却水耗量	L/min	2	4.5
外形尺寸	m	9.55×3×3.7	1.55×4.15×3.7
总质量	kg	6030	20125

3. 安全操作

(1) 应检查并确认机械各连接件牢固，模具无裂纹，轧头和模具的规格配套，然后启动主机空运转，确认正常后，方可作业。

(2) 在冷拔钢筋时，每道工序的冷拔直径应按机械出厂说明书规定进行，不得超量缩减模具孔径，无资料时，可按每次缩减孔径 0.5～1.0mm 进行。

(3) 轧头时，应先使钢筋的一端穿过模具长度达 100～500mm，再用夹具夹牢。

(4) 作业时，操作人员的手和轧辊应保持 300～500mm 的距离。不得用手直接接触钢筋的滚筒。

(5) 冷拔模架中应随时加足润滑剂，润滑剂应采用石灰和肥皂水调和晒干后的粉末。钢筋通过冷拔模前，应抹少量润滑脂。

(6) 当钢筋的末端通过冷拔模后，应立即脱开离合器，同时用手闸挡住钢筋末端。

(7) 拔丝过程中，当出现断丝或钢筋打结乱盘时，应立即停机；在处理完毕后，方可开机。

4. 保养与维护

应按照润滑周期的规定注油，传动箱体内要保持一定的油位。齿轮副式蜗轮副及滚动轴承处采用油泵喷射润滑。润滑油冬季用 HJ-20 号，夏季用 HJ-30 号机械油。润滑油由齿轮泵输出，通过单向阀分为两路：一路经安全阀和油箱通连，另一路经滤油器向外输出至各润滑点。冷拔机的卷筒由于局部受力集中磨损较快，应当定期检查，发现磨损严重时，可用锰钢焊条补平，然后用砂轮打光。或在磨损处加工出一条环形槽，镶上球墨铸铁制成的新衬套。

3.6.3 钢筋切断机

钢筋切断机是用于对钢筋原材或调直后的钢筋按混凝土结构所需要的尺寸进行切断的专用设备。

1. 分类

按照结构型式分为卧式和立式；按照传动方式分为机械式和液压式。机械式切断机分为曲柄连杆式和凸轮式。液压式分为电动式和手动式，电动式又分为移动式和手持式。

（1）曲柄连杆式钢筋切断机

如图 3-120 所示，是曲柄连杆式钢筋切断机的外形和传动系统。曲柄连杆式钢筋切断机主要包括电动机、带轮、两对齿轮、曲柄轴、连杆、滑块、动刀片和定刀片等。曲柄连杆式钢筋切断机由电动机驱动，通过皮带传动、两对齿轮传动使曲柄轴旋转。装在曲柄轴上的连杆带动滑块和动刀片在机座的滑道中作往复运动，与固定在机座上的定刀片相配合切断钢筋。

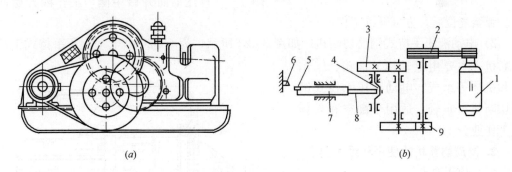

图 3-120 曲柄连杆式钢筋切断机
(a) 外形；(b) 传动系统
1—电动机；2—带轮；3、9—减速齿轮；4—曲柄轴；5—动刀片；6—定刀片；7—滑块；8—连杆

（2）凸轮式钢筋切断机

如图 3-121 所示，为凸轮式钢筋切断机，主要由电动机、传动机构、操纵机构和机架等组成。

3 常用施工机械设备

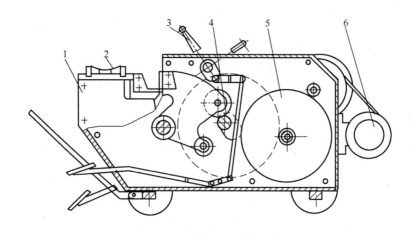

图 3-121 凸轮式钢筋切断机
1—机架；2—托料装置；3—操作机构；4、5—传动机构；6—电动机

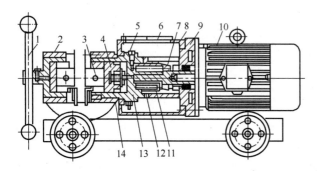

图 3-122 DYJ-32 型电动液压钢筋切断机
1—手柄；2—支座；3—主刀片；4—活塞；5—放油阀；6—观察玻璃；7—偏心轴；8—油箱；9—连接架；10—电动机；11—柱塞；12—油泵缸；13—缸体；14—皮碗

(3) 液压式钢筋切断机

1) 电动液压移动式钢筋切断机。如图 3-122 所示，为 DYJ-32 型电动液压钢筋切断机的结构，主要由电动机、油泵缸、缸体、连接架、放油阀、油箱、偏心轴、切刀等组成。其工作原理是：电动机直接带动柱塞式高压泵工作，泵产生的高压油推动活塞运动，从而推动动刀片实现切断动作。高压油推动活塞运动到一定位置时，两个回位弹簧被压缩而开启主阀，工作油开始回流。弹簧复位后，方可继续工作。

2) 电动液压手持式钢筋切断机。如图 3-123 所示，为 GQ20 型电动液压手持式钢筋切断机，主要由电动机、油箱、工作头和机体等组成。电动液压手持式钢筋切断机自重轻，适用于高空和现场施工作业。

2. 钢筋切断机的使用和维护要点

(1) 使用要点

1) 在使用钢筋切断机前，要检查一下刀片安装是否牢固，间隙是否合适；再检查一下各传动系统、各相对运动部分润滑情况是否良好；最后空车试运转，确认无误后方准正式开机作业。

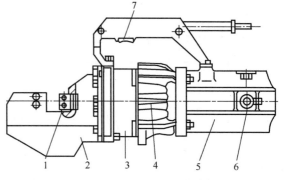

图 3-123 GQ20 型电动液压手持式钢筋切断机
1—活动刀头；2—工作头；3—机体；4—油箱；5—电动机；6—碳刷；7—开关

3.6 钢筋机械

2)固定刀片与活动刀片的间隙应保持 0.5~1mm,若水平间隙过大,则切断的钢筋端部容易产生马蹄形。两个刀片的重叠量要根据所切钢筋的直径来确定。通常切断直径小于 20mm 时,刀口垂直间隙为 1~2mm;切断直径大于或等于 20mm 时为 5mm 左右。间隙的调整通过增减固定刀片后面的垫块来实现。

3)在切断钢筋时,操作者要用手将钢筋握紧,等移动刀片退回时送入钢筋,防止钢筋末端摆动或蹦出伤人。

4)待切断钢筋要与切口垂直并平放,长度在 300mm 以下的短钢筋切断时要用钳子夹料送入刀口,不允许用手直接送料。

5)超过切断机性能所规定直径钢筋或中碳钢以上化学成分的钢筋、灼红钢筋等不准上机切断。

6)切断机在运转的过程中,严禁用手清扫刀片上面的积屑、杂物,发现工作音响不正常,刀片密合不良等情况时,要立即停机检查、修理,待试运转后,方准继续使用。

7)液压钢筋切断机在使用前,要检查油位及电动机旋转方向是否正确。松开放油阀,空载运转两分钟,排除缸内空气,然后拧紧。

8)手持液压钢筋切断机在使用时,手要持稳切断机,并戴好绝缘手套。

(2)维护要点

1)作业完毕后,应清除刀具及刀具下边的杂物,清洁机体。检查各部螺栓的紧固度及 V 带的松紧度;调整固定与活动刀片间隙,更换磨钝的刀片。

2)每隔 400~500h 进行定期的保养,检查齿轮、轴承和偏心体磨损程度,调整各部间隙。

3)按照规定部位和周期进行润滑。偏心轴和齿轮轴滑动轴承、电动机轴承、连杆盖及刀具用钙基润滑脂润滑,冬季用 ZG-2 号润滑脂,夏季用 ZG-4 号润滑脂。机体刀座用 HG-11 号气缸机油润滑。齿轮用 ZG-S 石墨脂润滑。

(3)故障排除。钢筋切断机常见故障及排除方法见表 3-83。

钢筋切断机常见故障及排除方法   表 3-83

故障现象	故障原因	排除方法
剪切不顺利	刀片安装不牢固,刀口损伤	紧固刀片或修磨刀口
	刀片侧间隙过大	调整间隙
切刀或衬刀打坏	一次切断钢筋太多	减少钢筋数量
	刀片松动	调整垫铁,拧紧刀片螺栓
	刀片质量不好	更换
切细钢筋时切口不直	切刀过钝	更换或修磨
	上、下刀片间隙过大	调整间隙
轴承及连杆瓦发热	润滑不良,油路不通	加油
	轴承不清洁	清洁
连杆发出撞击声	铜瓦磨损,间隙过大	研磨或更换轴瓦
	连接螺栓松动	紧固螺栓
齿轮传动有噪音	齿轮损伤	修复齿轮
	齿轮啮合部位不清洁	清洁齿轮,重新加油

3.6.4 钢筋弯曲机

钢筋弯曲机是将钢筋弯曲成所要求的尺寸和形状的设备。

1. 分类

常用的台式钢筋弯曲机按照传动方式分为机械式和液压式两类。机械式钢筋弯曲机又有蜗轮式和齿轮式。

(1) 蜗轮式钢筋弯曲机。如图 3-124 所示，为 GW-40 型蜗轮式钢筋弯曲机的结构，主要由电动机、蜗轮箱、工作圆盘、孔眼条板和机架等组成。如图 3-125 所示为 GW-40 型钢筋弯曲机的传动系统。电动机 1 经 V 带 2、齿轮 6 和 7、齿轮 8 和 9、蜗杆 3 和蜗轮 4 传动，带动装在蜗轮轴上的工作盘 5 转动。工作盘上通常有九个轴孔，中心孔用来插心轴，周围的 8 个孔用来插成型轴。当工作盘转动时，心轴的位置不变，而成型轴围绕着心轴作圆弧运动，通过调整成型轴位置，即可将被加工的钢筋弯曲成所需要的形状。更换相应的齿轮，可以使工作盘获得不同转速。钢筋弯曲机的工作过程如图 3-126 所示。将钢筋 5 放在工作盘 4 上的心轴 1 和成型轴 2 之间，开动弯曲机使工作盘转动，由于钢筋一端被挡铁轴 3 挡住，因而钢筋被成型轴推压，绕心轴进行弯曲，当达到所要求的角度时，自动或手动使工作盘停止，然后使工作盘反转复位。如果要改变钢筋弯曲的曲率，可以更换不同直径的心轴。

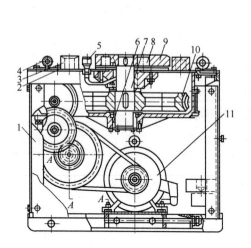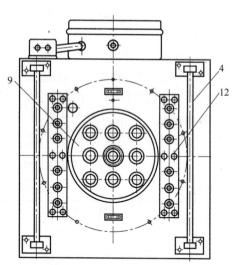

图 3-124 GW-40 型蜗轮式钢筋弯曲机

1—机架；2—工作台；3—插座；4—滚轴；5—油杯；6—蜗轮箱；7—工作主轴；8—立轴承；9—工作圆盘；10—蜗轮；11—电动机；12—孔眼条板

(2) 齿轮式钢筋弯曲机。如图 3-127 所示，为齿轮式钢筋切断机，主要由机架、工作台、调节手轮、控制配电箱、电动机和减速器等组成。

齿轮式钢筋弯曲机全部采用自动控制。工作台上左右两个插入座可以通过手轮无级调节，并与不同直径的成型轴及挡料装置相配合，能适应各种不同规格的钢筋弯曲成型。

2. 钢筋弯曲机的使用和维护要点

(1) 使用要点

3.6 钢筋机械

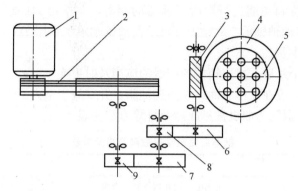

图 3-125 传动系统
1—电动机；2—V带；3—蜗杆；4—蜗轮；5—工作盘；6、7、8、9—配换齿轮

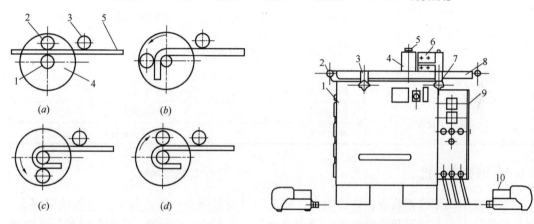

图 3-126 工作过程
(a) 装料；(b) 弯90；(c) 弯180；(d) 回位
1—心轴；2—成型轴；3—挡铁轴；
4—工作盘；5—钢筋

图 3-127 齿轮式钢筋切断机
1—机架；2—滚轴；3、7—调节手轮；4—转轴；
5—紧固手轮；6—夹持器；8—工作台；
9—控制配电箱；10—电动机

1) 在操作前,应对机械传动部分、各工作机构、电动机接地以及各润滑部位进行全面检查,进行试运转,在确认正常后,方可开机作业。

2) 钢筋弯曲机应当设立专人负责,非工作人员不得随意操作；严禁在机械运转过程中更换心轴、成型轴、挡铁轴；加注润滑油、保养工作必须在停机后方可进行。

3) 挡铁轴的直径和强度不能小于被弯钢筋的直径和强度；未经调直的钢筋,禁止在钢筋弯曲机上弯曲；在作业时,应当注意放入钢筋的位置、长度和回转方向,以免发生事故。

4) 倒顺开关的接线应正确,使用符合要求,必须按照指示牌上"正转—停—反转"转动,不得直接由"正转—反转"而不在"停"位停留,更不允许频繁交换工作盘的旋转方向。

5) 工作完毕,要先将开关扳到"停"位,切断电源,然后整理机具,钢筋堆码应在指定的地点,清扫铁锈等污物。

(2) 维护要点

1）按照规定部位和周期进行润滑减速器的润滑，冬季用 HE-20 号齿轮油，夏季用 HL-30 号齿轮油。传动轴轴承、立轴上部轴承及滚轴轴承冬季用 ZG-1 号润滑脂润滑，夏季用 ZG-2 号润滑脂润滑。

2）连续使用三个月后，减速箱内的润滑油应当及时更换。

3）长期停用时，应在工作表面涂装防锈油脂，并存放于室内干燥通风处。

（3）故障排除。钢筋弯曲机常见故障及排除方法见表 3-84。

钢筋弯曲机常见故障及排除方法　　　　表 3-84

故障现象	故障原因	排除方法
弯曲的钢筋角度不合适	运用中心轴和挡铁轴不合理	按规定选用中心轴和挡铁轴
弯曲大直径钢筋时无力	传动带松弛	调整带的紧度
弯曲多根钢筋时，最上面的钢筋在机器开动后跳出	钢筋没有把住	将钢筋用力把住并保持一致
立轴上部与轴套配合处发热	润滑油路不畅，有杂物阻塞，不过油	清除杂物
	轴套磨损	更换轴套
传动齿轮噪音大	齿轮磨损	更换磨损齿轮
	弯曲的直径大，转速太快	按规定调整转速

3.6.5　钢筋镦粗机

钢筋镦粗机是将钢筋或钢丝的端头，加工为灯笼形圆头，作为预应力钢筋的锚固头。钢筋镦粗的方法有冷镦和热镦两种。冷镦适合于小于 ϕ5mm 的钢丝，常用的机械包括电动钢丝冷敷机和液压钢丝冷镦机。热镦适合较粗的钢筋，常用的设备有电热镦头机和对焊机。

1. 电动钢丝冷镦机

电动钢丝冷镦机包括固定式和移动式两种。固定式电动钢丝冷镦机的构造和工作原理如图 3-128 所示。冷镦机主要由电动机 1、带轮 2、3、9、加压凸轮 5、顶镦凸轮 7、

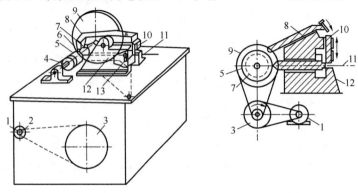

图 3-128　电动钢丝冷镦机
1—电动机；2、3、9—带轮；4—凸轮轴；5—加压凸轮；6—加压杠杆滚轮；7—顶镦凸轮；8—加压杠杆；10—压模；11—钢筋；12—顶镦滑块；13—镦模

顶镦滑块 12 及加压杠杆 8 等组成。电动机经两级带传动减速后，带动凸轮轴 4 转动。凸轮轴上的加压凸轮与加压杠杆上的滚轮 6 相接触时，加压杠杆左端顶起，右端压下，使加压杠杆右端的压模 10 将钢丝压紧；同时顶镦凸轮很快与顶镦滑块左端的滚轮接触，使顶镦滑块沿水平滑道向右运动，滑块右端上的镦模 13 冲击钢丝端头，钢丝端头被冷镦成型。

2. 液压钢丝冷镦机

液压钢丝冷镦机的构造，如图 3-129 所示。冷镦机主要由缸体 2、夹紧活塞 11、镦头活塞 10、顺序阀 3、回油阀 5、镦头模 12、夹片 15 及锚环 13 等组成。在工作时，高压油泵供给的高压油，由油嘴 1 进入机体，推动夹紧活塞工作，带动夹片在锥形锚环中逐渐收拢，而将钢丝夹紧；继续进油。当油压高于顺序阀开启压力时，顺序阀自动开启，油压开始推动镦头活塞工作，将钢丝镦粗成型。

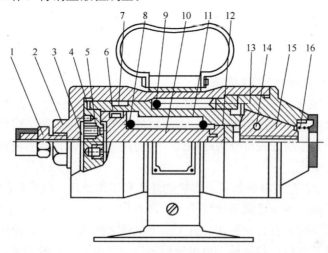

图 3-129 液压钢丝镦粗机
1—油嘴；2—缸体；3—顺序阀；4、6、7—密封圈；5—回油阀；8—镦头活塞回程弹簧；9—夹紧活塞回程弹簧；10—镦头活塞；11—夹紧活塞；12—镦头模；13—锚环；14—夹片张开弹簧；15—夹片；16—夹片回程弹簧

3. 钢筋镦粗机的使用和维护要点

(1) 使用要点

1) 电动钢丝冷镦机。在工作前要注意电动机的转动方向；凸轮和滚轮工作属强力负载摩擦，必须保持其表面的润滑；压模的夹紧槽要根据加工料的直径而定，行程由螺杆调整，加压杠杆的调整要适当；顶镦滑块的行程，可根据镦头的需要，在镦模上进行调节。

2) 液压钢丝冷镦机。镦粗机应配用额定油压 40MPa 以上的高压油泵；镦粗机油缸体积小、升压快，使用前必须将油泵安全阀从零调定到保证镦头尺寸所需的压力，以免突然升压，损坏机件。

(2) 维护要点

1) 电动钢丝冷镦机。按照规定部位和周期进行润滑。

2) 液压钢丝冷镦机。在通常情况下，工作油液冬季宜选用 10 号机械油，夏季则选用

20号机械油。要注意保持油液清洁,并定期更换;新油管应用轻油将管内清洁干净后再投入使用。油管接头部位应保持清洁;镦头部位各零件应经常保持清洁,定时拆洗除锈。夹片与锚环锥形接触面要经常加油润滑;夹片的相对位置不能互换,拆洗后应按规定记好次序位置装配。重装后应经过空载运行,夹片间的间隙均匀后再使用。

(3)故障排除。液压钢丝冷镦机常见故障及排除方法见表3-85。

钢丝冷镦机常见故障及排除方法　　　　　　表3-85

故障现象	故障原因	排除方法
钢丝镦头后取不出来	镦头过大	将锚环拧松几扣直至取出钢丝
镦粗机在运行时滑行不够平稳	机体留有空气	空运转数次后即会正常
漏油及渗油	连接处松动	检查连接处并拧紧
	密封件失效	换密封件

3.6.6　钢筋点焊机

1. 钢筋点焊机的结构和工作原理

点焊是使相互交叉的钢筋,在其接触处形成牢固焊点的一种压力焊接方法。适合于钢筋预制加工中焊接各种形式的钢筋网。点焊机的种类很多,按照结构形式可分为固定式和悬挂式;按照压力传动方式可分为杠杆式、气动式和液压式;按照电极类型又可分为单头、双头和多头等型式。

如图3-130所示,是杠杆弹簧式点焊机的外形和工作原理。杠杆弹簧式点焊机主要由焊接变压器次极线圈、变压器调节级数开关、断路器、电极和脚踏板等组成。在点焊时,将表面清理好的钢筋交叉叠合在一起,放于两个电极之间预压夹紧,使两根钢筋在交叉点紧密接触,然后踏下踏板,弹簧使上电极压到钢筋交叉点上,同时断路器接通电路,电流经变压器次极线圈至电极,两根钢筋的接触处在极短的时间里产生大量的电阻热,使钢筋的局部熔化,在电极压力作用下形成焊点。松开脚踏板时,电极松开,断路器断开电源,

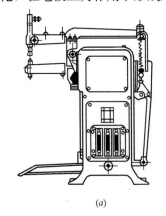
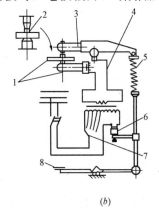

(a)　　　　　　　　　　　　(b)

图3-130　点焊机
(a)外形;(b)工作原理
1—电极;2—钢筋;3—电极臂;4—变压器次级线圈;5—弹簧;
6—断路器;7—变压器调节级数开关;8—脚踏板

点焊结束。

2. 钢筋点焊机的使用要点

（1）操作人员必须熟悉所用点焊机的构造、性能、操作规程及保养制度，经过培训后，持上岗证方准上机操作。

（2）在工作前，除了对电器设备、传动、加压、电极等工作机构进行检查外，还应当调整焊接电流、通电时间和电极压力，然后进行试焊，合格后方可进行正常作业。

（3）钢筋的焊点不得产生熔坑、小凹或是飞刺等现象，在焊接质量不合格时，应及时调整处理。

（4）在点焊机工作时，水冷却系统应畅通，排水温度不应超过40℃，排水量可根据季节进行调整。

3. 钢筋点焊机的维护要点

（1）在工作前，必须清除油渍及污物，否则将降低电极的使用期限，影响焊接质量。

（2）点焊机的轴承、铰链和气缸的活塞衬环、滑块、导轨等活动部位应当定期润滑。

（3）经常检查电极触头磨损情况，如有磨损，可用砂布或细锉刀进行修复，电极触头不得偏斜。

（4）点焊机在停止工作时，应当先切断电源和气源，最后关闭水源，清除杂物和焊渣。冬季停用时，在必须将冷却水排放干净，避免管路冻裂。

（5）点焊机长期停用时，应在易锈部位涂装防锈油。钢筋点焊机常见故障及排除方法见表3-86。

钢筋点焊机常见故障及排除方法　　　　表3-86

故障现象	故障原因	排除方法
焊接时无焊接电流	焊接程序循环停止	检查时间调节器电路
	继电器接触不良或电阻断路	清除接触点或更换电阻
	无引燃脉冲或幅值很小	逐级检查电路和管脚是否松动
	气温低，引燃管不工作	外部加热
焊件大，电流烧穿	电极下降速度太慢	检查导轨的润滑，气阀是否正常。气缸活塞是否胀紧
	焊接压力未加上	检查电极间距离是否太大，气路压力是否正常
	上下电极不对中	校正电极
	焊件表面有污尘或内部夹杂物	清理焊件
	引燃管冷却不良而引起温度增高	畅通冷却水
	继电器触点间隙太小或继电器接触不良	调整间隙，清理触点
引燃管失控，自动闪弧	引燃管不良	更换引燃管
	闸流管损坏	更换闸流管
	引燃电路无栅偏压	测量检查栅偏压
焊接时电极不下降	脚踏开关损坏	修理脚踏开关
	电磁阀卡死或线圈开路	修理和重绕线圈
	压缩空气压力调节过低	调高气压
	气缸活塞卡死	拆修气缸活塞

3.6.7 钢筋对焊机

1. 钢筋对焊机的结构和工作原理

对焊属于塑性压力焊接,是利用电能转化成热能,把对接的钢筋端头部位加热到近于熔化的高温状态,并施加一定压力进行顶锻而实现连接的一种工艺。对焊适用于水平钢筋的预制加工。对焊机的种类繁多,按照焊接方式分为电阻对焊、连续闪光对焊和预热闪光对焊;按照结构形式分为弹簧顶锻式、杠杆挤压弹簧式、电动凸轮顶锻式及气压顶锻式等。

如图 3-131 所示,是 UN1 系列对焊机的外形和工作原理。对焊机主要由焊接变压器、固定电极、活动电极和加压机构等组成。对焊机的固定电极和活动电极分别装在固定平板和滑动平板上,滑动平板可以沿机身上的导轨移动,并与加压机构相连。电流由变压器次极线圈通过接触板引到电极上,移动活动电极使两根钢筋端头接触时,形成短路,电阻增大,通过电流增强,使钢筋端部温度升高而熔化,此时利用加压机构施加压力,使钢筋端部被焊接到一起,随即切断电流,完成焊接。

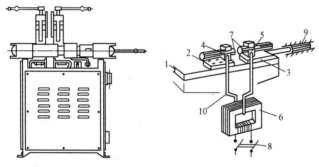

图 3-131 UN1 系列对焊机
1—机身;2—固定平板;3—滑动平板;4—固定电极;
5—活动电极;6—变压器;7—钢筋;8—开关;
9—加压机构;10—变压器次级线圈

2. 钢筋对焊机的使用要点

(1) 焊机操作人员须经专门的培训,熟悉对焊机的构造、性能、操作规程、保养和工艺参数选择和质量检查规范等。

(2) 在操作前,应当检查焊机各机构是否灵敏、可靠,电气系统是否安全,冷却水系统有无漏水现象,所有润滑部位润滑状态是否良好等。

(3) 严禁对焊机焊接超过规定直径的钢筋;为了确保钢筋焊接质量,对焊后进行拉伸检验。焊接前,钢筋端头约 150mm 范围内,应进行清污、除锈及矫直工作。

(4) 在作业时,操作人员须戴有色防护眼镜及帽子等,避免弧光刺伤眼睛和熔化的金属灼伤皮肤。钢筋对焊机的维护保养与点焊机基本相同。

3. 钢筋对焊机的常见故障及排除方法

钢筋对焊机的常见故障及排除方法见表 3-87。

钢筋对焊机的常见故障及排除方法   表 3-87

故障现象	故障原因	排除方法
焊接时次级没有电流,焊件不能熔化	继电器接触点不能随按钮动作	修理继电器接触点,清除积尘
	按钮开关不灵	修理开关的接触部分或更换
焊件熔接后不能自动断路	行程开关失效不能动作	修理开关的接触部分或更换

续表

故障现象	故障原因	排除方法
变压器通路，但焊接时不能良好焊牢	电极和焊件接触不良	修理电极钳口，把氧化物用砂纸打光
	焊件间接触不良	清除焊件端部的氧化皮和污物
焊接时焊件熔化过快，不能很好接触	电流过大	调整电流
焊接时焊件熔化不好，焊不牢有粘点现象	电流过小	调整电压

3.6.8 钢筋电渣压力焊机

1. 钢筋电渣压力焊机的结构和工作原理

钢筋电渣压力焊因其生产率高、节约材料、施工简便、质量高、成本低而得到广泛应用。主要适用于现浇钢筋混凝土结构中竖向或斜向主筋的连接，焊接范围在 $\phi 14\sim 40mm$ 的钢筋。钢筋电渣压力焊实际是一种综合焊接方法，同时具有埋弧焊、电渣焊和压力焊的特点。电渣压力焊工作原理如图 3-132 所示，利用电源 3 提供的电流，通过上下两根钢筋 2 和 4 端面间引燃的电弧，使电能转化为热能，将电弧周围的焊剂 8 不断熔化，形成渣池（称之为电弧过程）。然后将上钢筋端部潜入渣池中，利用电阻热能使钢筋端面熔化并形成有利于保证焊接质量的端面形状（称之为电渣过程）。最后，在断电的同时，迅速进行挤压，排除全部熔渣和熔化金属，形成焊接接头。

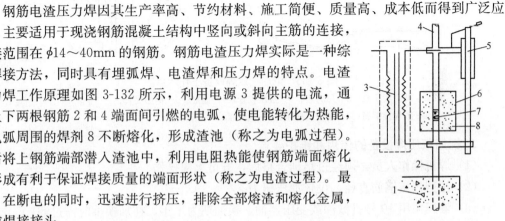

图 3-132 电渣压力焊工作原理
1—混凝土；2、4—钢筋；3—电源；5—夹具；6—焊剂盒；7—铁丝球；8—焊剂

钢筋电渣压力焊机按照控制方式分为手动式、半自动式和自动式；按照传动方式分为手摇齿轮式和手压杠杆式。主要由焊接电源、控制系统、夹具（机头）和辅件（焊接填装盒、回收工具）等组成。

2. 钢筋电渣压力焊机的使用和维护要点

（1）焊机操作人员必须经过培训合格后，方可上岗操作。

（2）在操作前，应当检查焊机各机构是否灵敏、可靠，电气系统是否安全。

（3）按照焊接钢筋的径选择焊接电流、焊接电压和焊接时间。

（4）正确安装夹具和钢筋，对接钢筋的两端面应保证平行，与夹具保证垂直，轴线基本保持一致。

（5）在焊接前，应当对钢筋端部进行除锈，并将杂物清除干净。

3.6.9 钢筋气压焊机

1. 钢筋气压焊机的结构和工作原理

钢筋气压焊是采用一定比例的氧气和乙炔焰为热源，对需要连接的两钢筋端部接缝处加热烘烤，使其达到热塑状态，同时对钢筋施加 $30\sim 40N/mm^2$ 的轴向压力，使钢筋接合在一起。这种焊接方法属于固相焊接，其机理是在还原性气体的保护下，钢筋端部发生塑性变形后相互紧密接触，使端面金属晶体相互扩散渗透，再结晶，再排列，形成牢固的接头。

这种方法具有设备投资少、施工安全、节约钢筋和电能等优点，但对操作人员的技术水平要求相对较高。钢筋气压焊不仅适用于竖向钢筋的焊接，也适用于各种方向布置的钢筋连接。适用范围为 $\phi16\sim40\mathrm{mm}$ 的钢筋。不同直径钢筋焊接时，两钢筋直径差不得大于 7mm。

钢筋气压焊机的工作示意图，如图 3-133 所示，主要由脚踏液压泵、油缸、钢筋夹具、多火口烤钳、氧气瓶和乙炔瓶等组成。

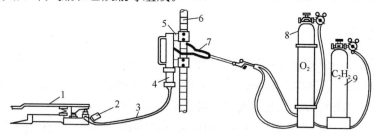

图 3-133 钢筋气压焊设备工作示意图
1—脚踏液压泵；2—压力表；3—液压胶管；4—油缸；5—钢筋夹具；
6—被焊接钢筋；7—多火口烤钳；8—氧气瓶；9—乙炔瓶

2. 钢筋气压焊设备的使用和维护要点

（1）焊机操作人员必须经过培训合格后，方可上岗操作。
（2）按照焊接钢筋直径，设定加压压力。
（3）液压泵用 10 号机械油或变压器油，换油期为半年，在加换油时需过滤。
（4）高压油管的接头必须固定牢固。
（5）把钢筋端面切平，使钢筋端面与钢筋轴线基本上成直角。
（6）把钢筋端部两倍直径长度范围内表面上的铁锈、油污和水泥等附着物清除干净。钢筋端面打磨见金属光泽。

3.6.10 预应力钢筋拉伸机

钢筋弯曲机是把钢筋弯成各种形状的设备。例如将钢筋弯成钩形、元宝形、箍形等以适应钢筋混凝土构件的需要。另外，钢筋弯曲机也可用作粗钢筋调直用。钢筋弯曲机的样式如图 3-134 所示，工作盘上，除中心孔外，周边上共有九个与中心不同距离的孔；工作盘具有一定的厚度，所有滚轴都处于悬臂状态工作，以便钢筋放入工作台面、工作盘的两侧轴架 5 上，每侧各有六个孔，以便插入固定滚轴。为了使移动钢筋轻便，在工作台面两端装有滚棒。

预应力钢筋拉伸机，包括液压拉伸机、机械张拉机和电热张拉设备三种。本节只介绍液压拉伸机。液压拉伸机由液压千斤顶、液压泵和液压管等组成。液压拉伸机按照其结构特点分为拉杆式、穿心式和锥锚式三种。

单作用预应力钢筋拉伸机（有一个张拉油缸），分拉杆式和穿心式两种。普遍使用的有 GJ2Y-20 型及 GJ2Y-60A 型。

3.6 钢筋机械

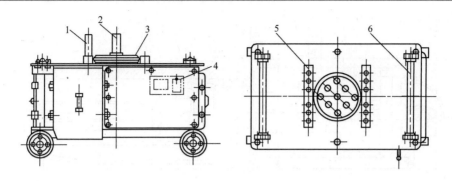

图 3-134 钢筋弯曲机
1—固定滚轴；2—中心滚轴；3—工作盘；4—开关；5—固定滚轴架；6—滚棒

双作用预应力钢筋拉伸机（有两个液压缸，一为张拉缸，一为顶压缸）。目前常用的有 YC-60L$_3$ 型、YC-60S$_1$ 型、YC-60K 型、GJ2Y 60 型（原 YX-60 型千斤顶）等四种型号，其构造、工作原理、使用范围基本相同。YC-60L$_3$ 型钢筋预应力拉伸机，主要用于张拉带有夹片式锚具的高强钢筋束和钢绞线束，加入一些其他附件，也可张拉带有其他型式锚具的预应力钢筋，最大张拉力为 60t。三作用千斤顶（原锥锚式或弗氏千斤顶），具有张拉钢丝束、顶紧锚塞和退楔块三个作用。常用的有 5t 三作用千斤顶，主要用于张拉带有锥销锚具的高强钢丝束。

1. 机械构造及主要装置

（1）机械构造

1）GJ2Y-20 型预应力钢筋拉伸机，按照配置的附件不同，可构成 A、B、C 三种型式，以适应各种预应力张拉工艺的需要。本机构造，如图 3-135 所示。

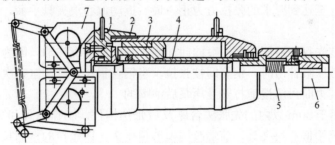

图 3-135 GJ2Y-20 型预应力钢筋拉伸机
1—端盖；2—张拉液压缸；3—活塞杆；4—穿心套；
5—弹性顶压头；6—I 型夹具；7—偏心块夹具

2）GJ2Y-60A 型预应力钢筋拉伸机，其结构特点是以活塞杆作为拉力杆，机械的外形和结构，如图 3-136 所示。

（2）工作原理

1）GJ2Y-20 型预应力钢筋拉伸机，通过换置附件可构成 A、B、C 三种型式。其工作原理：

①A 型装置（如图 3-135 所示）。前端为一弹性顶压头，尾部为一偏心块夹具，使用于长度在 30～200m 范围内的长线台座，能够连续张拉。钢筋的非张拉端可用任意方法锚

3 常用施工机械设备

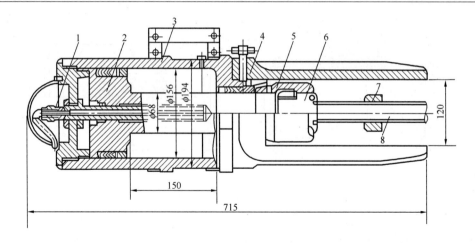

图 3-136　GJ2Y-60A 型预应力钢筋拉伸机
1—后油嘴；2—活塞拉杆；3—液压缸；4—撑脚；5—张拉头；6—螺纹连接头；
7—钢筋锚固螺母；8—螺纹端杆

固，而张拉端则必须有专用的Ⅰ型夹具夹持。夹具尾部顶留的外伸钢筋长度约 0.6m，用以穿入拉伸机的穿心孔中。

在张拉时，首先打开液压泵前油嘴的回油阀，并向后油嘴注油，因为偏心块夹具已夹紧钢筋，所以当液压缸伸出时，钢筋即被张拉。当钢管很长，液压缸一次行程已完，而钢筋尚未达到控制应力时可缓慢地打开液压泵后油嘴的回油阀，改向前油嘴注油，液压缸即行回程。在钢筋的回缩和弹性顶压头的联合作用下，前端的Ⅰ型夹具即可以将钢筋夹紧，并锚固在台座的横梁上；而尾部的偏心块夹具在液压缸回程中则顺着钢筋向前滑移。如此循环进行张拉，直至达到要求的张拉力为止。最后扳动偏心块夹具手柄，松开偏心块，即可卸下张拉机。

在张拉时，首先打开液压泵前油嘴的回油阀，并向后油嘴注油，因为偏心块夹具以夹紧钢筋，所以当液压缸伸出时，钢筋即被张拉。当钢管很长，液压缸一次行程已完，而钢筋尚未达到控制应力时可缓慢地打开液压泵后油嘴的。

②B型装置用于 30m 以内的先张法台座及后张法构件。工作原理和 A 型装置基本相同。拉伸机尾部仍用偏心块夹具，前端改用楔形顶压头。因张拉的钢筋长度较短，张拉一次即可达到张拉力。张拉时，首先将楔形顶压头中的楔子钉紧，使前端Ⅰ型夹具锚住钢筋。当张拉液压缸卸荷时，它比 A 型装置有较少的夹具滑动，从而减少了预应力损失值。这对张拉长度较短的预应力钢筋是相当重要的。

③C型装置用于张拉具有螺纹端杆的先、后张法预应力构件。它和 A、B 型装置不同的是将拉伸机倒装使用。尾部装一撑脚，通过穿心孔装一根张拉杆，借张拉杆前端的Ⅱ型夹具张拉头和装在钢筋端部的Ⅱ夹具相连接，即可进行张拉。张拉完毕之后，在夹具与台座后梁之间插垫 U 形垫片，然后卸下拉伸机。若钢筋端部是螺纹端杆，则可以换用螺纹端杆张拉头进行张拉，张拉完毕后拧紧锚固螺母卸下拉伸机。

2）GJ2Y-60A 型预应力钢筋拉伸机（如图 3-136 所示）张拉时，首先将拉伸机的后油嘴 1 用高压油管和液压泵接通，并向后油嘴注油，使活塞拉杆伸出，然后打开后油嘴的回油阀，并向前油嘴注油，液压油从前油嘴进入液压缸内腔，推动活塞拉杆 2，带动张拉头一起向左运动,即可以开始张拉钢筋,直到要求的张拉力为止。最后打开前油嘴的回油阀,并向后油嘴注油,液压油从后油嘴进入活塞拉杆内腔,推动活塞拉杆,带动张拉头一起向右运动,拉伸机复位,卸下拉伸机。

2. 双作用预应力钢筋拉伸机

(1) 机械构造。YC-60L$_3$型预应力钢筋拉伸机外形和结构,如图3-137所示。

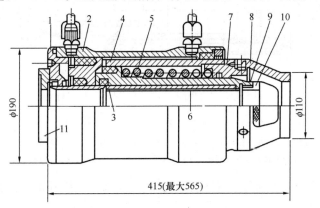

图3-137 YC-60L$_3$型预应力钢筋拉伸机外形和结构
1—端盖;2—张拉油缸;3—穿心套;4—顶压油缸;5—弹簧;6—保护套;
7—预接套;8—撑套;9—顶压活塞;10—顶压头;11—压圈

(2) 工作原理。YC-60L$_3$型预应力钢筋拉伸机工作原理和操作程序,见表3-88。

预应力张拉操作程序   表3-88

工作名称	进回油情况		拉伸机各液压缸(活塞)动作情况
	张拉油嘴	顶压油嘴	
张拉预应力钢筋	进油	回油	顶压液压缸向右移动顶住构件端面的锚环;张拉液压缸向左移动对预应力钢筋进行张拉
顶压锚固	保压	进油	张拉液压缸内保持基本恒定的张拉力;顶压活塞向右移动,将夹片强力地顶入锚孔内,弹簧受压缩
张拉液压缸回程	回油	进油	张拉液压缸向右移动,回程复位(或顶压液压缸左移),工具式锚具松脱
顶压活塞回程	回油	回油	弹簧回弹至安装高度,顶压活塞向左移动,回程复位,液压泵停车

3. 三作用千斤顶

(1) 机械构造。本千斤顶的外形和结构,如图3-138所示。

(2) 工作原理。在张拉时,先打开后油嘴的进油阀及前油嘴的回油阀,从后油嘴注油进入大缸,一方面推动中缸及支承体向右运动,把千斤顶顶紧在预应力构件上;一方面推动大缸盖,将大缸帽、大缸及拼帽向左顶开,夹盘也随着左移,使以楔块楔紧在夹盘上的钢丝束得到张拉。待张拉到所要求的张拉力时,关闭后油嘴的进油阀及前油嘴的回油阀,打开前油嘴的进油阀,从前油嘴注油进入中缸,推动小活塞向右运动,由小活塞通过球座将锚塞顶紧。然后打开后油嘴的回油阀,前油嘴继续进油,大缸以及装在其上的夹盘等便

3 常用施工机械设备

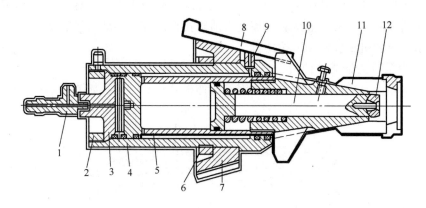

图 3-138　三作用千斤顶外形和结构示意
1—后油嘴；2—大缸帽；3—大缸盖；4—大缸；5—中缸；6—拼帽；7—夹盘；
8—楔块；9—前油嘴；10—小活塞；11—支承体；12—球座

可退回，在楔块顶紧在支承体上的翼板后，楔块便松动了，松开钢丝束并退出楔块。

（3）机械使用要点：

1）为确保预应力数值的精确性，应定期对张拉设备液压系统各元件（拉伸机、液压泵、控油阀、压力表等）进行校准和检验。在检验时，应将拉伸机的实际工作吨位和相应的压力表读数作详细的记录，制成换算、对照图表，供使用时查对。

2）在下列几种情况下，应当对拉伸机进行校正：

①拉伸机发生故障修理后。

②调换压力表。

③预应力钢筋突然断裂；仪表受到碰撞或是其他失灵情况。

3）拉伸机所用液压油：夏季使用 30 号柴油机油或 46 号机械油；冬季使用 20 号柴油机油或 46 号机械油。

4）拉伸机在加荷时，应当平稳、均匀、缓慢。卸荷降压时，应缓慢地打开回油阀，使压力指针平稳下降。

5）油管在使用前应检查有无裂缝，接头是否牢固。新油管使用时应事先检查和清洗。卸下油管后，油管两端可用塑料布包封，严防进入污物。

6）应当根据实际情况定期对拉伸机进行维护、清洗等保养工作。

7）拆卸双作用拉伸机的压力弹簧时，应当在装配架内进行，防止弹簧将连接套弹出伤人。

8）在张拉时，张拉线两端不准站人，并应设置安全防护装置。

9）拉伸机在有液压的情况下，禁止拆卸液压系统中的任何零件。

3.6.11　钢筋机械连接设备

1. 带肋钢筋套筒径向挤压连接机具

带肋钢筋套筒径向挤压连接工艺是采用挤压机将钢套筒挤压变形，使之紧密地咬住变形钢筋的横肋，以实现两根钢筋的连接，如图 3-139 所示。适用于任何直径变形钢筋的连接，包括同径和异径（当套筒两端外径和壁厚相同时，被连接钢筋的直径相差不应大于

3.6 钢筋机械

5mm)钢筋。适用于直径为 16～40mm 的 HPB300、HRB400 级带肋钢筋的径向挤压连接。设备主要由挤压机、超高压泵站、平衡器、吊挂小车等组成,如图 3-140 所示。

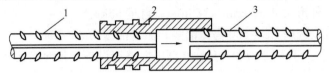

图 3-139 带肋钢筋套筒径向挤压连接
1—已挤压的钢筋；2—钢套筒；3—未挤压的钢筋

(1) 主要设备

1) YJ-32 型挤压机。可用于直径为 25～32mm 变形钢筋的挤压连接。该机因采用双作用油路和双作用油缸体,所以压接和回程速度较快。但机架宽度较小,只可用于挤压间距较小(但净距必须大于 60mm)的钢筋。YJ-32 型挤压机构造,如图 3-141 所示。其主要技术性能为：额定工作油压力 108MPa；额定压力 650kN；工作行程 50mm；挤压一次循环时间≤10s；外形尺寸 130mm×160mm(机架宽)×426mm；自重约 28kg。该机的动力源(超高压泵站)为二级定量轴向柱塞泵,输出油压为 31.38～122.8MPa,连续可调。它设有中、高压两级自动转换装

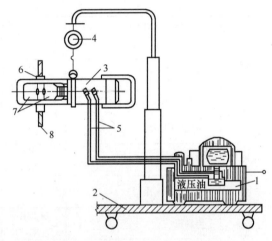

图 3-140 带肋钢筋径向挤压连接设备示意
1—超高压泵站；2—吊挂小车；3—挤压机；4—平衡器；
5—超高压软管；6—钢套筒；7—模具；8—钢筋

置,在中压范围内输出流量可达 2.86dm^3/min,使挤压机在中压范围内进入返程有较快的速度。当进入高压或是超高压范围内,中压泵自动卸荷,用超高压的压力以保证足够的压接力。

2) YJ650 型挤压机。用于直径 32mm 以下变形钢筋的挤压连接,其构造如图 3-142 所示。其主要技术性能为：额定压力 650kN；外形尺寸 144mm×450mm；自重 43kg。

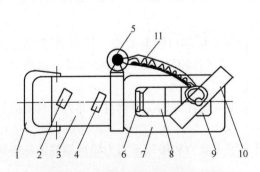

图 3-141 YJ-32 型挤压机构造示意
1—手把；2—进油口；3—缸体；4—回油口；
5—吊环；6—活塞；7—机架；8,9—压模；
10—卡板；11—链条

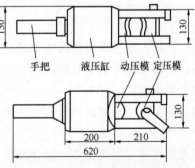

图 3-142 YJ650 型挤压机构造示意

该机液压源可选用 ZB0.6/630 型油泵，额定油压 63MPa。

3）YJ800 型挤压机。用于直径 32mm 以上变形钢筋的挤压连接，其主要技术性能为：额定压力 800kN；外形尺寸 170mm×468mm；自重 55kg。

该机液压源可以选用 ZB4/500 高压油泵，额定油压为 50MPa。

4）YJH-25 型、YJH-32 型和 YJH-40 型径向挤压设备。其性能见表 3-89。

钢筋径向挤压设备主要技术参数 表 3-89

设备组成	项 目	设备型号及技术参数		
		YJH-25	YJH-32	YJH-40
压接钳	额定压力（MPa）	80	80	80
	额定挤压力（kN）	760	760	900
	外形尺寸（mm）	ϕ150×433	ϕ150×480	ϕ170×530
	质量（kg）	23（不带压模）	27（不带压模）	34（不带压模）
压模	可配压模型号	M18、M20、M22、M25	M20、M22、M25、M28、M32	M32、M36、M40
	可连接钢筋的直径（mm）	ϕ18、ϕ20、ϕ22、ϕ25	ϕ20、ϕ22、ϕ25、ϕ28、ϕ32	ϕ32、ϕ36、ϕ40
	质量（kg·副$^{-1}$）	5.6	6	7
超高压泵站	电动机	输入电压：380V，50Hz（220V，60Hz） 功率：1.5kW		
	高压泵	额定压力：80MPa 高压流量：0.8L/min		
	低压泵	额定压力：2.0MPa 低压流量：4.0～6.0L/min		
	外形尺寸（长×宽×高）(mm)	790×540×785		
	质量（kg）	96		
	油箱容积（L）	20		
超高压泵站	额定压力（MPa）	100		
	内径（mm）	6.0		
	长度（m）	3.0（5.0）		

注：电动机项目中括号内的数据为出口型用。

(2) 钢筋。用于挤压连接的钢筋应当符合国家标准《钢筋混凝土用钢 第 2 部分热轧带肋钢筋》国家标准第 1 号修改单 GB 1499.2—2007/XG1—2009 的要求及《钢筋混凝土用余热处理钢筋》GB 13014—2013 的要求。

(3) 钢套筒。钢套筒的材料宜选用强度适中、延性好的优质钢材，其力学性能应符合表 3-90 的要求。

考虑到尺寸和强度偏差，钢套筒的设计屈服承载力和极限承载力应比钢筋的标准屈服承载力和极限承载力大 10%。

钢套筒的规格和尺寸应符合表 3-91 的规定。其允许偏差为：当外径≤50mm 时，为±0.5mm；外径>50mm 时，为±0.01mm；壁厚为+12%、-10%；长度为±2mm。

3.6 钢筋机械

钢套筒材料的力学性能　　　　　　　　　　　　　　　　　　　表 3-90

项　目	力学性能指标	项　目	力学性能指标
屈服点（MPa）	225～350	硬度	60～80HRB（或 102～133HB）
抗拉强度（MPa）	375～500		
断后伸长率 δ_5（%）	≥20		

钢套筒的规格和尺寸　　　　　　　　　　　　　　　　　　　　表 3-91

钢套筒型号	钢套筒尺寸（mm）			压接标志道数	单个钢套筒理论重量/kg
	外径	壁厚	长度		
G40	70	12	260	8×2	4.46
G36	63.5	11	230	7×2	3.28
G32	57	10	210	6×2	2.43
G28	50	8	200	5×2	1.66
G25	45	7.5	180	4×2	1.25
G22	40	6.5	150	3×2	0.81
G20	36	6	140	3×2	0.62

2. 带肋钢筋套筒轴向挤压连接机具

钢筋轴向挤压连接，是采用挤压机和压模对套筒和插入的两根对接钢筋，沿其轴线方向进行挤压，使套筒咬合到变形钢筋的肋间。结合为一体，如图 3-143 所示。与钢筋径向挤压连接相同，适用于同直径或相差一个型号直径的钢筋连接。其适用材料及组成部件介绍如下。

（1）钢筋。与钢筋径向挤压连接相同。

（2）套筒。套筒材质应为符合现行标准的优质碳素结构钢，其力学性能应当符合表 3-92 的要求。

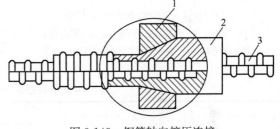

图 3-143　钢筋轴向挤压连接
1—压模；2—套筒；3—钢筋

钢套筒力学性能　　　　　　　　　　　　　　　　　　　　　　表 3-92

项目	力学性能性能指标	项目	力学性能性能指标
屈服强度（MPa）	≥250	伸长率（%）	≥24
抗拉强度（MPa）	≥420～560	HRB	≤75

钢套筒的规格尺寸和要求见表 3-93。

钢套筒规格尺寸和要求　　　　　　　　　　　　　　　　　　表 3-93

套筒尺寸（mm）		钢筋直径（mm）		
		$\phi25$	$\phi28$	$\phi32$
外径		$\phi45^{+0.1}_{0}$	$\phi49^{+0.1}_{0}$	$\phi55.5^{+0.1}_{0}$
内径		$\phi33^{0}_{-0.1}$	$\phi35^{0}_{-0.1}$	$\phi39^{0}_{-0.1}$
长度	钢筋端面紧贴连接时	$190^{+0.3}_{0}$	$200^{+0.3}_{0}$	$210^{+0.3}_{0}$
	钢筋端面间隙≤30mm 连接时	$200^{+0.3}_{0}$	$230^{+0.3}_{0}$	$240^{+0.3}_{0}$

(3) 主要设备。挤压机的主要组成设备有挤压机、半挤压机、超高压泵站等。挤压机可适用于全套筒钢筋接头的压接和少量半套筒钢筋接头的压接，如图 3-144 所示。其主要技术参数见表 3-94。半挤压机适用于半套筒钢筋接头的压接，如图 3-145 所示。其主要技术参数见表 3-95。

挤压机主要技术参数 表 3-94

钢筋公称直径 (mm)	套管直径 (mm)		压模直径 (mm)	
	内径	外径	同径钢筋及异径钢筋粗径用	异径钢筋接头细径用
φ25	φ33	φ45	38.4±0.02	40±0.02
φ28	φ35	φ49.1	42.3±0.02	45±0.02
φ32	φ39	φ55.5	48.3±0.02	—

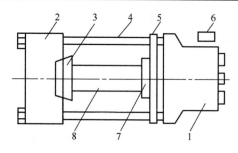

图 3-144 GTZ32 型挤压机简图
1—油缸；2—压模座；3—压模；4—导向杆；
5—撑力架；6—管拉头；7—垫块座；8—套筒

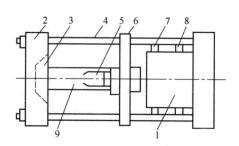

图 3-145 GTZ32 型半挤压机简图
1—油缸；2—压模座；3—压模；4—导向杆；
5—限位器；6—撑力架；7,8—管接头；9—套筒

半挤压机主要技术参数 表 3-95

项目	技术性能	
	挤压机	半挤压机
额定工作压力 (MPa)	70	70
额定工作推力 (kN)	400	470
液压缸最大行程 (mm)	104	110
外形尺寸 (mm) (长×宽×高)	755×158×215	180×180×780
质量 (kg)	65	70

超高压泵站为双泵双油路电控液压泵站。由电动机驱动高、低压泵。当三位四通换向阀左边接通时，油缸大腔进油，当压力达到 65MPa 时，高压继电器断电，换向阀回到中位；当换向阀右边接通时，油缸小腔进油，当压力达到 35MPa 时，低压继电器断电，换向阀又回到中位。其技术参数见表 3-96。

压模分半挤压机用压模和挤压机用压模，在使用时，要按钢筋的规格选用（表 3-96）。

3. 钢筋锥螺纹套筒连接机具

(1) 钢筋锥螺纹套丝机。用于加工直径为 16～40mm 的 HRB335、HRB400 级钢筋连接端的锥形外螺纹。常用的包括 SZ-50A、GZL-40B 等。

(2) 量规。量规包括牙形规、卡规或环规、锥螺纹塞规，应当由钢筋连接技术单位提供。牙型规用于检查钢筋连接端锥螺纹的加工质量，如图 3-146 所示。卡规或环规用于检查钢筋连接端锥螺纹小端直径，如图 3-147 所示。锥螺纹塞规用于检查套筒锥形内螺纹的加工质量，如图 3-148 所示。

超高压泵站技术性能 表 3-96

项目		技术性能	
		超高压油泵	低压泵
额定工作压力（MPa）		70	7
额定流量（L/min）		2.5	7
继电器调定压力（N/min）		72	36
电动机（J100L$_2$-4-B$_5$）	电压（V）	380	—
	功率（kW）	3	—
	频率（Hz）	50	—

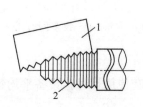

图 3-146 用牙形规检查
1—牙形规；2—钢筋锥螺纹

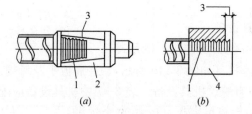

图 3-147 卡规与环规检查小端直径
(a) 卡规检查小端直径；(b) 环规检查小端直径
1—钢筋锥螺纹；2—卡规；
3—缺口（允许误差）；4—环规

(3) 力矩扳手。工程中常用的型号包括：PW360 型，100~360N·m；HL-02 型，70~350N·m 等。力矩扳手是确保钢筋连接质量的重要测力工具。在操作时，先按照不同钢筋直径规定的力矩值调整扳手，再将钢筋与连接套筒拧紧，力矩扳手在达到要求的力矩时会发出声响信号。

(4) 砂轮锯。用于切断挠曲的钢筋接头。

4. 钢筋冷镦粗直螺纹套筒连接机具

镦粗直螺纹钢筋接头是通过冷镦粗设备，先将钢筋连接端头冷镦粗，再在镦粗端加工成直螺纹丝头，然后将两根已镦粗并套好螺纹的钢筋连接端穿入配套加工的连接套筒，旋紧之后，即成为一个完整的接头。该接头的钢筋端部经冷镦后不仅直径增大，使加工后的丝头螺纹底部最小直径不小于钢筋母材的直径；而且钢材冷镦后，还可提高接头部位的强度。所以该接头可与钢筋母材等强，其性能可达到 SA 级要求。钢筋冷镦粗直螺纹套筒连接机具适用于钢筋混凝土结构中直径为 16~40mm 的 HRB335、HRB400 级钢筋的连接。由于镦粗直螺纹钢筋接头的性能指标可达到 SA 级

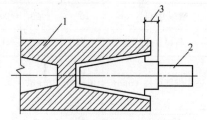

图 3-148 用锥螺纹塞规检查套筒
1—锥螺纹套筒；2—塞规；
3—缺口（允许误差）

（等强级）标准，因此适用于一切抗震和非抗震设施工程中的任何部位。在必要时，在同一连接范围内钢筋接头数目可以不受限制，如钢筋笼的钢筋对接；伸缩缝或新老结构连接部位钢筋的对接以及滑模施工的筒体或墙体同以后施工的水平结构（如梁）的钢筋连接等。

（1）材料要求

钢筋应当符合国家标准《钢筋混凝土用钢 第2部分热轧带肋钢筋》国家标准第1号修改单GB 1499.2—2007/XG1—2009的要求及《钢筋混凝土用余热处理钢筋》GB 13014—2013的要求。套筒与锁母材料应当采用优质碳素结构钢或合金结构钢，其材质应符合《优质碳素结构钢》GB/T 699—1999的规定。

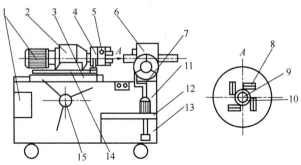

图 3-149 套丝机示意
1—电动机及电气控制装置；2—减速机；3—拖板及导轨；
4—切削头；5—调节蜗杆；6—夹紧虎钳；7—冷却系统；
8—刀具；9—限位顶杆；10—对刀芯棒；11—机架；
12—金属滤网；13—水箱；14—拨叉手柄；15—手轮

（2）机具设备

机具设备包括切割机、液压冷锻压床、套丝机（如图3-149所示）、普通扳手及量规。

1）镦粗直螺纹机具设备。表3-97中机具设备应配套使用，每套设备平均每40s生产1个丝头，每台班可生产400~600个丝头。

镦粗直螺纹机具设备   表3-97

镦机头				套丝机		高压油泵	
型号	LD700	LD800	LD1800	型号	GSJ—40		
镦压力（kN）	700	1000	2000	功率（kW）	4.0	电动机功率（kW）	3.0
行程（mm）	40	50	65	转速（r/min）	40	最高额定压力（kN）	63
适用钢筋直径（mm）	16~25	16~32	28~40	适用钢筋直径（mm）	$\phi 16 \sim \phi 40$	流量（L/min）	6
质量（kg）	200	385	550	质量（kg）	400	质量（kg）	60
外形尺寸（mm）（长×宽×高）	575×250×250	690×400×370	803×425×425	外形尺寸（mm）（长×宽×高）	1200×1050×550	外形尺寸（mm）（长×宽×高）	645×525×325

2）环规。环规是丝头螺纹质量检验工具。每种丝头直螺纹的检验工具分为止端螺纹环规及通端螺纹环规两种，如图3-150所示。

3）塞规。塞规套筒螺纹质量检验工具。每种套筒直螺纹的检验工具分为止端螺纹塞规及通端螺纹塞规两种，如图3-151所示。

（3）接头分类

1）按照接头使用要求分类。按接头使用要求分类，见表3-98。

3.6 钢筋机械

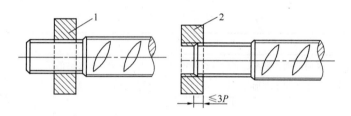

图 3-150 丝头螺纹质量检验示意
1—通端螺纹环规；2—止端螺纹环规；P—螺距

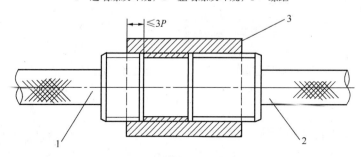

图 3-151 套筒螺纹质量检验示意
1—止端螺纹塞规；2—通端螺纹塞规
3—连接套筒　P—螺距

按接头使用要求分类　　　　　　　　　　　　　　　　表 3-98

类别	内　　容
标准型	用于钢筋可自由转动的场合。利用钢筋端头相互对顶力锁定连接件，可选用标准型或变径型连接套筒
加长型	用于钢筋过长而密集、不便转动的场合。连接套筒预先全部拧入一根钢筋的加长螺纹上，再反拧入被接钢筋的端螺纹，转动钢筋1/2~1圈即可锁定连接件，可选用标准型连接套筒
加锁母型	用于钢筋完全不能转动，如弯折钢筋以及桥梁灌注桩等钢筋笼的相互对接。将锁母和连接套筒预先拧入加长螺纹，再反拧入另一根钢筋端头螺纹，用锁母锁定连接套筒。可选用标准型或扩口型连接套筒加锁母
正反螺纹型	用于钢筋完全不能转动而要求调节钢筋内力的场合，如施工缝、后浇带等。连接套筒带正反螺纹，可在一个旋合方向中松开或拧紧两根钢筋，应选用带正反螺纹的连接套筒
扩口型	用于钢筋较难对中的场合，通过转动套筒连接钢筋
变径型	用于连接不同直径的钢筋

各类型接头连接方法如图 3-152 所示。

2）按照接头套筒分类。按接头套筒分类，见表 3-99。

按接头套筒分类　　　　　　　　　　　　　　　　　表 3-99

类别	内　　容
标准型套筒	带右旋等直径内螺纹，端部两个螺纹带有锥度
扩口型套筒	带右旋等直径内螺纹，一端带有45°或60°的扩口，以便对中入扣
变径型套筒	带右旋两端具有不同直径的内直螺纹，用于连接不同直径的钢筋

续表

类别	内 容
正反螺纹型套筒	套筒两端各带左、右旋等直径内螺纹,用于钢筋不能转动的场合
可调型套筒	套筒中部带有加长型调节螺纹,用于钢筋轴向位置不能移动且不能转动时的连接

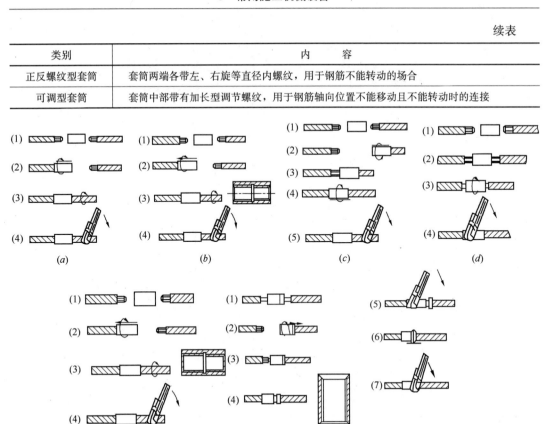

图 3-152 钢筋冷镦直螺纹套筒连接方法示意
(a) 标准型接头；(b) 加锁母型接头；(c) 加长型接头；
(d) 变径型接头；(e) 正反螺纹型接头；(f) 扩口型接头

连接套筒分类,如图 3-153 所示。

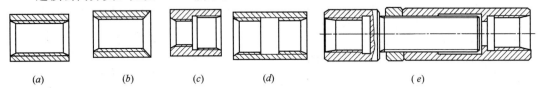

图 3-153 连接套筒分类
(a) 标准型套筒；(b) 扩口型套筒；(c) 变径型套筒；(d) 正反螺纹型套筒；(e) 可调型套筒

4 建筑起重及运输机械

4.1 卷扬机

4.1.1 卷扬机的分类与型号

1. 卷扬机的分类

（1）按照钢丝绳牵引速度包括：快速、慢速、调速等三种。
（2）按照卷筒数量包括：单筒、双筒、三筒等三种。
（3）按照机械传动型式包括：直齿轮传动、斜齿轮传动、行星齿轮传动、内胀离合器传动、蜗轮蜗杆传动等多种。
（4）按照传动方式包括：手动、电动、液压、气动等多种。
（5）按照使用行业包括：用于建筑、林业、矿山、船舶等多种。

2. 卷扬机型号分类和表示方法

卷扬机型号分类和表示方法见表 4-1。

卷扬机型号分类和表示方法　　　　表 4-1

形式	特性	代号	代号含义	主参数 名称	主参数 单位表示法
单卷筒式	K	JK	单筒快速卷扬机	额定静拉力	$kN \times 10^{-1}$
单卷筒式	KL	JKL	单筒快速溜放卷扬机	额定静拉力	$kN \times 10^{-1}$
单卷筒式	M	JM	单筒慢速卷扬机	额定静拉力	$kN \times 10^{-1}$
单卷筒式	ML	JML	单筒慢速溜放卷扬机	额定静拉力	$kN \times 10^{-1}$
单卷筒式	T	JT	单筒调速卷扬机	额定静拉力	$kN \times 10^{-1}$
单卷筒式	S	JS	手摇式卷扬机	额定静拉力	$kN \times 10^{-1}$
双卷筒式	K	2JK	双筒快速卷扬机	额定静拉力	$kN \times 10^{-1}$
双卷筒式	M	2JM	双筒慢速卷扬机	额定静拉力	$kN \times 10^{-1}$
双卷筒式	T	2JT	双筒调速卷扬机	额定静拉力	$kN \times 10^{-1}$
三卷筒式	K	3JK	三通快速卷扬机	额定静拉力	$kN \times 10^{-1}$

4.1.2 卷扬机的基本构造

快速卷扬机一般采用单筒式。如图 4-1 所示为 JJKX1 型单卷筒快速卷扬机，采用行星齿轮传动，牵引力为 10kN。传动系统安装在卷筒内部和端部，采用带式离合器和制动器进行操纵。主要有电动机、传动装置、离合器与制动器、基座等组成。

如图4-2所示为传动系统简图。电动机通过第一级内齿轮，传动第二级内齿轮，在通过连轴齿轮（太阳齿轮）传动两个行星齿轮绕齿轮公转，并于大内齿轮相啮合，因行星齿轮的轴与卷筒9紧固连接，即可带动卷筒旋转。带式离合器11（启动器）安装于大内齿轮8的外缘，由起动手柄操纵，按下起动手柄，使带式离合器接合，大齿轮停止转动，行星齿轮7即沿大齿轮滚动，带动卷筒旋转。在按下另一端的带式制动器手柄（同时须松开起动手柄）时，卷筒被制动停转，与卷筒相连接的行星齿轮无法再绕太阳齿轮作公转运动，此时电动机的动力通过行星齿轮的自转而驱动大内齿圈仅作空转运动。

因传动系统全部布置在卷筒内部和端面，电动机又伸入卷筒的另一端，使卷扬机的机体小，结构紧凑，运转灵活，操作简便。

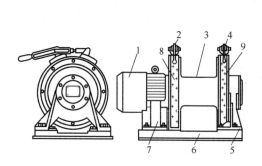

图 4-1　JJKX1型单卷筒快速卷扬机
1—电动机；2—制动手柄；3—卷筒；4—起动手柄；5—轴承支架；6—机座；7—电机托架；8—带式制动器；9—带式离合器

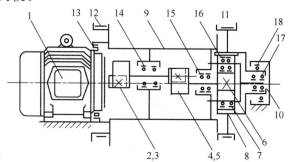

图 4-2　传动系统简图
1—电动机；2—圆柱齿轮；3、4—内齿圈；5、6—连轴齿轮；7—行星齿轮；8—大内齿轮；9—卷筒；10—轴承架；11—带式离合器；12—带式制动器；13～18—滚动轴承

4.1.3　卷扬机的使用要点

1. 卷扬机的调整

单筒快速卷扬机的调整部位主要是制动瓦块与制动轮之间的间隙，通常在0.6～0.8mm。部分单筒快速卷扬机的调整部位在启动器刹车带与大内齿轮槽，间隙为1.0～2.0mm，如JK系列慢速卷扬机的主要调整部位是制动瓦块与制动轮间隙，调整间隙通常在1.5～1.75mm。

2. 卷扬机的安装

在安装前，应当根据要求，确定安装位置。在就位时，机架的下面应垫方木，保持纵、横方向的水平，卷筒与牵引钢丝绳的方向保持垂直，为了避免钢丝绳在卷筒上斜向卷绕和出现乱绳现象，卷筒至第一道导向滑轮的距离，不小于12m。钢丝绳应从卷筒的下方引出，以确保制动器有良好的制动效果。卷扬机必须用地锚固定，地锚埋设后，可采用环链手拉葫芦进行拉力试验，试验拉力为牵引力的1.5倍。安装位置应确保操作人员清楚地看到牵引或提升的重物，防止发生操作事故发生。电气设备应安装在卷扬机和操作人员附近，不得有漏电现象，并装有接地和接零保护装置，在一个供电系统上，不得同时接地又接零。

3. 卷扬机的试运转

(1) 在试运转前,应检查润滑是否充分,各部螺栓是否紧固,钢丝绳连接是否牢靠,绳位是否符合要求,操纵手柄是否放在正确位置,电源线路是否正常,绝缘是否良好,相位是否准确,三相电源是否平衡。经过检查确认后,即可进行空载运转试验。

(2) 空运转试验时,卷筒上不得缠绕钢丝绳,正、反两个方向的空运转试验不得少于30min,在运转的过程中,注意检查各传动装置有无冲击、振动和异常响声。制动器是否灵活可靠,接触面是否均匀,接触面积是否达到规定的数值,松闸后间隙是否均匀。如过发现问题,应予排除,确认机械处于完好的状态时,方可穿好钢丝绳,进行负载运转试验。

(3) 负载运转试验时,应当逐步加载至额定值,提升重物不要过高,避免制动器失灵造成事故。试验要正、反两个方向交替进行。负荷制动试验时,重物下滑量,慢速系列不大于100mm,快速系列不应大于200mm,否则应对制动器进行调整,确保灵敏可靠,方可投入正常使用。

4. 卷扬机的使用

(1) 在使用中,卷筒上的钢丝绳不得全部放完,至少应当保留三圈安全圈数。

(2) 钢丝绳应经常进行检查,若断丝数超过规定值应随时进行更换。钢丝绳不得有叉接接头,防止长期使用中拉脱后发生事故。钢丝绳经常进行保养,涂润滑脂。

(3) 在起升重物的下方和钢丝绳附近不允许站人。钢丝绳在卷筒的绕向不齐,不允许在机械运转时进行校正。在牵引物件时,防止钢丝绳在地面上拖拉,或者与其他固定物体接触产生摩擦。

(4) 不允许超载作业。工作结束时,提升物应下降至地面,不允许吊悬在空中。

(5) 卷扬机所处的位置,应使操作人员能够清楚地看到牵引或提升的重物,防止发生操作事故。

(6) 操作人员需经过操作与安全技术的培训,获得"上岗证"后,方允许操作。

4.1.4 卷扬机的保养

1. 每班保养

(1) 检查润滑情况,按照规定进行润滑。

(2) 检查卷筒轴承架、离合器、操纵杆等各部的连接是否可靠,并紧固连接螺栓。

(3) 检查钢丝绳,断丝不得超过规定值,钢丝绳在卷筒上排列要整齐。

(4) 检查制动器工作情况,操纵要灵活,制动要可靠,制动带要保持清洁、没有油污。

(5) 工作后清洁机体。

2. 一级保养

卷扬机通常每隔300工作小时进行一级保养,除包括每班进行保养的全部工作外,还包括:

(1) 检查、调整制动器及离合器,清除油污,按照规定调整间隙。

(2) 检查、调整电磁制动器,如销孔与销轴磨损过大有松旷时,应当更换销轴。调整制动瓦与制动轮之间的间隙,并达到规定数值。

(3) 检查传动装置，开式齿轮的轮齿，不允许有损坏和断裂现象。

3. 二级保养

通常每隔 600 工作小时需对卷扬机的轮齿进行二级保养，包括一级保养的全部工作，还包括：

(1) 检查制动器并清除油污。当制动器带磨损过大且铆钉头接近外露时，应当及时更换。制动带与制动轮之间的间隙应保持均匀，接触面积不应小于 80％。

(2) 检查齿轮、轴与轴承的磨损，齿厚磨损不得超过 20％，轴颈和铜套的间隙不大于 0.4mm，滚动轴承的径向间隙不大于 0.2mm，否则应当予修复和更换。

(3) 减速器齿面的磨损程度，侧向间隙不大于 1.8mm，各轴承间隙不得大于规定值。

(4) 检查油封的是否完好。

(5) 检查并清洗操纵机构。

4.1.5 卷扬机的常见故障及排除方法

卷扬机的常见故障及排除方法，见表 4-2。

卷扬机的常见故障及排除方法 表 4-2

故障现象	故障原因	排除方法
卷筒不转或达不到额定转速	超载作业	减载
	制动器间隙过小	调整间隙
	电磁制动器没有脱开	检查电源电压及线路系统，排除故障
	卷筒轴承缺油	清洗后加注润滑油
制动器失灵	制动带（片）有油污	清洗后吹干
	制动带与制动鼓的间隙过大或接触面小	调整间隙，修整制动带，使接触面达到 80％
	电磁制动器弹簧张力不足或调整不当	调整或更换弹簧
减速器温升过高或有噪声	齿轮损坏或啮合间隙不正常	修复损坏齿轮，调整啮合间隙
	轴承磨损过甚或损坏	更换轴承
	超载作业	减载
	润滑油过多或缺少	使润滑油达到规定油面
	制动器间隙过小	调整间隙
轻载时吊钩下降阻滞	制动器间隙过小	调整间隙
	导向滑轮转动不灵	清洗并加注润滑油
	卷筒轴轴承缺油	清洗并加注润滑油

4.2 塔式起重机

4.2.1 塔式起重机的分类、特点和适用范围

塔式起重机的分类、特点和适用范围，见表 4-3。

4.2 塔式起重机

塔式起重机的分类、特点和适用范围 表 4-3

类型		主要特点	适用范围
按行走机构分类	固定式（自升式）	没有行走装置，塔身固定在混凝土基础上，随着建筑物的升高，塔身可以相应接高，由于塔身附着在建筑物上，能提高起重机的承载能力	高层建筑施工，高度可达100m以上，对施工现场狭窄、工期紧迫的高层施工，更为适用
	自行式（轨道式）	起重机可在轨道上负载行走，能同时完成垂直和水平运输，并可接近建筑物，灵活机动，使用方便，但需铺设轨道，装拆较为费时	起升高度在50m以内的中小型工业和民用建筑施工
按升高（爬升）方式分类	内部爬升式	起重机安装在建筑物内部（电梯井、楼梯间等），依靠一套托架和提升机构随建筑物升高而爬升。塔身短不需附着装置，不占建筑场地。但起重机自重及载重全部由建筑物承担，增加了施工的复杂性，竣工时起重机从顶部卸下较为困难	框架结构的高层建筑施工，特别适用于施工现场狭窄的环境
	外部附着式	起重机安装在建筑物的一侧，底座固定在基础上，塔身用几道附着装置和建筑物固定，随建筑物升高而接高，稳定性好，起重能力能充分利用，但建筑物附着点要适当加强	高层建筑施工中应用最广泛的机型，可以达到通常高层建筑需要的高度
按变幅方式分类	动臂变幅式	起重臂与塔身铰接，利用起重臂的俯仰实现变幅，变幅时载荷随起重臂升降。这种动臂具有自重小，能增加起重高度、装拆方便等特点，但变幅量较小，吊重水平移动时功率消耗大，安全性较差	适用于工业厂房重、大构件的吊装，这类起重机当前已较少采用
	小车变幅式	起重臂固定在水平位置，下弦装有起重小车，依靠调整小车的距离来改变起重幅度，这种变幅装置有效幅度大，变幅所需时间少、工效高、操作方便、安全性好，并能接近机身，还能带载变幅，但起重臂结构较重	自升式塔式起重机都采用这种结构，由于其作业覆盖面大，适用于大面积的高层建筑施工
按回转方式分类	上回转式	塔身固定，塔顶上安装起重臂及平衡臂，可简化塔身和底架的联接，底部轮廓尺寸较小，结构简单，但重心提高，需要增加底架上的中心压重，安装、拆卸费时	大、中型塔式起重机都采用上回转结构，适应性强，是建筑施工中广泛采用的型式
	下回转式	塔身和起重臂同时回转，回转机构在塔身下部，所有传动机构都装在底架上，重心低，稳定性好，自重较轻，能整体拖运，但下部结构占用空间大，起升高度受限制	适用于整体架设，整体拖运的轻型塔式起重机。由于具有架设方便，转移快的特点故适用于分散施工

续表

类型		主要特点	适用范围
按起重量分类	轻型	起重量为 0.5~3t	5层以下民用建筑施工
	中型	起重量为 3~15t	高层建筑施工
	重型	起重量为 20~40t	重型工业厂房及设备吊装
按起重机安装方式分类	整体架设式	塔身与起重臂可以伸缩或折叠，整体架设和拖运，能快速转移和安装	工程量不大的小型建筑工程或流动分散的建筑施工
	组拼安装式	体积和质量都超过整体架设可能的起重机，必须解体运输到现场组拼安装	重型起重机都属于此式，适用于高层或大型建筑施工

4.2.2 塔式起重机的基本参数

1. 幅度

塔式起重机在空载时，其回转中心线至吊钩中心垂线的水平距离。表示起重机不移动时的工作范围，以 R 表示，单位为 m，如图 4-3 所示。

2. 起升高度

在空载时，对轨道塔式起重机，是吊钩内最低点到轨顶面的距离；对其他型式起重机，则为吊钩内最低点到支承面的距离。以 H 表示，单位为 m，如图 4-3 所示。对于动臂起重机，当吊臂长度一定时，起升高度随幅度的减少而增加。

3. 额定起升载荷

在规定幅度时的最大起升载荷，包括物品、取物装置（抓斗、吊梁、起重电磁铁等）的重量。以 F_Q 表示，单位 N。

4. 轴距

同一侧行走轮的轴心线或一组行走轮中心线之间的距离，单位为 m，如图 4-4 所示。

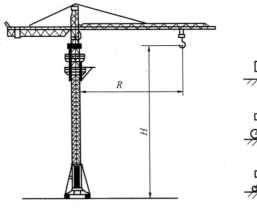

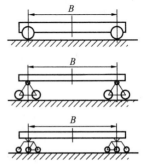

图 4-3 塔式起重机的幅度与起升高度　　图 4-4 轴距

5. 轮距

同一轴心线左右两个行走轮、轮胎或左右两侧行走轮组或轮胎组中心径向平面间的距离。单位为 m，如图 4-5 所示。轴距和轮距是塔式起重机的重要参数，它直接影响着整机的稳定性及起重机本身尺寸。其大小是由主参数——起重力矩值来确定的，随着主参数的增大轴距和轮距也增大或增宽。

6. 起重机重量

包括平衡重、压重和整机重。以 G 表示，单位为 t。该参数是评价起重机的一个综合性能指标，它反映了起重机设计、制造和材料技术水平。

7. 尾部回转半径

回转中心至平衡重或平衡臂端部最大距离。单位为 m，如图 4-6 所示。

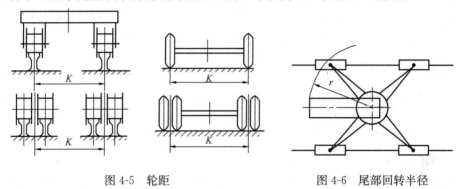

图 4-5　轮距　　　　　　图 4-6　尾部回转半径

8. 工作速度

(1) 工作速度内容。塔式起重机的工作速度主要包括：起升、变幅、回转和行走的速度。

1) 额定起升速度。在额定起升载荷时，对于一定的卷筒卷绕外层钢丝绳中心直径、变速档位、滑轮组倍率和电动机额定工况所能够达到的最大稳定起升速度。如果不指明钢丝绳在卷筒上的卷绕层数，即按照最外层钢丝绳中心计算和测量。以 V_q 表示，单位为 m/min。

2) 最低稳定速度。为了起升载荷安装就位的需要，起重机起升机构所具备的最小速度。以 V_d 表示，单位为 m/min。

3) 变幅速度。是指吊钩自最大幅度到最小幅度时的平均线速度，以 V_b 表示，单位为 m/min。

4) 额定回转速度。带着额定起升载荷回转时的最大稳定转速。以 n 表示，单位为 m/min。

5) 行走速度。以 V_a 表示，单位为 m/min。

(2) 工作速度的选择。塔式起重机工作速度选择合理与否，对塔式起重机性能有很大影响。通常来说工作速度高，生产率也高。但速度高又会带来惯性增大，起、制动时的动力载荷增大等一系列不利因素。因此在选择工作速度时要全面考虑与之有关的一系列因素，主要有以下几点：

1) 根据塔式起重机的用途考虑。例如对于料场装卸和集装箱港口用的塔式起重机，为了提高生产率通常要求工作速度快。但对于建筑安装工程使用的塔式起重机，则要求吊装平稳性好，工作速度相应地要低些，甚至要求能实现微动速度。

2) 根据运动行程考虑。行程小，工作速度小。因为合理的速度应是在正常工作时机构能达到稳定运动，否则在机构未达到等速稳定运动前就要制动，显然不合理。所以通常只有在运动行程大时才采用较高的速度，例如用于高层建筑的塔式起重机起升机构。

3）根据机型考虑。如大起重力矩的塔式起重机，主要解决重件的吊装问题，工作并不频繁，工作速度不是主要问题，因此，为了降低驱动功率，减少动力载荷和增加工作平稳性，通常速度取得较低。

4）不同机构的工作速度，应根据机构本身作业要求和运动性质进行选择。例如回转速度因受起动、制动惯性力的限制，通常取得很低。动臂变幅因对塔式起重机的平稳性和安全性有很大影响，速度不能取得很大，特别是带载变幅时速度应取得更低。但采用水平臂架小车变幅时，变幅速度可取得稍大一些。

综上所述，塔式起重机各机构工作速度的合理选择，应考虑的因素较多。一般新设计塔式起重机时，除仔细、全面地考虑上述因素外，还可根据同类型、同吨位和工作条件相类似的塔式起重机的相应速度作为选择时的参考依据。

4.2.3 塔式起重机的主要工作机构

1. 变幅机构

变幅机构是与起升机构一样，也由电动机、减速器、卷筒和制动器等组成，但功率和外形尺寸较小。其作用是使起重臂俯仰以改变工作幅度。为防止起重臂变幅时失控，在减速器中装有螺杆限速摩擦停止器，或是采用蜗轮蜗杆减速器和双制动器。水平式起重臂的变幅是由小车牵引机构实现，即电动机通过减速器转动卷筒，使卷筒上的钢丝绳收或放，牵引小车在起重臂上往返运行。

2. 回转机构

回转机构是由电动机带动减速器再带动回转小齿轮围绕大齿圈转动。通常塔式起重机只装一台回转机构，重型塔式起重机装有 2 台甚至 3 台回转机构。电动机用变极电动机，以获得较好调速性能。回转支承装置由齿圈、座圈、滚动体（滚球或滚柱）、保持隔离体及联接螺栓组成。由于滚球（柱）排列方式不同可分为单排式和双排式。因为回转小齿轮和大齿圈啮合方式不同，又可以分为内啮合式和外啮合式。塔式起重机大多采用外啮合双排球式回转支承。

3. 起升机构

起升机构是由电动机、减速器、卷筒和制动器等组成的。电动机通电后通过联轴器带动减速器进而带动卷筒转动。电动机正转时，卷筒放出钢丝绳，反转时卷筒回收钢丝绳，通过滑轮组及吊钩把重物提升或下降。为提高起重作业的速度，使起升机构有多种速度。以适应起吊重物和安装就位时适当放慢，而在空钩时能快速下降，大部分起重机已具有多种起降速度。如采用功率不同的双电动机，主电动机适用于载荷作业，副电动机适用于空钩高速下降。另一种双电动机驱动是以高速多极电动机和低速多极电动机经过行星传动机构的差动组合获得多种起升速度，如图 4-7 所示。

4. 大车行走机构

大车行走机构是起重机在轨道上行走的装置。它的构造按行走轮的多少而有所不同。通常轻型塔式起重机为 4 个行走轮，中型的装有 8 个行走轮，而重型的则装有 12 个甚至 16 个行走轮。4 个行走轮的传动机构设在底架一侧或前方，由电动机带动减速器通过中间

4.2 塔式起重机

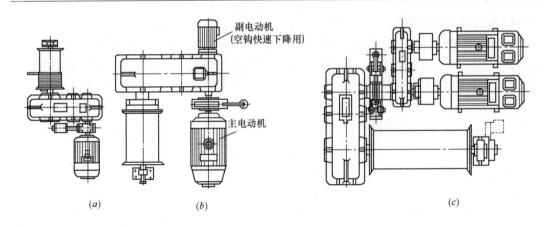

图 4-7 塔式起重机起升机构简图

(a) 滑环电动机驱动的起升机构；(b) 主电动机负责载重起升、副电动机负责空钩下降的起升机构；(c) 双电动机驱动的起升机构

传动轴和开式齿轮传动，带动行走轮而使起重机沿轨道运行。8个行走轮的需要两套行走机构（两个主动台车），而12个行走轮的则需要4套行走机构（4个主动台车）。大车行走机构通常采用蜗轮蜗杆减速器，也有采用圆柱齿轮减速器或摆线针轮行星减速器的。通常不设制动器，也有的则在电动机另一端装设摩擦式电磁制动器。如图4-8所示为各种行走机构简图。

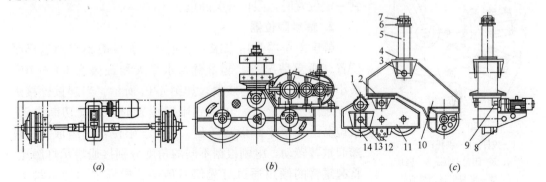

图 4-8 塔式起重机行走机构简图

(a) 4轮行走机构；(b) 8轮行走机构；(c) 12轮式行走机构

1—电动机及减速器；2—叉架；3—心轴；4—铜垫；5—枢轴；6—圆垫；
7—锁紧螺母；8—大齿圈；9—小齿轮；10—从动台车梁；11—主动台车梁；
12—夹轨器；13—主动轴；14—车轮

4.2.4 塔式起重机的安全保护装置

塔式起重机塔身较高，突出的大事故包括："倒塔"、"折臂"以及在拆装时发生"摔塔"等。塔式起重机的安全事故绝大多数都是由于超载、违章作业及安装不当等引起的。因此国家规定塔式起重机必须设有安全保护装置。否则不得出厂和使用。塔式起重机常用的安全保护装置有：

1. 起升高度限位器

起升高度限位器用以防止起重钩起升过度而碰坏起重臂的装置。可使起重钩在接触到起重臂头部之前，起升机构自动断电并停止工作。常用的包括两种型式：一是安装在起重臂头端附近，如图 4-9（a）所示，二是安装在起升卷筒附近，如图 4-9（b）所示。

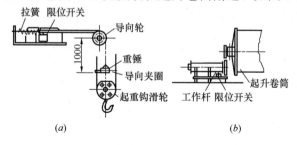

图 4-9 起升高度限位器工作原理图
(a) 安装在起重臂头端附近的限位器；(b) 安装在起升卷筒附近的限位器

安装在起重臂端头的是以起重钢丝绳为中心，从起重臂端头悬挂重锤，当起重钩达到限定的位置时，托起重锤，在拉簧作用下，限位开关的杠杆转过一个角度，使起升机构的控制回路断开，切断电源，停止起重钩上升。

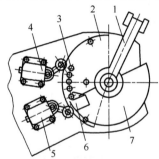

图 4-10 幅度限位器
1—拨杆；2—刷托；3—电刷；
4、5—限位开关；6—撞块；
7—半圆形活动转盘

安装在起升卷筒附近的是，卷筒的回转通过链轮和链条或齿轮带动丝杆转动，并通过丝杆的转动使控制块移动到一定位置时，限位开关断电。

2. 幅度限位器

幅度限位器是用来限制起重臂在俯仰时不得超过极限位置（通常情况下，起重臂与水平夹角最大为 60°～70°，最小为 10°～12°）的装置，如图 4-10 所示。当起重臂接近限度之前发出警报，在达到限定位置时，自动切断电源。限位器由一个半圆形活转盘、拨杆、限位器等组成。拨杆随起重臂转动，电刷根据不同的角度分别接通指示灯触点，将起重臂的倾角通过灯光信号传送至操纵室的指示盘上。当起重臂变幅到两个极限位置时，则分别撞开两个限位，随之切断电路，起到保护作用。

3. 小车行程限位器

小车行程限位器设于小车变幅式起重臂的头部和根部，包括终点开关和缓冲器（常用的包括橡胶和弹簧两种），用来切断小车牵引机构的电路，防止小车越位而造成安全事故（如图 4-11 所示）。

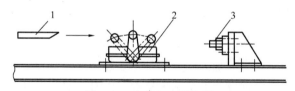

图 4-11 小车行程限位器
1—起重小车止挡块；2—限位开关；3—缓冲器

4.2 塔式起重机

4. 大车行程限位器

大车行程限位器设于轨道两端,有止动缓冲装置、止动钢轨以及装在起重机行走台车上的终点开关,防止起重机脱轨事故的发生。如图4-12所示的是塔式起重机较多采用的一种大车行程限位装置。当起重机沿图示箭头方向行进时,终点开关的杠杆即被止动断电装置(如斜坡止动钢轨)所转动,电路中的触点断开,行走机构则停止运行。

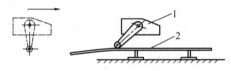

图4-12 大车行程限位装置
1—终点开关;2—止动断电装置

5. 夹轨钳

夹轨钳装在行走底架(或台车)的金属结构上,用以夹紧钢轨,防止起重机在大风情况下被风力吹动。夹轨钳(如图4-13所示)由夹钳和螺栓等组成。在起重机停放时,拧紧螺栓,使夹钳紧夹住钢轨。

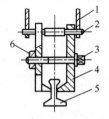

图4-13 夹轨钳
1—侧架立柱;2—轴;3—螺栓;4—夹钳;5—钢轨;6—螺母

6. 起重量限制器

起重量限制器是用以限制起重钢丝绳单根拉力的一种安全保护装置。根据构造,可安装在起重臂根部、头部、塔顶以及浮动的起重卷扬机机架附近等位置。

7. 起重力矩限制器

起重力矩限制器是当起重机在某一工作幅度下起吊载荷接近、达到该幅度下的额定载荷时发出警报进而切断电源的一种安全保护装置。用来限制起重机在起吊重物时所产生的最大力矩不超越该塔机所允许的最大起重力矩。根据构造及塔式起重机形式(动臂式或小车式)的不同,可装在塔帽、起重臂根部和端部等位置。

机械式起重力矩限止器如图4-14(a)所示,其工作原理主要是通过钢丝绳的拉力、滑轮、控制杆及弹簧进行组合,检测荷载,通过与臂架的俯仰相连的"凸轮"的转动检测幅度,由此再使限位开关工作。电动式装置如图4-14(b)所示,其工作原理主要是,在起重臂根部附近安装"测力传感器"以代替弹簧;安装电位式或摆动式幅度检测器以代替凸轮,进而通过设在操纵室里的力矩限止器合成这两种信号,在过载时切断电源。其优点是可在操纵室里的刻度盘(或数码管)上直接显示出荷载和工作幅度,并可事先把不同臂长时的几根起重性能曲线编入机构内,所以使用较多。

8. 夜间警戒灯和航空障碍灯

夜间警戒灯和航空障碍灯,由于塔式起重机的设置位置,通常比正在建造中的大楼高,因此必须在起重机的最高部位(臂架、塔帽或人字架顶端)安装红色警戒灯,以免飞机相撞。

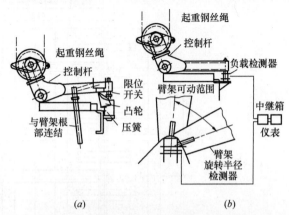

图4-14 动臂式起重力矩限制器工作原理图
(a)机械式;(b)电动式

4.2.5 塔式起重机路基与轨道的铺设

在建筑安装工程中选定有轨行走式塔式起重机后,要按照所选塔式起重机的型号及配用轨道的要求,进行路基和轨道的铺设。路基和轨道铺设技术要求如下。

1. 路基

(1) 铺设路基前,应进行测量、平整、压实等工作。地基土的承压能力应大于 $8\sim10t/m^2$。路基范围内,如果有坟坑、渗水井、松散的回填土和垃圾等,必须清理干净,并以灰土分层夯实。

(2) 路基应铺设至高出地面 250mm,不准直接铺设在冻土层上。铺筑路基的碎石粒径通常为 $50\sim80mm$,碎石层应当保持厚度均匀。在铺筑路基之前,应在已夯实的路基上摊铺一层厚为 $50\sim100mm$ 的黄砂,并进行压实。

(3) 路基两侧应设置挡土墙,一侧必须设置排水沟。

(4) 在铺设路基时,应当避开高压线路,如在塔式起重机工作范围内有照明线和其他障碍物,必须事先拆除。如有特殊情况,应当采取防护措施。

(5) 枕木的铺设,使用短枕木时通常应每隔两根短枕木铺设一根长枕木(即通枕);如果均为短枕木时,为保证轨距不变,每隔 $6\sim10m$ 应加一根拉条,拉条可用 12 号槽钢,如图 4-15 所示。

2. 轨道的铺设

轨道的铺设应符合以下技术要求:

(1) 通常塔式起重机,所使用的钢轨规格包括两种:43kg/m 和 38kg/m,使用其中哪一种应根据塔式起重机技术说明书中的要求来确定。

(2) 两轨顶应处于同一水平面上,两轨顶的高差不得超过±3mm。

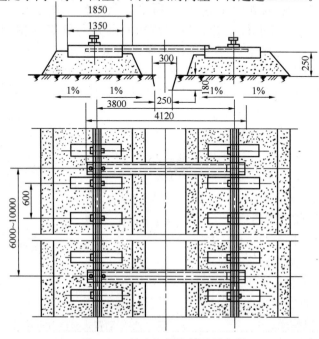

图 4-15 枕木与钢轨铺设示意图

(3) 两轨间的距离应该处处相等,轨距误差不得超过轨距的 1/1000 或±6mm。

(4) 在轨道的全长线上,纵向坡度误差不得超过整个轨道长度的 1/1000。

(5) 钢轨的接头间隙通常控制在 4~5mm,接头两侧应用夹板固定连接牢固。接头下方不得悬空,必须枕在枕木上,接头处两轨顶高度相差不得大于 2mm。

(6) 在距轨道两端不超过 0.5m 处,必须安装有缓冲作用的挡块或枕木,以防溜塔。

(7) 在钉道钉前,必须将钢轨调直,并进行测量。钉时应先每隔一根枕木钉一组道钉,道钉压舌必须压住钢轨的翼板,先钉端头,然后再钉其余道钉。在钉第二根钢轨时,要先找准轨距尺寸,再按照第一根钢轨的钉法固定。

3. 塔式起重机的接地保护

塔式起重机的轨道必须有良好的接地保护装置。沿轨道每隔 20m 应当做一组接地装置。接地装置可用 $\phi5\sim\phi20$mm 的圆钢打入地下 2.5~3mm,圆钢之间用 40mm×4mm 的扁钢焊接在一起。两根钢轨之间用大于 $8mm^2$ 的铜线相互连接起来;在轨道接头的夹板搭接处的锈皮必须清除干净,或用 25mm×4mm 的扁钢焊接在接头处两端的钢轨翼板上,将钢轨接通。轨道的接地电阻应当小于 4Ω。

4.2.6 塔式起重机的维护保养

1. 日常保养

(1) 检查并添加各工作机构减速器的油量。

(2) 检查配电机箱及电缆各接头是否牢固,保险丝接头是否松动,电缆是否擦伤或损坏。

(3) 检查各安全保护装置是否正常,当档控制器按到工作位置时,继电器、接触器均应灵敏可靠,检查各限位开关的动作是否良好。

(4) 检查并紧固各连接螺栓,检查钢丝绳的磨损及断丝情况。

(5) 检查制动器是否灵敏可靠,各连接部位不得存在歪斜、卡死现象,弹簧、电力液压杆、活塞等均应作用良好,不得有漏油现象。检查并调整制动带、制动瓦块与制动轮之间隙。

(6) 工作后应当清扫司机室,清除机身下部、电动机及各传动机构外部的灰尘和污垢。

(7) 按照润滑规定作好润滑工作。

(8) 每隔 6 个工作班应对电气部分和传动装置集中保养一次,主要内容包括:检查并调整各个工作机构传动齿轮的啮合情况;检查各连接螺栓有无松动;检查控制器与集电环,并用细砂布清除触头和铜环接触面伤所有烧焦的痕迹及滑块元件上的脏物,调整碳刷与滑环的压力,如果碳刷磨损应及时更换;检查滑轮及钢丝绳的接头,紧固滑轮挡圈的顶丝及钢丝绳卡环。

2. 一、二级保养

塔式起重机工作一段时间后应进行一级和二级保养,不同的起重机保养周期不同,保养的主要内容包括:

(1) 检查钢结构部分,焊缝是否出现裂纹,螺栓、销钉和铆钉等连接件是否松动或短缺,杆件是否存在变形,栏杆、扶梯、支承、防护罩等现象。如发现问题,应进行补焊、添配和修复。

（2）清洗各传动机构的减速器，更换已损零件，按照润滑规定更换减速器和液压推杆制动器等的油料。

（3）检查各部齿轮的磨损情况，如果磨损过大，应予修复或更换。

（4）紧固卷扬机底座、减速器箱体及其他各连接部位的螺栓。

（5）拆检制动器，清除制动带与制动轮上的油污，检查制动带的磨损情况，调整间隙，更换杠杆上的连接销及开口销。

（6）拆检回转支承装置的情况，更换已损的零件并调整间隙。

（7）检查各安全装置及限位开关，用细砂布清除限位开关触头上的焦痕，调整弹簧压力及杠杆角度。

（8）清除全部机构的灰尘及油污。

（9）按照润滑规定作好润滑工作。

4.2.7 塔式起重机的常见故障及排除方法

塔式起重机的常见故障及排除方法，见表4-4。

塔式起重机的常见故障及排除方法　　　　　　表4-4

故障部位	故障现象	故障原因	排除方法
滚动轴承	油温过高	润滑油过多	减少润滑油
		油质不符合要求	清洗轴承并换油
		轴承损坏	更换轴承
	噪音过大	有油污	清洗轴承并换新油
		安装不正确	重新安装
		轴承损坏	更换轴承
块式制动器	制动器失灵	间隙过大	调整间隙
		有油污	用汽油清洗油污
		弹簧松弛或推杆行程不足	调解弹簧张力
	制动瓦发热冒烟	间隙过小	调整制动瓦间隙
		制动瓦未脱开	调整制动瓦间隙
	电磁铁噪音高或线圈温升过高	衔铁表面太脏造成间隙过大	除去脏物，并涂上一层薄机油调整间隙
		硅钢片未压紧	压紧硅钢片
		电磁铁有一线圈断路	接好线圈或重绕
钢丝绳	磨损太快	滑轮不转动	更换或检修滑轮
		滑轮槽与绳的直径不符	更换或检修滑轮
	脱槽	滑轮偏斜或移位	调整滑轮安装位置
		钢丝绳规格不对	更换钢丝绳
滑轮	轮槽磨损不均匀	滑轮受力不均匀	更换滑轮
		滑轮加工质量差	更换滑轮
	轴向产生窜动	轴上定位件松动	调整、紧固定位件

4.2 塔式起重机

续表

故障部位	故障现象	故障原因	排除方法
吊钩	产生疲劳裂纹	使用过久或材质不佳	更换吊钩
	挂绳处磨损过大	使用过久	更换吊钩
卷筒	卷筒壁产生裂纹	材质不佳,受过大载荷冲击	更换卷筒
		筒壁磨损过大	更换卷筒
	键磨损或松动	装配不合要求	换键
减速器	噪声大	齿轮啮合不良	修理并调整啮合间隙
	温升高	润滑油过少或过多	加、减润滑油至标准油位
	产生振动	联轴器安装不正,两轴并不同心	重新调整中心距和两轴的同心度
滑动轴承	温度过高	轴承偏斜	调整偏斜
		间隙过小	适当增大轴承间距
		缺油或油中有杂物	清洗轴承,更换新油
	磨损严重	缺油或油中有脏物	清洗、换油、换轴承
行走轮	轮缘磨损严重	轨距不对	检查、调整轨距
		行走枢轴间隙过大	调整枢轴间隙
回转支承	跳动或摆动严重	滚动体磨损过大	减少垫片或换修
		小齿轮和大齿圈的啮合不正确	检修
金属结构	永久变形	超载	禁止超载、调直并加固
		拆运时碰撞或吊点不正确	禁止超载、调直并加固
	焊缝严重裂纹	超载或疲劳破坏	检修、焊补
	工作时变形过大	超载或各节接头螺栓松动,或螺栓孔过大	禁止超载,更换螺栓并紧固
电动机	接电后电动机不转	保险丝断	更换保险丝
		定子回路中断	检查定子回路
		过电流继电器动作	检查过电流继电器的整定值
	接电后,电动机不转并有嗡嗡声	断了一根电源线	查处断线处接牢
	转向不对	接线顺序不对	任意对调两根火线
	运转声音不正常	电动机接法错误	改正接法
		轴承磨损过大	更换轴承
		定子硅钢片未压紧	压紧硅钢片
	电动机温升过高	超负荷运转	禁止超负荷
		工作时间过长	缩短工作时间
		线路电压过低	暂停工作
		通风不良	改善通风条件

续表

故障部位	故障现象	故障原因	排除方法
电动机	电动机局部温升过高	电源缺相，电动机单相运行	查找断头并排除
		某一绕组与外壳短路	查找短路部位并排除
		转子与定子相碰	检查爪子与定子间隙，换轴承
	电动机停不住	控制器触头被电弧焊住	检查控制器间隙，清除弧疤或更换触头

4.3 轮胎式起重机

4.3.1 轮胎式起重机的分类

轮胎式起重机的特点是起重机装在轮胎式的底盘上，按照结构型式可分为以下几类：

1. 按底盘的特点

有汽车起重机和轮胎起重机。汽车起重机的行驶速度高，机动灵活，接近汽车行驶速度；轮胎起重机则具备转弯半径小、全轮转向、吊重行驶等特点。履带式起重机的行驶速度<10km/h。轮胎起重机已逐步向汽车起重机靠近，部分行驶速度达50km/h。

2. 按起重量

小型——起重量在12t以下；中型——起重量在16t到40t；大型——起重量大于40t；超大型——起重量在100t以上。

3. 按起重吊臂形式

按照吊臂形式可分为桁架臂式和箱形臂式。桁架臂自重轻，可接长到数十米，主要适用于大型起重机。伸缩臂起重机吊臂在工作时逐节外伸到所需长度，但吊臂自重较大，在大幅度时起重性能较差，带有折叠式的副吊臂。

目前，100t以上的桁架吊臂的轮胎式起重机吊臂长度在60~70m左右，部分达100多米。起重量超过100t的箱形伸缩臂的轮胎式起重机（最大为250t），因受到结构、材料、行驶尺寸和臂端挠曲等限制，箱形吊臂长度通常在40m以内，个别的在50m左右。

4. 按传动装置的形式

按照传动装置形式起重机可分为机械传动式、电力－机械传动式和液压－机械传动式。机械传动式已逐步被淘汰，而电力－机械传动式仅在大型的桁架臂轮胎式起重机中采用。液压－机械传动式具有结构紧凑、传动平稳、操纵省力、元件尺寸小、重量轻等特点。成为轮胎式起重机的发展方向。

4.3.2 轮胎式起重机的主要参数

轮式起重机的主要参数见表4-5。

4.3 轮胎式起重机

轮式起重机的主要参数   表 4-5

主要参数	说　明
起重量（Q）	轮式起重机的起重量是指吊钩重量在内的起重量称为总起重量（$Q+q$）。起重机的铭牌参数起重量，是指使用支腿、全周的（吊臂在任意方向的）最大额定起重量
工作幅度（R）	工作幅度是指在额定起重量下，起重机回转中心轴线至吊钩中心的水平距离。起重机工作幅度 R 与吊臂长度 L 和仰角有关，吊臂的工作角度通常在 $30°\sim75°$
起重力矩（M）	起重力矩是指最大额定起重量和相应的工作幅度的乘积。起重力矩是比较起重机起重能力的主要参数
起升高度（H）	起升高度是指吊钩升至最高极限位置时，吊钩中心至支撑面的距离，与吊臂长度和仰角有关。在同一吊臂长度下，起升高度与起重量成正比，与幅度成反比
工作速度（V）	中、小型起重机的吊钩速度通常在 $8\sim13m/min$，部分达 $15m/min$。在大型起重机中，为降低功率，减小冲击，起升速度在 $5\sim8m/min$。作为铭牌参数的起升速度，是指卷筒在最大工作速度下的第一层钢丝绳的单绳速度，或与此相应的吊钩速度。副吊钩速度为主吊钩速度的 $2\sim3$ 倍。为了提高生产率，中型以上的起重机往往具备自由下钩（重力落钩）装置。回转速度受回转起动（制动）惯性力的限制，也就是受到回转时吊臂头部处（惯性力作用处）最大圆周速度（$<180m/min$）和起动时间（$4\sim8s$）的限制。当回转半径平均为 $10m$ 时，回转速度限 $v<3r/min$ 以下。大型起重机的回转半径大，回转速度在 $1.5\sim2r/min$。而起重机铭牌参数的回转速度是指回转机构的驱动装置，在最大工作转速下起吊额定起重量时的回转速度。变幅速度是指变幅小车沿吊臂水平方向移动的速度。平均速度约在 $15m/min$ 左右。在伸缩式吊臂的外伸速度为 $6\sim10m/min$，缩回速度为外伸速度的一倍左右。液压支腿收放速度在 $15\sim50s$ 之间。轮胎式起重机的行驶速度是主要的参数之一。转移行驶速度要快，汽车起重机的行驶速度可达 $50\sim70km/h$ 以便与汽车编队行驶。由于轮胎起重机的轴距较短，重心高，无弹性悬挂的行驶速度通常在 $30km/h$ 以下，有弹性悬挂的加长轴距，降低重心，行驶速度可以在 $50km/h$，吊重行驶速度通常控制在 $5km/h$ 以下
通过性参数	通过性参数是指轮胎式起重机正常行驶时能够通过各种道路的能力。轮胎式起重机的通过性几何参数基本上接近通常公路车辆。汽车起重机的通过性和所采用的汽车底盘的一致，经改装后，最大出入不要超过 15%。车体通常长度控制在 $12m$ 以内，宽在 $2.6m$ 以内，总高不超过 $4m$。汽车起重机的最大爬坡度应和汽车相近，在 $12°\sim18°$ 左右。普通轮胎起重机的最大爬坡度为 $8°\sim14°$ 左右。越野性轮胎起重机，最大爬坡度可达 $20°\sim30°$ 左右。影响通过性的还有起重机的转弯半径（外轮的），与起重机的轴距、轮距、转向轮转角有关。轮胎式起重机的转弯半径在 $7\sim12m$ 左右，并且与轮胎尺寸有关

4.3.3 轮胎式起重机的使用要点与维护

因轮式起重机具有流动性强，作业环境变化与范围大、转移速度快、操纵要求严格、存在危险因素多等因素。所以在使用中应当十分注意危险因素及防范措施。

1. 起重机倾覆

轮式起重机的倾翻事故是起重机事故中较多的一类。一旦发生，经济损失严重，危害大。

起重机在行驶的过程中，对抗倾翻和滑移的能力，称为行驶稳定性。当起重机在起重作业时，抗倾翻力矩的能力，称为起重稳定性。在使用中，防止倾翻需要注意的事项包括：

（1）地面。作业场地地面必须坚实平整，不得下陷，整机保持水平。不要接近崖边或软弱的路肩。当不得不接近时，必须有导引人员在前方导引指挥。对于不够坚实的地面应予以加强，以便履带起重机停放或作业。用支腿的起重机，支腿下方地面不平时，应用几何形状规矩的方木垫平，木块大小根据起重机大小而定。起重机非工作状态时，应当停放在水平、坚硬的地面。上车与履带或轮胎纵向成同一方向，机械背面向风；一切制动器和锁（起重制动器、回转停车制动器、主副卷筒锁、变幅卷筒锁等）都要扣上，并停止发动机；起重的货物降落地面，起升吊钩和起重绳。

（2）风速。起重机在作业时，风速不得大于13.8m/s（相当于6级风）。臂长大于50m起重机作业时，风速不得大于9.8m/s（相当于5级风）。风速小于10m/s时，因风速在上空较大，所以如起重臂长或是物品起升较高，要注意风力影响；对迎风面积较大的货物（如墙板等），在起吊时要注意从后面来的风；不起吊货物时，从前方来的风也有一定的危险。风速在10m/s以上，为确保安全可靠，应停止工作。如起重臂长度小于50m，在作业时，要注意风向、起吊物品形状、环境条件等，相应调整操作方法。风速大于15m/s时，绝不允许起重机作业；汽车起重机和轮胎起重机应停放在避风处或室内，履带起重机应将起重臂叠降至地面，扣上回转锁和回转制动器；在紧急情况下，不把起重臂降至地面。

（3）起重机在作业前，要检查力矩限制器、水平仪等安全装置。

（4）起吊重物作业时，应符合下列要求：

1）严格按照起重机的额定起重量表和起升高度曲线作业。起吊物品不能超过规定的工作幅度和相应的额定起重量，严禁超载作业。

2）不允许用起重机吊拔起重量和拉力不清的埋置物体，冬季不能吊拔冻住的物体。

3）斜拉和斜吊都容易造成起重机倾翻。

4）不要随便增加平衡重或减少变幅钢丝绳。

5）避免上车突然起动或制动，当起吊起重量大、尺寸大、起升高度大时，更应注意。

（5）起重机在起升和行走时，应符合下列要求：

1）汽车起重机不允许吊起载荷行走；轮胎式起重机一定要在允许的起重量范围内吊重行走，路面要平整坚实，行走速度要缓慢均匀，按照道路情况及时换档，不要急刹车和急转向，避免吊重物摆动。吊臂应当在行驶前方方向。

2）起重臂长度大的履带起重机水平起臂，一定要在履带的纵方向，并在前进方向进行。在行走时，起重臂角度过大会产生摇摆，有后倾翻危险。在行走时，起重臂仰角应限于30°～70°。

（6）起重机在作业时，必须严格控制工作幅度，应当注意下述情况：

1）起重的起重臂较长时，应当严格控制工作半径，通常工作角度在30°～80°之间。

2）起升重物时，因变幅钢丝绳的伸长，使工作半径增加，特别是起重臂较长时，应充分考虑这一变化。

3）起重臂由水平位置起升时或向水平位置倾倒时要缓慢进行，此时变幅钢丝绳受到很大的拉力。

(7) 吊重作业进行中不要扳动支腿操纵手柄，防止倾覆，如需调整支腿，应将重物落地。

2. 起重机作业环境的危险因素

(1) 不允许在暗沟、地下管道和防空洞等上作业。

(2) 工作场地昏暗，无法看清场地、被吊物情况和指挥信号，此时不得进行作业。

(3) 起重作业时，臂架、吊具、辅具、钢丝绳及重物等与输电线最小距离不符合要求。

(4) 起重机作业区附近不应有人做其他工作；有人走近时，利用警音或喇叭警告。

(5) 起重机作业场所的建筑物、障碍物，是否符合起重机的行走、回转、转盘、变幅等的安全距离，应测量后再安排作业程序。

3. 安装、修理、调整、使用中应该注意的事项

(1) 起升机构使用注意事项

1) 起重臂因局部失稳产生了永久变形，即使变形很小，也是非常危险的。如不能修复，应当报废。如果可以修复，通常应由制造厂进行，修复后试验合格方可使用。

2) 起升机构不能只有液压马达制动器维持重物在空间，因时间长了液压马达内部会漏油，使起升货物下降。所以必须靠支持制动器来持久支持重物。如需较长时间保持起升重物，应锁定起升卷筒。

3) 自由落钩时，一定要解除离合器，利用起升制动器，一面制动，一面进行。

4) 在作业中，如果发生发动机突然停止，没有液压油供给蓄能器，液压会降低，离合器会脱开，操作制动器会有沉重感觉。应当即锁定起升制动器及起升卷筒锁，并解除离合器。

5) 当司机离开司机室时，要将起重物品落到地面，锁定起升制动卷筒锁，解除离合器。

(2) 回转机构的注意事项

1) 当发动机突然停止时，要提起回转制动杆，锁定回转锁。

2) 回转要缓慢进行。如突然加速，会发生载荷振动，扩大工作半径，非常危险。

3) 起重机不用时，一定要锁定回转锁，提前回转制动，扣上制动器。

(3) 确保安全装置工作正常应注意的事项

1) 起升高度限位器（防过卷装置）的布线非常重要，在线路布线或追加布线时要充分注意。其警报装置重锤位置应当按照说明书限制的尺寸安装。

2) 自动停止解除开关必须处于接通的状态。否则，整机就处于无保护状态。

3) 桁架起重臂过卷防止装置（幅度限制器）的调整应当注意以下情况：

①将螺栓调整至起重臂 80°角时，使开关接通。

②微动开关和断电器之间的导线如断线或脱落，这一装置将起作用，起重臂无法变幅。

(4) 分解桁架起重臂的注意事项

1) 将变幅滑轮组和下部架相连接起来，如没有支架，或是没有张紧变幅绳，在分解时，起重架会有落下的危险。

2) 在没有连接好变幅滑轮组和拉绳的情况下进行分解工作，将引起重大事故。尤其是拔销的时候，操作者绝对不允许进入起重架下面。

3）在变幅滑轮组和拉绳仍然相连接着的情况下卸出起重架连接销，起重架存在落下的危险。变幅滑轮组一定要安装在下部架下，下部架下垫以支架，然后拆卸起重架连接销。

4）在拆卸起重架接销时，一定要使变幅绳有适当张力。如太松弛，在卸出连接销时，起重架存在落下危险。

(5) 起重机操作注意事项

1）确认各操作杆在中立（或离合器解除）位置之后，再进行启动。

2）气温在-10℃以下时，要充分进行暖机。发动机在暖机运转中检查油路、水路、电路和仪表等。

3）发动机运转过程中，不要切断起动开关。

4）应避免升降、变幅、行走与回转三种动作的复合操作，很危险。

5）桁架臂起重机绝对不能在低于双足支架位置进行工作；在变幅钢丝绳连接着起重机底架时，绝对不允许让起重架的头部离开地面。

6）在操作起重机时，推入离合器杆以后一定要锁定离合器。

7）起重机在操作时应符合安全技术操作规程的要求。

4.3.4 液压式轮胎式起重机的常见故障及排除方法

1. 起重臂系统

起重臂系统的常见故障及排除方法，见表4-6。

起重臂系统的常见故障及排除方法　　　　　表4-6

故障现象	故障原因	排除方法
起重臂伸缩速度缓慢、无力	(1) 液压动力系统故障 (2) 手动控制中的溢流阀故障 (3) 伸缩控制阀中溢流阀的故障 (4) 分流器故障	(1) 检查、调整 (2) 解体、清洗、调节或更换有损坏的零件的组件 (3) 解体、清洗、调节或更换损坏元件
吊臂自动回缩	(1) 伸缩油缸故障 (2) 平衡阀故障	检查、调整、更换元件
起重臂伸缩振动（如发动机转速达到一定时，起重臂不再发生振动，则认为该吊臂是正常的）	(1) 起重臂结构不合格 (2) 平衡阀阻尼堵死 (3) 滑动部位摩擦阻力过大	(1) 起重臂箱体之间的润滑不充分，应涂抹润滑脂；滑块的表面变形太大或损坏，应更换有缺陷的滑块；起重臂滑动表面损坏，应更换有缺陷的吊臂节或研磨损伤了的表面 (2) 检查处理平衡阀
各节起重臂伸出长度无补偿	(1) 液动阀（阀主体或电磁阀），伸缩臂控制阀，特别是电磁阀故障 (2) 电路故障	(1) 应清洗滤油器、更换电磁铁、解体更换阀总成 (2) 检查处理线路故障

4.3 轮胎式起重机

续表

故障现象	故障原因	排除方法
伸臂时，起重臂垂向弯曲变形或侧向弯曲变形过大	(1) 滑块磨损过多 (2) 滑块的磨损是调整垫已不够调整用 (3) 起重臂箱体的局部屈曲或变形	(1) 更换滑块 (2) 增加调整垫 (3) 更换不合格的该节起重臂
桁架起重臂臂架几何尺寸和形状误差超过允许值	(1) 组装起重架的接长架顺序错误 (2) 臂架连接螺栓未紧固 (3) 臂架变形	(1) 调换 (2) 检查拧紧 (3) 检查各节臂，有永久变形的臂架修复，如不能修复，应报废

2. 起升机构

起升机构的常见故障及排除方法，见表 4-7。

起升机构的常见故障及排除方法　　　　　　　　　　　　　　表 4-7

故障现象	故障原因	排除方法
起升机构不动作或动作缓慢	(1) 手动控制阀故障 (2) 液压马达故障 (3) 平衡阀过载溢流阀的故障 (4) 起升制动带故障	(1) 检查处理 (2) 检查处理 (3) 调整、更换弹簧或总成 (4) 调整制动带或更换弹簧
在起升机构工作时运动间断	单向阀故障	清洗、更换
起升制动能力减弱	起升制动带调得不合适或弹簧故障	调整制动带或更换弹簧
落钩时载荷失去控制或反应迟缓	平衡阀故障	拆开清洗
在起升机构工作时，起升制动带打不开	(1) 液压油外泄漏 (2) 由于锈蚀、卡住等原因时活塞的动作产生故障	(1) 更换密封件 (2) 更换油缸总成

3. 变幅机构

变幅机构的常见故障及排除方法，见表 4-8。

变幅机构的常见故障及排除方法　　　　　　　　　　　　　　表 4-8

故障现象	故障原因	排除方法
变幅油缸自动缩回	(1) 油缸本身故障 (2) 平衡阀故障	(1) 检查处理 (2) 拆开清洗，更换组件、O 形圈或阀芯阀座
变幅油缸推力不够	(1) 手动控制阀内的溢流阀或油口溢流阀故障 (2) 油缸本身故障 (3) 液压动力系统故障	(1) 解体、清洗、更换组件 (2) 检查处理 (3) 检查处理

续表

故障现象	故障原因	排除方法
变幅油缸动作不正常	平衡阀或手动控制阀内的油口溢流阀故障	解体清洗、更换组件
变幅油缸振动	(1) 弹簧或平衡阀阀芯损坏 (2) 节流孔堵塞,缸内有气	(1) 更换损坏的弹簧或平衡阀阀芯 (2) 拆开清洗各阻塞的节流孔
保压能力下降	单向阀故障	解体清洗,更换阀组件

4. 回转机构

回转机构的常见故障及排除方法,见表 4-9。

回转机构的常见故障及排除方法　　　　　　　　　　表 4-9

故障现象	故障原因	排除方法
回转能力不够充分	(1) 手动控制阀内溢流阀的故障,或是单向阀的故障 (2) 回转驱动装置故障 (3) 流量控制阀故障 (4) 液压动力系统的故障	(1) 手动控制阀内溢流阀的故障,或是单向阀的故障 (2) 回转驱动装置故障 (3) 流量控制阀故障 (4) 液压动力系统的故障
油冷却器功能减弱	(1) 手动控制阀内溢流阀或单向阀的故障 (2) 流量控制阀的故障 (3) 液压动力系统的故障	(1) 解体检查,更换 (2) 更换断了的弹簧 (3) 检查处理
在回转运动时有常见振动或噪声回转运动时油压显著升高	(1) 回转支承内圈的齿轮或驱动齿轮发生异常磨损 (2) 滚珠和垫片损坏或严重磨损 (3) 内圈齿轮和驱动齿轮或导轨内缺乏润滑	(1) 更换回转支承或驱动齿轮 (2) 更换回转支承 (3) 加入润滑脂

5. 汽车起重机和轮胎起重机的支腿机构

汽车起重机和轮胎起重机的支腿机构常见故障及排除方法,见表 4-10。

汽车起重机和轮胎起重机的支腿机构常见故障及排除方法　　　　表 4-10

故障现象	故障原因	排除方法
升降油缸和伸缩油缸动作速度慢和力量不够	(1) 手动控制阀中的溢流阀或单向阀动作不良 (2) 液压泵故障	(1) 解体检查、处理 (2) 检查、处理
起重机行走时升降油缸或伸缩油缸自己伸出	(1) 手动控制阀内部的液控单向阀失灵 (2) 油缸本身故障,漏油	(1) O 形圈损坏,应更换;活塞和阀体之间因卡住而划伤,应解体。如有划伤,更换液控单向阀组件 (2) 检查处理
起重机工作时,升降油缸自己缩回	(1) 油缸本身故障 (2) 装在有故障的油缸上的液控单向阀失灵	(1) 检查处理 (2) 弹簧损坏,应更换;单向阀和阀体之间的密封表面有灰尘或划伤。解体后清洗,有划伤应更换组件

4.3 轮胎式起重机

续表

故障现象	故障原因	排除方法
前支腿油缸动作速度慢和力量不够	溢流阀故障	(1) 弹簧损坏,应更换 (2) 调节螺钉松动,使调定的压力降低。应拧紧螺钉,重新调压 (3) 阀动作不正常,视情更换

6. 安全装置系统

安全装置系统的常见故障及排除方法,见表4-11。

安全装置系统的常见故障及排除方法　　　　表 4-11

故障现象	故障原因	排除方法
当吊钩过卷或已经达到100%的力矩时,起重机未能自动停机	(1) 电磁阀发生故障 (2) 配电系统故障 (3) 力矩限制器失灵	检查修理
起重臂的变幅、伸缩和起升机构的低速动作不能实现	单向阀故障	检查修理,由于弹簧损坏而使密封失灵,应重换弹簧

7. 操纵系统

操纵系统的常见故障及排除方法,见表4-12。

操纵系统的常见故障及排除方法　　　　表 4-12

故障现象	故障原因	排除方法
液压控制操纵装置的起重机加速器功能失效	(1) 主动油缸损坏 (2) 控制油缸损坏 (3) 连板的活动不灵活	(1) 应修复或更换 (2) 应修复或更换 (3) 应施加润滑脂
用液压支腿的起重机,当推动直腿操纵杆时,泵的转速变化不平稳	(1) 机械阀主体动作失灵 (2) 气缸故障	(1) 应更换机械阀总成 (2) 缸筒和活塞之间发生卡滞,应更换气缸总成;活塞杆和缸盖之间卡滞,应更换活塞杆和缸盖;弹簧损坏,应更换
液压支腿完全外伸,安全系统出故障	(1) 气缸故障,当活动支尾全部伸出时,限位块还未脱开或脱不合 (2) 电线破断 (3) 缸用电磁阀失灵 (4) 限位开关故障或未调整好	(1) 缸筒和活塞卡滞,更换气缸总成;活塞杆和缸盖卡滞,更换活塞杆和缸盖;弹簧损坏,应更换 (2) 修复 (3) 应修复 (4) 更换或校正限位开关
液压轮胎起重机转向沉重	(1) 油泵齿轮端口间隙过大 (2) 油箱液压油不足 (3) 液流安全阀柱塞卡滞 (4) 液压方向机失灵	(1) 应更换 (2) 加油 (3) 清洗 (4) 检查修理
转向时左右轻重不等,直线行驶跑偏	控制滑阀位置不正	调套或更换

续表

故障现象	故障原因	排除方法
离合器控制操纵装置的起重机的起升、变幅、行走、回转操纵杆松动、振动、操纵杆弹回到中间	(1) 离合器稳定装置故障 (2) 制动器稳定装置故障	(1) 调整起升、变幅、行走的离合器的稳定装置 (2) 调整回转液压制动器的稳定装置

8. 液压系统

液压系统的常见故障及排除方法，见表 4-13。

液压系统的常见故障及排除方法　　　表 4-13

故障现象	故障原因	排除方法
起重机没有动作或动作缓慢	(1) 液压泵损坏 (2) 手动控制阀损坏 (3) 回转接头损坏 (4) 溢流阀失灵	检查修理
油温上升过快	(1) 液压泵损坏或故障 (2) 液压油污染或油量不足	(1) 更换或修理 (2) 应更换或补充液压油
液压泵不转动	(1) 取力装置或操纵系统发生故障 (2) 底盘离合器故障	(1) 应检查、修理或更换故障元件 (2) 应修理离合器
所有执行元件或某一执行元件动作缓慢无力	(1) 液压泵损坏 (2) 回转接头故障 (3) 手动控制阀的溢流阀发生故障	检查修理
回油路压力高	滤油器（油箱或油路中的）堵塞	应更换滤芯
液压油外泄	(1) 密封圈或密封环损坏 (2) 螺栓或螺母未拧紧 (3) 套筒或焊缝有裂纹 (4) 管路连接处有毛病 (5) 管损坏	(1) 应更换 (2) 按规定的扭矩拧紧螺栓 (3) 修理或更换 (4) 拧紧接头或更换管路 (5) 更换
回转接头通电不良	(1) 电刷与滑环接触不良 (2) 焊接处断开	(1) 应修理 (2) 修理焊接处
离合器接合不良	(1) 离合器损伤 (2) 弹簧损坏	应更换
离合器有异常噪声	轴承损坏	更换损坏的轴承
力矩限制器没有动作	限制开关没有调好或限位开关本身有毛病	重新调整或更换限位开关
油路系统噪声	(1) 管道内存在空气 (2) 油温太低 (3) 管道及元件未紧固好 (4) 平衡阀失灵 (5) 滤油器堵塞 (6) 油箱油液不足	(1) 排除液压元件及管路内部气体 (2) 低速运转油泵将油加温或换油 (3) 紧固，特别注意油泵吸油管不能漏气 (4) 调整或更换 (5) 清洗和更换滤芯 (6) 加油

4.4 履带式起重机

4.4.1 履带式起重机的构造组成

履带式起重机是一种具有履带行走装置的转臂起重机,如图 4-16 所示。通常可以与履带挖掘机换装工作装置,也有专用的。其起重量和起升高度较大,常用的为 10~50t,目前最大起重量达 350t,最大起升高度达 135m,吊臂一般是桁架结构的接长臂。由于履带接地面积大,机械能在较差的地面上行驶和作业,作业时不需支腿,可带载移动,并可原地转弯,因此在建筑工地得到较广泛的应用。但自重大,行走速度慢(<5km/h),转场时需要其他车辆搬运。

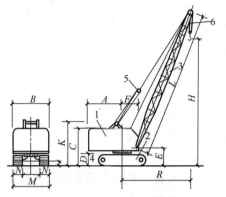

图 4-16 履带式起重机
1—机身;2—行走装置(履带);3—起重杆;
4—平衡重;5—变幅滑轮组;6—起重滑轮组
H—起重高度;R—起重半径;L—起重杆长度

4.4.2 履带式起重机的行走装置

液压式起重机的行走装置,如图 4-17 所示,由连接回转支承装置的行走架通过支重轮、履带将载荷传到地面。履带呈封闭环绕过驱动轮和导向轮,为减少履带上分支挠度,由 1~2 个托带轮支持。行走装置的传动是由液压马达经减速器传动驱动轮使整个行走装置运行。当履带因磨损而伸长时,可由张紧装置调整其松紧度。机械式起重机行走装置的结构和液压式起重机相似,其履带及履带架为开式结构。行走传动是由上部传动机构通过行走竖轴,经锥齿轮副通过左右链轮及链条,使驱动轮转动。

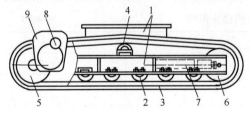

图 4-17 液压式起重机行走装置
1—行走架;2—支重轮;3—履带;
4—托带轮;5—驱动轮;6—导向轮;
7—张紧装置;8—液压马达;9—减速器

1. 行走架

行走架由底架,横梁及履带架组成。底架连接平台,承受上部载荷,并通过横梁传给履带架。行走架有结合式和整体式两种,整体式刚性较好而得到普遍采用。

2. 履带

履带由履带板、履带销及销套组成。机械式起重机都采用铸钢平面履带板,液压式都采用短筋轧制履带板,其节距也小于机械式的,因此能减少履带轨链对各轮上的冲击和磨损,提高行走速度支重轮。支重轮固定在行走架上,其两边的凸缘起夹持履带作用,使履带行走时不会横向脱落。起重机全部质量通过支重轮传给地面,其载荷很大,工作条件又恶劣,经常处于尘土、泥水中,因此在支重轮两端装有浮动油封,不需要经常注油。

4 建筑起重及运输机械

3. 托带轮

托带轮用来托住履带不使下垂并在其上滚动,防止履带横向脱落和运动时的振动。通常起重机的托带轮与支重轮通用,数量少于支重轮,每边只有1~2个。

4. 导向轮

导向轮用于引导履带正确绕转,防止跑偏和越轨。导向轮的轮面为光面,中间有挡肩环作为导向用,两侧的环面则能支撑轨链起支重轮作用。

5. 驱动轮

驱动轮在转动时,推动履带向前行走。在行走时导向轮应在前,驱动轮应在后,这样既可缩短驱动段的长度,减少功率损失,又可提高履带使用寿命。机械传动需要一套复杂的锥齿轮、离合器及传动轴等使驱动轮转动;液压传动只需要两个液压马达通过减速器分别使左、右驱动轮转动。由于两个液压马达可分别操纵,因此起重机的左右履带可以同步前进、后退或一条履带驱动、一条履带止动的转弯处,还可以两条履带相反方向驱动,实现起重机的原地旋转。

6. 张紧装置

履带张紧装置的作用是经常保持履带一定的张紧度,防止履带因销轴等磨损而使节距增大。机械式起重机张紧装置通常采用螺栓调整;液压式起重机都采用带辅助液压缸的弹簧张紧装置,调整时只要用油枪将润滑脂压入液压缸,使活塞外伸,一端推动导向轮,另一端压缩弹簧使之预紧。如果履带太紧需放松时,可以拧开注油嘴,从液压缸中放出适量润滑脂,如图4-18所示。

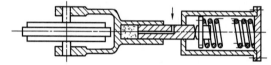

图 4-18 液压履带张紧装置

4.4.3 履带式起重机的性能指标

履带式起重机的技术性能,见表4-14。

常用履带式起重机的性能指标　　表 4-14

项目		起重机型号								
		W-501			W-1001			W-2001 (W-2002)		
操纵形式		液压			液压			气压		
行走速度(km/h)		1.5~3			1.5			1.43		
最大爬坡能力(°)		25			20			20		
回转角度(°)		360			360			360		
起重机总重(t)		21.32			39.4			79.14		
吊杆长度(m)		10	18	18+2①	13	23	30	15	30	40
回转半径	最大(m)	10	17	10	12.5	17	14	15.5	22.5	30
	最小(m)	3.7	4.3	6	4.5	6.5	8.5	4.5	8	10
起重量	最大回转半径时(t)	2.6	1	1	3.5	1.7	1.5	8.2	4.3	1.5
	最小回转半径时(t)	10	7.5	2	15	8	4	50	20	8
起重高度	最大回转半径时(t)	3.7	7.6	14	5.8	16	24	3	19	25
	最小回转半径时(t)	9.2	17	17.2	11	19	26	12	26.5	36

① 18+2 表示在18m吊杆上加2m鸟嘴。相应的回转半径、起重量、起重高度各数值均为副吊钩的性能。

4.5 施工升降机

4.5.1 施工升降机的分类及结构特点

施工升降机是作为垂直或倾斜方向输送人员和物料的机械,主要用于建筑施工、装修与维修,还可作为仓库、码头、船坞、高塔等长期使用的垂直运输机械。按照传动形式分为齿轮齿条式,钢丝绳式和混合式。

1. 齿轮齿条式

如图4-19所示的齿轮齿条式是一种通过布置在吊笼上的传动装置中的齿轮与布置在导轨架上的齿条相啮合,吊笼沿导轨架运动,完成人员和物料输送的施工升降机。其结构特点包括:传动装置驱动齿轮,使吊笼沿导轨架的齿条运动;导轨架为标准拼接组成,截面形式分为矩形和三角形,导轨架由附墙架与建筑物相连,增加刚性,导轨架加节提高由自身辅助系统完成。吊笼分为双笼和单笼,吊笼上配有对重来平衡吊笼重量,提高运行平衡性。

2. 钢丝绳牵引式

如图4-20所示,钢丝绳牵引式是由提升钢丝绳通过布置在导轨架上的导向滑轮,用设置于地面的卷扬机使吊笼沿导轨架作上下运动,导轨架分单导、双导和复式井架等形式。单导和双导轨架由标准节组成,类似塔式起重机的塔身机构。复式井架为组合式拼接形式,无标准节,整体拼接,一次性达到架设高度。吊笼可以分为单笼、双笼和三笼等。导轨架可由附墙架与建筑物相连接,也可采用缆风绳形式固定。

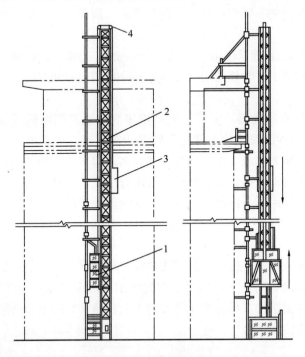

图4-19 施工电梯
1—吊笼;2—导轨架;3—平衡重箱;4—天轮

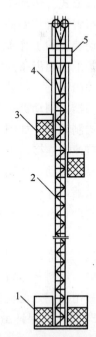

图4-20 钢丝绳式升降机
1—底笼;2—导轨架;3—吊笼;
4—外套架;5—工作平台

3. 混合式

混合式是一种将齿轮齿条式和钢丝绳式升降机组合为一体的施工升降机。一个吊笼由齿轮齿条驱动，另一个吊笼采用钢丝绳提升。这种结构的特点是工作范围大，速度快，由单根导轨架，矩形截面，标准节组成，有附墙架。

4.5.2 施工升降机的金属结构及主要零部件

1. 导轨架

施工升降机的导轨架是该机的承载系统，通常由型钢和无缝钢管组合焊接形成格构式桁架结构。截面形式分为矩形和三角形。导轨架由顶架（顶节）、底架（基节）和标准节组成。顶架上布置有导向滑轮，底架上也布置有导向滑轮，并与基础连接。标准节具有互换性，节与节之间采用销轴连接或螺栓连接。导轨架的主弦杆用作吊笼的导轨。SC型施工升降机的齿条布置在导轨架的一个侧面上。

为确保施工升降机正常工作，导轨架的强度、刚度和稳定性，当导轨架达到较大高度时，每隔一定距离要设置横向附墙架或锚固绳。附墙架的间隔通常约为8～9m，导轨架顶部悬臂自由高度为10～11m。

2. SC型施工升降机的传动装置

（1）传动形式。SC型施工升降机上的传动装置即是驱动工作机构，通常由机架、电动机、减速机、制动器、弹性联轴器、齿轮、靠轮等组成。随着液压技术的不断发展，在施工升降机上也出现了原动机液压传动方式的传动装置。液压传动系统有可无级调速、起动制动平稳的特点。

（2）布置方式。传动装置在吊笼上的布置方式分为：内布置式、侧布置式、顶布置式和顶布置内布置混合式四种。

（3）传动装置的工作原理 如图4-21所示，由主电机，经联轴器、蜗杆、蜗轮、齿轮、传到齿条上。因齿条固定在导轨架上，导轨架固定在施工升降机的底架和基础上，齿轮的转动带动吊笼上下移动。

（4）制动器。制动器采用摩擦片式制动器，安装于电动机尾部，也有用电磁式制动器。摩擦片式制动器，如图4-22所示。内摩擦片与齿轮联轴器用键连接，外摩擦片经过导柱与蜗轮减速箱连接。失电时，线圈无电流，电磁铁与衔铁脱离，弹簧使内外摩擦片压紧，联轴器停止转动，传动装置处于制动状态。在通电时，线圈有电流，电磁铁与衔铁吸紧，弹簧被压缩，外摩擦片在小弹簧作用下与内摩擦片分离，联轴器处于放开状态，传动装置处于非制动状态，吊笼可运行。

3. 吊笼

吊笼是施工升降机中用以载人和载物的部件。为封闭式结构，吊笼顶部及门之外的侧面应当有围护。进料和出料两侧设有翻板门，其他侧面由钢丝网围成。SC型施工升降机在吊笼外挂有司机室，司机室为全封闭结构。吊笼与导轨架的主弦杆通常有四组导向轮连接，如图4-23所示，保证吊笼沿导轨架运行。

4. 对重

在齿轮齿条驱动的施工升降机中，通常均装有对重，用来平衡吊笼的重量，降低主电机的功率，节省能源。同时改善导轨架的受力状态，提高施工升降机运行的平稳性。

4.5 施工升降机

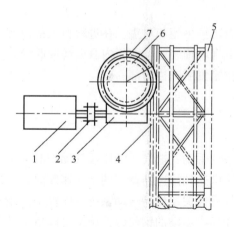

图 4-21 施工升降机传动系统图
1—主电机；2—联轴器；3—蜗杆；
4—齿条；5—导轨架；6—蜗轮；7—齿轮

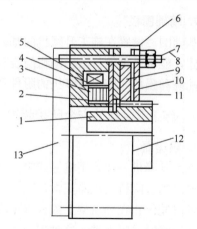

图 4-22 摩擦片式制动器
1—联轴器；2—联候；3、6—弹簧；4—磁线圈；
5—电磁铁；7—螺栓；8—螺母；9—内摩擦片；
10—外摩擦片；11—端板；12—罩壳；13—涡轮减速

5. 附墙发架

为保证稳定性和垂直度，每隔一定距离用附墙架将导轨架和建筑物联接起来。附墙架通常包括联接环、附着桁架和附着支座组成。附着桁架常见的是两支点式和三支点式附着桁架。

6. 导轨架拆装系统

施工升降机通常都具有自身接高加节和拆装系统，常见有类似自升式塔机的自升加节机构，主要由外套架、工作平台、自升动力装置、电动葫芦等组成。另一种是简易拆装系统，由滑动套架和套架上设置的手摇吊杆组成。工作原理如图 4-24 所示。转动卷扬机收放钢丝绳，即可吊装标准节。吊杆的立柱在套架中即可转动，也可上下滑动，以确保标准节方便就位。待标准节安装后，通过吊笼将吊杆和套架一起顶升到新的安装工作位置，以准备下一个标准节的安装。安装工作完毕，利用销轴将其固定在导轨架上部。

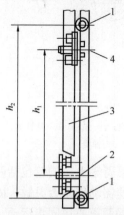

图 4-23 吊笼与导轨的联接
1—两侧导向轮；2—后导向轮支点；
3—导轨架主弦杆；4—前导向轮支点

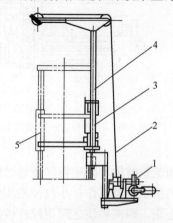

图 4-24 简易拆装系统
1—卷扬机；2—钢丝绳；3—销轴；
4—立柱；5—套架

235

7. 基础围栏

基础围栏设置在施工升降机的基础上，用以防护吊笼和对重。在进料口上部设有坚固的顶棚，能承受重物打击。围栏门装有机械或电气联锁装置，围栏内有电缆回收筒，防止电缆乱绕和损坏，施工升降机的附件和地面操作箱置于围栏内部。

4.5.3 施工升降机的安全防护装置

1. 限速器

施工升降机一律采用机械式限速器，不得采用手动、电气、液压或气动控制等形式的限速器。当升降机出现非正常加速运行，瞬时速度达到限速器调定的动作速度时，迅速制动，将吊笼停止在导轨架上或缓慢下降。同时行程开关动作将传动系统的电控回路断开。

（1）瞬时式限速器。这种限速器主要用于卷扬机驱动的钢丝绳式施工升降机上，与断绳保护装置配合使用。其工作原理如图 4-25 所示。

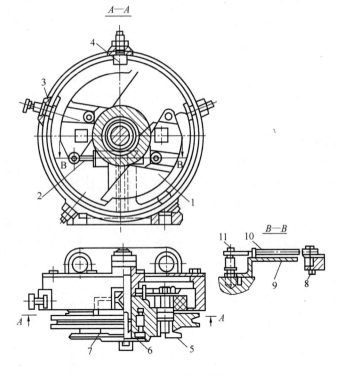

图 4-25 瞬时限速器
1—离心块；2—拉杆；3—活动挡块；4—固定挡块；5—销轴；6—悬臂轴；
7—槽轮；8、11—销；9—支架；10—弹簧

在外壳上固定悬臂轴，限速钢丝绳通过槽轮装在悬臂轴上。槽轮包括两个不同直径的沟槽，大直径的用于正常工作，小直径的用来检查限速器动作是否灵敏。固定在槽轮上的销轴上装有离心块，两离心块之间用拉杆铰接，以确保两离心块同步运动。通过调节拉杆的长度可改变销子之间的距离，在装离心块一侧的槽轮表面上固定有支架，在支承端部与拉杆螺母之间装有预压弹簧。因拉杆连接离心块，弹簧力迫使离心块靠近槽轮旋转中心，固定挡块突出在外壳内圆柱表面上。

当槽轮在与吊笼上的断绳保护装置带动系统杆件连接的限速钢丝绳,以额定转速旋转时,离心块产生的离心力还不足以克服弹簧力张开,限速器随同正常运行的吊笼而旋转;提升钢丝绳拉断或松脱,吊笼以超过正常的运行速度坠落时,限速钢丝绳带动限速器槽轮超速旋转,离心块在较大的离心力作用下张开,并抵在挡块上,停止槽轮转动。吊笼继续坠落时,停转的限速器槽轮靠摩擦力拉紧限速钢丝绳,通过带动系统杆件驱动断绳保护装置制停吊笼。

在瞬时限速器上还装有限位开关。限速器动作时,能同时切断施工升降机动力电源。瞬时式限速器的制动距离短,动作猛烈,冲击较大,制动力大小无法控制。

(2) 渐进式限速器。这种限速器制动力是固定的,或逐渐增加,制动距离较长,制动平稳,冲击力小。主要用于齿轮齿条式施工升降机。渐进式限速器按照施工升降机有无对重可分为两种,无对重的采用单向限速器,有对重的采用双向限速器。这种限速器本身具有制动器功能,因此也叫限速制动器。单向限速器应用离心块来实现限速,随着离心块绕轴旋转时所处位置的不同,重力和离心力的夹角时刻变化。两者重合时,离心块摆动幅度最大。单向限速器的制动部分是一个带式制动器,升降机在正常运行时,制动轮内的凸齿不与离心块接触,轮上没有制动力矩。当吊笼超速时,离心块甩出,与制动轮内凸齿相嵌,迫使制动轮与制动带摩擦产生制动力矩。

2. 断绳保护装置

安全保护装置只允许采用机械式控制方式。主要用于钢丝绳牵引式施工升降机上。当吊笼的提升钢丝绳或对重悬挂钢丝绳裂断时,迅即产生制动动作,将吊笼或对重制停在导轨架上。按照结构形式分为瞬时式和阻尼式两种。

(1) 瞬时式断绳保护装置。瞬时式断绳保护装置的布置方式取决于施工升降机构的形式。对于整体架设的施工升降机,其布置方式如图 4-26 所示。限速器装在导轨架基础节上不动,限速钢丝绳一端绕过导轨架上部导向滑轮通过夹块与杠杆相连,另一端绕过限速器槽轮再通过连接张紧锤的导轨架下部导向滑轮回到夹块与杠杆相连。吊笼超速坠落时,与装在吊笼上的杠杆相连的夹块通过限速钢丝绳带动限速器超速旋转,甩开离心块,将限速器槽轮制动。吊笼继续坠落时,制动的限速器槽轮反过来通过限速钢丝绳牵动杠杆克服弹簧的拉力,顺时针旋转,再通过杠杆系统和捕捉器楔块的拉杆向上提升楔块,楔紧导轨,停止吊笼坠落。

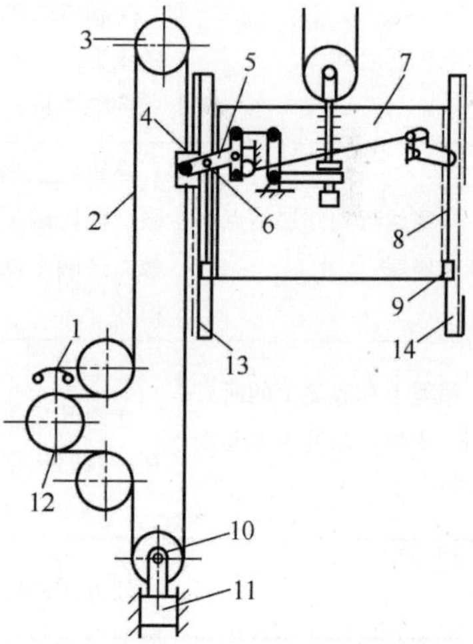

(2) 阻尼式断绳保护装置。阻尼式断绳保护装置又称偏心轮式捕捉器,按照弹簧激发方式可分为扭转弹簧激发式和压缩弹簧激发式两种。

3. 连锁开关和终端开关

施工升降机上多处设有连锁开关,例如:吊笼的进料门、出料门处,当吊笼门完全关闭后,吊笼才能启动。其他部位有基础防护围栏门(底笼)、吊笼顶部的安全出口、司机室门、限速器和断

图 4-26 断绳保护装置的布置
1—限速器;2—驱动绳;3—上导向滑轮;4—夹块;5—杠杆;6—弹簧;7—吊笼;8—楔块拉杆;9—楔块;10—下导向滑轮;11—张紧锤;12—槽轮;13、14—导轨

绳保护装置上。通常还装有终端开关，包括强迫减速开关、限位开关及极限开关。

强制减速开关安装在导轨架的顶端和底部，当吊笼失控后，冲向导轨架顶部或底部时，经过强制减速开关，此时迅速动作，确保吊笼有足够的减速距离。

限位开关由上限位开关和下限位开关组成。若强制减速开关未能使吊笼减速、停止，继续运行，限位开关动作，迫使吊笼停止。

极限开关由上下极限开关组成，当吊笼运行超过限位开关和越程后，极限开关将切断总电源使吊笼停止运行。极限开关是非自动复位的，动作后需手动复位才能使吊笼重新起动。

4. 缓冲器

施工升降机额定起升速度≤1.6m/s时，使用蓄能型或耗能型缓冲器；额定起升速度大于1.6m/s时，使用带缓冲复位运动的蓄能型或耗能型缓冲器。

5. 电气安全保护系统

施工升降机电气设备的保护系统，主要包括相序保护、急停开关、短路保护、零位保护、报警系统、照明等。

4.5.4 施工升降机的常见故障及排除方法

施工升降机的常见故障及排除方法，见表4-15。

施工升降机的常见故障及排除方法　　　　表4-15

故障现象	故障原因	排除方法
电机不启动	控制电路短路，熔断器烧毁；开关接触不良或折断；开关继电器线圈损坏或继电器触点接触不良；有关线路出了毛病	更换熔断器并查找短路原因；清理触点，并调整接点弹簧片，如接点折断，则更换；逐段查找线路毛病
吊笼运行到停层站点不减速停层	导轨架上的撞弓或感应头设置位置不正确；杠杆碰不到减速限位开关；选层继电器触点接触不良或失灵；有关线路断了或接线松开	检查撞弓和感应头安装位置是否正确；更换继电器或修复调整触点；用万用表检查线路
吊笼上和底笼上的所有门关闭后，吊笼不能起动运行	连锁开关接触不良；继电器出现故障或损坏；线路出现毛病	用导线短接法检查确定，然后修复；排除继电器故障或更换；用万用表检查线路是否通畅
吊笼在运行中突然停止	外电网停电或倒闸换相；总开关熔断器烧断或自动空气开关跳闸；限速器或断绳保护装置动作	如停电时间过长，应通知维修人员更换保险丝，重新合上空气开关；断开总电源使限速器和断绳保护装置复位，然后合上电源，检查各部分有无异常
吊笼平层后自动溜车	制动器制动弹簧过松或制动器出现故障	调整和修复制动器弹簧和制动器
吊笼冲顶、撞底	继电器失灵；强迫减速开关、限位开关、极限开关等失灵	查明原因，酌情修复或更换元件
吊笼起动和运行速度有明显下降	制动器抱闸未完全打开或局部未打开；三相电源中有一相接触不良；电源电压过低	调整制动器；检查三相电线，紧固各接点。调整三相电压，使电压值不小于规定值的10%

4.6 机动翻斗车

续表

故障现象	故障原因	排除方法
吊笼在运行中抖动或晃动	减速箱蜗轮、蜗杆磨损严重，齿侧间隙过大；传动装置固定松动；吊笼导向轮与导轨架有卡阻和偏斜挤压现象；吊笼内重物偏载过大	调整减速箱中心距或更换蜗轮蜗杆，检查地脚螺栓、挡板、压板等，发现松动要拧紧，调整吊笼内载荷重心位置
传动装置噪声过大	齿轮齿条啮合不良，减速箱蜗轮、蜗杆磨损严重，缺润滑油，联轴器间隙过大	检查齿轮、齿条啮合状况，齿条垂直度、蜗轮、蜗杆磨损状况，必要时应修复或更换，加润滑油，调节联轴器间隙
局部熔断器经常烧毁	该回路导线有接地点或电气元件有接地；有的继电器绝缘垫片击穿，熔断器容量小，且压接松；接触不良；继电器、接触器触点尘埃过多；吊笼起动制动时间过长	检查接地点，加强绝缘，加绝缘垫片或更换继电器，按额定电流更换保险丝并压接紧固，清理继电器、接触器表面尘埃，调整起动制动时间
吊笼运行时，吊笼内听到摩擦声	导向轮磨损严重，安全装置楔块内卡入异物；由于断绳保护装置拉杆松动等原因，使楔块与导轨发生摩擦现象	检查导向转磨损情况，必要时应更换导向轮，清除楔块内异物。调整断绳保护装置拉杆距离，保证卡板与导轨架不发生摩擦
吊笼的金属结构有麻电感觉	接地线断开或接触不良；接零系统零线重复接地线断开；线路上有漏电现象	检查接地线，接地电阻不大于4Ω；接好重复接地线；检查线路绝缘，绝缘电阻不应低于0.5MΩ
牵引钢丝绳和对重钢丝绳磨损剧烈，断丝剧增	导向滑轮安装偏斜，平面误差大；导向滑轮有毛刺等缺陷；卷扬机卷筒无排绳装置，绳间互相挤压；钢丝绳与地面及其他物体有摩擦现象	调整导向滑轮平面度，检查导向滑轮的缺陷，必要时应更换，保证钢丝绳与其他物体不发生摩擦
制动轮发热	调整不当，制动瓦在松闸状态没有均匀地从制动轮上离开；制动轮表面有灰尘，线圈中有断线或烧毁；电磁力减少，造成松闸时闸带未完全脱离制动轮；电动机轴窜动量过大，使制动轮窜动且产生跳动，开车时制动轮磨损加剧	调整制动瓦块间隙，使之松闸时均匀离开制动轮，不保证间隙<0.7mm。调整电机轴的窜动量。保证制动轮清洁
吊笼起动困难	载荷超载，导轨接头错位差过大，导轨架刚度不好，吊笼与导轨架有卡阻现象	保证起升额定载荷，检查导轨架的垂直度及刚度，必要时加固。用锉刀打磨接头台阶
导轨架垂直度超差	附墙架松动，导轨架刚度不够，导轨架设先天缺陷	用经纬仪检查垂直度，紧固附墙架，必要时加固处理

4.6 机动翻斗车

4.6.1 机动翻斗车的类型和运用特点

机动翻斗车按照载重量来分，包括1t、1.2t、1.5t和2t等型级（普遍使用的是1t

级);按照底盘结构来分,有整体式车架和铰接式车架两种,前者采用前轮驱动,后轮转向;后者采用后轮驱动,丝杠(或液压缸)转向。按照传动系统的结构特点来分,有变速箱、差速器分开(普通汽车传动)式和"三合一"式(变速箱、主降速器、差速器组装在一个箱体中);按照车斗的倾翻方式来分,有手动脱钩自重翻斗和液压翻斗两种;按照驾驶室的形状来分,有敞开式、半篷式、全篷式、封闭式。

整体车架的翻斗车,普遍采用滚轮面蜗杆转向器和扇齿蜗杆转向器,利用梯形机构偏转后轮转向。两吨铰接式翻斗车则采用液压缸转向。

机动翻斗车,由于载重量较小,多采用单缸或双缸柴油机作动力装置,可用人力摇转曲轴起动(摇把起动)或起动电动机起动。机动翻斗车的结构较为简单,结构部件尺寸小,拆卸、安装和调整较为方便,维修保养工作量不大。因车速不高(最高速度不超过30km/h),驾驶操作比较容易掌握,易于使用管理。同时由于机型较小,机动性大,非常适用于施工现场的狭窄场地中作业。机动翻斗车广泛用于施工现场短距离运输各种散碎物料,配合搅拌机运输混凝土和砂浆,是替代人力车进行水平运输的良好工具。

4.6.2 机动翻斗车的基本结构

机动翻斗车的基本组成与汽车类似。装有发动机、离合器、变速箱、传动轴、驱动桥及转向桥、转向器、制动器、车轮和车厢等机构。大多数机动翻斗车的发动机的输出轴与离合器的输入轴用V带轮连接,因翻斗车的车体较短,发动机安装在机架上部,离合器、变速箱及驱动部分在机架下部,由于采用V带连接。前轮驱动桥差速器的输入轴与减速箱输出轴轴线存在一定的偏差,采用普通十字万向节联接,即可满足。如图4-27所示,为一般机动翻斗车采用的底盘结构。

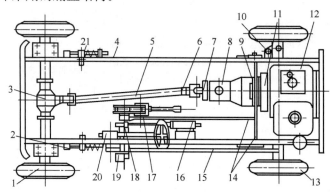

图4-27 机动翻斗车底盘的基本结构

1—驱动轮;2—翻斗拉杆箱;3—驱动桥;4—车架;5—传动轴;6—十字轴万向节;
7—手制动器;8—变速箱;9—离合器带轮;10—转向梯形结构;11—飞轮;12—发动机;
13—转向轮;14—离合器分离拉杆;15—转向纵拉杆;16—制动总泵;17—车斗锁定机构;
18—制动踏板;19—离合器踏板;20—转向器;21—翻斗拉杆

翻斗车的车架与车桥的联接大多采用三点联接,即车架与前轮的驱动桥用螺旋弹簧作左、右两点弹性悬挂(也有刚性联接的),后轮转向桥用销作一点刚性铰接,如图4-28所示。这样可以保持车架与发动机在后轮通过凸凹不平地面时,仍能保持水平状态。因大部分荷载由前桥负担,后桥主要承受发动机和驾驶室重量,前轮为驱动轮,所以前轮大部分采用较大的人字形轮胎,后轮采用较小的环型平纹轮胎并较软。因轮胎充气后具有一定的弹性,在凹凸不平的地面上行驶能够吸收一部分振动,所以后桥采用了刚性悬挂。

为了满足翻斗车可在施工现场的泥泞道路上行驶,前桥驱动轮都装用横向深槽大花纹轮胎,用以增加附着力,以利驱动,后桥装用深环形槽纹的轻型轮胎,深环槽可防止车体的侧向滑移。

4.6.3 机动翻斗车安全操作

(1) 机动翻斗车驾驶员应经考试合格,持有机动翻斗车专用驾驶证方可驾驶。机动翻斗车行驶前,应检查锁紧装置,并将料斗锁牢,不得在行驶时掉斗。

(2) 机动翻斗车行驶前,应检查锁紧装置,并将料斗锁牢,不得在行驶时掉斗。

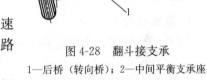

图 4-28 翻斗接支承
1—后桥(转向桥);2—中间平衡支承座
(支承销未绘出);3—车架

(3) 机动翻斗车在路面情况不良时行驶,应低速缓行,应避免换档、制动、急剧加速,且不得靠近路边或沟旁行驶,并应防侧滑。

(4) 在坑沟边缘卸料时,应设置安全档块。车辆接近坑边时,应减速行驶,不得冲撞档块。

(5) 上坡时,应提前换入低档行驶;下坡时严禁空档滑行;转弯时应先减速,急转弯时应先换入低档。避免紧急刹车,防止向前倾覆。

(6) 严禁料斗内载人。料斗不得在卸料工况下行驶或进行平地作业。

(7) 内燃机运转或料斗内有载荷时,严禁在车底下进行作业。

(8) 多台翻斗车排成纵队行驶时,前后车之间应保持适当的安全距离,在下雨或冰雪的路面上,应加大间距。

(9) 翻斗车行驶中,应注意观察仪表,指示器是否正常,注意内燃机各部件工作情况和声响,不得有漏油、漏水、漏气的现象。若发现不正常,应立即停车检查排除。

(10) 操作人员离机时,应将内燃机熄火,并挂档,拉紧手制动器。

(11) 作业后,应对车辆进行清洗,清除在料斗和车架上的砂土及混凝土等的粘结物料。

4.7 胶带输送机

4.7.1 胶带运输机的类型和运用特点

胶带输送机是一种常见的短距离连续输送机械,可在水平或倾斜方向(倾斜角不大于25°)输送散状物料。当输送距离较大时,可采用节段衔接的方式将运距增大。

胶带输送机的结构简单,操作安全,使用方便,易于保管和维修,因此在建筑企业或建筑工程中广泛用于输送混凝土骨料(砂子和碎石),或大面积沟槽中开挖出来的泥土和回填素土等。

胶带输送机在使用过程中，为确保输送带的抗拉强度，通常采用钢丝绳芯的高强度胶带。在提高胶带输送机的输送效率时，可提高带速，也可增加皮带宽度。但是，提高胶带输送机的速度比增加带宽更能增大运量和减少消耗，近年来胶带输送机已向高带速方向发展。

根据胶带输送机的结构特点，有移动式、固定式和节段式三种类型。移动式的长度通常在20m以下，适于施工现场应用。固定式的长度通常没有严格的规定，但受输送长度、选用胶带的强度、机架结构及动力装置功率等限制。

节段式，多在大型混凝土工厂或预制品厂中作较长距离输送砂、石或水泥等材料用，可以根据厂区地形和车间位置敷设，既能弯转、曲折布置又能倾斜布置；既能作水平输送，又能够作升运式输送。如在100m范围内能够将干散物料升送到45m高处，适用于距料场较近的混凝土搅拌楼后台上料（输送砂、石）工作。

4.7.2 胶带运输机的基本结构和主要构件

1. 基本结构

如图4-29所示，为固定胶带输送机的基本结构简图。

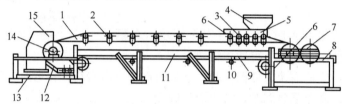

图4-29 固定胶带输送机的基本结构简图
1—胶带；2—上托辊；3—缓冲托辊；4—料斗；5—导料挡板；6—变向滚筒；
7—张紧滚筒；8—尾架；9—空段清扫器；10—下托辊；11—中间架；
12—弹簧清扫器；13—头架；14—驱动滚筒；15—头罩

2. 输送带

输送带是胶带输送机的主要构件，既起承载作用又起到牵引作用。要求自重小，强度高，伸长率小。如图4-30所示为部分输送带的形式布置。

为了不使输送的物料下滑，带的倾斜角度 β 必须大于物料与带之间的摩擦角 $\varphi 7°\sim$

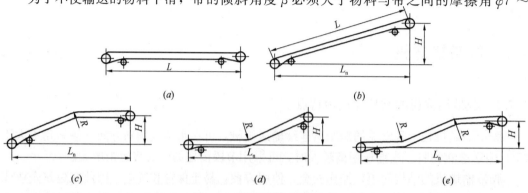

图4-30 输送带的布置形式
(a) 水平式；(b) 倾斜式；(c) 凸弧曲线式；(d) 凹弧曲线式；(e) 凹凸弧曲线混合式

4.7 胶带输送机

10°。输送各种物料时，胶带的最大许用倾斜角见表 4-16。胶质输送带，由橡胶和夹层构成，夹层材料主要为帆布，提高带的抗拉强度。用于重要地方的胶带夹层中还敷有钢丝网。夹层数与带宽有关，带越宽帆布层数也越多。

胶质输送带的最大许用倾斜角　　　　　　　表 4-16

输送的物料	最大允许倾角 $[\beta]_{max}$（°）	
	普通胶带	花纹胶带
300mm 以下块石	15	25
50mm 以下碎石	18	30
碎炉渣	22	32
碎块状石灰石	16～18	26～28
粉状石灰	14～16	24～26
干砂	15	25
泥砂	23	25
水泥	20	30

3. 托辊

托辊是支承输送带的机构，有两种形式：平形和槽形，如图 4-31 所示。在输送带的受料处。为了减少物料的冲击作用，可以采用螺旋弹簧制成的缓冲托辊，如图 4-32 所示。

图 4-31 托辊的形式
(a) 窄槽形；(b) 宽槽形；(c) 弧槽形；(d) 平形

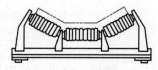

图 4-32 缓冲托辊

托辊应有合适的直径和组合长度，当带宽为 500～1000mm 时，托辊直径可取 90～100mm，托辊组合长度应比带宽大 100～200mm，下托辊的间距可适当大些，可保证输送带不过于下垂和可靠的运动即可为了防止输送带在运动中跑偏，在带的两侧机架上每隔一定距离安装垂直档辊。有时也安装能在水平面上转动角度的调心托轮架，调心托轮架偏转一个角度时，托轮与带的接触表面便产生横向摩擦力，使带复位。

4. 驱动机构

驱动机构，主要由电动机、减速器及驱动滚筒组成。电动机经减速器将动力传递给驱动滚筒，依靠滚筒与胶带之间的摩擦力使胶带运动。驱动滚筒可采用空筒形或电动滚筒，电动滚筒是将电动机和传动装置安装在滚筒内，结构紧凑，以便布置，使整个驱动装置重量减轻，但电动机散热条件差，检修不便，适用于移动式输送机或潮湿、有腐蚀的环境。电动滚筒有风冷和油冷式两种，如图 4-33 所示为油冷式电动滚筒。

5. 变向滚筒与张紧装置

变向滚筒是在带的一端使输送带回行的滚筒。在带的中部变向时，可以采用变向托架

4 建筑起重及运输机械

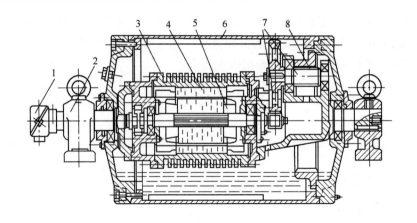

图 4-33 油冷式电动滚轮

1—接线盒；2—轴承座；3—电动机外壳；4—电动机定子；5—电动机转子；
6—滚筒外壳；7—传动齿轮；8—滚筒上的内齿圈

来实现。张紧装置，是使胶带保持一定张力以利驱动及避免下垂的机构，常用张紧装置的形式，如图 4-34 所示。

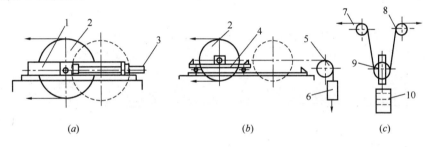

图 4-34 张紧装置的类型

（a）螺杆拉紧式；（b）小车拉紧式；（c）重锤拉紧式

1—机架；2—变相滚筒兼张紧滚筒；3—张紧螺杆；4—张紧小车；5—导向滚轮；
6、10—重锤；7—回行胶带；8—变相滚轮；9—张紧滚轮

4.7.3 胶带运输机的使用与维护

（1）通用型胶带输送机的工作环境温度或物料温度通常不得超过 $-20\sim50℃$。不能用于输送有酸、碱性油类物和有机溶剂等成分的物料。

（2）移动胶带输送机在使用前，须平整基础调整角度，然后定位固定。

（3）在起动时，应先开机空转，待运转正常后再加料，不能带载起动。

（4）多台单机衔接使用时，应当从卸料端开始逐一起动。

（5）使用中如发现胶带跑偏应及时停机调整，避免磨损胶带边缘和增加电动机负荷。

（6）使用期间和停机存放，均应按照保养要求维护机械。

（7）通常每隔 100 工作小时，进行一级保养。一级保养的主要工作是润滑和调整各部机构，以及消除可能发生故障的根源。

（8）每隔 800 工作小时，应当进行二级保养，全面拆检各个组成部分，并进行充分润滑。同时测试电动机的绝缘电阻值是否符合安全要求。

5 常用装修机械

5.1 砂浆拌合机

5.1.1 砂浆拌合机的工作原理和型式结构

1. 砂浆拌合机的型式代号

砂浆拌合机的型式代号,如图 5-1 所示。

2. 活门卸料砂浆拌合机

(1) 工作原理及运用特点。砂浆拌合机是搅拌砂浆的专用机械,它是按照强制搅拌原理设计的,在搅拌时,搅拌筒固定不动,由转轴带动筒内带条形叶片旋转,使物料受到强制性的翻转搅动,从而达到均匀拌合。

图 5-1 砂浆拌合机的型式代号

砂浆拌合机的卸料包括两种方式:一种是料筒倾翻式,筒口朝下,物料靠自重流出;另一种是固定式,料筒不动,打开筒底侧的活门,由叶片的旋转将物料推出。

活门卸料的砂浆拌合机,卸料比较干净,操纵省力,但活门密封要求比较严格。

(2) 主要型式及其结构。活门卸料砂浆机主要规格是 325L(料容量),并安装铁轮或轮胎形成移动式。如图 5-2 所示,为这种砂浆机中比较有代表性的一种,具有自动进料斗和量水器,机架既为支撑又是进料斗的滚轮轨道,料筒内沿其中心纵轴线方向装有一根转轴,转轴上装有搅拌叶片,叶片的安装角度除了能够保证均匀地拌和以外,还须使砂浆不因拌叶的搅动而飞溅。量水器为虹吸式,可自动量配拌和用水。转轴由筒体两端的轴承支承,并与减速器输出轴相连,由电动机通过 V 带驱动。卸料活门由手柄来启闭,拉起手柄可使活门开启,推压手柄可使活门关闭。

进料斗的升降机构由上轴、制动轮、卷筒、离合器等组成,并由手柄操纵。如图 5-3 所示,为料斗升降机构。当推压升降手柄时,臂杆通过拉杆使斜边滑套转动。此滑套抵靠在轴承座的斜边上,故滑套一经转动便向外移动。离合器鼓外缘有链齿,通过传动链与减速器输出轴外端的主动链轮相连,而离合器鼓为主动鼓,被滑套推动而压紧从动鼓

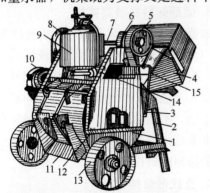

图 5-2 活门卸料砂浆拌合机

1—装料筒;2—机架;3—料斗升降手柄;
4—进料斗;5—制动轮;6—卷筒;7—上轴;8—离合器;9—量水器;10—电动机;
11—卸料门;12—卸料手柄;13—行走轮;
14—三通阀;15—给水手柄

245

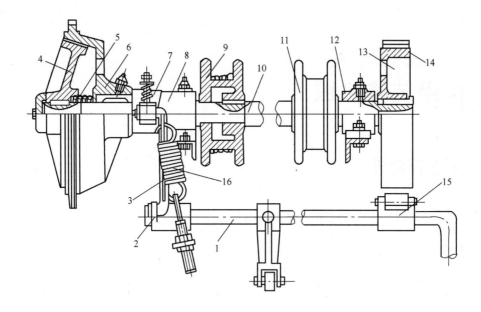

图 5-3 料斗升降机构

1—升降手柄；2—臂杆；3—拉杆；4—从动鼓；5—回位弹簧；6—离合器主动鼓；
7—斜边滑套；8—带斜边的轴承座；9—卷筒；10—上轴；11—卷筒；
12—轴承座；13—制动轮；14—制动带；15—制动臂；16—回位弹簧

时，离合器即处于接合状态，从动鼓是用键与上轴连接在一起的，这样就可以使卷筒被驱动旋转而收绕钢丝绳，使料斗上升。上轴另一端的制动轮，因制动带在推压升降手柄时，已由制动臂放松，不能阻止上轴的旋转。当放松手柄时，滑套在弹簧的作用下而回位，使离合器鼓离开从动鼓呈空转状态，同时另一端的制动轮则因制动臂的回转而被制动带抱紧，使上轴能立即停止转动，料斗便停留在所达位置处。料斗在下降时，只需轻压手柄（有的是轻拉手柄）使制动带稍松即可，这时料斗靠自重下降。

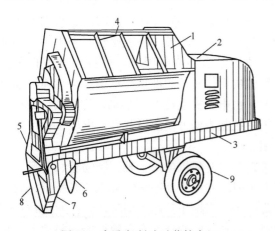

图 5-4 倾翻卸料式砂浆拌合机

1—装料筒；2—电动机与传动装置；3—机架；
4—搅拌叶；5—卸料手柄；6—固定插销；
7—支撑架；8—销轴；9—支撑轮

3. 倾翻卸料式砂浆拌机

倾翻卸料式砂浆机的常用规格是200L（装料容量），包括固定式或移动式两种，均不配备量水器和进料斗，加料和给水由人工进行。如图5-4所示。卸料时摇动手柄，手柄轴端的小齿轮即推动装在筒侧的扇形齿条使料筒倾倒，筒内砂浆由筒边的倾斜凹口排出。

4. 立式砂浆拌合机

立式砂浆拌合机是一种较为特殊的砂浆机，与强制式搅拌机相似，如图5-5所示，电动机经行星摆线针轮减速器直接驱动安装在筒体上方的梁架上的搅拌轴，具有结构紧凑、操作方便、搅拌均匀、密封性好、噪声小等特点，适用于实验室和小型抹灰工程。因搅拌轴在筒内是垂直悬挂安装，所以消除了筒底漏浆现象。

5. 纤维质灰浆机

纤维质灰浆机是用来拌合建筑抹灰工程所用的各种纤维灰浆的，如图 5-6 所示。纸筋、麻刀或其他纤维质材料以及灰膏掺合物等由进料斗加入，水管向筒内适量加水。物料经螺旋叶片初步拌和后推送到前部，由打灰板进行粉碎并拌和成糊浆，最后由刮料板刮进卸料斗排出。这种砂浆机的机型小，结构也比较简单，操作不复杂，使用维护均较方便，是目前应用最多的纤维质灰浆拌合机。

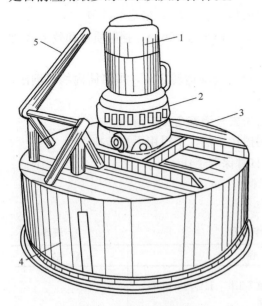

图 5-5　立式砂浆拌合机
1—电动机；2—行星摆线针轮减速器；
3—搅拌筒；4—出料活门；
5—活门启闭手柄

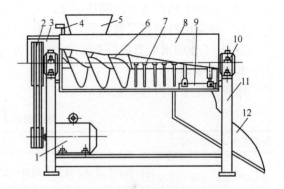

图 5-6　纤维质灰浆拌合机
1—电动机；2—带传动装置；3—护罩；
4—加水管；5—进料斗；6—螺旋叶片；
7—打灰板；8—装料筒；9—挂料板；
10—轴承；11—机架；12—卸料斗

5.1.2　砂浆拌合机的使用与维护

1. 工作前的检查工作

通常砂（灰）浆机的操作比较简单，电源接通后便进入工作状态，如果运转正常，按规定要求加入物料和水，即可进行搅拌工作。为保证搅拌机的正常工作，使用前应认真检查拌叶是否存在松动现象。如有应予紧固，因拌叶松动容易打坏拌筒，甚至损坏转轴。另外，还须检查整机的润滑情况，拌合机的主轴承由于转速不高，通常均采用滑动轴承，由于轴承边口易于侵入尘屑和灰浆而加速磨损，因此处应特别注意保持清洁。拌合机的电器线路连接要牢固，开关接触情况应该良好，装用的熔丝须符合标准，接地装置或电动机的接零亦应安全可靠。V 带的松紧度要适度，进、出料装置须操纵灵活和安全可靠。倾翻卸料的砂浆拌合机，当筒壁内粘有砂浆硬块或在砂浆中夹杂有粗粒石块时，拌叶易被卡塞，使拌筒在运转后被拖翻而造成事故。所以在启动前，须检查和清除筒内壁残留的砂浆硬块。

2. 搅拌工作中的注意事项

（1）加料量不得超过规定容量。

（2）物料中不得夹杂有粗大石粒，同时严防铁棒及其他物体进入拌筒内。

（3）工作中不准用木棍或其他工具去拨翻筒中的物料。

（4）电动机和轴承的温度，轴承的温升不应当超过 40～60℃，电动机温度不应当超过铭牌规定值，否则应停机冷却或检查电动机。

（5）带有防漏浆密封装置的砂浆拌合机，在工作间隔时应当检查调整转轴的密封状况，如有漏浆，应当及时旋紧压盖螺母压紧密封填料。

（6）拌叶与筒壁应保持有 3～6mm 的间隙，如磨损超过 10mm，拌制质量和效率将会降低，应当及时调整或修理。

（7）在正常时，如发生中途停电或停机，在重新起动运转之前，须将筒内物料倒出，避免增加起动负荷。

（8）拌筒上的挡条不能随便拆除，否则将会失去一道安全保护措施。

（9）倾翻出料的砂浆拌合机，卸料时应使用摇转手柄，不得用手推转拌筒。

（10）工作结束后要进行全面的清洗工作及日常保养工作。

3. 维护保养

维护保养工作内容，见表 5-1。

维护保养工作内容　　　　　　　　　　表 5-1

保养类型（工作小时）	工 作 内 容	备 注
日常保养（每班）	进行机械的清洁、紧固、润滑、调整等工作，具体内容如下： （1）清除机体上的污垢和粘结的砂浆 （2）检查各润滑处的油料 （3）检查电路系统和防护装置 （4）检查出料装置的密封性和启闭情况 （5）检查 V 带的松紧度和轴端密封状况	使机械符合使用要求。必要时进行调整、紧固或修理
一级保养（100h）	（1）进行日常保养的全部工作 （2）检查减速器的油面高度，要求油面能浸没蜗轮的 1/3 （3）检查并调整叶片与筒壁的间隙，以 3～6mm 为宜，否则刮料不净，影响拌和质量和给清洗工作增加困难 （4）检查并紧固各部螺栓、螺母 （5）检查行走轮是否转动灵活 （6）检修各部的密封装置，必要时更换密封盘根、毡垫或胶圈等	过小易造成卡塞
二级保养（700h）	（1）进行一级保养的全部工作 （2）拆检和清洗减速器、传动轴承，并补加或更换润滑油 （3）检查校正出料装置、拌叶和行走机构 （4）检修卸料门，使其不漏浆和能灵活启闭 （5）拆检电动机并检测绝缘电阻，在运行温度下电阻值不应低于 0.3MΩ	滑动轴承间隙最大不应超过 0.3mm；采用轴瓦时，其间隙增大后可加垫调整使其为 0.04～0.09mm

续表

保养类型（工作小时）	工作内容	备注
大修理（5600h）	(1) 进行二级保养的全部工作 (2) 更换全部密封装置和润滑油 (3) 更换磨损的轴承、轴套或轴瓦 (4) 更换卸料门橡胶垫 (5) 修理或补焊搅拌叶片或其他断裂处 (6) 重新油漆外表	大修后应能恢复机械原有技术性能

5.1.3 砂浆拌合机的主要故障及排除方法

砂浆拌合机在使用中易于发生的故障及其排除方法，见表5-2。

主要故障及其排除方法　　　　　表5-2

故障现象	产生原因	排除方法
拌叶和筒壁摩擦甚至碰撞	拌叶和筒壁的间隙过小	调整间隙
	螺栓松动	紧固螺栓
刮不净砂浆	拌叶与筒壁间隙过大	调整间隙为3～6mm
主轴转数不够或不转	V带松弛	调整电动机底座螺栓
传动不平稳	涡轮蜗杆或齿轮啮合间隙不当	修换或调整中心距、垂直度与平行度
	传动键松动	修换键
	轴承磨损	更换轴承
拌筒两侧轴孔漏浆	密封盘根不紧	旋进压盖螺栓，压紧盘根
	密封盘根失效	更换盘根
主轴承过热或有杂音	渗入砂浆颗粒	拆卸清洗并加注新油（脂）
	发生干磨	补加润滑油（脂）
减速器过热或有杂音	齿轮（或涡轮）啮合不良	拆卸调整，必要时加垫或更换
	齿轮损坏	修换
	发生干磨	补加润滑油至规定高度

5.2 灰浆泵和喷浆泵

5.2.1 灰浆泵

1. 灰浆泵的分类

灰浆输送泵按照结构划分为柱塞泵、挤压泵等。

(1) 柱塞式灰浆泵的主要结构。柱塞式灰浆泵分为直接作用式及隔膜式。柱塞式灰浆泵又称柱塞泵或直接作用式灰浆泵，单柱塞式灰浆泵结构如图5-7所示。柱塞式灰浆泵是由柱塞的往复运动和吸入阀、排出阀的交替启闭将灰浆吸入或排出。在工作时，柱塞在工作缸中与灰浆直接接触，构造简单，但柱塞与缸口磨损严重，影响泵送效率。

隔膜式灰浆泵是间接作用灰浆泵结构和工作原理，如图5-8所示。柱塞的往复运动通过隔膜的弹性变形，实现吸入阀和排出阀交替工作，将灰浆吸入泵室，通过隔膜压送出来。因柱塞不接触灰浆，能延长使用寿命。

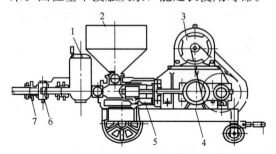

图5-7 单柱塞式灰浆泵

1—气缸；2—料斗；3—电动机；4—减速箱；
5—曲柄连杆机构；6—柱塞钢；7—吸入阀

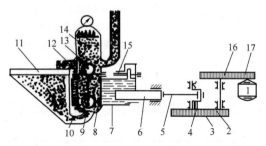

图5-8 圆柱型隔膜泵

1—电动机；2—齿轮减速箱；3—齿轮减速箱；4—曲轴；
5—连杆；6—活塞；7—泵室；8—隔膜；9—球形阀门；
10—吸入支管；11—料斗；12—回浆管；13—球形阀门；
14—气罐；15—安全阀；16—齿轮减速箱；
17—齿轮减速箱

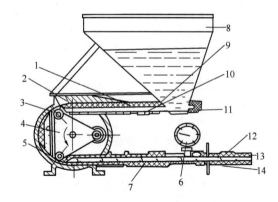

图5-9 挤压泵结构示意图

1—胶管；2—泵体；3—滚轮；4—轮架；
5—胶管；6—压力表；7—胶管；8—料斗；
9—进料管；10—连接夹；11—堵塞；
12—卡头；13—输浆管；14—支架

（2）挤压式灰浆泵的主要结构。挤压式灰浆泵无柱塞和阀门，是靠挤压滚轮连续挤压胶管，实现泵送灰浆。在扁圆的泵壳和滚轮之间安装有挤压滚轮，轮架以箭头方向开始回转时，进料口处被滚轮挤扁，管中空气被压，长出料口排入大气，随之转来的调整轮把橡胶管整形复原，并出现瞬时的真空；料斗的灰浆在大气的作用下，由灰浆斗流向管口，从此滚轮开始挤压灰浆，使灰浆进入管道，流向出料口。周而复始就实现了泵送灰浆的目的。挤压式灰浆泵结构简单，维修方便，但挤压胶管因折弯而容易损坏。各型挤压泵结构相似，结构示意如图5-9所示。

2. 灰浆泵的技术性能

（1）柱塞式灰浆泵的技术性能，见表5-3。

柱塞式灰浆泵主要型号的技术性能　　　表5-3

型式	立式	卧	式	双	缸
型号	HB6-3	HP-013	HK3.5-74	UB3	8P80
泵送排量（m³/h）	3	3	3.5	3	1.8~4.8
垂直泵送高度（m）	40	40	25	40	>80
水平泵送距离（m）	150	150	150	150	400

5.2 灰浆泵和喷浆泵

续表

型　式	立式	卧　式		双　缸	
工作压力（MPa）	1.5	1.5	2.0	0.6	5.0
电动机功率（kW）	4	7	5.5	4	16
进料胶管内径（mm）	64	—	62	64	62
排料胶管内径（mm）	51	50	51	50	—
质量（kg）	220	260	293	250	1337
外形尺寸（mm）长×宽×高	1033×474×890	1825×610×1075	550×720×1500	1033×474×940	2194×1600×1560

（2）挤压式灰浆泵的技术性能，见表5-4。

挤压式灰浆泵主要型号的技术性能　　　　表 5-4

技术参数		型　号					
		UBJ0.8	UBJ1.2	UBJ1.8	UBJ2	SJ-1.8	JHP-2
泵送排量（m³/h）		0.2、0.4、0.8	0.3～1.5	0.3、0.9、1.8	2	0.8～1.8	2
泵送距离	垂直（m）	25	25	30	20	30	30
	水平（m）	80	80	80	80	100	100
工作压力/MPa		1.0	1.2	1.5	1.5	0.4～1.5	—
挤压胶管内径（mm）		32	32	38	38	38/50	—
送脱管内径（mm）		25	25/32	25/32			
功率（kW）		0.4～1.5	0.6～2.2	1.3～2.2	2.2	2.2	3.7
外形尺寸（mm）长×宽×高		1220×662×960	1220×662×1035	1270×896×990	1200×780×800	800×500×800	
整机自重		175	185	300	270	340	500

3. 灰浆泵的使用要点

（1）柱塞式灰浆泵的使用操作要点

1）柱塞式灰浆泵必须安装在平稳的基础上。输送管路的布置尽量短直，弯头愈少愈好。输送管道的接头连接必须紧密，不得渗漏。垂直管道要固定牢靠，所有管道上不得踩压，以防造成堵塞。

2）在泵送前，应检查球阀是否完好，泵内是否有干硬灰浆等物；各部件、零件是否紧固牢靠；安全阀是否调整到预定的安全压力。检查完毕应当先用水进行泵送试验，以检查各部位有无渗漏。如有渗漏，应立即排除。

3）泵送时一定要先开机后加料，先用石膏润滑输送管道，再加入12cm稠度的灰浆，最后加进8～12cm的灰浆。

4）泵送过程要随时观察压力表的泵送压力是否正常，如泵送压力超过预调的1.5MPa时，要反向泵送，使管道的部分灰浆返回料斗，再缓慢泵送。若无效，要停机卸压检查，不可强行泵送。

5）泵送过程不宜停机。必须停机时，每隔4～5min要泵送一次，以防灰浆凝固。如灰浆供应不及时，应当尽量让料斗装满灰浆，然后将三通阀手柄扳到回料位置，使灰浆在泵与料斗内循环，保持灰浆的流动性。如灰浆在 45min 内仍不能连续泵送出去，必须用石灰膏把全部灰浆从泵和输送管道里排净，待送来新灰浆后再继续泵送。

6) 每天泵送结束时，一定要用石灰膏将输送管道里的灰浆全部泵送出来，然后用清水将泵和输送管道清洗干净。并及时对主轴承加注润滑油。

(2) 挤压式灰浆泵的使用操作要点

1) 挤压式灰浆泵应安装在坚实平整的地面上，输送管道应支撑牢固，并尽可能减少弯头，作业前应检查各阀体磨损情况及连接件状况。

2) 在使用前要作水压试验。方法为：接好输送管道，往料斗加注清水，启动挤压泵，当输送胶管出水时，把其折起来，让压力升到 2MPa 时停泵，观察各部位有无渗漏现象。

3) 向料斗加水，启动挤压泵润滑输送管道。待水泵完时，启动振动筛和料斗搅拌器，向料斗加适量白灰膏，润滑输送管道，待白灰膏快送完时，向振动筛里加灰浆，并启动空压机开始作业。

4) 料斗加满后，停止振动。待灰浆从料斗泵送完时，再重复加新灰浆振动筛料。

5) 整个泵送过程要随时观察压力表，如出现超压迹象，说明有堵管的可能，此时要反转泵送 2~3 转，使灰浆返回料斗，经料斗搅拌后再缓慢泵送。如经过 2~3 次正反泵送还无法顺利工作，应当停机检查，排除堵塞物。

6) 工作间歇时，应当先停止送灰，后停止送气，以防气嘴被灰浆堵塞。

7) 停止泵送时，对整个泵机和管路系统要进行清洗。

4. 灰浆泵的常见故障及排除方法

(1) 柱塞式灰浆泵。柱塞式灰浆泵在使用中易于发生的故障及其排除方法，见表 5-5。

柱塞式灰浆泵常见故障及排除方法　　　　　表 5-5

故障现象	产生原因	排除方法
输送管道堵塞	砂浆过稠或搅拌不均	当输浆管路发生阻塞时，可用木槌敲击使其通顺，如敲击无效，须拆开弯管、直管和三通阀，并进行清洗；同时亦须清洗泵体内部，然后安装好，放入清水，用泵自行冲刷整个管路。冲刷时可先将出口阀关闭，待压力达到 0.5MPa 时开放，使管路中的砂浆能在压力水的作用下冲刷出来
	砂浆不纯，夹有干砂、硬物	
	泵体或管路堵塞	
	胶管发生硬弯	
	停机时间过长	
	开始工作时未用稀浆循环润滑管道	
缸体及球阀堵塞	料斗内混入较大石子或杂物	拆开泵体取出杂物。装料时注意不要混入石子、杂物等
	砂浆沉淀并堆积在吸入阀口处	及时搅拌料斗内的砂浆不使其沉淀，并拆洗球阀
	泵体合口处或盘根漏浆	重新密封
压力表指针不动	球阀处堵塞	拆下球阀清洗
	压力表损坏	更换压力表
出浆减少或停止	输浆管道和球阀堵塞	用上述疏通方法排除
	吸入或压出球阀关闭不严	拆卸检查，清洗球阀。必要时修理或更换阀座、球等，检查时注意不能损坏或拆掉拦球钢丝网

5.2 灰浆泵和喷浆泵

续表

故障现象	产生原因	排除方法
泵缸与活塞接触间隙处漏水	密封盘根磨损	更换盘根
	密封没有压紧	旋进压盖螺栓
	活塞磨损过甚	更换活塞
压力表指针剧烈跳动	压出球堵塞或磨损过大	将压力减到零,检查和清洗球阀或更换球座和球
	压力表接头过大	旋紧接头或加一层密封材料后再旋紧接头
压力突然降低	输浆管破裂	立即停机修理或更换管道
泵缸发热	密封盘根压得太紧	酌情放松压盖,以不漏浆为准

(2) 挤压式灰浆泵。挤压式灰浆泵在工作中易于发生的故障、排除和检修方法,见表5-6。

挤压式灰浆泵的常见故障及排除方法 表5-6

故障现象	产生原因	排除方法
压力表指针不动	挤压滚轮与鼓筒壁间隙大	缩小间隙使其为2倍挤压胶管壁厚
	料斗灰浆缺少,泵吸入空气	泵反转排出空气,加灰浆
	料斗吸料管密封不好	将料斗吸料管重新夹紧排净空气
	压力表堵塞或隔膜破裂	排除异物或更换瓣膜
压力表压力值突然上升	喷枪的喷嘴被异物堵塞或管路堵塞	泵反转、卸压停机,检查并排除异物
泵机不转	电气故障或电机损坏	及时排除;如超过1h,应拆却管道,排除灰浆,并用水清洗干净
压力表的压力下降或出灰量减少	挤压胶管破裂	更换新挤压胶管
	压力表已损坏	拆修更换压力表
	阀体堵塞	拆下阀体,清洗干净
	泵体内空气较多	向泵室内加水

5.2.2 喷浆泵

1. 喷浆泵的构造与分类

喷浆泵包括手动和自动两种,在压力作用下喷涂石灰或大白粉水浆液,也可以喷涂其他色浆液。同时还可以喷洒农药或消毒药液。

(1) 手动喷浆泵。这种喷浆泵体积小,可一人搬移位置,在使用时一人反复推压摇杆,一人手持喷杆来喷浆,因无需动力装置,具有较大的机动性。其工作原理,如图5-10所示。当推拉摇杆时,连杆推动框架使左、右两个柱塞交替在各自的泵缸中往复运动,连续将料筒中的浆液逐次

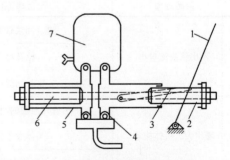

图 5-10 手动喷浆泵的工作原理
1—摇杆;2—右柱塞;3—连杆;
4—进浆阀;5—泵体;6—左柱塞;
7—稳压塞

吸入左、右泵缸和逐次压入稳定罐中。稳压罐使浆液获得 8~12 个大气压（1MPa 左右）的压力。在压力的作用下，浆液由出浆口经输浆管和喷雾头呈散状喷出。

(2) 自动喷浆机。喷浆原理和手动的相同，不同的是柱塞往复运动由电动机经涡轮减速器和曲柄连杆机构（或偏心轮连杆）来驱动，如图 5-11 所示。

这种喷浆机有自动停机电气控制装置，在压力表内安装电接点，当泵内的压力超过最大工作压力时（一般为 1.5~1.8MPa），表内的停机接点啮合，控制线路使电动机停止。压力恢复常压后，表内的启动接点接合，电动机又恢复运转。

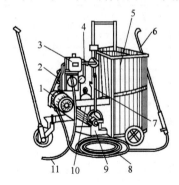

图 5-11 自动喷浆泵
1—电动机；2—V 带传动装置；
3—电控箱和开关盒；4—偏心
轮连杆机构；5—料筒；6—喷杆；
7—摇杆；8—输浆胶管；9—泵体；
10—稳压罐；11—电力导线

2. 喷浆泵的操作要点

(1) 石灰浆的密度应该在 $1.06 \sim 1.1 \text{g/cm}^3$ 之间。小于 1.06cm^3 时，喷浆效果差；大于 1.1g/cm^3 时，机器振动喷不成雾状。

(2) 在喷涂前，对石灰浆必须用 60 目筛网过滤两遍，防止喷嘴孔堵塞和叶片磨损加快。

(3) 喷嘴孔径应当在 2~2.8mm 之间，大于 2.8mm 时，应及时更换。

(4) 严禁泵体内无液体干转，避免磨坏尼龙叶片，在检查电动机的旋转方向时，一定要先打开料桶开关，让石灰浆先流入泵体内后，再让电动机带泵旋转。

(5) 每班工作结束之后的清洁工作：向料斗里注入清水，开泵清洗到水清洁为止；卸下输浆管，从出（进）浆口倒出泵内积水；卸下喷头座及手把中滤网，进行清洗并疏通各网可孔；清洗干净喷枪及整机，并擦洗干净。

(6) 长期存放前，要清洗前后轴承座内的石灰浆积料，堵塞进浆口，从出浆口注入机油约 50mL，在堵塞出浆口，开机运转约半分钟，防止生锈。

3. 喷浆泵的常见故障及排除方法

喷浆泵常见故障及排除方法，见表 5-7。

喷浆泵常见故障及排除方法表　　　　　　　　　表 5-7

故障现象	故障原因	排除方法
不出浆或流量小	进、回浆管路漏气	检查漏气部位，重新密封
	枪孔堵塞	卸下喷嘴螺母及滤网，排除堵塞
	密封间隙过大	松开后轴承座，调整填料盒压盖
噪声大、机体振动	叶片与槽的间隙太大	更换叶片
	泵体发生气蚀	降低泵和灰浆温度
	石灰浆密度过大	加水降低密度
填料盒发热	填料位置不正，与轴严重摩擦	重新调整
转子卡死	轴弯曲	校直轴或更换新轴
	叶片卡死	更换叶片

5.3 电动雕刻机

5.3.1 电动雕刻机的主要构造及工作原理

电动雕刻机主要由动力部分(单向串激直流电动机)、工作部分和底板及导向柱,切削深度调整部分、附件及夹紧螺母、工作手柄组成。如图 5-12 所示。其工作原理是:电动机的高速转动带动夹套一起转动,夹套内安装各种铣刀。它就可以在木制面上铣出各种形状的槽或花边来。

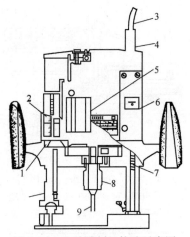

图 5-12 电动雕刻机构造示意图
1—柱;2—刻尺;3—电缆;
4—机壳;5—电枢;6—开关;
7—弹簧;8—夹套;9—刀具

5.3.2 电动雕刻机的主要技术性能

雕刻机的主要技术性能,见表 5-8。

各种型号雕刻机的性能 表 5-8

国别厂商	型号	夹头量(mm)	冲刻量(mm)	刀具转速(r/min)	输入功率(W)	净重
日本良田	R-150	8	0~60	24000	750	2.8
	R-150	12	0~60	22000	1500	5.0
日本日立	TR-8	8	—	24000	730	2.9
	TR-12	12	—	22000	1300	5.0
日本牧田	3600B	12	0~60	22000	1800	5.0

5.3.3 电动雕刻机的操作要点

(1) 将工具底板放置于加工件上方而不使刀头有任何接触,然后打开工具开关并且等到刀头获得最大速度后,贴着加工件表面向前推进工具,此时要求保持工具底板齐而均匀前进直到最后完成切削。

(2) 控制匀速前进。在操作时,如果速度太快会导致切削质量不良,损坏刀头或马达,移动得太慢则可能会发热而使切削效果不良。匀速取决于刀头的尺寸,加工件的种类及切削深度,开始在实际工件上切削之前最好先在不要的碎木料上做一次试切,确定匀速。

(3) 为了防止切割过深可能会引起马达超负荷使得工具操作困难。因此在切割沟槽时,一次不超过 15mm (5/8 寸)以上。如想切割深于 15mm (5/8 寸)的沟槽时,要分数次进行切割,而每次要逐渐加深刀头设定的位置。

(4) 当进行边缘切削时,从送进方向看应使加工件位于刀头的右边。

5.4 切割机

5.4.1 瓷片切割机

瓷片切割机是一种专用的手持轻型电动工具,主要应用于瓷片、瓷板、面砖等装饰性

5 常用装修机械

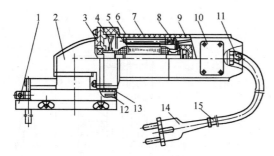

图 5-13 瓷片切割机构造示意图
1—导尺；2—工作头；3—中间盖；4—风叶；
5—电枢；6—电动机定子；7—机壳；8—电刷；
9—手柄；10—标牌；11—电源开关；12—刀片；
13—护罩；14—插头；15—电缆线

材料的切割，也适用于小型水磨石片、大理石片材的切割。它不同于石材切割机，它功率小、体积小、切割厚度也小，因此它仅用于小型工程中。换上砂轮，尚可进行小型切割。

1. 主要构造

如图 5-13 所示，为瓷片切割机构造图。其动力部分是一个单相串激式电动机，装于机壳内，并具有双重绝缘性。其工作部分是由工作头、刀片、导尺等构成。传动部分是通过一对弧齿锥齿轮组成，它们即起到减速作用。

2. 操作要点

（1）在使用前，应先空转片刻，检查有无异常振动、气味和响声，确认正常后方可作业。

（2）刀片安装方向要正确，并且牢固可靠，运转要平稳，开关要灵活可靠。

（3）使用过程要防止杂物、泥尘混入电动机，并随时注意机壳温度和炭刷火花等情况。

（4）切割过程用力要均匀适当，在推进刀片时，不可施力过猛。如发生刀片卡死时，应当立即停机，慢慢退出刀片，重新对正后再切割。

（5）在停机时，必须等刀片停止旋转后方可放下，严禁未切断电源时将机器放在地上。

（6）本机不宜长期在有腐蚀性气体的环境中使用或存放，并注意避免接触"芳香族"化学物质。

（7）每使用二、三个月之后，应当清洗一次机体内部，更换轴承内润滑脂。

5.4.2 型材切割机

1. 主要构造

型材切割机是一种多功能高效率的电动工具，它根据砂轮磨削原理，利用高速度旋转的薄片砂轮来切割多种型材。该机特点是切割速度快、生产效率高、切割面平整并且垂直度好、光洁度高，在现代建筑装饰中，可用以裁切多种金属材料的型材，且裁切时可调整切割角度，可切直口，也可切斜口。型材切割机根据构造的不同有型材切割和双速型材切割，如图 5-14 所示。由电动机、切削部分、可转夹钳、转位中心调整结构等组成。

图 5-14 型材切割机

2. 操作要点

（1）在作业前，应对型材切割进行全面检查紧固、连接件、电源接头等是否合乎运转要求。

(2) 在切割工件时，首先应当固定紧加工件，长工件应在两头用材料块支承起来以使其与台面保持水平。紧握把手起动机具并等达到最大速度，慢慢放低机具使切割片逐渐接触到被加工件，并施加适当的压力以切断工件。

(3) 当达到需要切割深度或已经切断后，立即松开扳机按钮，停止机具运转，然后逐渐抬起把手到升起位置。

(4) 切割角度的调整：使用附带的套口扳手旋松导板固定螺栓，此时导板即可任意调整成所需要的斜角度，然后再旋紧固定螺栓即成。

3. 注意事项

(1) 在使用前检查绝缘电阻，检查各接线柱是否接牢，接好地线。

(2) 在使用前检查电源是否与铭牌额定的电压相符，不得在超过或低于额定电压10%的电压上使用。

(3) 使用前检查各部件、各紧固件是否松动，如果有松动须紧固。

(4) 砂轮转动方向是否与防护罩壳上标着的旋转方向一致，如果发现相反，应当立即停机，将插头中两支电线其中一支对调互换，切不可反向旋转。

(5) 使用的砂轮片或木工圆锯片规格不能大于铭牌上规定的规格，避免电动机过载。绝对不能使用安全线速度低于切割速度的砂轮片。

(6) 操作要均匀平稳，不得用力过猛，以免过载或引起砂轮片崩裂，操作人员握手柄开关，身体侧向一旁，避免发生意外。

(7) 使用中发现异常杂声，要停车检查原因，排除后方可继续使用。

(8) 切割机不得在有易燃或腐蚀气体条件下操作使用，以确保各电气元件正常工作，不用时宜存放在干燥和没有腐蚀性气体的地方。

(9) 切割机电缆必须用四芯电缆线，有效长度不应少于 3.5m，其中应有一根黑色芯线作地接线，并与接地装置电气连接。

(10) 全新或长期搁置不用的型材切割机，开箱后装好手柄座，用 500V 兆欧表测量所有带电零件与可触及的金属零件之间绝缘电阻，在接近工作温度时不低于 2MΩ（此项工作应由专业电工人员进行测试）。

5.4.3 铝合金切割机

铝合金切割机是台式机具，它在结构上与普通型材切割机基本一样，但普通型材切割机不能切割铝合金型材，因其使用的锯片是采用高强度树脂粘结的砂粒片（又称无齿锯片），铝合金型材切割机的锯片是采用的有齿锯片（如同木工锯片），为了增加锯片的耐久性，也无需进行锯齿的修磨，通常采用硬质合金锯片。铝合金型材切割机，没有精确刻度的转台（也称转台式斜断锯）。切割精度高，能确保切割件的角度、垂直度和尺寸精度，因此在现场制作各种规格的铝合金门窗、装饰柜等过程中，它是不可缺少的机具。

图 5-15 铝合金型材切割机
1—手轮；2—夹紧装置；3—垂直导板；4—集尘袋；5—金属安全罩；6—手柄；7—安全罩；8—刀具；9—机架；10—旋转台手轮

1. 主要构造

如图 5-15 所示，为铝合金型材切割机构造图，由动力部分、刀具、夹紧装置、机架等组成。

2. 操作要点

(1) 在作业前，应对机具进行全面检查，检查连接件是否牢固，合格后方可使用。

(2) 在操作时先将转台牢牢固定，防止切割工作时会发生移动，造成被切断工件成为废品。

(3) 在切割工件时，要牢牢地握住工具手柄，在电源开关接通前，刀具不能与切断部位相接触。

(4) 启动后要等刀具全速转动后方可开始切断工件。

(5) 为获得一个无损的清洁表面和加工程度，应经常清除工作台面的切削和碎片。

3. 注意事项

(1) 在使用工具前，应仔细检查刀具是否有断裂或破损，如发现有断裂或破损，应立即更换，以免发生意外。

(2) 在接通电源开关前，要确认主轴锁定装置处于非锁定状态，否则就会造成机械损坏。

(3) 在安装刀具时，一定要注意刀具的锯齿方向，否则就无法进行切削，甚至发生危险。

(4) 本机具除设有固定金属安全罩外，还在金属安全罩内装有可活动的有机玻璃安全罩。

当刀具接触工件并开始切割时，安全罩将自动抬高，当切割工作完毕之后将返回原来的位置。决不能将安全罩固定使其不能动，否则将容易发生事故。

当安全罩被弄脏或粘有锯屑而无法清楚地看到刀具或工件时，要用湿布小心谨慎地清扫掉。

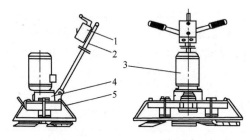

图 5-16 双头地面抹光机外形结构
1—转换开关；2—操纵杆；3—电动机；
4—减速器；5—安全罩

5.5 地面抹光机

5.5.1 地面抹光机的主要结构

双头地面抹光机外型结构如图 5-16 所示。电动机通过 V 带驱动转子，转子是一个十字架形的转架，其底面装有 2~4 把抹刀，抹刀的倾斜方向与转子的旋转方向一致，并能紧贴于所修整的水泥地面上。抹刀随着转子旋转，对水泥地面进行抹光工作。抹光机由操纵手柄控制行进方向，由电气开关控制电动机的开停。

5.5.2 地面抹光机主要型号的技术性能

地面抹光机主要型号的技术性能，见表 5-9。

5.6 水磨石机

抹光机的性能参数　　　　　　　　　　　　　　　　　　　　　表5-9

性　　能	单转子型	双转子型
抹刀数	3/4	2/3
抹刀回转直径（cm）	40～100	抹刀盘宽：68
抹刀转数（r/min）	45～140	快：200/120　慢：100
抹刀可调角度（°）	0～15	0～15
生产率（m²/h）	100～300	100～200/80～100
发动机功率（kW） 转速（r/min）	2.2～3（汽油机） 3000	0.55/0.37 —
质量（kg）	40/80	30/40

5.5.3 地面抹光机的使用与维护

底层细石混凝土摊铺平整合乎质量要求后，铺洒面层水泥干砂浆并刮平，当干砂浆渗湿后稍具硬度，将抹刀板旋转时地面不呈明显刀片痕迹，方可开机运转。在操作时应有专人收放电缆线，防止被抹刀板划破或拖坏已抹好的地面。第一遍抹光时，应从内角往外纵横重复抹压，直至压平、压实、出浆为止。第二遍抹光时，应由外墙一侧开始向门口倒退抹压，直至光滑平整无抹痕为止。抹压过程如地面较干燥，可均匀喷洒少量水或水泥浆再抹，并用人工配合修整边角。

作业结束后，用水洗掉粘附在抹光机上的砂浆。存放前，应在抹板与联接盘螺钉上涂抹润滑脂。使用一定时期后，应在抹板支座上的四个油嘴加注润滑脂。减速器齿轮油应随季节变化更换。

5.6 水磨石机

5.6.1 水磨石机的主要结构

水磨石机是修整地面的主要机械。根据不同的作业对象、要求，有单盘旋转式和双盘对转式，主要用于大面积水磨石地面的磨平、磨光作业。

(1) 单盘水磨石机的外形结构如图5-17所示。主要由传动轴、夹腔帆布垫、连接盘及砂轮座等组成。磨盘为三爪形，有三个三角形磨石均匀地装在相应槽内，用螺钉进行固定。橡胶垫使传动具有缓冲性。

(2) 双盘水磨石机的外形结构如图5-18所示。其适用于大面积磨光，具有两个转向相反的磨盘，由电动机经传动机构驱动，结构与单盘式类似。与单盘相比，耗电量增加不到40%，而工效可提高80%。

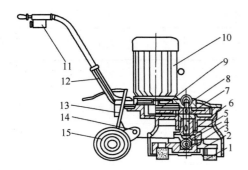

图 5-17 单盘旋转式水磨石机外形结构
1—磨石；2—砂轮座；3—夹腔帆布垫；
4—弹簧；5—连结盘；6—橡胶密封；
7—大齿轮；8—传泵轮；9—电机齿轮；
10—电动机；11—开关；12—扶手；
13—升降齿条；14—调节架；15—走轮

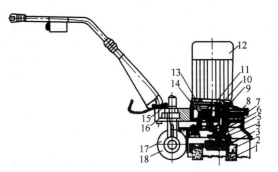

图 5-18 双盘对转式水磨石机外形结构
1—V 砂轮；2—磨石座；3—连接橡皮；
4—连结盘；5—接合密封圈；6—油封；
7—主轴；8—大齿轮；9—主轴；10—闷头盖；
11—电机齿轮；12—电动机；13—中间齿轮轴；
14—中间齿轮；15—升降齿条；16—齿轮；
17—调节架；18—行走轮

5.6.2 水磨石机的使用与维护

当混凝土强度达到设计强度的 70%～80% 时，为水磨石机最适宜的磨削时机，强度达到 100% 时，虽能正常有效工作，但磨盘寿命会有所降低。在使用前，要检查各紧固件是否牢固，并用木槌轻击砂轮，应发出清脆声音，表明砂轮无裂纹，方能使用。接通电源、水源，检查磨盘旋转方向应与箭头所示方向相同。手压扶把，使磨盘离开地而后启动电机，待运转正常后，缓慢地放下磨盘进行作业。在作业时必须经常通水，进行助磨和冷却，用水量可调至工作面不发干为宜。

根据地面的粗细情况，应更换磨石。如去掉磨块，换上蜡块用于地面打蜡。更换新磨块应先在废水磨石地坪上或废水泥制品表面先磨 1～2h，待金刚石切削刃磨出后再投入工作面作业，否则会有打掉石子现象。每班作业后关掉电源开关，清洗各部位的泥浆，调整部位的螺栓涂上润滑脂。及时检查并调整 V 带的松紧度。使用 100h 后，拧开主轴壳上的油杯，加注润滑油，使用 1000h 后，拆洗轴承部位并加注新的润滑脂。

5.6.3 水磨石机的常见故障及排除方法

水磨石机常见故障及排除方法见表 5-10。

水磨石机常见故障及排除方法　　　　表 5-10

故障现象	故障原因	排除方法
效率降低	V 带松弛，转速不够	调整 V 带松紧度
磨盘振动	磨盘底面不水平	调整后脚轮
磨块松动	磨块上端缺皮垫或紧固螺母缺弹簧垫	加上皮垫或弹簧垫后紧固螺母
磨削的地面有麻点或条痕	地面强度不够 70%	待强度达到后再作业
	磨盘高度不合适	重新调整高度

5.7 地板刨平机和地板磨光机

5.7.1 地板刨平机的结构

木地板铺设后，首先进行大面积刨平，刨平工作通常采用刨平机。刨平机的构造，如图 5-19 所示。电动机与刨刀滚筒在同一轴上，电动机启动后滚筒旋转，在滚筒上装有三片刨刀，随着滚筒的高速旋转，将地板表面刨削及平整。

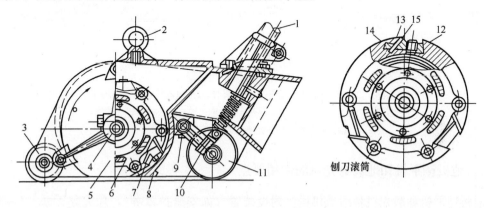

图 5-19 地板刨平机的构造
1—操纵杆；2—吊环；3—前滚轮；4—电动机轴；5—侧向盖板；
6—电动机；7—刨刀滚筒；8—机架；9—轴销；10—摇臂；
11—后滚轮；12—螺钉；13—滑块；14—螺钉；15—刨刀

刨平机在工作中进行位置移动，移动装置由两个前轮和两个后轮组成；刨刀滚筒的上升或下降是靠后滚轮的上升与下降来控制的。操纵杆上有升降手柄，扳动手柄可使后滚轮升降，从而控制刨削地板的厚度。刨平机在工作时，可分两次进行，即顺刨和横刨。顺刨厚度通常不超过 2~3mm，横刨厚度不超过 0.5~1mm，刨平厚度应根据木材的性质来决定。刨平机的生产率为 12~20m²/h。

刨削木地板也可用木工六用刨，这种刨还能进行磨光工作。将六用刨倒置，卸去台面，使刀滚朝下，并加装滚轮和刀罩，推拉机架即可进行刨削工作。将备用的磨削工作装置装上，放松升降手柄，使磨光滚筒下降即可进行磨光。

5.7.2 地板磨光机的结构

地板刨光后应进行磨光，地板磨光机如图 5-20 所示，主要由电动机、磨削滚筒、吸尘装置、行走装置等构成。电动机转动之后，通过圆柱齿轮带动吸尘机叶轮转动，以便吸收磨屑。磨削滚筒由圆锥齿轮带动，滚筒周围有一层橡皮垫层，砂纸包在外面，砂纸一端挤在滚筒的缝隙中，另一端由偏心柱转动后压紧，滚筒触地旋转便可磨削地板。托座叉架通过扇形齿轮及齿轮操纵手柄控制前轮的升降，以便滚筒适应工作状态和移动状态。磨光机的生产率通常为 20~35m²/h。

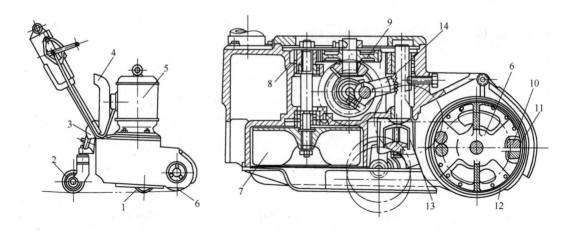

图 5-20 地板磨光机
1—前滚轮；2—后滚轮；3—托座；4—排屑管；5—电动机；6—磨削滚筒；
7—吸尘机叶片；8—圆柱齿轮；9—圆柱齿轮；10—偏心柱；11—砂纸；
12—橡皮垫；13—托座叉架；14—扇形齿轮

5.7.3 地板刨平机和地板磨光机的使用要点

地板刨平机和磨光机各组成机构和附设装置（如安全护罩等），应完整无缺，各部连接不得有松动现象，工作装置、升降机构及吸尘装置均应操纵灵活和工作可靠。工作中要保证机械的充分润滑。操作中应当平缓、稳定，防止尘屑飞扬。连续工作 2～6h 后，应停机检查电动机温度，如果超过铭牌标定的标准，待冷却降温后再继续工作。电器和导线均不得有漏电现象。刨平机和磨光机的工作装置（刨刀滚筒和磨削滚筒）的轴承和移动装置（滚轮）的轴承每隔 48～50 工作小时进行一次润滑，吸尘机轴承每隔 24 工作小时进行一次润滑。这两种机械在工作 400h 左右后进行一次全面保养，拆检电动机、电器、传动装置、工作装置和移动装置，清洗机件和更换润滑油（脂），并测试电动机的绝缘电阻，其绝缘标准与水磨石机相同。

5.8 木工带锯机和木工圆锯机

5.8.1 木工带锯机

木工带锯机主要适用于加工板材、方材的直线口、曲线口及小于 30°～40° 斜面口或加工木质零件，锯轮直径为 630mm。锯机结构比台式木工带锯机简单，大部分采用手工进料。以 MJ346B 型为例，介绍细木工带锯机的构造及原理。

1. 木工带锯机的主要构造及原理

MJ346B 型细木工带锯机的构造，如图 5-21 所示。由机体、上锯轮、下锯轮、回转工作台、锯卡子、防护罩、电动机、制动装置等组成。上锯轮支承在机身的骨架上、转动手轮上锯轮可沿机身导轨上下移动，从而改变上下锯轮的中心距离，以适应锯条长度的改变，使锯条能够适当地紧张在两个锯轮上，锯条的张紧程度，通过锯条张紧弹簧的作用，

5.8 木工带锯机和木工圆锯机

能够自行补偿调节。转动小手轮可以使上锯轮和轴承座倾斜,以调整锯条在锯轮上的位置,使锯齿露在锯轮轮缘端下面。下锯轮为主动轮,通过V带轮由电动机驱动。

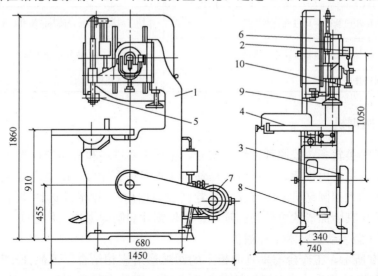

图 5-21 MJ346B型细木工带锯机构造示意图
1—机体;2—上锯轮;3—下锯轮;4—回转工作台;5—锯卡子;6—防护罩;7—电动机;
8—制动脚踏板;9—上锯轮升降及锯条张紧装置调整手轮;10—上锯轮倾斜调整装置手轮

2. 木工带锯机常见的故障及排除方法

带锯机的常见故障及其排除方法,见表5-11。

带锯机的常见故障及其排除方法   表5-11

故障现象	故障原因	排除方法
锯条常折断	锯轮外轮缘磨损不均	检查磨损程度,重新磨平轮缘
	导引装置中夹板磨损过大	检查调整夹板,减小磨损
	锯条厚度不均	将锯条焊接处调直
	锯条拉得太紧	将锯条放松,将使其行程均匀
	锯条过分被挤压	张紧锯条,调整靠盘,消除对锯条的挤压力
	锯条焊接宽度和厚度不均	检查焊缝处,并仔细修理平整
	锯齿开得不好,锯齿槽太小	检查锯齿的张开情况增大锯齿槽
	锯过钝	将锯齿锉锐
机体振动	机座与基础结合,下支承架与机座结合等螺栓有松动现象	检查各处螺栓,并紧固
	上下锯轮的静平衡达不到要求	将上下锯轮进行静平衡试验,并消除不平衡度使之达到标准
	各部件结合面不严密	检查机身和机座结合面,下轮支承架与支座结合面接触是否良好
	轴承精度超差或经长期使用磨损	检查轴承精度并更换合格轴承,每工作2000h应特别检查一次
	上下锯轮径向跳动、端面跳动超过精度标准。轮孔与轴承锥度配合达不到精度标准	按轮孔与轴承锥度,接触面的标准进行涂色检查并修正达到严密配合
	轴颈和轴承已损伤	应按轴颈磨损情况进行修理,并更换合格轴承

5 常用装修机械

续表

故障现象	故障原因	排除方法
锯条运动是窜动	锯轮外径圆锥度超过允许范围	精车或磨锯轮外径使其圆锥度小于 1.5×10^{-5} mm
	上轮与下轮安装精度达不到要求	重新校正下上锯轮的位置偏差
	锯条修正不良	按锯条规格和木材品种要求，对锯条进行修正

5.8.2 木工圆锯机

圆锯机的种类较多，按照其进给方式分，包括手动进料和机动进料两种类型。锯机的构造比较简单，主要由机架、工作台、锯轴、切割刀具、导尺、传动机构和安装装置等组成。制材使用的大型圆锯机还配有注水装置（冷却锯片）、锯卡及送料装置等。圆锯机上的圆锯片，按照其断面形状可分为圆锯片、锯形锯片和刨削锯片三种形式。

1. MJ104型手动进料木工圆锯机

如图5-22所示，工作台与垂直溜板上的圆弧形滑座相结合，可保证工作台倾斜度在0°~45°范围内任意调节，并由螺钉锁紧。为了适应锯片直径和锯解厚度的变化，溜板通过手轮可沿床身导轨移动，使工作台获得垂直方向的升降，并用手把螺钉锁紧。安装在摆动板上的电动机，通过带传动使装在锯轴上的锯片旋转。为加工不同宽度的木材工件，纵向导尺与锯片之间的距离可以调整，并由螺钉固定。横向导尺可沿工作台上的导轨移动，以便对工件进行截头加工；为锯截有一定角度的工件，导尺与锯片之间的相对角度可调整，并用螺钉锁紧。此外机床上还设有导向分离刀、排屑罩和防护罩等。

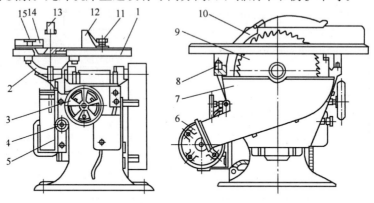

图 5-22 MJ104型手动进料木工圆锯机
1—工作台；2—圆弧形滑座；3—手轮；4—锁紧螺钉；5—垂直溜板；6—电动机；
7—排屑罩；8—锁紧螺钉；9—锯片；10—导向分离刀；11—锁紧螺钉；
12—纵向导尺；13—防护罩；14—横向导尺；15—锁紧螺钉

2. MJ224型万能木工圆锯机

如图5-23所示，MJ224型万能木工圆锯机主要由机架、工作台、立柱、横臂和带电动机的移动架等组成。锯机的横臂可以沿立柱轴线转动，与工作导向板成垂直及左右各成45°角的三种位置，各个位置均有专用定位器定位。电动机可水平旋转360°，每90°位置的固定也有定位器定位，电动机的轴线可以自平行于工作台面开始，在0°～90°范围内与工作台面之间成各种角度。电动机和工作台面高度的调整可用手摇升降机构进行，电动机还可以沿横臂的导轨移动。用手操纵移动架可以进行各种制件的锯割加工。

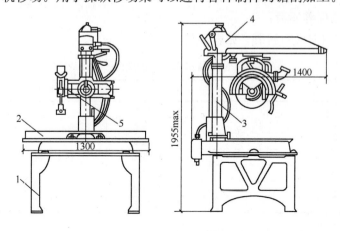

图 5-23　MJ224 型万能木工圆锯机构造示意图
1—机架；2—工作台；3—立柱；4—横臂；5—移动架

3. MJ256 型吊截锯的构造与使用

吊截锯的构造，如图 5-24 所示。主要由锯身、挂架、锯轴、电动机和平衡锤所组成。在工作时拉动锯身前后摆动即可进行锯截。吊截锯的传动比较简单，锯轴的转动由电动机经平胶带传动。

4. 圆锯机的使用要点

(1) MJ104 型手动进料圆锯机的使用要点。锯齿的方向与锯轴运动方向必须一致，锯片要平整，齿要尖锐，并应有适当锯路，不得连续缺齿。一定要罩好安全罩，开车前必须清除锯机周围的障碍物，夹紧锯片的夹板螺母应该一次紧固好，并在开车前检查是否拧紧。操作人员不得站在锯片旋转线上，锯短料一定使用推棍，50cm以下的短料禁止上锯。圆锯机锯片不得有过热变蓝或发生小崩裂现象，齿槽裂缝不得超过 20cm，裂缝末端要钻圆孔。

(2) MJ224 型万能木工圆锯机的使用要点。该机的使用方法有将工件移近刀具

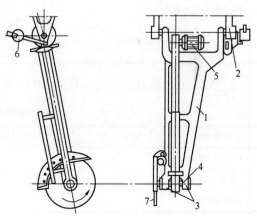

图 5-24　吊截锯外形及构造示意图
1—锯身；2—挂架；3—轴承；4—锯轴；
5—电动机；6—平衡锤；7—锯片

进行加工和用手将电动机的移动架移向工件进行加工两种。锯机在开动前须检查各运动机构、锁紧机构及刀具紧固情况是否妥当，检查刀具有无裂纹、凹伤，避免在工作时因刀具的破裂而发生危险。在使用圆盘形刀具时，需安装好防护罩，在纵向锯割时，应放下梳形逆止器，以防止工件被刀具推出。吊截锯的使用要点：吊截锯在开车后应达到稳定的转速及所有机构都运转正常后，才能够开始工作，如有故障应及时排除；锯片在转动时或停车

后,严禁用任何物件闸卡、刹压锯片,应使锯片自然停止;不得用手拿料直对锯片推截和手跨过锯片工作,以及沿锯片线方向站立。

5. 圆锯机的保养润滑和故障排除方法

(1) 圆锯机的保养润滑:

1) MJ104型圆锯机的润滑,见表5-12。

MJ104型圆锯机的润滑　　　　　表5-12

润滑部位	润滑点数	润滑剂种类	润滑周期	备注
移动导向板手轮轴承	1	46号机械油	每天一次	压注油杯
工作台升降手轮轴承	2	46号机械油		压注油杯
升降丝杠止推轴承	1	46号机械油		手工注油
工作台升降丝杠	1	46号机械油		手工注油
工作台升降滑板导板	1	46号机械油		手工注油
移动导向板齿条轴	1	46号机械油		手工注油
锯片轴滚轴承	2	1号钙基润滑脂		旋盖式油杯

2) MJ224型万能木工圆锯机润滑,见表5-13。

MJ224型万能木工圆锯机润滑　　　　　表5-13

润滑部位	润滑点数	润滑剂种类	润滑周期	备注
横臂立柱升降手柄	1	32号机械油	50h	油枪注入
横壁立柱丝杠轴颈及止推滚动轴承	1	32号机械油	50h	油枪注入
横臂立柱升降螺母	1	32号机械油	100h	油枪注入
横臂立柱丝杠	1	32号机械油	100h	油枪注入
电动机滚动轴承	2	1号钙基润滑脂	6个月	手填入

3) MJ256型吊截锯润滑,见表5-14。

MJ256型吊截锯润滑　　　　　表5-14

润滑部位	润滑点数	润滑剂种类	润滑周期	备注
锯轴滚动轴承	2	3号钙基润滑脂	90d	—
枢轴与锯身	2		每班一次,每次将盖拧一圈	旋盖式油杯
链轮轴与挂架	1			

(2) 圆锯机常见故障及其排除方法,表5-15。

圆锯机常见故障及其排除方法　　　　　表5-15

故障现象	故障原因	排除方法
锯截时锯缝太宽	锯片端面有摇摆	必须磨锯片端面并用千分表检验
工作时锯片发热	锯齿已钝或锯片体的预应力不均	前者刃磨锯齿,后者另作预应力处理
锯末堵塞了锯齿	齿槽有锐角	消除齿槽内的锐角
锯齿易钝,齿尖易崩裂	齿顶尖不在同一圆周上	刃磨齿形
锯盘上靠近齿槽有裂缝	齿槽不够大	为了防止裂缝继续蔓延,在裂缝末端钻直径1.5～2mm的孔

6 机械设备前期管理

6.1 机械设备的规划决策

6.1.1 机械设备前期管理的内容

机械设备购置所追求的目标是实现建设企业自身装备结构的合理性,其内容包括如下几点:
(1) 装备规划和机械购置计划的调研、制定、可行性论证及决策。
(2) 装备投资计划及费用预算的编制与实施程序的确定。
(3) 自制设备的设计方案选择和制造管理。
(4) 外购机械的选型、订货及合同管理。
(5) 机械的到货检查、安装、试运转、验收及投产使用。
(6) 机械走合期使用的情况的分析、评价和信息反馈等。

6.1.2 机械设备规划的依据

机械设备规划是根据企业经营方针和目标,考虑到今后的生产发展、新产品开发、节约能源及安全环保等方面的需要,本着依靠技术进步与保持一定的设备技术储备的精神,通过调查研究,进行技术经济分析,并结合企业现有设备能力和资金来源,综合平衡而制订的企业中、长期及短期设备投资计划。它是企业长期经营规划的组成部分,也是企业设备前期管理工作的首要环节。要认真地进行技术经济分析和论证,以避免投资的盲目性,影响经济效益。年度机械购置计划的编制依据主要有:
(1) 企业近期生产发展的要求和技术装备规划。
(2) 本年度企业承担施工任务的实物工程量、工程进度以及工程的施工技术特点。
(3) 企业承担的建筑体系、施工工艺和施工机械化的发展前景规划。
(4) 年内机械设备的报废更新情况,安全、环境保护的要求。
(5) 充分发挥现有机械效能后的施工生产能力。
(6) 机械购置资金的来源情况。
(7) 社会施工机械租赁业的发展前景与出租率情况。
(8) 施工机械年台班、年产量定额与技术装备定额。

6.1.3 机械设备购置计划的编制程序

1. 准备阶段

由主管业务部门提出申请,搜集资料,摸清情况,掌握有关装备原则,澄清任务,测算工作量。

2. 平衡阶段

编制机械购置计划草案，并会同相关部门进行核算，在充分发挥机械效能的前提下，力求施工任务与施工能力相平衡，机械费用与其他经济指标相平衡。

3. 选择论证阶段

机械购置计划所列的机械品种、规格、型号等均要经过认真地选择论证，选择最优方案，报领导决策。

4. 确定实施阶段

年度机械购置计划由企业机械管理部门编制，经生产、技术、计划及财务等部门进行会审，并经企业领导批准，必要时报企业上级主管部门审批，企业有关业务管理部门实施。

6.1.4 机械设备的购置申请

（1）根据企业发展与施工工程的需要，需增添或更新设备时，由公司设备管理部门填写机械设备购置申请审批表，经生产副总经理审核后，报总经理办公会审批，由机械管理部门负责购置。

（2）需自行添置机械设备的单位，由各单位设备负责人写出申请报告，经各单位领导批准后方可自行购买。

（3）机械设备的选型与采购，必须对设备的安全可靠性、节能性、生产能力、可维修性、耐用性、经济性、配套性、售后服务及环境等因素进行综合论证，择优选用。

（4）购置进口设备时，必须经主管经理审核，总经理批准，委托外贸部门与外商联系，公司机械管理部门和主管经理应当参与对进口机械设备的质量、价格、售后服务、安全性及外商的资质和信誉度进行评估、论证工作，以决定进口设备的型号、规格与生产厂家。

（5）当进口机械设备所需的易损件或备件，在国内尚无供应渠道或不能替代生产时，应当在引进主机的同时，适当地订购部分易损、易耗配件以备急需用。

（6）公司各单位在购置机械设备后，应当将机械设备购入申请（审批）表、发票，购置合同、开箱检验单、原始资料登记等复印件交设备管理员验收、建档，统一办理新增固定资产手续。

（7）各单位、施工项目部所自购的设备经验收合格后，要填写相关机械设备记录报公司机械管理部门建档。

6.2 机械设备选型

6.2.1 设备选型的基本原则

1. 生产上适用

所选购的设备应当与本企业扩大生产规模或开发新产品，施工生产等需求相适应。

2. 技术上先进

在满足生产需要的前提下，要求其性能指标保持先进水平，以提高产品质量，延长其技术寿命，不能片面追求技术上的先进，也要防止购置技术已属落后的机型。

3. 经济上合理

即要求设备购置价格合理，购置费的降低能减轻机械使用成本，在使用过程中能耗、维护费用低，且回收期较短。

设备选型首先应当考虑的是生产上适用，只有生产上适用的设备才能发挥其投资效果；其次是技术上先进，技术上先进必须以生产适用为前提，以获得最大经济效益为目的；最后，将生产上适用、技术上先进与经济上合理统一起来。

6.2.2 设备选型应考虑的因素

1. 生产率

设备的生产率通常用设备单位时间（分、时、班、年）的产品产量来表示，设备生产率要与企业的经营方针、工厂的规划、生产计划、技术力量、运输能力、劳动力、动力及原材料供应等相适应，不能盲目要求生产率越高越好。

2. 工艺性

机械设备选型要符合产品工艺的技术要求，一般将设备满足生产工艺要求的能力叫工艺性。

3. 设备的维修性

维修性是指机械设备是否容易维修的性能，它要求机械设备结构简单合理、易于拆装、易于检查，零部件要通用化和标准化，并具有互换性。对设备的维修性一般可从以下几方面衡量。

（1）设备的技术图纸、资料齐全。

（2）结构设计合理。设备结构的总体布局应当符合可达性原则，各零部件和结构应易于接近，便于检查与维修。

（3）结构的简单性。在符合使用要求的前提下，设备的结构应力求简单，需维修的零部件数量越小越好，拆卸较容易，并且能迅速更换易损件。

（4）标准化、组合化原则。设备应尽量采用标准零部件和元器件，容易被拆成几个独立的零部件，并且不需要特殊手段即可装配成整机。

（5）结构先进。设备应尽量采用参数自动调整、磨损自动补偿和预防措施自动化原理来设计。

（6）状态监测与故障诊断能力。可以利用设备上的仪器、仪表、传感器及配套仪器来检测设备有关部位的温度、压力、电流、电压、振动频率、消耗功率、效率、自动检测成品及设备输出参数动态等，以判断设备的技术状态和故障部位。

（7）提供特殊工具和仪器、适量的备件或有方便的供应渠道。

4. 设备的安全可靠性与操作性

（1）设备的安全可靠性。安全可靠性是设备对生产安全的保障性能，即设备应具有必要的安全防护设计与装置，并且能够生产出高质量的产品，完成高质量的工程，能够避免在操作不当时发生重大事故。

(2) 设备的操作性。设备的操作性属于人机工程学范畴内容，总的要求是方便、可靠、安全，符合人机工程学原理。

5. 设备的环保与节能性

工业、交通运输业和建筑业等行业企业设备的环保性，一般是指其噪声振动和有害物质排放等对周围环境的影响程度。在设备选型时必须要求其噪声、振动频率和有害物排放等控制在国家和地区标准的规定范围内。在选型时，其所选购的设备应符合国家《节约能源法》规定的各项标准要求。

6. 设备的配套性与灵活性

成套性是指机械设备配套的性能；灵活性是指机械设备有广泛应用程度的性能。机械设备灵活性的具体要求是：机械设备应体积小、重量轻、机动灵活、能够适应不同的工作条件与工作环境，具备多种功能（一机多用）。

7. 设备的经济性

影响设备经济性的主要因素有：初期投资；对产品的适应性；生产效率；耐久性；能源与原材料消耗；维护修理费用等。设备的初期投资主要是指购置费、运输与保险费、安装费、辅助设施费、培训费、相关税费等。在选购设备时，不能简单寻求价格便宜而降低其他影响因素的评价标准，特别是要充分考虑停机损失、维修、备件与能源消耗等项费用，以及各项管理费。

6.3 机械设备采购管理

6.3.1 机械设备的招标

确定设备的选型方案后，就要协助采购部门进行设备的采购。对于国家规定必须招标的进口机电设备，地方政府、行业主管部门规定必须招标的机电设备以及企业自行规定招标的机电设备，企业应当招标采购。设备的招标投标，与其他货物、工程、服务项目的各类招标投标一样，要求公正性、公开性及公平性，使投标人有均等的投标机会，使招标人有充分的选择机会。设备的招标采购形式大体有三种，即竞争性招标、有限竞争性招标与谈判性招标。

6.3.2 机械设备的订货

1. 订货程序

根据确定选型后的购置计划，首先进行市场货源调查，参加设备订货会议及向制造厂家（或供应商）联系、询价及了解供货情况，收集各种报价和供货可能做出评价选择，与制造厂家对某些细节进行磋商，经双方谈判达成协议（或采用招标办法），最后签订订货合同或订货协议，并由双方签章后生效。

2. 订货合同及管理

设备订货合同是供需双方在达成一致协议后，经双方签章具有法律效用的文件，其注意事项有：

(1) 合同的签订应当以洽商结果和往来函电为依据，双方加盖合同章后生效。

(2) 合同应当明确表达供需双方的意见，文字要准确，内容必须完整，包括供、收货单位双方的通信地址、结算银行全称、货物到达站及运输方式、交货期、产品名称、规格型号、数量、产品的技术标准与包装标准、质量保证以及双方需要在合同中明确规定的事项、违约处理方法和罚金、赔款金额、签订日期等，都不要漏掉或误写。

(3) 合同应当符合国家经济法令政策和规定，要明确双方互相承担的责任。

(4) 合同应当考虑可能发生的各种变动因素。例如质量验收标准、价格、交货期、交货地点，并应有防止措施和违章罚款的规定。

在合同正文中不能详细说明的事项，一般可以附件形式作为补充。附件是合同的组成部分，与合同正文有同等法律效用，附件也要双方均签章。对于大型、特殊高精度或价格高的设备订货，合同应提出到生产厂的现场监督、参加验收试车，并要求生产厂负责售后的技术服务工作。合同签订后，有关解释、澄清合同内容的往来函电，也应当视为合同的组成部分。

企业应当做好设备订货合同的管理。订货合同一经签订就受法律保护，订货双方均应受法律制约，都必须信守合同。合同要进行登记，建立台账和档案，合同的文本、附件、往来函电、预付款单据等都应当集中管理，这样便于查阅，也是双方发生争议时的仲裁依据。乙方应当按合同规定交货，甲乙双方应经常交流合同执行情况，对到期未交货要及时查询。

3. 进口机械订购

订购进口机械时，首先应当做好可行性研究，按照有关规定，申请进口许可证，在签订合同时应具体细致，不得含糊，合同条款要符合我国的有关规定，并参照国际条例注明双方的权利和义务，明确验收项目和检验标准，对结构复杂、安装技术要求高的机械，应在合同内注明由卖方负责免费安装及售后技术服务项目，保修期通常以到货之日算起，应争取以安装调试完毕投产之日算起。

另外，进口机械常用、易损配件及备品，如国内无供应渠道或不能生产，应适当订购一部分易耗、易损配件，以备需求。

6.4 机械设备的验收

设备到货后，需凭托收合同及装箱单，进行开箱检查，验收合格后，办理相应的入库手续。

1. 设备到货期

验收订货设备应当按期到达指定地点，不允许任意变更尤其是从国外订购的设备，影响设备到货期执行的因素多，双方必须按照合同要求履行验收事项。

2. 设备开箱检查

设备开箱检查应由设备采购部门、设备主管部门、组织安装部门、技术部门及使用部门参加。如系进口设备，应有商检部门人员参加。开箱检查主要内容有：

(1) 到货时，检查箱号、件数及外包装有无损伤和锈蚀；如果属裸露设备（部件），则要检查其刮碰等伤痕及油迹、海水侵蚀等损伤情况。

(2) 检查有无因装卸或运输保管等方面的原因而导致设备残损。如果发现有残损现象,则应当保持原状,进行拍照或录像,请在检验现场的有关人员共同查看,并办理索赔现场签证事项。

(3) 根据合同核定发票、运单,核对(订货清单)设备型号、规格、零件、部件、工具、附件、备件等是否与合同相符,同时作好清点记录。

(4) 设备随机技术资料(图纸、使用与保养说明书、合格证与备件目录等)、随机配件、专用工具、监测和诊断仪器、润滑油料与通信器材等,是否与合同内容相符。

(5) 凡是属于未清洗过的滑动面,均严禁移动,以防磨损。

(6) 不需要安装的附件、工具、备件等应妥善装箱保管,待设备安装完工后一并移交使用单位。

(7) 应核对设备基础图和电气线路图与设备实际情况是否相符;检查地脚螺钉孔等有关尺寸及地脚螺钉、垫铁是否符合要求;核对电源接线口的位置及有关参数是否与说明书相符。

(8) 检查后应作出详细检查记录,填写设备开箱检查验收单。

6.5 机械设备的技术试验

凡是新购机械或经过大修、改装、改造及重新安装的机械,在投产使用前,必须进行检查、鉴定和试运转(技术试验),以测定机械的各项技术性能与工作性能。未经技术试验或虽经试验尚未取得合格签证前,不得投入使用。

1. 技术试验的内容

(1) 新购或自制机械必须有出厂合格证和使用说明书。

(2) 大修或重新组装的机械必须有大修质量检验记录或重新组装检查记录。

(3) 改装或改造的机械必须有改装或改造的技术文件、图纸和上级批准文件,以及改装改造后的质量检验记录。

2. 技术试验的程序

技术试验的程序分为:试验前检查→无负荷试验→额定负荷试验→超负荷试验。试验必须按顺序进行,在上一步试验未经确认合格前,不得进行下一步试验。

3. 技术试验的要求

(1) 技术试验后,要对试验过程中发生的情况或问题,进行认真的分析和处理,以便作出是否合格和能否交付使用的决定。

(2) 试验合格后,应当按照《技术试验记录表》所列项目逐项填写,由参加试验人员共同签字,并经单位技术负责人审查签证。技术试验记录表一式两份,一份交付使用单位,一份归存技术档案。

6.6 机械设备的档案技术资料与设备台账

6.6.1 档案技术资料

(1) 机械技术档案主要是指机械自购入(或自制)开始直到报废为止整个过程中的历

史技术资料，能够系统地反映机械物质形态运动的变化情况，是机械管理不可缺少的基础工作与科学依据，应由专人负责管理。

（2）机械技术档案由企业机械管理部门建立和管理。

（3）A、B类机械设备在使用同时必须建立设备使用登记书，主要记录设备使用状况和交接班情况，由机长负责运转的情况登记。应建立设备使用登记书的设备主要有：塔式起重机、外用施工电梯、混凝土搅拌站（楼）、混凝土输送泵等。

（4）公司机械管理部门负责A、B类机械设备的申请、验收、使用、维修、租赁、安全、报废等管理工作。做好统一编号、统一标识。

（5）机械设备的台账与卡片是反映机械设备分布情况的原始记录，应当建立专门账、卡档案，达到账、卡、物三项符合。

（6）各部门应当指定专门人员负责对所使用的机械设备的技术档案管理，作好编目归档工作，办理相关技术档案的整理、复制、翻阅和借阅工作，并及时为生产提供设备的技术性能依据。

（7）对于已批准报废的机械设备，其技术档案和使用登记书等均应保管，定期编制销毁。

（8）机械履历书是一种单机档案形式，应由机械使用单位建立和管理，作为掌握机械使用情况，进行科学管理的依据。

6.6.2　设备台账的内容

施工机械资产管理的基础资料包括：机械登记卡片、机械台账、机械清点表和机械档案等，具体内容参见"第8.1.2节"。

6.7　机械设备的初期管理

设备使用初期管理主要是指设备经安装试验合格后投入使用到稳定生产的这一段时间的管理工作，通常为半年左右（内燃机要经过初期走合的特殊过程）。

1. 初期管理的内容

（1）机械在初期使用过程中调整试车，降低机械载荷，平稳操作，加强维护保养，使其达到原设计预期的功能。

（2）操作工人使用维护能力的技术培训工作。

（3）对设备使用初期的运转状态变化进行观察，作好各项原始记录，包括运转台时；作业条件，使用范围、零部件磨损及故障记录等。

（4）对典型故障和零部件失效情况进行研究，并提出改善措施和对策。

（5）在机械初期使用结束时，对使用初期的费用与效果进行技术经济分析，机械管理部门应当根据各项记录填写机械初期使用鉴定书。

（6）由于内燃机械具有结构复杂、转速高、受力大等特点，所以新购或经过大修、重新安装的机械，在投入施工生产的初期，应当经过运行磨合，使各相配机件的摩擦表面逐渐达到良好的磨合，从而避免部分配合零件由于过度摩擦而发热膨胀形成粘附性磨损，以致造成拉伤、烧毁等损坏性事故。

2. 机械使用初期的信息反馈

（1）对于属于设计、制造和产品质量上的问题，应向设计、制造单位进行信息反馈。

（2）对于属于安装、调试上的问题，应向安装、试验单位进行信息反馈。

（3）对于属于需要采取维修对策的，应向机械维修部门进行信息反馈。

（4）对于属于机械规划、采购方面的问题，应向规划、采购部门进行信息反馈。

7 机械设备安全使用管理

7.1 设备使用管理

7.1.1 施工机械的选用与正确使用

1. 施工机械的工作参数

(1) 工作容量。施工机械的工作容量一般以机械装置的尺寸、作用力（功率）和工作速度来表示。例如挖掘机和铲运机的斗容量，推土机的铲刀尺寸等。

(2) 生产率。施工机械的生产率主要是指单位时间（小时、台班、月年）机械完成的工程数量。生产率的表示可分以下三种：

1) 理论生产率：机械在设计标准条件下，连续不停工作时的生产率。通常来说，机械技术说明书上的生产率就是理论生产率，是选择机械的一项主要参数。施工机械的理论生产率按下式计算：

$$Q_L = 60A \tag{7-1}$$

式中 Q_L——机械每小时的理论生产率；
  A——机械一分钟内所完成的工作量。

2) 技术生产率：机械在具体施工条件下，连续工作的生产率，考虑了工作对象的性质和状态以及机械能力发挥的程度等因素。这种生产率是可以争取达到的生产率，按下列公式计算：

$$Q_W = 60AK_W \tag{7-2}$$

式中 Q_W——机械每小时的生产率；
  K_W——工作内容及工作条件的影响系数，不同机械所含项目不同。

3) 实际生产率：机械在具体施工条件下，考虑了施工组织及生产时间的损失等因素后的生产率。按下列公式计算：

$$Q_z = 60AK_W k_b \tag{7-3}$$

式中 Q_z——机械每小时的生产率；
  k_b——机械生产时间利用系数。

(3) 动力。动力是驱动各类施工机械进行工作的原动力。

(4) 工作性能参数。施工机械的主要参数，通常列在机械的说明书上，选择、计算和运用机械时可参照查用。

2. 施工机械需要量

施工机械需要数量是根据工程量、计划时段内的台班数、机械的利用率与生产率来确定的。对于施工工期长的大型工程，一般以年为计划时段。对于小型和工期短的工程，或特定在某一时段内完成的工程，一般根据实际需要选取计划时段。机械的台班生产率可以根据现场实测确定，或者在类似工程中使用的经验确定。机械的生产率亦可以根据制造厂家推荐的资料，但须持谨慎态度。对于受气候影响较大的土石方、基础等施工工程，设备利用率和生产率随季节改变而不同。

3. 施工机械的选用

（1）编制机械使用计划。根据施工组织设计编制机械使用计划。编制时，应当采用分析、统筹、预测等方法，计算机械施工的工程量和施工进度，作为选择调配机械类型、台数的依据，以尽量避免大机小用，早要迟用，既要保证施工需要，又要不使机械停置，或不能充分发挥其效率。

（2）通过经济分析选用机械。建筑工程配备的施工机械，不仅有机种上的选用，还包括机型、规格上的选择。在满足施工生产要求的前提下，对不同类型的机械施工方案，从经济性进行分析比较。即：将几种不同的方案，计算单位实物工程量的成本费，取其最小者为经济最佳方案。对于同类型的机械施工方案，如果其规格和型号不相同，也可以进行分析比较，按经济性择优选用。

（3）机械的合理组合。机械施工是多台机械的联合作业，合理地组合与配套，才能够最大限度地发挥每台机械的效能。机械的组合应符合下列原则：

1）尽量减少机械组合的机种类，机械组合的机种数越多，其作业效率会越低影响作业的概率就会越多，如组合机械中有一种机械发生故障，将影响整个组合作业。

2）机械组合要配套和系列化。

3）选择机械能力相适应的组合。

4）组合机械应尽量简化机型，以便于维修和管理。

5）尽量选用具有多种作业装置的机械，以利于一机多用，提高机械利用率。

4. 施工机械的正确使用

（1）技术合理。技术合理就是按照机械性能、使用说明书、操作规程以及正确使用机械的各项技术要求使用机械。

（2）经济合理。就是在机械性能允许范围内，能够充分发挥机械的效能，以较低的消耗，获得较高的经济效益。根据技术合理和经济合理的要求，机械的正确使用主要应达到以下三个标志：

1）经济性。当机械使用已经达到高效率时，还应当考虑经济性的要求。使用管理的经济性，要求在可能的条件下，使单位实物工程量的机械使用费成本最低。

2）高效率。机械使用应当使其生产能力得以充分发挥。在综合机械化组合中，至少应使其主要机械的生产能力得以充分发挥。机械如果长期处于低效运行状态，那就是不合理使用的主要表现。

3）机械非正常损耗防护。机械正确使用追求的高效率和经济性应当建立在不发生非正常损耗的基础上，否则就不是正确使用，而是拼机械，吃老本。机械非正常损耗是指由于使用不当而导致机械早期磨损、事故损坏以及各种使机械技术性能受到损害或缩短机械使用寿命等现象。

7.1.2 施工机械使用管理制度

1. 施工机械的"三定"责任制度

"三定"制度是指在机械设备使用中定人、定机、定岗位责任的制度。将机械设备使用、维护、保养等各环节的要求均落实到具体人，确保正确使用设备和落实日常维护保养工作的有效进行，是合理使用机械的基础。"三定"制度的主要内容包括坚持人机固定的原则，实行机长负责制和贯彻岗位责任制。

（1）"三定"制的主要形式。根据机械类型的不同和施工的需要，定人定机有以下三种形式：

1）单人操作的机械，实行专机专责制，其操作人员承担机长职责。

2）对单机多班作业或多人操作，也是实行定人、定机制，也应组成机组，实行机组负责制，其机组长即为机长。

3）班组共同使用的机械以及一些不宜固定操作人员的中、小型机械设备，应当指定专人或小组负责保管和保养，限定具有操作资格的人员进行操作，实行班组长领导下的分工负责制。

（2）"三定"制度的主要作用。"三定"制度的主要作用有：

1）有利于熟练掌握操作技术和全面了解机械设备的性能、特点，便于预防和及时排除机械故障，避免发生事故。充分发挥机械设备的效能。

2）有利于保持机械设备良好的技术状况，有利于落实奖罚制度。

3）便于做好企业定编定员工作，有利于加强劳动管理。

4）有利于原始资料的积累，便于提高各种原始资料的准确性、完整性与连续性，便于对资料的统计、分析及研究。

5）便于推广单机经济核算工作与设备竞赛活动的开展。

（3）"三定"制的管理：

1）定人定机机械操作人员的配备应当由机械使用单位选定，报机械主管部门备案；重点机械的机长，要经设备主管部门审查，分管机械的领导批准。

2）机长或机组长确定后，应当由机械建制单位任命，并应保持相对稳定，不要轻易更换。

3）企业内部调动机械时，大型机械原则上做到人随机调，重点机械则应当人随机调。

（4）岗位责任制。岗位责任制就是明确每个人的工作岗位和每个岗位所承担的责任的制度。设备岗位责任制要规定操作工人的基本职责、基本权利、应知应会的基本要求和考核奖励方法。每个人具体分管的工作，必须用文字明确规定，并定期检查，以作评比条件。岗位责任制是使用管理制度中普遍采用的一种形式，具体见表7-1。

岗位责任制　　表7-1

项　目	内　　容
操作人员岗位责任制	1）设备操作者必须遵守"定人定机、凭证操作"制度，严格按"设备操作维护规程"、"四项要求"、"五项纪律"规定正确使用与精心维护设备

续表

项 目	内 容
操作人员岗位责任制	2）实行日常检点，认真记录，做到班前正确润滑设备，班中注意运转情况，班后清扫擦拭设备，保持清洁，涂油防锈 3）在做到"三好"的要求下，练好"四会"的基本功，搞好日常维护和定期维护工作；配合维修工人检查修理自己操作的设备；保管好设备附件和工具，并参加设备修后验收工作 4）认真执行交接班制度和填写好交接班及运行记录 5）设备发生事故时应立即切断电源，保持现场，及时向生产工长和车间机械员（师）报告，听候处理。分析事故时应如实说明经过，对违反操作规程等造成的事故，应负直接责任 操作者天天使用设备，对自己所使用的设备特性最了解、状况最清楚，要使设备在使用期内充分发挥效能，必须依靠广大的操作人员。所以，推行全员参与管理，不断提高操作人员的思想素质和技术业务素质，调动广大员工的积极性应是设备管理的工作重点
机长责任制	机长是不脱产的操作人员，除履行操作人员职责外，还应做到： 1）组织并督促检查全组人员对机械的正确使用、保养和保管，保证完成施工生产任务 2）检查并汇总各项原始记录及报表，及时准确上报。组织机组人员进行单机核算 3）组织并检查交接班制度执行情况 4）组织本机组人员的技术业务学习，并对他们的技术考核提出意见 5）组织好本机组内部及兄弟机组之间的团结协作和竞赛 拥有机械的班组长，也应履行上述职责

2. 施工机械的凭证操作制度

为加强对施工机械使用和操作人员的管理，保障机械合理使用，安全运转，机械设备操作者应当由经专业培训考试合格取得操作证者担任，操作人员应当持证上岗。

（1）建筑起重设备特种作业人员按照相关规定要求，进行培训考核和取证；工程机械、混凝土机械、电焊机、电工及其他专人操作的专用机械等作业人员由主管部门培训颁发的操作证。

（2）技术考核方法主要是现场实际操作，同时进行基础理论考核。考核内容主要是熟悉本机种的操作技术，懂得本机种的技术性能、构造、工作原理和操作、保养规程，以及进行低级保养和故障排除。

（3）操作证根据审验要求进行审验，未经审验或审验不合格者，不得继续操作机械。

（4）机械操作人员应当随身携带操作证以备随时检查，如出现违反操作规程而造成事故，除了按情节进行处理外，并对其操作证暂时收回或长期撤销。

（5）严禁无证操作机械，更不能违章操作，对违章指挥者有权拒绝。学员或学习人员应当在有操作证的指导师傅在场指挥下，方能操作机械设备，指导师傅应当对其实习人员的操作负责。

（6）凡属国家规定的交通、劳动及其主管部门负责考核发证的司炉证、驾驶证、起重工证、电焊工证及电工证等，一律由主管部门按照规定办理，公司不再另发操作证。

3. 施工机械的交接制度

（1）机械设备调拨的交接：

1）机械设备调拨时，调出单位应当保证机械设备技术状况的完好，不得拆换机械零件，并将机械的随机工具，机械履历书和交接技术档案一并交接。

2) 当遇特殊情况，附件不全或技术状况很差的设备，交接双方先协商取得一致后，按照双方协商的结果交接，并将机械状况和存在的问题、双方协商解决的意见等报上级主管部门核备。

3) 机械设备调拨交接时，原机械驾驶员向双方交底，原则上规定机械操作人员随机调动，遇不能随机调动的驾驶员应当将机械附件、机械技术状况、原始记录及技术资料作出书面交接。

4) 机械交接时，必须填写交接单，对机械状况和有关资料逐项填写，最后由双方经办人和单位负责人签字，作为转移固定资产与有关资料转移的凭证，机械交接单一式四份。

(2) 新机械交接：

1) 按机械验收、试运转规定办理。

2) 交接手续同机械设备调拨的交接。

(3) 机械使用中的班组人员交接。连续生产的设备或不允许中途停机者，可以在运行中交班，交班人应当将设备运行中发现的问题详细记录在"交接班记录簿"上，并主动向接班人介绍设备运行情况，双方当面检查，交接完毕在记录簿上签字。如果不能当面交接，交班人可做好日常维护工作，使设备处于安全状态，填好交班记录交有关负责人签字代接。接班人如果发现设备异常现象，记录不清、情况不明和设备未按规定维护时可拒绝接班。交接记录应当交机械管理部门存档，机械管理部门应及时检查交接制度执行情况，由于交接不清或未办交接的造成机械事故，按照机械事故处理办法对当事人双方进行处理。

4. 机械设备调动制度

(1) 机械设备调动

机械调动是指公司下属单位之间固定资产管理、使用、责任、义务权限变动，产权仍归属公司所有。机械调动工作的运作一般由公司决定，项目执行，具体实施是：

1) 公司物资设备部根据公司生产会议或公司领导的决定，向调出单位下达机械设备调令，一式四份，调出、调入、物资设备部及财务部各一份。

2) 必须保证调出设备应该具备的机械状况及技术性能。

3) 调动设备的技术资料、专用工具、随机附件等应当向调入单位交代清楚，并填写机械交接单，一式两份，存档备查。

4) 调出单位为该设备购进的专用配件，可以有偿转给调入单位，调入单位在无特殊原因的条件下必须接收。

5) 由于失保失修造成的调动设备技术状况低下，资值不符，调出单位应当给予修复后才能调出。如果调出单位确有困难，双方可本着互尊互让互利的原则，确定修复的项目、部位、费用，并由调出单位一次性付给调入单位，再由调入单位负责修复。

6) 对于机械设备严重资值不符、双方不能达成协议的，一般由公司组成鉴定小组裁决。

7) 调动发生后，调出单位机械、财务部门方可销账销卡。

8) 调入单位需实行的相关程序：主动与调出单位联系调动事宜；支付调动运输费及有关间接费用；办理设备随机操作人员的人事调动手续；机械、财务部门建账建卡；负责将完善的调度令相关文件返还给公司物资设备部；调入、调出单位有不统一的意见，一般由公司仲裁。

（2）固定资产的转移

1）在办完对公司以外的机械交接手续后，调出单位填"固定资产调拨单"转公司机械设备部门一份，再转入调入单位。公司物资设备部及时销除台账、财务科销除财务账。

2）本公司项目之间机械设备调动手续办妥后，公司及项目机械部门只做台账及财务账增减工作。

3）凡是调出公司以外的机械设备均要填写"固定资产调拨单"。

5. 施工机械的监督检查制度

（1）公司设备管理和质安部门（或委派的监察）检查人员，每季进行一次综合检查，在特殊时段还应当进行专项检查，检查机械管理制度和各项技术规定的贯彻执行情况，以保证机械设备的正确使用、安全运行。

（2）监督检查工作内容：

1）积极宣传有关机械设备管理的规章制度、标准、规范，并且监督各项目施工中的贯彻执行。

2）对机械设备操作人员、管理人员进行违章的检查，对违章作业、瞎指挥、不遵守操作规程及带病运转的机械设备及时进行纠正。

3）参与机械事故调查分析，并且提出改进意见，对事故的真实性提出怀疑时，有权进行复查。

4）向企业主管部门领导反映机械设备管理、使用中存在的问题和提出改进意见。

5）监督检查不遵守规程、规范使用机械设备的人和事，经过劝阻制止无效时，有权令其停止作业并开出整改通知单；如违章单位或违章人员未按"整改通知单"的规定期内解决提出的问题，应当按规定依据情节轻重处以罚款或停机整改。

6）各级领导对监督检查员正确使用职权应大力支持和协助，经监督检查员提出"整改通知单"后拒不改正，而又造成事故的单位和个人，除按事故进行处理之外，应当追究拒改者的责任，应视事故损失的情况给予罚款或行政处分，甚至追究刑事责任。

（3）检查方法：

1）进行检查机械设备时，采用听、看、查、问、试五种形式，以达到了解情况的目的。

2）进行检查每台机械时，对照标准进行衡量。如不够标准，则按规定扣分记入表内。

3）查管理工作时，除检查实际情况外，还要查阅各种任务单等原始记录和统计资料是否完整、准确、全面了解各种制度的落实情况。

4）在检查中发现一般常见性问题，应当当场提出要求改正，较为严重的问题，填写"机械检查整改通知单"，通知管理单位限期改正，并将改进情况向检查单位作出书面报告。

5）检查结束时，应当将"机械安全检查记录表"进行整理，分别存入技术档案内，作为使用和维修的参考。

6）检查结束后，应当作出书面总结，向所属单位通报检查情况，以促进管理水平的提高。

7.2 设备的维护保养

7.2.1 机械设备的维护保养

1. 例行保养

例行保养属于正常使用管理工作,不占用机械设备的运转时间。由操作人员在机械运转过程中或停机前、后进行。例行保养的内容主要有:保持机械清洁,检查运转情况,防止机械腐蚀,按技术要求添加润滑剂,紧固松动的螺栓,调整各部位不正常的行程和间隙等。

2. 强制保养

强制保养是隔一定周期停工进行的保养。强制保养的内容是按一定周期分级进行的。保养周期依据各类机械设备的磨损规律、作业条件、操作维修水平以及经济四个主要因素确定。起重机、挖掘机等大型建筑机械应当进行一至四级保养;汽车、空气压缩机等应当进行一至三级保养;其他一般机械设备只进行一二级保养。一级保养和中小型机械的二级保养通常由机长带领机械操作人员在现场进行,必要时机修人员参加;三四级保养通常应由机修工进行。

3. 特殊情况下的几种保养

(1) 试运转保养是指新机或大修后的机械,在投入使用初期进行的一种磨合性保养。内容是加强检查了解机械的磨合情况。由于这段时间又称为磨合期,所以这一次保养又称磨合保养。

(2) 换季保养是指建筑机械每年入夏或入冬前进行的一种适应性换油保养,通常在五月初或十月上旬进行。

(3) 停用保养是指工程结束后,机械暂时停用,但又不进行封存的一种整理、维护性保养。其作业内容以清洁、整容、配套及防腐为重点,具体内容根据机型、机况、当地气候与实际情况确定。

(4) 封存保养是指为减轻自然气候对机械的侵蚀,保持机况完好所采取的防护措施。在封存期间,需有专人保管和定期保养。启用前应当作一次启用检查和保养。封存保养的内容应根据机型、机况和实际情况而定。封存机械通常应放于机库,短期临时封存应用苫布遮护。

7.2.2 机械设备保养质量的检验与登记

建筑机械技术保养完毕后,技术人员、技工和司机,应当对机械各处进行细致、认真的检查。通过试车鉴定保养质量和整机技术性能,解决试车中发现的问题,提高保养质量和速度。

为了总结保养经验,提高各级技术保养质量,机械操作者(或驾驶员)应当将日期、保养级别、技工姓名、换油部位和使用主要配件规格等记录备案,以备考查保养质量。

7.3 常用施工机械安全操作

7.3.1 一般规定

(1) 新购机械应当严格履行验收制度,按照技术性能、安全性能、环保性能逐项检验，性能不合格的机械不准入库，不得以降价作交换。

（2）施工现场使用的机械设备（自有、租赁），应当实行安装、使用全过程管理。

（3）每种机械均应当制定相应的安全操作规程，严格执行国家或劳动部门颁发的有关规定。

（4）机械设备应当按其技术性能要求正确使用，缺少安全装置或安全装置已失效的机械设备不得使用。

（5）机械设备操作应当保证专机专人，持证上岗，严格落实岗位责任制，并严格执行清洁、润滑、紧固。

（6）机械作业时，操作人员不得擅离工作岗位，不准将机械设备交给非本机操作人员操作。

（7）操作人员及配合作业人员在工作中应当按照规定穿戴劳动保护用品，长发不得外露。高空作业时，必须系安全带。

（8）机械设备在施工作业前，施工技术人员应当向操作人员作施工任务及安全技术措施交底，操作人员应当熟悉作业环境与施工条件，服从现场施工管理人员的调度指挥，遵守现场施工安全规则。

7.3.2 土方机械与桩工机械安全操作

1. 推土机

（1）推土机在坚硬土壤或多石土壤地带作业时，应先进行爆破或用松土器疏松。

（2）不得用推土机推石灰、烟灰等粉尘物料和用作碾碎石块的工作。

（3）牵引其他机械设备，必须有专人负责指挥。钢丝绳的连接必须牢固可靠。在坡道及长距离牵引时，应用牵引杆连接。

（4）履带张紧度需要调整时，应当先将推土机开到平坦处，用黄油枪从张紧液压缸上部的注油嘴处压入油脂到张力合适为止，如需放松时，只需将放油塞拧松一圈，见油脂从下部溢出即可。但切不可多松或全松，以免高压油脂喷出造成事故。更不准拧开上部注油嘴来放松履带。

（5）在块石路面行驶时，应将履带张紧。当需要原地旋转或急转弯时，应采用低速档进行。当行走机构夹入块石时，应采用正、反向往复行驶使块石排除。

（6）越过障碍物时，必须用低速行驶，不得采用斜行或脱开单方向转向离合器越过。

（7）在浅水地带行驶或作业时，必须查明水深，应以冷却风扇叶不接触水面为限。下水前，应对行走装置各部注满润滑脂。

（8）推土机上、下坡或超过障碍物时应采用低速档。其上坡坡度不得超过25°，下坡坡度不得大于35°，横向坡度不得超过10°。在陡坡上（25°以上）严禁横向行驶，并不得急转弯。在上坡不得换挡，下坡不得空挡滑行。当需要在陡坡上推土时，应先进行填挖，使机身保持平衡，方可作业。

（9）在上坡途中，当内燃机突然熄灭，应立即放下铲刀，并锁住制动踏板。在推土机停稳后，将主离合器脱开，把变速杆放到空档位置，用木块将履带或轮胎楔死，方可重新启动内燃机。下坡时，当推土机下行速度大于内燃机传动速度时，转向动作的操纵应与平地行走时操纵的方向相反，此时不得使用制动器。

(10) 在推土或松土作业中不得超载，不得作有损于铲刀、推土架、松土器等装置的动作，各项操作应缓慢平稳。无液力变矩器装置的推土机，在作业中有超载趋势时，应稍微提升刀片或变换低速档。

(11) 填沟作业驶近边坡时，铲刀不能超出边缘。后退时应先换档，方可提升铲刀进行倒车。

(12) 在深沟、基坑或陡坡地区作业时，必须有专人指挥，其垂直边坡深度一般不超过2m，否则应放出安全边坡，同时禁止用推土刀侧面推土。

(13) 推树时，树干不得倒向推土机及高空架设物。用大型推土机推房屋或围墙时，其高度不宜超过2.5m，用中小型推土机，其高度不宜超过1.5m。严禁推与地基基础连接的钢筋混凝土桩等建筑物。

(14) 两台以上推土机在同一地区作业时，前后距离应大于8m，左右相距应大于1.5m。在狭窄道路上行驶时，未得前机同意，后机不得超越。

2. 铲运机

(1) 作业前，应当检查各液压管接头、液压控制阀等，确认正常后方可启动。

(2) 作业中严禁任何人上下机械，传递构件，以及坐立在机架、拖杆上或铲斗内。

(3) 上下坡时，均应当挂低速档行驶。下坡不准空档滑行，更不准将发动机熄火后滑行。下大坡时，应当将铲斗放低或拖地。在坡道上不得进行保修作业，在陡坡上严禁转弯、倒车或停车。斜坡横向作业时，须先填挖，使机身保持平衡，并不得开倒车。

(4) 两机同时作业时，拖式铲运机前后距离不得小于10m，自行式铲运机不得少于20m。平行作业时，两机间隔不得少于2m。

(5) 自行式铲运机的差速器锁，只能在直线行驶遇泥泞路面作短时间使用，严禁在差速器锁住时拐弯。

(6) 公路行驶时，铲斗应当用锁紧链条挂牢。在运输行驶中，机上任何部位均不准带人或装载钢材、油料等物品。

(7) 气动转向阀平时禁止使用，只有在液压转向失灵后，短距离行驶时才能使用。

(8) 严禁高档低速行驶，以防止液力传动油温过高。

(9) 铲土时，应当直线行驶，助铲时应当有助铲装置。助铲推土机应与铲运机密切配合，尽量做到等速助铲，平稳接触，助铲时不准硬推。

(10) 作业后，应当停放在平坦地面上，并将铲斗落在地面上。

(11) 修理斗门或在铲斗下作业时，必须先将铲斗提升后用销厂或固定链条固定，再用撑杆将斗身顶住，并将轮胎制动住。

3. 装载机

(1) 作业前，应当检查各部管路的密封性，制动器的可靠性，检视各仪表指示是否正常，轮胎气压是否符合规定。

(2) 变速器、变矩器使用的液力传动油和液压系统使用的液压油应当符合要求，保持清洁。

(3) 发动机启动后应怠速空运转，待水温达到55℃，气压表达到0.45MPa后再起步行驶。

(4) 在山区或坡道上行驶时，可以接通拖起动操纵杆，以使在发动机万一熄火的情况下，也能保证液压转向，拖起动必须正向行驶。

（5）高速行驶用前两轮驱动，低速铲装用四轮驱动。行驶中换档不必停车，行驶中换档不必停车，也不必踩制动踏板。由低速变高速时，先松一下油门同时操作变速杆，然后再踩一下油门；由高速变低速时，则加大油门，使变速器输出轴与传动轴转速一致。

（6）当操纵动臂于转斗达到需要位置后，应将操纵阀杆置于中间位置。

（7）使用脚制动的同时，会自动切断离合器油路，所以制动前不需将变速杆置于空档。

（8）装料时，铲斗应从正面铲料，严禁单边受力。卸料时，铲斗翻转、举臂应低速缓慢动作。不得将铲斗提升到最高位置运输物料。运载物料时，应当保持动臂下铰点离地400mm，以保证稳定行驶。

（9）作业时，发动机水温不得超过90℃，变矩器油温不得超过110℃，由于重载作业温度超过允许值时，应当停车冷却。

（10）铲斗装载距离以10m内效率最高，应当避免超越10m作运输机使用。

（11）无论铲装或挖掘，都要避免铲斗偏载。不得在收斗或半收斗而未举臂时就前进。铲斗装满后应举臂到距地面约500mm后，再后退、转向、卸料。

（12）行驶中，铲斗里不准载人。严禁在前进中挂倒档或在倒车时挂前进档。

（13）铲装物料时，前后车架要对正，铲斗以放平为好。如遇较大阻力或障碍物应立即放松油门，不得硬铲。在运送物料时，要用喇叭信号与车辆配合协调工作。

（14）装车间断时间，不要将铲斗长时间悬空等待。

（15）铲斗举起后，铲斗、动臂下严禁有人。如果维修时需举起铲斗，则必须用其他物体可靠地支持住动臂，以防万一。铲斗装有货物行驶时，铲斗应尽量放低，转向时速度应放慢，以防失稳。

4. 平地机

（1）在平整不平度较大的地面时，应先用推土机推平，再用平地机平整。

（2）平地机作业区应无树根、石块等障碍物。对土质坚实的地面，应先用齿耙翻松。

（3）作业区的水准点及导线控制桩的位置、数据应清楚，放线、验线工作应提前完成。

（4）不得用牵引法强制启动内燃机，也不得用平地机拖拉其他机械。

（5）启动后，各仪表指示值应符合要求，待内燃机运转正常后，方可开动。

（6）起步前，检视机械周围应无障碍物及行人，先鸣笛示意后，用低速档起步，并应测试确认制动器灵敏有效。

（7）作业时，应先将刮刀下降到接近地面，起步后再下降刮刀铲土。铲土时，应根据铲土阻力大小，随时少量调整刮刀的切土深度，刮刀的升降量差不宜过大，防止造成波浪形工作面。

（8）刮刀的回转、铲土角的调整以及向机外侧斜，都必须在停机时进行；但刮刀左右端的升降动作，可在机械行驶中随时调整。

（9）各类铲刮作业都应低速行驶，角铲土和使用齿耙时必须用一档；刮土和平整作业可用二、三档。换档必须在停机时进行。

(10) 遇到坚硬土质需用齿耙翻松时，应缓慢下齿，不得使用齿耙翻松石块或混凝土路面。

(11) 使用平地机清除积雪时，应在轮胎上安装防滑链，并应逐段探明路面的深坑、沟槽情况。

(12) 平地机在转弯或调头时，应使用低速档；在正常行驶时，应采用前轮转向，当场地特别狭小时，方可使用前、后轮同时转向。

(13) 行驶时，应将刮刀和齿耙升到最高位置，并将刮刀斜放，刮刀两端不得超出后轮外侧。行驶速度不得超过使用说明书规定。下坡时，不得空档滑行。

(14) 作业中，应随时注意变矩器油温，超过120℃时应立即停止作业，待降温后再继续工作。

(15) 作业后，应停放在平坦、安全的地方，将刮刀落在地面上，拉上手制动器。

5. 挖掘机

(1) 挖掘机驾驶员及有关人员在使用挖掘机之前，必须认真仔细地阅读制造企业随机提供的使用维护说明书或操作维护保养手册，按照资料规定的事项去做。

(2) 检查并确保所有灯具的照明及各显示灯能正常显示。

(3) 作业前，应当查明施工场地明、暗设置物（电线、地下电缆、管道、坑道等）的地点及走向，并采用明显记号表示。严禁在离电缆1m距离以内作业。

(4) 挖掘作业前，应当先将铲斗朝地，并使前轮稍离开地面，踏下并锁住制动踏板，然后伸出支腿，使后轮착地并保持水平位置。

(5) 作业时，操纵手柄应当平稳，不得急剧移动；动臂下降时，不得中途制动。挖掘时，不得使用高速挡。

(6) 回转应当平稳，不得撞击并用于砸实沟槽的侧面。

(7) 动臂后端的缓冲块应当保持完好；如有损坏时，应修复后方可使用。

(8) 移位时，应当将挖掘装置处于中间运输状态，收起支腿，提起提升臂后方可进行。

(9) 装载作业前，应当将挖掘装置的回转机构置于中间位置，并用拉板固定。

(10) 挖掘作业，应当使用低速挡。铲斗提升臂在举升时，不应使用阀的浮动位置。在前四阀工作时，后四阀不得同时进行工作。

(11) 在行驶或作业中，除了驾驶室外，挖掘装载机任何地方均严禁乘坐或站立人员。行驶中，不应高速和急转弯。下坡时不得空挡滑行。行驶时，支腿应当完全收回，挖掘装置应固定牢靠，装载装置宜放低，铲斗和斗柄液压活塞杆应保持完全伸张位置。

(12) 当停放时间超过1h时，应当支起支腿，使后轮离地；当停放时间超过1d时，应当使后轮离地，并应在后悬架下面用垫块支撑。

(13) 在机械运行中，严禁接触转动部位和进行检修。在修理（焊、铆等）工作装置时，应使其降到最低位置，并应在悬空部位垫上垫木。

6. 压实机械

(1) 作业前的准备

1) 检查各工作机构及各紧固部件是否完好。

2) 启动发动机经试运转确认正常且制动、转向等工作机构性能完好，压路机方可进行作业。

3）用增加或减少配重的方法，将压路机的作业压力调整到规定数值。

4）轮胎压路机需将轮胎气压调整到规定的作业压力范围，全机各个轮胎气压一致。

5）对松软的路基及傍山地段的初压，作业前须勘察现场，开动前机械周围应无障碍物和人员。确认安全后方可驶入作业。

（2）作业中的要求

1）作业时，操作人员应当始终注意压路机的行驶方向，并遵照施工人员规定的压实工艺碾压。

2）作业时，应当注意各仪表读数，发现异常，必须查明原因并及时排除。严禁带病作业。

3）作业时，应当将振动压路机的振幅及频率控制在规定的范围内。

4）振动压路机在改变行驶方向、减速或停驶前应先停止振动。

5）多台压路基机联合作业时，应当保持规定的队形及间隔距离，并应建立相应的联络信号。

6）在新筑的道路上碾压时，应当从中间向两侧碾压，距路基边缘不少于 0.5m，上坡时变速应在制动后进行。压路机在坡道上行驶时禁止换挡，禁止脱挡滑行。

7）必须在规定的碾压段外转向，应当平稳的改变运行方向，不允许压路机在惯性滚动的状态下变换方向。必须遵照规定的碾压速度进行碾压作业，在碾压过程中，不得中途停机。

8）在正常情况下，三轮压路机禁止使用差速锁止装置，特别在转急弯时严禁使用。

9）振动压路机起振应当在压路机行走后进行，停振必须在压路机停车前进行，在坚硬的路面上行走时严禁振动。

10）振动压路机碾压松软路基时，应当先在不振动的情况下碾压 1~2 遍，然后再用振动碾压。严禁在尚未起振的情况下调节振动频率。

（3）作业后的要求

1）作业后，压路机应当停放在安全、平坦、坚实场地。

2）每班作业后，应当清洗全机污物。沥青路面作业后，应用煤油擦洗碾压轮表面。

7. 打桩机械

（1）打桩施工场地应当按照坡度不大于 3%，地耐力不小于 $8.5N/cm^2$ 的要求进行平实，地下不得有障碍物。在基坑和围堰内打桩，应当配备足够的排水设备。

（2）桩机周围应当有明显标志或围栏，严禁闲人进入。作业时，操作人员应在距桩锤中心 5m 以外监视。

（3）安装时，应当将桩锤运到桩架正前方 2m 以内，严禁远距离斜吊。用桩机吊桩时，应在桩上拴好围绳。起吊 2.5m 以外的混凝土预制桩时，应当将桩锤落在下部，待桩吊近后，方可提升桩锤。

（4）严禁吊桩、吊锤、回转和行走同时进行。桩机在吊有桩和锤的情况下，操作人员不得离开。

（5）插桩后，应当及时检验桩的垂直度，桩入土 3m 以上时，严禁用桩机行走或回转动作纠正桩的倾斜度。

(6) 卷扬钢丝绳应当经常处于油膜状态，不得硬性摩擦。吊锤、吊桩可以使用插接的钢丝绳，不得使用不合格的起重卡具、索具、拉绳等。

(7) 作业中，当停机时间较长时，应当将桩锤落下垫好。除蒸汽打桩机在短时间内可将锤挂在机架上外，其他的桩机均不得悬吊桩锤进行检修。

(8) 遇有大雨、雪、雾和6级以上强风等恶劣气候，应当停止作业。当风速超过7级应将桩机顺风向停置，并增加缆风绳。雷电天气无避雷装置的桩机，应当停止作业。

(9) 作业后，应当将桩机停放在坚实平整的地面上，将桩锤落下，切断电源和电路开关，停机制动后方可离开。

8. 冲击式钻机

(1) 钻孔工作地点应当保持清洁。

(2) 钻机的安装及拆卸时，要保证正确和完整无缺。钻机的桅杆升降时，操作人员应站在安全的位置上进行。

(3) 工作开始前，应当检查制动装置的可靠性，以及摩擦离合器和启动装置的工作性能。开动电动机时，应当打开钻机所有的摩擦离合器。当钻机工作时，严禁去掉防护罩。

(4) 钻机工作时，严禁紧固钻机任何零件。

(5) 电动机未停止前，禁止检查钻机。电动机未停止前，不允许在桅杆上工作。

(6) 当钻机运转时，严禁加油。桅杆上部润滑加油应在钻机停止时进行。

(7) 无论什么情况下，当桅杆上有人工作时，桅杆下不许停留其他人员。

(8) 遇有恶劣气候，不许在桅杆上工作。

(9) 严禁使用裂股的钢丝绳；钻具升降时，严禁用手摸钢丝绳。

(10) 停止工作时，应当将钻具从井内取出。

7.3.3 起重机械安全操作

1. 卷扬机

(1) 安装时，基面平稳牢固、周围排水畅通、地锚设置可靠，并应搭设工作棚。

(2) 操作人员的位置应在安全区域，并能看清指挥人员和拖动或起吊的物件。

(3) 卷扬机设置位置必须满足：卷筒中心线与导向滑轮的轴线位置应垂直，且导向滑轮的轴线应在卷筒中间位置，卷筒轴心线与导向滑轮轴心线的距离：对光卷筒不应小于卷筒长度的20倍；对有槽卷筒不应小于卷筒长度的15倍。

(4) 作业前，应检查卷扬机与地面的固定，弹性联轴器不得松旷，并应检查安全装置、防护设施、电气线路、接零或接地线、制动装置和钢丝绳等，全部合格后方可使用。

(5) 卷扬机至少装有一个制动器，制动器必须是常闭式的。

(6) 卷扬机的传动部分及外露的运动件均应设防护罩。

(7) 卷扬机应装设能在紧急情况下迅速切断总控制电源的紧急断电开关，并安装在司机操作方便的地方。

(8) 卷扬机应装设能在紧急情况下迅速切断总控制电源的紧急断电开关，并安装在司机操作方便的地方。

(9) 钢丝绳不得与机架、地面摩擦，通过道路时，应设过路保护装置。

(10) 建筑施工现场不得使用摩擦式卷扬机。

(11) 卷筒上的钢丝绳应排列整齐,当重叠或斜绕时,应停机重新排列,严禁在转动中用手拉脚踩钢丝绳。

(12) 作业中,操作人员不得离开卷扬机,物件或吊笼下面严禁人员停留或通过。休息时应将物件或吊笼降至地面。作业中如发现异响、制动失灵、制动带或轴承等温度剧烈上升等异常情况时,应立即停机检查,排除故障后方可使用。作业中停电时,应将控制手柄或按钮置于零位,并切断电源,将提升物件或吊笼降至地面。

(13) 作业完毕,应将提升吊笼或物件降至地面,并应切断电源,锁好开关箱。

2. 塔式起重机

(1) 起重吊装的指挥人员必须持证上岗,作业时应与操作人员密切配合,并执行规定的指挥信号。操作人员应当按照指挥人员的信号进行作业,当信号不清或错误时,操作人员可拒绝执行。

(2) 对于新安装的、经过大修或改变重要性能的起重机械,在使用前必须都按照起重机性能试验的有关规定进行吊重试验。

(3) 起重机每班作业前,应当先作无负荷的升降、旋转、变幅、前后左右的运行以及制动器、限位装置的安全性能试验,如设备有故障,应排除后才能正式作业。

(4) 起重机司机与信号员应当按各种规定的手势或信号进行联络。作业中,司机应与信号员密切配合,并服从信号员的指挥。但在起重作业发生危险时,无论是谁发出的紧急停车信号,司机均应当立即停车。

(5) 司机在得到信号员发出的起吊信号后,必须先鸣信号后起重。起吊时,重物应当先离地面试吊,当确认重物挂牢、制动性能良好和起重机稳定后再继续起吊。

(6) 起吊重物时,吊钩钢丝绳应当保持垂直,禁止吊钩钢丝绳在倾斜状态下去拖动被吊的重物。在吊钩已挂上但被吊重物尚未提起时,禁止起重机移动位置或做旋转运动。

(7) 当重物起吊、旋转时,速度应当均匀平稳,以免重物在空中摆动发生危险。在放下重物时,速度不要太快,以防重物突然下落而损坏。吊长、大型重物时,应当有专人拉溜绳。防止因重物摆动,造成事故。

(8) 起重机严禁超过本机额定起重量工作。当用两台起重机同时起吊一件重物时,必须有专人统一指挥,两机的升降速度应保持相等,其重物的重量不得超过两机额定起重量总和的75%;绑扎吊索时要注意重量的分配、每机分担的重量不能超过额定起重量的80%。

(9) 起重机吊运重物时,不能从人头上越过,也不能吊着重物在空中长时间停留,在特殊情况下,如需要暂时停留,应当发出信号,通知一切人员不要在重物下面站立或通过。

(10) 起重机在工作时,所有人员尽量避免站在起重臂回转涉及区域内。起重臂下严禁站人。装吊人员在挂钩后,应当及时站到安全地区。禁止在吊运重物上站人或对调挂着的重物进行加工。必须加工时应将重物放下,并将起重臂、吊钩及回转机构的制动器刹住。如果加工时间较长,应将重物放稳,起重机摘钩。吊着重物时司机和信号员不得随意离开工作岗位。在停工或休息时,严禁将重物悬挂在空中。

(11) 当起重机运行时,禁止人员上下,从事检修工作或用手触摸钢丝绳和滑轮等部位。

7.3 常用施工机械安全操作

(12) 吊运金属溶液和易燃、易爆、有毒及有害等危险品时，应当制定专门的安全措施，司机要连续发出信号，通知无关人员离开现场。

(13) 在使用电磁铁的起重机时，应当划定一定的工作区域，在此区域内禁止有人。在往车辆上装卸铁块时，重物严禁从驾驶室上面经过，汽车司机应当离开驾驶室，以防止万一吸铁失灵铁块落下伤人。

(14) 在吊重作业中，起重机禁止起落起重臂，在特殊情况下，应当严格按说明书的有关规定执行。严禁在起重臂起落稳妥前变换操纵杆。

(15) 当起重机在吊装高处的重物时，吊钩与滑轮之间应保持一定的距离，防止卷扬过限将钢丝绳拉断或起重臂后翻。当起重臂达到最大仰角和吊钩在最低位置时，卷筒上的钢丝绳应至少保留3圈以上。

(16) 起重机的工作地点，应当有足够的工作场所和夜间照明设备。起重机与附近的设备、建筑物应保持一定的安全距离，使其在运行时不会发生碰撞。

(17) 起重机的变幅指示器、力矩限制器、起重量限制器以及各种行程限位开关等安全保护装置，应当完好齐全、灵敏可靠，不得随意调整或拆除。严禁利用限制器和限位位置代替操纵机构。

(18) 动臂式起重机的起升、回转、行走可同时进行，变幅应当单独进行。每次变幅后应对变幅部位进行检查。允许带载变幅的，当载荷达到额定起重量的90%及以上时，严禁变幅。

(19) 严禁使用起重机进行斜拉、斜吊和起吊地下埋设或凝固在地面上的重物以及其他不明重量的物体。现场浇注的混凝土构件或模板，必须全部松动后方可起吊。

(20) 严禁起吊重物长时间悬停在空中，作业中遇突发故障，应当采取措施将重物降落到安全地方，并关闭发动机或切断电源后进行检修。在突然停电时，应当立即把所有控制器拨到零位，断开电源总开关，并采取措施使重物降到地面。

(21) 操纵室远离地面的起重机，在正常指挥发生困难时，地面及作业层（高空）的指挥人员均应用对讲机等有效的通信联络进行指挥。

(22) 起重机作业时，遇到下列情况之一时，不能起吊：重量不明时；信号不清时；所吊重物超过起重机的起重能力时；所吊重物离开吊点有一段距离需斜拉时；重物捆绑不牢及起吊后不稳时；钢丝绳严重磨损，出现断股时；夜间作业没有足够的照明时；露天作业遇有6级以上大风及大雾等恶劣天气时。

(23) 起重机不得在架空输电线路下面作业，在通过架空输电线路时，应当将起重臂落下，以免碰撞。在架空输电线路一侧作业时，不论在任何情况下，起重臂、钢丝绳或重物等与架空输电线路的最小距离要满足相关规定。

(24) 作业完毕后，起重机应当停放在轨道中间位置，起重臂应转到顺风方向，并松开回转制动器，小车及平衡臂应置于非工作状态，吊钩直升到离起重臂顶端2~3m处。

(25) 停机时，应当将每个控制器拨回零位，依次断开各开关，关闭操作室门窗，下机后，应锁紧夹轨器，使起重机与轨道固定，断开电源。

3. 履带式起重机

(1) 起重机应在平坦坚实的地面上作业、行走和停放。在作业时，工作坡度不得大于5%，并应与沟渠、基坑保持安全距离。

（2）起重机启动前应将主离合器分离，各操纵杆放在空挡位置。

（3）内燃机启动后，应检查各仪表指示值，待运转正常再接合主离合器，进行空载运转，按顺序检查各工作机构及其制动器，确认正常后，方可作业。

（4）作业时，起重臂的最大仰角不得超过出厂规定。当无资料可查时，不得超过78°。

（5）起重机变幅应缓慢平稳，严禁在起重臂未停稳前变换挡位。

（6）在起吊载荷达到额定起重量的90%及以上时，升降动作应慢速进行，严禁同时进行两种及以上动作，严禁下降起重臂。

（7）起吊重物时应先稍离地面试吊，当确认重物已挂牢，起重机的稳定性和制动器的可靠性均良好，再继续起吊。在重物升起过程中，操作人员应把脚放在制动踏板上，密切注意起升重物，防止吊钩冒顶。当起重机停止运转而重物仍悬在空中时，即使制动踏板被固定，仍应脚踩在制动踏板上。

（8）采用双机抬吊作业时，应选用起重性能相似的起重机进行。抬吊时应统一指挥，动作应配合协调，载荷应分配合理，起吊重量不得超过两台起重机在该工况下允许起重量总和的75%，单机的起吊载荷不得超过允许载荷的80%。在吊装过程中，两台起重机的吊钩滑轮组应保持垂直状态。

（9）当起重机带载行走时，起重量不得超过相应工况额定起重量的70%，行走道路应坚实平整，起重臂位于行驶方向正前方向，载荷离地面高度不得大于200mm，并应拴好拉绳，缓慢行驶。不宜长距离带载行驶。

（10）起重机行走时，转弯不应过急；当转弯半径过小时，应分次转弯。起重机上下坡道时应无载行走，上坡时应将起重臂仰角适当放小，下坡时应将起重臂仰角适当放大。严禁下坡空挡滑行。严禁在坡道上带载回转。

（11）起重机工作时，在起升、回转、变幅三种动作中，只允许同时进行其中两种动作的复合操作。

（12）作业结束后，起重臂应转至顺风方向，并降至40°～60°之间，吊钩应提升到接近顶端的位置，应关停内燃机，将各操纵杆放在空挡位置，各制动器加保险固定，操纵室和机棚应关门加锁。

（13）起重机转移工地，应用火车或平板拖车运输起重机时，所用跳板的坡度不得大于15°；起重机装上车后，应将回转、行走、变幅等机构制动，并采用木楔楔紧履带两端，再牢固绑扎；后部配重用枕木垫实，不得使吊钩悬空摆动。

（14）起重机需自行转移时，应卸去配重，拆短起重臂，主动轮应在后面，机身、起重臂、吊钩等必须处于制动位置，并应加保险固定。

（15）起重机通过桥梁、水坝、排水沟等构筑物时，必须先查明允许载荷后再通过。必要时应对构筑物采取加固措施。通过铁路、地下水管、电缆等设施时，应铺设木板保护，并不得在上面转弯。

4. 轮胎式、汽车式起重机

（1）起重机的准备工作和起重作业除了应当严格执行履带起重机的有关规定外，根据汽车、轮胎起重机的特点，还应当注意以下几项：

1）轮胎气压应当充足。

2) 在松软地面工作时,应当在作业前将地面填平、夯实;机身必须固定平稳。

3) 轮胎起重机不打支腿工作时,轮胎的气压应在 0.7MPa 左右。起重量应在规定不打支腿的额定重量范围内。

4) 汽车起重机不准吊重行驶或不打支腿就吊重。

5) 当轮胎起重机作业必须作短距离行走时,应当遵照使用说明书的规定执行。重物离地高度不能超过 0.5m,重物必须在行走的正前方,行驶要缓慢,地面应坚实平整,严禁吊重后作长距离行走。

6) 当起重机的起重臂接近最大仰角吊重时,在卸重前应当先将重物放在地上,并保持绳拉紧状态,把起重臂放低,然后再脱钩,以防止起重机卸载后向后倾翻。

(2) 行驶过程中,汽车起重机的起重臂不得硬性靠在拖架上,拖架上应垫约 50mm 的橡胶块,吊钩挂在汽车前端保险杠上不得过紧。轮胎起重机应将吊钩升到接近极限位置,并固定在起重臂上。

(3) 全液压汽车起重机还应当遵守下列各项规定:

1) 发动机启动后将油泵与动力输出轴结合,在待速下进行预热,液压油温达 30℃才能进行起重作业。

2) 在支腿伸出放平后,即关闭支腿开关,如地面松软不平,应修整地面,垫放枕木。检查安全可靠后再进行起重作业。

3) 当起重臂全伸,而使用副臂时,仰角不得小于 50°。

4) 吊重物时,不得突然升降起重臂,严禁伸缩起重臂。

5) 作业时,不得超过额定起重量的工作半径,也不得斜拉起吊,并禁止在前面起吊。

6) 通常只允许空钩和吊重在额定起重量 30% 以内使用自由下落踏板。操作时应缓慢,不要突然踏下或放松。除自由下落外,不要把脚放在自由下落踏板上。

7) 蓄能器应保持规定压力,低于或大于规定压力范围不仅会使系统恶化,而且会引起严重事故。

8) 在现场不得吊着重物行走。

(4) 汽车式起重机和轮胎式起重机必须遵守起重机械的一般安全技术规定。

5. 施工升降机

(1) 施工外用电梯安装和拆卸工作必须由取得建设行政主管部门颁发的拆装资质证书的专业队负责,并必须由经过专业培训,取得操作证的专业人员进行操作和维修。

(2) 施工外用电梯安装后,应经企业技术负责人会同有关部门对基础和附壁支架以及外用电梯架设安装的质量、精度等进行全面检查,并应按规定程序进行技术试验(包括坠落试验),经试验合格签证后,方可投入运行。

(3) 施工外用电梯在投入使用前,必须经过坠落试验,使用中每隔三个月应做一次坠落试验,对防坠安全器进行调整,切实保证坠落制动距离不超过 1.2m,试验后以及正常操作中每发生一次防坠动作,均必须对防附安全器进行复位。防坠安全器的调整、检修或鉴定均应由生产厂家或指定的认可单位进行,防坠试验时应由专业人员进行操作。

(4) 电梯操作人员必须遵守安全操作规程,并应持特种作业证上岗。

(5) 作业前,应当重点做好例行保养并检查。作业前应重点检查:

1) 启动前,应依次检查:接零接地线、电缆线、电缆线导向架、缓冲弹簧应完好无损；地线无松动；电缆完好无损、无障碍；机件无漏电；安全装置、电气仪表灵敏有效。

2）电梯标准节、吊笼（梯笼）整体等结构表面应无变形、锈蚀；标准节连接螺栓无松动及缺少螺栓情况。

3）动力部分工作应当平稳无异声，齿轮箱无漏油现象。

4）各部结构应当无变形，连接螺栓无松动，节点无开（脱）焊现象，钢丝绳固定和润滑良好，运行范围内无障碍，装配准确，附墙牢固符合设计要求。卸料台（通道口）平整，安全门齐全，两侧边防护严密良好。

5）各部位钢丝绳无断丝、磨损超标现象，夹具、索具紧固齐全符合要求。

6）齿轮、齿条、导轨、导向滚轮及各润滑点保持润滑良好。

7）安全制动器的使用必须在有效期内，超过标志上日期应当及时更换（无标志应有记录备案）。电梯制动器调节松紧要适度，过松吊笼载重停车时会产生滑移，过紧会加快制动片磨损。

8）电梯上下运行行程内无障碍物，超高限位灵敏可靠。吊笼四周围护的钢丝网上，不准用板围起来挡风。因为采用板挡风，会增加轿厢摇晃，对电梯不利。

（6）启动前，应检查并确认电缆、接地线完整无损，控制开关在零位。电源接通后，应检查并确认电压正常，应测试无漏电现象。应试验并确认各限位装置、梯笼、围护门等处的电器连锁装置良好可靠，电器仪表灵敏有效。启动后，应进行空载升降试验，测定各传动机构制动器的效能，确认正常后，方可开始作业。

（7）作业中操作技术和安全注意事项：

1）合上地面电源单独的电源开关，关门，合上吊笼内的三相开关，然后按欲去方向的按钮，电梯起动（操纵杆式应将操纵杆推向欲去的方向位置并保持在这一位置上）。按钮式开关按"零"号位电梯停车（操纵杆式手一松自动停车）。

2）对于变速电梯，电梯停靠前，要将开关转到低速档后再停车。

3）电梯在每班首次运行时，必须从最低层上开，严禁自上而下。当吊笼升离地面1～2m时，要停车试验制动器性能。如果发生不正常，应当及时修复后方准使用。

4）轿厢内乘人、装物时，载荷要均匀分布，防止偏重；严禁超载运行乘人不载物时，额定载重每吨不得超过12人；轿厢顶上不得载人或货物（安装除外）。

5）电梯应当装有可靠的通信装置，与指挥联系密切，根据信号操作。开车前必须响铃鸣声示警，在电梯停在高处或在地面未切断电源开关前，操作人员不得离开操作岗位，严禁无证开机。

6）当升降机运行中发现有异常情况时，应立即停机并采取有效措施将梯笼降到底层，排除故障后方可继续运行。在运行中发现电气失控时，应立即按下急停按钮；在未排除故障前，不得打开急停按钮。检修均应当由专业人员进行，不准擅自检修。如暂时维修不好，在乘人时应设法将人先送出轿厢（通过轿厢顶部天窗出入口爬到脚手架或楼层内）。

7）电梯运行中不准开启轿厢门，乘人不应倚靠轿厢门。

8）升降机运行到最上层或最下层时，严禁用行程限位开关作为停止运行的控制开关。

（8）升降机在风速10.8m/s及以上大风、大雨、大雾以及导轨架、电缆等结冰时，必须停止运行，并将梯笼降到底层，切断电源。暴风雨后，应对升降机各有关安全装置进行一次检查，确认正常后，方可运行。

（9）作业后，应将梯笼降到底层，各控制开关拨到零位，切断电源，锁好开关箱，闭锁梯笼门和围护门。

7.3.4 钢筋机械安全操作

1. 钢筋切断机

（1）接送料的工作台面应和切刀下部保持水平，工作台的长度应根据加工材料长度确定。

（2）启动前，应检查并确认切刀无裂纹，刀架螺栓紧固，防护罩牢靠。然后用手转动皮带轮，检查齿轮啮合间隙，调整切刀间隙。

（3）启动后，应先空运转，检查各传动部分及轴承运转正常后，方可作业。

（4）机械未达到正常转速时，不得切料。切料时，应使用切刀的中、下部位，紧握钢筋对准刃口迅速投入，操作者应站在固定刀片一侧用力压住钢筋，应防止钢筋末端弹出伤人。严禁用两手分在刀片两边握住钢筋俯身送料。

（5）不得剪切直径及强度超过机械铭牌规定的钢筋和烧红的钢筋。一次切断多根钢筋时，其总截面积应在规定范围内。

（6）剪切低合金钢时，应更换高硬度切刀，剪切直径应符合机械铭牌规定。

（7）切断短料时，手和切刀之间的距离应保持在150mm以上，如手握端小于400mm时，应采用套管或夹具将钢筋短头压住或夹牢。

（8）运转中，严禁用手直接清除切刀附近的断头和杂物。钢筋摆动周围和切刀周围，不得停留非操作人员。

（9）当发现机械运转不正常、有异常响声或切刀歪斜时，应立即停机检修。

（10）作业后，应切断电源，用钢刷清除切刀间的杂物，进行整机清洁润滑。

2. 钢筋弯曲机

（1）机械的安装应当坚实稳固，保持水平位置。固定式机械应有可靠的基础；移动式机械作业时应楔紧行走轮。

（2）室外作业应设置机棚，机旁应当有堆放原料、半成品的场地。

（3）加工较长的钢筋时，应当有专人帮扶，并听从操作人员指挥，不得任意推拉。

（4）工作台和弯曲机台面应保持水平，作业前应准备好各种芯轴及工具。

（5）应按加工钢筋的直径和弯曲半径的要求，装好相应规格的芯轴和成型轴、挡铁轴。芯轴直径应为钢筋直径的2.5倍。挡铁轴应有轴套。

（6）挡铁轴的直径和强度不得小于被弯钢筋的直径和强度。不直的钢筋，不得在弯曲机上弯曲。

（7）应检查并确认芯轴、挡铁轴、转盘等无裂纹和损伤，防护罩坚固可靠，空载运转正常后，方可作业。

（8）作业时，应将钢筋需弯一端插入在转盘固定销的间隙内，另一端紧靠机身固定销，并用手压紧；应检查机身固定销并确认已安放在挡住钢筋的一侧，方可开动。

（9）作业中，严禁更换轴芯、销子和变换角度以及调速，也不得进行清扫和加油。

（10）对超过机械铭牌规定直径的钢筋严禁进行弯曲。在弯曲未经冷拉或带有锈皮的钢筋时,应戴防护镜。

(11) 弯曲高强度或低合金钢筋时,应按机械铭牌规定换算最大允许直径并应调换相应的芯轴。

(12) 在弯曲钢筋的作业半径内和机身不设固定销的一侧严禁站人。弯好的钢筋应堆放整齐,弯钩不得朝上。

(13) 转盘换向时,应待停稳后进行。

(14) 作业后,应及时清除转盘及插入座孔内的铁锈、杂物等。

(15) 作业后,应当堆放好成品,清理场地,切断电源,锁好开关箱,做好润滑工作。

3. 钢筋调直机

(1) 机械上不准堆放物品,以防机械震动落入机体。

(2) 料架、料槽应安装平直,对准导向筒、调直筒和下切刀孔的中心线。

(3) 用手转动飞轮,检查传动机构和工作装置,调整间隙,紧固螺栓,确认正常后,启动空运转,检查轴承应无异响,齿轮啮合良好,待运转正常后,方可作业。

(4) 应按调直钢筋的直径,选用适当的调直块、曳引轮槽及传动速度。调直块的孔径应比钢筋直径大2~5mm,曳引轮槽宽,应和所需调直钢筋的直径相符合,传动速度应根据钢筋直径选用,直径大的宜选用慢速,经调试合格,方可送料。

(5) 在调直块未固定、防护罩未盖好前不得送料。作业中严禁打开各部防护罩及调整间隙。

(6) 当钢筋送入后,手与曳轮必须保持一定距离,不得接近。

(7) 送料前应将不直的料头切去,导向筒前应装一根1m长的钢管,钢筋必须先穿过钢管再送入调直机前端的导孔内。

(8) 钢筋调直到末端时,操作人员必须躲开,以防甩动伤人。

(9) 经过调直后的钢筋如仍有慢弯,可逐渐加大调直块的偏移量,直到调直为止。

4. 钢筋对焊机

(1) 焊接操作及配合人员应当按规定穿戴劳动防护用品,并必须采取防止触电、火灾等事故的安全措施。

(2) 对焊机应安置在室内,并应有可靠的接地或接零。当多台对焊机并列安装时,相互间距不得小于3m,应分别接在不同相位的电网上,并应分别有各自的刀型开关。

(3) 作业前,应检查并确认对焊机的压力机构灵活,夹具牢固,气压、液压系统无泄漏,一切正常后,方可施焊。

(4) 焊接前,应根据所焊钢筋截面,调整二次电压,不得焊接超过对焊机规定直径的钢筋。

(5) 断路器的接触点、电极应定期磨光,二次电路全部连接螺栓应定期紧固。冷却水温度不超过40℃,排水量应根据气温调节。

(6) 焊接较长钢筋时,应设置托架,配合搬运钢筋的操作人员,在焊接时要注意防止火花烫伤。

(7) 闪光区应设阻燃的挡板,焊接时其他人员不得入内。

(8) 冬季施焊时,室内温度不应低于8℃,作业后,应放尽机内冷却水。

7.3.5 中小型建筑机械操作

1. 砂浆搅拌机

(1) 作业前，应检查搅拌机的转动部分、工作装置、防护装置等，保证其牢固可靠，操作灵活。

(2) 启动后，先经空转，检查搅拌叶旋转方向正确，方可边加料边加水进行搅拌作业。

(3) 作业中，不得用手或木棒等伸进搅拌筒内或在筒口清理灰浆。

(4) 作业中，发生故障不能运转时，应当切断电源，将筒内灰浆到出，进行检修排除故障。

(5) 作业后，应当做好搅拌机内外的清洗、保养及场地的清洁工作，切断电源，锁好箱门。

(6) 按要求填写日常检查及保养记录。

2. 混凝土搅拌机

(1) 搅拌机安装应平稳牢固，并应搭设定型化、装配式操作棚，且具有防风、防雨功能。操作棚应有足够的操作空间，顶部在任一 0.1×0.1m 区域内应能承受 1.5kN 的力而无永久变形。

(2) 作业区应设置排水沟渠、沉淀池及除尘设施。

(3) 搅拌机操作台处应视线良好，操作人员应能观察到各部工作情况。操作台应铺垫橡胶绝缘垫。

(4) 作业前应重点检查以下项目，并符合下列规定：

1) 料斗上、下限位装置灵敏有效，保险销、保险链齐全完好。钢丝绳断丝、断股、磨损未超标准。

2) 制动器、离合器灵敏可靠。

3) 各传动机构、工作装置无异常。开式齿轮、皮带轮等传动装置的安全防护罩齐全可靠。齿轮箱、液压油箱内的油质和油量符合要求。

4) 搅拌筒与托轮接触良好，不窜动、不跑偏。

5) 搅拌筒内叶片紧固不松动，与衬板间隙应符合说明书规定。

(5) 作业前，应先启动搅拌机空载运转，应确认搅拌筒或叶片的旋转方向与筒体上的所示方向一致，应使搅拌机正、反转运转数分钟，并应无冲击抖动现象或异常噪声。

(6) 供水系统的仪表计量准确，水泵、管道等部件连接无误，正常供水无泄漏。

(7) 搅拌机应达到正常转速后进行上料，不应带负荷启动。上料量及上料程序应符合说明书要求。

(8) 料斗提升时，严禁作业人员在料斗下停留或通过；当需要在料斗下方进行清理或检修时，应将料斗提升至上止点并用保险销锁牢。

(9) 搅拌机运转时，严禁进行维修、清理工作。当作业人员需进入搅拌筒内作业时，必须先切断电源，锁好开关箱，悬挂"禁止合闸"的警示牌，并派专人监护。

(10) 作业完毕，应将料斗降到最低位置，并切断电源。冬季应将冷却水放净。

(11) 搅拌机在场内移动或远距离运输时，应将料斗提升至上止点，并用保险销锁牢。

3. 混凝土输送泵

（1）混凝土泵应安放在平整、坚实的地面上，周围不得有障碍物，在放下支腿并调整后应使机身保持水平和稳定，轮胎应楔紧。

（2）混凝土输送管道的敷设应符合下列规定：

1）管道敷设前检查管壁的磨损减薄量应在说明书允许范围内，并不得有裂纹、砂眼等缺陷。新管或磨损量较小的管应敷设在泵出口附近。

2）管道应使用支架与建筑结构固定牢固。底部弯管应依据泵送高度、混凝土排量等设置独立的基础，并能承受最大荷载。

3）敷设垂直向上的管道时，垂直管不得直接与泵的输出口连接，应在泵与垂直管之间敷设长度不小于15m的水平管，并加装逆止阀。

4）敷设向下倾斜的管道时，应在泵与斜管之间敷设长度不小于5倍落差的水平管。当倾斜度大于7°时应加装排气阀。

（3）作业前应检查确认管道各连接处管卡扣牢不泄漏。防护装置齐全可靠，各部位操纵开关、手柄等位置正确，搅拌斗防护网完好牢固。

（4）砂石粒径、水泥标号及配合比应按出厂规定，满足泵机可泵性的要求。

（5）启动后，应空载运转，观察各仪表的指示值，检查泵和搅拌装置的运转情况，确认一切正常后，方可作业。泵送前应向料斗加入10L清水和$0.3m^3$的水泥砂浆润滑泵及管道。

4. 插入式振捣器

（1）作业前应检查电动机、软管、电缆线、控制开关等完好无破损。电缆线连接正确。

（2）操作人员作业时必须穿戴符合要求的绝缘鞋和绝缘手套。

（3）电缆线应采用耐气候型橡皮护套铜芯软电缆，并不得有接头。

（4）电缆线长度不应大于30m。不得缠绕、扭结和挤压，并不得承受任何外力。

（5）振捣器软管的弯曲半径不得小于500mm，操作时应将振动器垂直插入混凝土，深度不宜超过振动器长度的3/4，应避免触及钢筋及预埋件。

（6）振动器不得在初凝的混凝土、脚手板和干硬的地面上进行试振。在检修或作业间断时应切断电源。

（7）作业完毕，应切断电源并将电动机、软管及振动棒清理干净。

5. 混凝土搅拌运输车

（1）液压系统、气动装置的安全阀、溢流阀的调整压力必须符合说明书要求。卸料槽锁扣及搅拌筒的安全锁定装置应齐全完好。

（2）燃油、润滑油、液压油、制动液及冷却液应添加充足，无渗漏，质量应符合要求。

（3）搅拌筒及机架缓冲件无裂纹或损伤，筒体与托轮接触良好。搅拌叶片、进料斗、主辅卸料槽应无严重磨损和变形。

（4）装料前应先启动内燃机空载运转，各仪表指示正常、制动气压达到规定值。并应低速旋转搅拌筒3～5min，确认无误方可装料。装载量不得超过规定值。

（5）行驶前，应确认操作手柄处于"搅动"位置并锁定，卸料槽锁扣应扣牢。搅拌行驶时最高速度不得大于50km/h。

（6）出料作业应将搅拌运输车停靠在地势平坦处，应与基坑及输电线路保持安全距离。并将制动系统锁定。

（7）进入搅拌筒进行维修、铲除清理混凝土作业前，必须将发动机熄火，操作杆置于空挡。并将发动机钥匙取出并设专人监护，悬挂安全警示牌。

6. 混凝土泵车

（1）混凝土泵车应停放在平整坚实的地方，与沟槽和基坑的安全距离应符合说明书的要求。臂架回转范围内不得有障碍物，与输电线路的安全距离应符合《施工现场临时用电安全技术规范》JGJ 46—2005的有关规定。

（2）混凝土泵车作业前，应将支腿打开，用垫木垫平，车身的倾斜度不应大于3°。

（3）作业前应重点检查以下项目，并符合下列规定：

1）安全装置齐全有效，仪表指示正常。

2）液压系统、工作机构运转正常。

3）料斗网格完好牢固。

4）软管安全链与臂架连接牢固。

（4）伸展布料杆应按出厂说明书的顺序进行，布料杆升离支架后方可回转。严禁用布料杆起吊或拖拉物件。

（5）当布料杆处于全伸状态时，不得移动车身。作业中需要移动车身时，应将上段布料杆折叠固定，移动速度不得超过10km/h。

（6）严禁延长布料配管和布料软管。

7. 打夯机

（1）使用前，应对机械各部进行检查，连接螺栓必须牢固，电器设备应当符合要求，所有电源必须有漏电保护器，电动机，电缆各种电器及接地线均不能有漏电和联接不良的现象。转动部分的防护罩应当齐全牢靠，并调整好三角皮带的松紧度，然后启动电机进行试运转。

（2）在运转中，要监听和观察机械的声响，三角皮带是否跳动，转动轴。夯头架动臂和偏心块转动时是否摇摆，如果有声响不正常，转动轴松旷，夯头架和偏心块摇摆等情况，应当停止运转并重新调整和紧固，使其运转正常。

（3）夯实机应当由一人操作，一人拉持电缆辅助。操作及辅助人员均应戴绝缘手套，穿胶鞋以防触电，辅助人员跟随在操作人员后边或侧面随时调整电线，调线时要避免夯机砸线，不得强拖，作业时如发现电缆破裂或漏电应当立即停机检修。

（4）辅助人员必须与操作人员密切配合，严禁在打夯机前方隔机扔线，转向或倒线困难时应当停机调整，电线保持平顺不得扭结或缠绕。

（5）操作时，需集中精神注意行夯路线，双手握正手柄，两腿微弯曲，跟随夯机直线行走，不能推拉或用力按压手柄。转弯时不能用力过猛，要注意转弯要领，转弯或夯打偏斜时应握紧夯柄用臂力转向，严禁做急转动作，如果托盘绝缘良好时，也可用脚蹬托盘的方法转向。

（6）转弯时，如果一次转不到所需角度，可以在夯头架再次抬起时继续扭手柄；如因工作条件所限不能机动转弯时，则须停机将夯头架扳起，靠牢在操作手柄一侧，进行人工转弯。

(7) 操作中,夯机的前进方向不得站人,当几台夯机同时工作时,各机必须保持一定的距离,如平行夯实,两机之间距离不得小于 5m,前后同行夯实相互之间距离,不得少于 10m。

(8) 打夯机在使用中若发现拖盘啃土现象,可以轻按手柄使托盘前端翘起,即可正常工作;亦可在运行中将拖盘底部黏土拖掉。夯盘底部黏土不能拖掉时,必须停机铲除。

(9) 夯实时,应注意地下设施,防止触击托盘而损坏机械。

(10) 夯实较高的土方时,应从边缘以内 10～15cm 开始夯实 2～3 遍后,再夯实边缘处以防塌方。

(11) 夯机在正常运行时每次夯击的面积应当压盖前次夯击后的 1/3～1/2,不能跃进式夯击,以免造成空夯,影响工程质量。

(12) 应当经常保持机体清洁,拖盘内落下石块或积土较多时必须停夯清理,以免电动机负荷过大。

(13) 按钮开关应当安装在绝缘手柄上,以便在紧急情况下停机。

(14) 暂停工作时,必须切断电源,电气系统及电动机发生故障时应由专职电工处理。

(15) 操作完毕后,必须将机械擦干净,并做好保养工作,电线有顺序盘好,并做好防雨措施。

7.4 机械事故的预防与处理

7.4.1 机械事故的分类

机械事故是指由于使用、保养、修理不当,保管不善或其他原因,引起的机械非正常损坏或损失,并造成机械技术性能下降,使用寿命缩短。机械事故的分类见表 7-2。

机械事故的分类 表 7-2

序号	分类方式		说　　明
1	按机械事故的性质分类	责任事故	(1) 因养护不良、驾驶操作不当,造成翻、倒、撞、坠、断、扭、烧、裂等情况,引起机械设备的损坏 (2) 修理质量差,未经严格检验出厂后发生。如:因配合不当而烧坏轴和轴承等。发动机、变速器等装配不当而损坏轴承等 (3) 不属于正常磨损的机件损坏 (4) 因操作不当造成的间接损失。如起重机摔坏起吊物件等 (5) 丢失重要的随机附件等
		非责任事故	(1) 因突然发生的自然灾害,如台风、地震、山洪、雪崩等而造成的机械损坏者 (2) 属于原厂制造质量低劣而发生的机件损坏,经鉴定属实者
2	按机械损坏程度和损失价值分类		根据机械损坏程度和损失价值进行分类。《全民所有制施工企业机械设备管理规定》将机械事故分为一般事故、大事故、重大事故三类: (1) 一般事故:机械直接损失价值在 1000～5000 元者 (2) 大事故:机械直接损失价值在 5000～20000 元者 (3) 重大事故:机械直接损失价值在 20000 元以上者 直接损失价值的计算,按机械损坏后修复至原正常状态时所需的工、料费用

7.4.2 机械事故的预防

1. 预防机械事故的基本措施

(1) 加强思想教育,开展安全教育,使机械人员牢固树立"安全第一"的思想。

(2) 各级领导要将安全生产当作大事来抓,深入基层,抓事故苗头,掌握预防事故的规律,宣传爱机、爱车的好人好事,树立先进典型。

(3) 机械工人必须经过专业培训,懂得机械技术性能、操作规程、保养规程,掌握操作技术。经考试合格后方可驾驶操纵机械。

(4) 机械驾驶操作人员必须严格遵守安全技术操作规程和其他有关安全生产的规定,机动车驾驶员除应遵守安全技术操作规程外,还要严格遵守交通法规,非机动车驾驶员不准驾驶机动车,非机械驾驶员不准操纵机械。

(5) 定期开展安全工作检查,造成一个安全意义大家讲,事故苗头大家抓,安全措施大家定的局面,将事故消灭在萌芽中。

2. 机械的防冻、防洪、防火工作

做好机械的防冻、防洪、防火工作,具体见表 7-3。

机械的防冻、防洪、防火工作　　　　　表 7-3

项目	具 体 内 容
机械防冻	(1) 在每年冰冻前的 15~20d,要布置和组织一次检查机械的防冻工作,进行防冻教育,解决防冻设备,落实防冻措施。特别是对停置不用的设备,要逐台进行检查,放净发动机积水,同时加以遮盖,防止雨雪溶水渗入,并挂上"水已放净"的木牌 (2) 驾驶员在冬季驾驶机械和车辆,必须严格按机械防冻的规定办理,不准将机车的放水工作交给他人 (3) 加用防冻液的机车,在加用前要检查防冻液的质量,确认质量可靠后方可加用 (4) 机械调运时,必须将机内和积水放净,以免在运输过程中冻坏机械
机械防洪	(1) 每年雨季到来前一个月,对于在河下作业、水上作业和在低洼地施工或存放的机械,都要在汛期到来之前进行一次全面的检查,采取有效措施,防止机械被洪水冲毁 (2) 在雨季开始前,对于露天存放的停用机械,要上盖下垫,防止雨水进入而锈蚀损坏
机械防火	(1) 机械驾驶员必须严格遵守防火规定,做到提高警惕、消灭明火。发现问题及时解决 (2) 存放机械的场地内要配备消防设施,禁止无关人员入内 (3) 机械车辆的停放,必须排列整齐,留出足够的通道,禁止乱停乱放,以防发生火灾时堵塞道路

7.4.3 机械事故的处理

1. 机械事故的调查

机械事故发生后,操作人员应当立即停机,保持事故现场,并向单位领导和机械主管人员报告。单位领导和机械主管人员应当会同有关人员立即前往事故现场。如果涉及人身伤亡或有扩大事故损失等情况,应当首先组织抢救。对已发生的事故,当事单位领导要组织有关人员进行现场检查与周密调查,听取当事人和旁证人的申述,记录事故发生的有关情况及造成后果,作为分析事故的依据。

2. 机械事故的分析

机械事故处理的关键在于正确地分析事故原因，事故分析的要求主要有：

（1）要重视并及时进行事故分析。分析工作进行得越早，原始数据越多，分析事故原因的根据就越充分。要保存好分析的原始证据。

（2）当需拆卸发生事故机械的部件时，要避免使零件再产生新的损伤或变形等情况发生。

（3）分析事故应以损坏的实物和现场实际情况为主要依据，进行科学的检查、化验，对多方面的因素和数据仔细分析判断，不得盲目推测，主观臆断。

（4）分析事故时，除注意发生事故部位外，还要详细了解周围环境，多访问有关人员，以便得出真实情况。

（5）机械事故一般是多种因素造成的，在分析时必须从多方面进行，确有科学根据时才能作出结论，避免由于结论片面而引起不良后果。

（6）根据分析结果，填写故事报告单，确定事故原因、性质、责任者、损失价值、造成后果与事故等级等，并提出处理意见和改进措施。

3. 机械事故处理的原则和方法

（1）机械事故发生后，如果有人员受伤，应当迅速抢救受伤人员，在不妨碍抢救人员的条件下，注意保留现场，并迅速报告领导和上级主管部门，进行妥善处理。

（2）事故不论大小均应如实上报，并填写事故报告单（表7-4）报公司存查。

机械事故报告单　　　　　　　　　　表7-4

报送单位：　　　　　　　　　　填报日期：　　年　　月　　日

机械名称		规格		管理编号	
使用单位		事故时间		事故地点	
事故责任者		职称		等级	

事故经过原因：

损失情况：

基层处理意见：

公司处理（审批）意见：

上级审批意见：

备注	

单位主管：　　　　　　　　　　　　　　　　　　　　填表人：

(3) 事故发生后,肇事单位必须认真对待,并按"二不放过"的原则进行教育。

(4) 在处理机械事故过程中,对肇事者的处理,一般贯彻教育为主,处罚为辅的原则。根据情节轻重和态度好坏,初犯或屡犯给予不同的处分或罚金。

(5) 在机械事故处理完成后,应将事故的详细情况记入机械档案(表7-5)。

机械事故报表　　　　　　　　　　　　　　　表 7-5

报送单位:　　　　　　　　　　　　　　　　填报日期:　　年　　月　　日

事故时间	事故地点	肇事人	事故原因	经济损失	处理情况

单位主管:　　　　　　　　　　　　　　　　　　　　　　　　填表人:

8 建筑机械的成本管理

8.1 施工机械的资产管理

8.1.1 固定资产的分类与折旧

1. 施工企业固定资产的划分原则

(1) 耐用年限在1年以上；非生产经营的设备、物品，耐用年限超过2年的。

(2) 单位价值在2000元以上。

不同时具备以上两个条件的，为低值易耗品。

(3) 有些劳动资料，单位价值虽然低于规定标准，但是企业的主要劳动资料，也列作固定资产。

(4) 凡是与机械设备配套成台的动力机械（发电机、电动机），应当按主机成台管理；凡作为检修更换、更新、待配套需要购置的，不论功率大小、价值多少，均应当作为备品、备件处理。

2. 固定资产分类

(1) 按经济用途分类：生产用固定资产和非生产用固定资产。

(2) 按使用情况分类：使用中的固定资产、未使用的固定资产、不需用的固定资产、封存的固定资产和租出的固定资产。

(3) 按资产所属关系分类：国有固定资产、企业固定资产、不同经济所有制的固定资产和租入固定资产。

(4) 按资产的结构特征分类：房屋及建筑物、施工机械、运输设备、生产设备和其他固定资产。

3. 固定资产的折旧

(1) 折旧年限：机械折旧年限是指机械投资的回收期限。

(2) 计算折旧的方法：根据国务院对大型建筑施工机械折旧的规定，应当按每班折旧额和实际工作台班计算提取；专业运输车辆根据单位里程折旧额和实际行驶里程计算、提取；其余按平均年限计算、提取折旧。

1) 平均年限法（直线折旧法）。此种方法是指在机械使用年限内，平均地分摊继续的折旧费用，计算公式为：

$$折旧额 = (原值 - 残值)/折旧年限 = 原值(1-残值率)/折旧年限 \tag{8-1}$$

$$月折旧额 = 年折旧额/12 \tag{8-2}$$

式中 原值——指机械设备的原始价值，包括机械设备的购置费、安装费和运费等；

残值——指机械设备失去使用价值报废后的残余价值；

残值率——指残值占原值的比率。根据建设部门的有关规定,大型机械残值率为5%,运输机为6%,其他机械为4%。

在实际工作中,一般先确定折旧率,再根据折旧率计算折旧额,其计算公式为:

$$年折旧率=(年折旧额/原值)\times 100\% \tag{8-3}$$

$$月折旧率=[年折旧额/(12\times 原值)]\times 100\% \tag{8-4}$$

2) 工作量法。对于某些价值高又不经常使用的大型机械,采用工作时间(或工作台班)计算折旧;运输机械采用行驶里程计算折旧。

①按工作时间计算折旧:

$$每小时(每台班)折旧额=(原值-残值)/折旧年限内总工作时间(总台班定额) \tag{8-5}$$

②按行驶里程计算折旧:

$$每公里折旧额=(原值-残值)/车辆总行驶里程定额 \tag{8-6}$$

3) 快速折旧法。常用的有以下几种:

①年限总额法(年序数总额法)。此种方法的折旧率是以折旧年限序数的总和为分母,以各年的序数分子组成为序列分数数列,数列中最大者为第一年的折旧率,然后按顺序逐年减少,其计算公式为:

$$Z_t = \frac{n+1-t}{\sum\limits_{t=1}^{n} t}(S_0 - S_t) \tag{8-7}$$

式中 Z_t——第 t 年折旧(第一年 t 为1,最末年 t 为 n);

n——预计固定资产使用年限;

S_0——固定资产原值;

S_t——固定资产预计残值。

②余额递减法。此种方法是指计提折旧额时以尚待折旧的机械净值作为该次机械折旧的基数;折旧率固定不变。因此,机械折旧额是逐年递减的。

4. 大修基金

大修基金提取额和提取率的计算公式为:

$$年大修基金提取额=(每次大修费用\times 使用年限内大修次数)/使用年限 \tag{8-8}$$

$$年大修基金提取率=(年大修基金提取额/原值)\times 100\% \tag{8-9}$$

$$月大修基金提取率=[(年大修基金提取额/12)/原值]\times 100\% \tag{8-10}$$

大修基金可以分类综合提取,在提取折旧的同时提取大修基金,运输设备按综合折旧率100%计算,其余设备按照综合折旧率的50%计算。

机械设备的大修必须预先编制计划,大修基金必须专款专用。

8.1.2 机械设备的基础管理

1. 施工机械的编号

施工机械编号时,应注意以下几点。

(1) 机械统一编号应当按照企业机械管理部门在机械验收转入固定资产时统一编排,编号一经确定,不得任意改变。

(2) 报废或调出本系统的机械,其编号应当立即作废,不得继续使用。

(3) 机械的主机和附机、附件均应当采用同一编号。

(4) 编号标志的位置。大型机械设备可以在主机机体指定的明显位置喷涂单位名单及统一编号，其所用字体及格式应统一。小型和固定安装机械可以采用统一式样的金属标牌固定于机体上。

2. 施工机械基础资料

(1) 机械登记卡片。机械登记卡片是反映机械主要情况的基础资料，其内容主要包括：正面是机械各项自然情况，例如机械和动力的厂型、规格，主要技术性能，附属设备及替换设备等情况；反面是机械主要动态情况，例如机械运转、修理、改装、机长变更及事故等记录。

机械登记卡片应当由产权单位机械管理部门建立，一机一卡，按机械的分类顺序排列，由专人负责管理，及时填写和登记。本卡片应随机转移，报废时随报废申请表送审。

本卡的填写要求，除了表格及时填写外，"运转工时"栏，每半年统计一次填入栏内，具体填写内容见表8-1及表8-2。

机车车辆登记卡　　　　　　　　　表8-1

填写日期　　年　　月　　日

名称		规格		管理编号	
厂牌		应用日期		质量(kg)	
		出厂日期		长×宽×高(mm)	
	厂牌	型式	功率	号码	出厂日期
底盘					
主机					
副机					
电机					
	名称	规格	号码	单位	数量
附属设备					
前轮					
中轮		规格	气缸	数量	备胎
后轮					
来源			日期	调入	调出
计入日期		移动调拨记录			
原值					
净值					
折旧年限					
更新时间	时间		更新改装内容		价值

8.1 施工机械的资产管理

运　转　统　计　　　　　　　　　　　　　　　表 8-2

（每半年汇总填一次）

记载日期	运转工时	累计工时	记载日期	运转工时	累计工时

大修理记录	进厂日期	出厂日期	承修单位	进厂日期	出厂日期	承修单位

事故记录	时间	地点	损失和处理情况	肇事人

（2）机械台账。机械台账是掌握企业机械资产状况，反映企业各类机械的拥有量、机械分布和其变动情况的主要依据。机械台账以《机械分类及编号目录》为依据，按类组代号分页，按机械的编号顺序排列，其内容主要是机械的静态情况，由企业机械管理部门建立和管理，作为掌握机械基本情况的基础资料。机械台账应填写的表格见表 8-3～表 8-5。

机械设备台账　　　　　　　　　　　　　　　表 8-3

类别：

序号	管理编号	名称	型号规格	制造厂	出厂日期	出厂号码	底盘号码	来源	调入日期	原值（元）	净值（元）	动力部分					调出		备注
												名称	制造	型号	功率（kW）	号码	日期	接收单位	

机械车辆使用情况月报表　　　　　　　　　　　　表 8-4

共　　页第　　页

序号	分类	管理编号	机械名称	技术规格	制度台日	质量情况		运转情况		利用率	行驶里程		完成情况		燃油消耗		备注
						完好台日	完好率（%）	实作台日	实作台时		重驶里程	空驶里程	定额产量	实作台班	汽油	柴油	

机械车辆单机完好、利用率统计台账　　　　　表8-5

机械名称：
管理编号：

年	月	制度台日	完好台日	完好率（%）	实作台日	利用率（%）	加班台日数	实作台时		台班或行驶里程		油料消耗(kg)		维修情况		
								本月	累计	本月	累计	本月	累计	大修	中修	小修

1) 机械原始记录的种类

包括机械使用记录和汽车使用记录。机械使用记录是施工机械运转的记录，由驾驶操作人员填写，月末上报机械部门；汽车使用记录是运输车辆的原始记录，由操作人员填写，月末上报机械部门。机械原始记录的填写应符合下列要求：

①机械原始记录均按规定的表格，不得各搞一套，这样既便于机械统计需要，又避免造成混乱。

②机械原始记录要求驾驶操作人员按照实际工作小时填写准确及时完整，不得有虚假，机械运转工时按实际运转工时填写。

③机械驾驶人员的原始记录填写好坏，应当与奖励制度结合起来，并作为评奖条件之一。

2) 机械统计报表的种类

①机械使用情况月报，本表为反映机械使用情况的报表，应由机械部门根据机械使用原始记录按月汇总统计上报。

②施工单位机械设备，实有及利用情况（季、年报表）。

③机械技术装备情况（年报），本表是反映各单位机械化装备程度的综合考核指标。

④机械保修情况（月、季、年）报表，本表为反映机械保修性能情况的报表，应由机械部门每月汇总上报。

8.1.3 机械设备的库管与报废

1. 机械设备的库存管理

（1）机械保管

1) 机械仓库一般建立在交通方便、地势较高、易于排水的地方，仓库地面应当坚实平坦；要有完善的防火安全措施和通风条件，并配备起重设备。根据机械类型及存放保管的不同要求，建立露天仓库、棚式仓库与室内仓库等，各类仓库不宜距离过远，以便于管理。

2）机械存放时，应当根据其构造、重量、体积、包装等情况，选择相应的仓库，对不宜日晒雨淋而受风沙与温度变化影响较小的机械，例如汽车、内燃机、空压机和一些装箱的机电设备，可以存放在棚式仓库。对受日晒雨淋和灰沙侵入易受损害、体积较小、搬运方便的设备，例如加工机床、小型机械、电气设备、工具、仪表及机械的备品配件和橡胶制品、皮革制品等应储存在室内仓库。

(2) 出入库管理

1）机械入库应当凭机械管理部门的机械入库单，并核对机械型号、规格、名称等是否相符，认真清点随机附件、备品配件、工具及技术资料，经点收无误签认后，将其中一联通知单退机械管理部门以示接收入库，并且及时登记建立库存卡片。

2）机械出库应当凭机械管理部门的机械出库单办理出库手续。原随机附件、工具、备品配件及技术资料等要随机交给领用单位，并办理签证。

3）仓库管理人员对库存机械应当定期清点，年终盘点，对账核物，做到账物相符，并将盘点结果造表报送机械管理部门。

(3) 库存机械保养

库存机械保养的内容主要包括：清除机体上的尘土与水分；检查零件有无锈蚀现象，封存油是否变质，干燥剂是否失效，必要时进行更换；检查并排除漏水、漏油现象；有条件时，使机械原地运转几分钟，并使工作装置动作，以清除相对运动零件配合表面的锈蚀，改善润滑状况与改变受压位置；电动机械根据情况进行通电检查；选择干燥天气进行机械保养，并打开库房门窗和机械的门窗进行通气。

2. 机械设备的调拨

列入固定资产的设备进行调拨时，应当按分级管理原则办理报批手续。设备调拨通常可分为有偿调拨与无偿调拨两种。有偿调拨可以按设备质量情况，由调出单位与调入单位双方协商定价，按有关规定办理有偿调拨手续。无偿调拨由于企业生产产品转产或合并等原因，经报企业主管领导部门及财政部门批准后，可以办理设备固定资产调拨手续。

企业外调设备通常均应是闲置多余的设备，企业调出设备时，所有附件、专用备件和使用说明书等，均应随机一并移交给调入单位。由于设备调拨是产权变动的一种形式，因此在进行设备调拨时应当办理相应的资产评估和验证确认手续。

3. 机械设备的封存与处理

(1) 机械设备的封存。闲置设备是指过去已安装验收、投产使用而目前因生产和工艺上暂时不需用的设备。企业应当设法将闲置设备及早利用起来，确实不需用的要及时处理或进入调剂市场。凡停用3个月以上的设备，由使用部门提出设备封存申请单，经批准后，通知财务部门暂时停止该设备折旧。封存的设备应当切断电源，进行认真保养，上防锈油，盖（套）上防护罩，通常是就地封存。这样能够使企业中一部分暂时不用的设备减缓其损耗的速度和程度，同时达到减少维修费用，降低生产成本的目的。已封存的设备，应当有明显的封存标志，并指定专人负责保管、检查。对封存闲置设备必须加强维护和管理，尤其应当注意附机、附件的完整性。封存后需要重新使用时，应由设备使用部门提出，并报设备管理部门办理启封手续。封存机械明细表见表8-6。

8 建筑机械的成本管理

封存机械明细表 表 8-6

填报单位：　　　　　　　　　　　　　　　　　　　　　　　年　　月　　日

序号	机械编号	机械名称	规格型号	技术状况	封存时间	封存地点	备注

单位主管　　　　　　　　　　机械部门　　　　　　　　　　制表

（2）闲置机械的处理。凡是封存 1 年以上的设备，在考虑企业发展情况以后，确认是不需要的设备，应当填报闲置设备明细表，并报上级主管部门，参加多余设备的调剂利用。有关闲置设备调剂工作应当按照国务院生产办公室《企业闲置设备调剂利用管理办法》办理，做好闲置设备的处理工作。积极开展闲置设备处理是设备部门一项经常性的重要工作，主要要求有：

1）企业闲置机械是指除了在用、备用、维修、改装等必需的机械外，其他连续停用 1 年以上不用或新购验收后 2 年以上不能投产的机械。

2）企业对闲置机械应当妥善保管，防止丢失或损坏。

3）企业处理闲置机械时，应当建立审批程序和监督管理制度，并报上级机械管理部门备案。

4）企业处理闲置机械的收益，应当用于机械更新和机械改造。专款专用，不准挪用。

5）严禁将国家明文规定的淘汰、不许扩散和转让的机械，作为闲置机械进行处理。

4. 机械设备的报废

机械设备的报废是指由于长期使用，机械逐渐磨损而丧失生产能力或者由于自然灾害或事故造成的损坏等原因，使其丧失使用价值，达到无法修复或者经修理虽能恢复精度，但经济上不如更换新设备合算时，应当及时进行报废处理，办理报废手续。

（1）设备报废条件。企业对属于下列情况之一的设备，应当按报废处理：

1）主要结构或主要部件已损坏，预计大修后技术性能低劣仍不能满足生产使用要求、保证安全生产和产品质量的设备。

2）意外情况设备严重损坏，在技术上无条件修复，大修虽能恢复精度，但不如更新更为经济的设备，修理费超过原值的 50%。

3）设备老化、技术性能落后、耗能高、效率低、经济效益差的设备。

4）严重污染环境，危害人身安全与健康，无修复、改造价值的设备。

5）对于非标准的专用机械，由于工程项目停建或者任务变更，本单位不适用，其他单位也不适用。

6）属于淘汰机型或国家规定强制报废的设备。

（2）机械设备报废的基本原则。折旧费已提完，使用年限已到。对于未达到使用年限，折旧费未提完的设备，应从严掌握。特别是年代近的产品，通常不应提出报废申请。

（3）设备报废的审批程序。机械设备的报废应当由使用单位提出报废申请，阐明报废理由，送交设备部门初步审查，并组织专业人员进行技术鉴定和价值评估，符合报废条件的方可报废,由设备管理部门审核后,由使用部门填写"设备报废申请单"见表 8-7,连同报废鉴定书,送交主管领导(总工程师)批准。批复下达后方可执行。严防不办理报废手续,任意报废设备的做法。

机械设备报废申请表　　　　　　　　　　　　　　表 8-7

填报单位:　　　　　　　　　　　　　　　　　　　　年　月　日

管理编号		机械名称		规格	
厂牌		发动号		底盘号	
出厂年月		规定使用年限		已使用年限	
机械原值		已提折旧		机械残值	
报废净值		停放地点		报废审批权限	
设备现状及报废原因					
"三结合"小组及领导鉴定意见		审批签章			
总公司审批意见		审批签章			
部门审批意见		审批签章			
备注					

(4) 报废设备处理:

1) 一般报废设备应从生产现场拆除,使其不良影响减少到最小限度。同时做好报废设备的处理工作,做到物尽其用。

2) 通常情况下,报废设备只能拆除后留用可利用的部分零部件,不应再作价外调,以免落后、陈旧、淘汰的设备再次投入社会使用。

3) 由于发展新产品或工艺进步的需要,某些设备在本企业不宜使用,但尚可提供给其他企业使用,在将这些设备作报废(属于提前报废)处理时,应当向上级主管部门和国有资产管理部门提出申请,核准后予以报废。

4) 因固定资产折旧年限已到而批准报废的工程机械,可以根据工程的需要和机械技术状况的好坏,在保证安全生产的前提下留用,也可以进行整机转让。

5) 已经公司批准报废的车辆,原则上将车上交到指定回收公司进行回收,注销牌照,暂时留用的车辆,必须根据车管部门的规定按期年审。

6) 报废留用的车辆、机械都应当建立相应的台账,做到账物相符。

7) 设备报废后,设备部门应当将批准的设备报废单送交财会部门注销账卡。

8) 企业转让和报废设备所得的收益,上交企业财务,此项款必须用于设备更新和改造。

8.2 建筑机械的经济管理

8.2.1 机械寿命周期费用

1. 机械的寿命

机械寿命一般指机械从交付使用,直到不能使用以致报废所经过的时间,根据不同的计算依据,分为物质寿命、技术寿命和经济寿命,见表8-8。

机械寿命的分类　　　　　　　表8-8

序号	类　别	内　　容
1	机械的物质寿命	机械的物质寿命又称自然寿命或物理寿命,是指机械从开始使用直到报废为止的整个时间阶段,也称使用寿命,与机械维护保养的好坏有关,并可通过修理来延长
2	机械的技术寿命	机械的技术寿命是指机械开始使用,到因技术落后被淘汰所经过的时间,与技术进步有关,要延长机械的技术寿命,就必须用新技术对机械加以改造
3	机械的经济寿命	机械的经济寿命又称价值寿命,指机械从开始使用到创造最佳经济效益所经过的时间,是从经济的角度选择机械最合理的使用年限,机械的经济寿命期满后,如不进行改造或更新,就会加大机械使用成本,影响企业经济效益

2. 机械寿命周期费用组成

机械寿命周期费用是在其全寿命周期内,为购置和维持其正常运行所支付的全部费用,它包括与该机械有关的研究开发、设计制造、安装调试、使用维修、一直到报废为止所发生的一切费用总和。机械寿命周期费用由其设置费(原始费)和维持费(使用费)两大部分组成。

$$寿命周期费用=设置费+维持费 \tag{8-11}$$

在机械的整个寿命周期费用内,从各个阶段费用发生的情况来分析,在通常情况下,机械从规划到设计、制造,其所支出的费用是递增的,到安装调试后开始逐渐下降,其后运转阶段的费用支出则保持一定的水平。但到运转阶段的后期,机械逐渐劣化,修理费用增加,维持费上升,上升到一定程度,机械寿命终止,机械就需要改造或更新,机械的寿命周期也到此完结。

8.2.2 施工机械定额管理

1. 机械主要定额

技术经济定额是企业在一定生产技术条件下,对人力、物力与财力的消耗规定的数量标准。有关机械设备技术经济定额的种类和内容见表8-9。

机械设备技术经济定额的种类和内容　　　　　　　表8-9

序号	种　类		内　　容
1	产量定额	台班产量定额	台班产量定额指机械设备按规格型号,根据生产对象和生产条件的不同,在一个台班中所应完成的产量数额
		年台班产量定额	年台班定额是机械设备在一年中应该完成的工作台班数。它根据机械使用条件和生产班次的不同而分别制定
		年台班定额	年产量定额是各种机械在一年中应完成的产量数额。其数量为台班产量定额与年台班定额之积

8.2 建筑机械的经济管理

续表

序号	种 类	内 容
2	油料消耗定额	油料消耗定额是指内燃机械在单位运行时间（或 km）中消耗的燃料和润滑油的限额。一般按机型、道路条件、气候条件和工作对象等确定。润滑油消耗定额按燃油消耗定额的比例制定，一般按燃油消耗定额的 2‰～3‰ 计算。油料消耗定额还应包括保养修理用油定额，应根据机型和保养级别而定
3	轮胎消耗定额	轮胎消耗定额是指新轮胎使用到翻新或翻新轮胎使用到报废所应达到的使用期限数额（以 km 计）。按轮胎的厂牌、规格、型号等分别制定
4	随机工具、附具消耗定额	随机工具、附具消耗定额是指为做好主要机械设备的经常性维修、保养必须配备的随机工具、附具的限额
5	替换部件消耗定额	替换部件消耗定额是指机械的替换部件，如蓄电池、钢丝绳、胶管等的使用消耗限额。一般换算成耐用班台数额或每台班的摊销金额
6	大修理间隔期定额	大修理间隔期定额是新机到大修，或本次大修到下一次大修应达到的使用间隔期限额（以台班数计）。它是评价机械使用和保养、修理质量的综合指标，应分机型制定，对于新机械和老机械采取相应的增减系数。新机械第一次大修间隔期应按一般定额时间增加 10%～20%
7	保养、修理工时定额	保养、修理工时定额指完成各类保养和修理作业的工时限额，是衡量维修单位（班组）和维修上的实际工效，作为超产计奖的依据，并可供确定定员时参考。分别按机械保养和修理类别制定；为计算方便，常以大修理工时定额为基础，乘以各类保养、修理的换算系数，即为各类保养、修理的工时定额
8	保养、修理费用定额	保养、修理费用定额包括保养和修理过程中所消耗的全部费用的限额，是综合考、核机械保养、修理费用的指标。保养、修理费用定额应按机械类型、新旧程度、工作条件等因素分别制定。并可相应制定大修配件、辅助材料等包干费用和大修喷漆费用等单项定额
9	保养、修理停修期定额	保养、修理停修期定额指机械进行保养、修理时允许占用的时间，是保证机械完好率的定额
10	机械操作、维修人员配备定额	机械操作、维修人员配备定额指每台机械设备的操作、维修人员限定的名额
11	机械设备台班费用定额	机械设备台班费用定额是指使用一个台班的某机械设备所耗用费用的限额。它是将机械设备的价值和使用、维修过程中所发生的各项费用科学地转移到生产成本中的一种表现形式，是机械使用的计费依据，也是施工企业实行经济核算、单机或班组核算的依据

2. 施工机械台班定额

施工机械使用费是根据施工中耗用的机械台班数量与机械台班单价确定的。施工机械台班耗用量按照预算定额规定计算；施工机械台班单价是指一台施工机械，在正常运转条件下一个工作班中所发生的全部费用，每台班按照 8 小时工作制计算。施工机械台班单价由七项费用组成，包括：折旧费、大（中）修理费、经常修理费、安拆费及场外运费、机械人工费、燃料动力费、养路费及车船使用税。

(1) 折旧费。折旧费是指施工机械在规定使用期限内，陆续收回其原值及购置资金的时间价值。其计算公式为：

$$台班折旧费=\frac{机械预算价格\times(1-残值率)\times时间价值系数}{耐用总台班} \quad (8-12)$$

1) 机械预算价格：

①国产机械的预算价格：国产机械预算价格按照机械原值、供销部门手续费和一次运杂费以及车辆购置税之和计算。

②进口机械的预算价格：进口机械的预算价格按照机械原值、关税、增值税、消费税、外贸手续费和国内运杂费、财务费、车辆购置税之和计算。

2) 残值率：机械报废时，回收的残值占机械原值的百分比。残值率按照目前有关规定执行：运输机械2%，掘进机械5%，特大型机械3%，中小型机械4%。

3) 时间价值系数：购置施工机械的资金在施工生产过程中随着时间的推移而产生的单位增值。

$$时间价值系数=1+\frac{年折旧率+1}{2}\times年折现率 \quad (8-13)$$

其中年折现率应按照编制期银行年贷款利率确定。

4) 耐用总台班：施工机械从开始投入使用至报废前使用的总台班数，应按施工机械的技术指标及寿命期等相关参数确定。机械耐用总台班的计算公式为：

$$耐用总台班=折旧年限\times年工作台班-大修间隔台班\times大修周期 \quad (8-14)$$

年工作台班是根据有关部门对各类主要机械最近3年的统计资料分析确定。

大修间隔台班主要是指机械自投入使用起至第一次大修止或自上一次大修后投入使用起至下一次大修止，应达到的使用台班数。

(2) 大(中)修理费。大修理费主要是指机械设备按规定的大修间隔台班进行必要的大(中)修理，以恢复机械正常技术性能所需的费用。台班大修理费是机械使用期限内全部大修理费之和在台班费用中的分摊额，它取决于一次大修理费用、大修理次数和耐用总台班的数量。其计算公式为：

$$台班大修理费=\frac{一次大修理费\times寿命期内大修理次数}{耐用总台班数} \quad (8-15)$$

(3) 经常修理费。经常修理费是指施工机械除大修理以外的各级保养和临时故障排除所需的费用。一般包括为保障机械正常运转所需替换与随机配备工具、附具的摊销和维护费用，机械运转及日常保养所需润滑与擦拭的材料费用及机械停滞期间的维护和保养费用等。分摊到台班费中，即为台班经修费。

1) 各级保养一次费用。分别是指机械在各个使用周期内为保证机械处于完好状况，必须按规定的各级保养间隔周期，保养范围和内容进行的一、二、三级保养或定期保养所消耗的工时、配件、辅料、油燃料等费用。

2) 寿命期各级保养总次数。分别是指一、二、三级保养或定期保养在寿命期内各个使用周期中保养次数之和。

3) 临时故障排除费。指机械除规定的大修理及各级保养外，临时故障所需费用以及机械在工作日以外的保养维护所需润滑擦拭材料费，按各级保养（不包括例保辅料费）费用之和的3%计算。

4）替换设备及工具、附具台班摊销费。主要是指轮胎、电缆、蓄电池、运输皮带、钢丝绳、胶皮管、履带板等消耗性部件和按规定随机配备的全套工具、附具的台班摊销费用。

5）例保辅料费。即机械日常保养所需润滑擦拭材料的费用。

（4）安拆费及场外运费。安拆费是指施工机械在现场进行安装与拆卸所需的人工、材料、机械和试运转费用以及机械辅助设施的折旧、搭设、拆除等费用；场外运费是指施工机械整体或分体自停放地点运至施工现场或由一施工地点运至另一施工地点的运输、装卸、辅助材料及架线等费用。

（5）人工费。人工费是指机上司机和其他操作人员的工作日人工费及上述人员在施工机械规定的年工作台班以外的人工费。人工费按下列公式计算：

$$台班人工费=\frac{人工消耗量\times(1+年制度工作日)\times年工资台班\times人工单价}{年工作台班} \quad (8-16)$$

1）人工消耗量是指机上司机和其他操作人员工日消耗量。
2）年制度工作日应当执行编制期国家有关规定。
3）人工单价应当执行编制期工程造价管理部门的有关规定。

（6）燃油动力费。燃料动力费是指施工机械在运转作业中所耗用的固体燃料（煤、木柴）、液体燃料（汽油、柴油）及水、电等费用。其计算公式为：

$$台班燃料动力费=台班燃料动力消耗量\times相应单价 \quad (8-17)$$

1）燃料动力消耗量应根据施工机械技术指标及实测资料综合确定。
2）燃料动力单价应当执行编制期工程造价管理部门的有关规定。

（7）车船使用费。车船使用费是指施工机械按照国家和有关部门规定应缴纳的车船使用税、保险费及年检费用等。

8.2.3 施工机械租赁管理

1. 租赁管理基本要点

（1）项目经理部在施工进场或单项工序开工前，应当向公司机械主管部门上报机械使用计划。

（2）项目施工使用的机械设备应当以现有机械设备为主，在现有机械不能满足施工需要时，应当向公司机械主管部门上报机械租用计划，待批复后，由项目负责实施机械租赁的具体工作。

1）大型机械设备租赁工作应当由公司机械管理部门负责实施。
2）中小型机械设备租赁应当由项目自行实施。
3）当项目不能自行解决时，应当由公司机械管理部门负责协调解决。

（3）各项目经理部必须建立：机械租赁台账；租赁机械结算台账；每月上报租赁机械使用报表；租赁网络台账；租赁合同台账。

（4）项目应当建立有良好的机械租赁联系网络，并且报公司机械管理部门，以保证在需要租用机械设备时，能够准时按要求进场。

（5）机械设备租赁时，应当严格执行合同式管理，机械租赁合同须报公司主管部门批准后方可生效。

(6) 租用单位应当及时与出租单位办理租赁结算，杜绝因租赁费用结算而发生法律纠纷。

2. 机械设备的内部租赁

施工机械的内部租赁是在有偿使用的原则下，由施工企业所属机械经营单位与施工单位之间所发生的机械租赁。机械经营单位为出租方承担提供机械、保证施工生产需要的职责，并按照企业规定的租赁办法签订租赁合同，收取租赁费。其具体做法是：

(1) 签订机械租赁合同

租赁合同是出租方和承租方为租赁活动而缔结的具有法律性质的经济契约，用来明确租赁双方的经济责任。承租方根据施工生产计划，按时签订机械租赁合同，出租方按照合同要求如期向承租方提供符合要求的机械，保证施工需要。根据机械的不同情况，采取相应的合同形式：

1) 能计算实物工程量的大型机械，可按照施工任务签订实物工程量承包合同。

2) 一般机械按照单位工程工期签订周期租赁合同。

3) 长期固定在班组的机械（如木工机械、钢筋、焊接设备等），签订年度一次性租赁合同。

4) 临时租用的小型设备（如打夯机、水泵等）可以简化租赁手续，以出入库单计算使用台班，作为结算依据。

5) 对外出租的机械，按照租用期与承租方签订一次性合同。

(2) 机械租赁收费办法

1) 作业台班数。以 8h 为一个台班，不足 4h 按 0.5 台班取费，超过 4h 不足 8h 按一个台班取费，以此类推。

2) 停置台班。由于租用单位管理不善、计划不周等原因造成机械停置，收取停置费为作业台班费的 50%。

3) 免收台班费。由于任务变更、提前竣工、合同终止等原因，机械暂时无处周转，或因气候影响、法定节假日休息、机械事故等原因造成的停置，免收停置费。

4) 场外运输费。承租期内机械转移，由承租方承担一次性场外运转费。

5) 租赁费标准。企业内部租用机械，按照机械台班费用取费；对外租赁的机械，按市场价格收取，并根据季节、租赁期、作业条件等情况适度上下浮动。

6) 租赁费结算办法。机械的租赁实行日清月结，根据合同规定要求，认真核实运转记录，双方签证后生效。承包实物量的机械，按照实际完成实物量结算；一般机械按照台班运转记录结算；长期固定在班组使用的机械，按照月制度台日数的 60% 作为使用台日数计取台班费，临时租用的小型机械根据出入库期间日计取台班费。

3. 机械设备的社会租赁

机械社会性租赁按其性质可分为融资性租赁和服务性租赁两类。

(1) 融资性租赁。融资性租赁是将借钱与租物结合在一起的租赁业务。租赁公司出资购置建筑施工单位所选定的某种型号机械，然后出租给施工企业。施工企业按照特定合同的条件与特定的租金条件，在一定期限内拥有对该机械的所有权与使用权。在合同期满后，承租的建筑施工企业可按合同议定的条件支付一笔贷款，从而拥有该机械的全部产权，或者是将该机械退还给租赁商，也可另订合同继续租用该机械。

(2) 服务性租赁。服务性租赁也称为融物性租赁，建筑施工单位可以按合同规定支付租金取得对某型号机械的使用权。在合同期内，一切有关设备的维修与操作业务均由租赁公司负责。合同期满后，不存在该机械产权转移问题。承租单位可以按照新协议合同继续租用该机械。

8.2.4 施工机械经济核算与经济分析

施工机械经济核算是企业经济核算的重要组成部分。实行机械经济核算，就是将经济核算的方法运用到机械施工生产和经营的各项工作中，通过核算与分析，以实施有效的监督与控制，谋求最佳的经济效益。

1. 机械经济核算

机械经济核算主要有机械使用费核算和机械维修费核算两种。

（1）机械使用费核算。机械使用费是指机械施工生产中所发生的费用，即使用成本。按照核算单位可分为单机核算、班组核算、中间单位核算、公司核算等级别。本节主要介绍单机核算。

（2）核算的起点。凡项目经理部拥有大、中型机械设备10台以上，或按照能耗计量规定单台能耗超过规定者，均应开展单机核算工作，无专人操作的中小型机械，有条件的也可以进行单机核算，以提高机械使用的经济效益。

（3）单机核算的内容与方法。单机核算可分为单项核算、逐项核算、大修间隔期核算和寿命周期核算，见表8-10。

单机核算的内容与方法 表8-10

序号	类别	内容
1	单机选项核算	单机选项核算是指核算范围限于几个主要指标（如产量或台班）或主要消耗定额（如燃料消耗）进行核算的一种形式。核算时用实际完成数与计划指标或定额进行比较，计算出盈亏数。这种核算简单易行，但不能反映全面情况，容易产生"顾此失彼"的后果
2	单机逐项核算	单机逐项核算是指按月、季（或施工周期）对机械使用费收入与台班费组成中各项费用的实际支出（有些项目无法计算时，可采用定额数）进行逐项核算，计算出单机使用成本的盈亏数。这种核算形式内容全面，不仅能反映单位产量上的实际成本，而且能了解机械的合理使用程度，并可以进一步了解机械使用成本盈亏的主、客观原因，从而找出降低机械使用成本的途径
3	大修间隔期费用核算	大修间隔期费用核算是以上次大修（或新机启用）到本次大修的间隔期作为核算期，对机械使用费的总收入与各项支出进行比较的核算。由于机械使用中有些项目的支出间隔较长（如某些替换设备或较大的修理，不是几个月甚至几年能发生一次），进行月、季度核算不能准确反映机械的实际支出。因此，按大修间隔期核算能较为准确地反映单机运行成本
4	寿命周期费用核算	寿命周期费用核算是对一台机械从购入到报废一生中的经济成果的核算。这种核算能反映整个寿命周期过程中的全部收入、支出和经济效益，从中得出寿命周期费用构成比例和变化规律的分析资料，作为改进机械管理的依据，并可对改进机械的设计、制造和选购提供资料

(4) 单机核算台账（表 8-11）是一种费用核算，通常按机械使用期内实际收入金额与机械使用期内实际支出的各项费用的比较，考核单机的经济效益如何，是节约还是超支。

(5) 核算期间：通常每月进行一次，如有困难也可每季进行一次，每次核算的结果要定期向群众公布，以激发群众的积极性。

单机核算台账   表 8-11

机械名称：　　　　　　　　　　编号：　　　　　　　　　　驾驶员：

年	月	实际完成数量及收入				合计/元	各项实际支出/元											节（+）超（-）
		台班收入		吨公里收入			折旧费	大修费	中修三保费	一二保及小修费	配件费	轮胎费	设备替换及工具附具费	安装拆卸及附注设施费	燃料及其他润滑油费	工资奖金	管理费	车船养路营运费	事故费	合计（元）	
		数量	金额（元）	数量	金额（元）																

2. 机械修理费用核算

(1) 单机大修理成本核算。单机大修理成本核算是由修理单位对大修竣工的机械按照修理定额中划分的项目，分项计算其实际成本。其中，主要项目是：

1) 工时费：按照实际消耗工时乘以工时单价，即为工时费。工时单价包括人工费、动力燃料费、工具使用费、固定资产使用费、劳动保护费、车间经常费与企业管理费等项的费用分摊，由修理单位参照修理技术经济定额制定。

2) 配件材料费：如果采取按实报销，则应收支平衡；如果采取配件材料费用包干，则以实际发生的配件材料费与包干费相比，即可计算其盈亏数。

3) 油燃料及辅料：包括修理中加注和消耗的油燃料、辅助材料、替换设备等通常按定额结算，根据定额费用和实际费用相比，计算其盈亏数。

(2) 机械保养、小修成本核算。机械保养项目有定额的，可计算实际发生的费用和定额相比，核算其盈亏数。没有定额的保养、小修项目，应当包括在单机或班组核算中，采取维修承包的方式，以促进维修工与操作工密切配合，共同为减少机械维修费用而努力。

(3) 核算时应具备的条件。核算时应具备的条件主要有：要有一套完整的先进的技术经济定额，作为核算依据；要有严格的物资领用制度，材料、油料发放时做到计量准确，供应及时，记录齐全；要有健全的原始记录，要求准确、齐全、及时，同时要统一格式、内容及传递方式等；要有明确的单机原始资料的传递速度。

(4) 机械的经济分析。机械经济分析是利用经济核算资料或统计数据，对机械施工生产经营活动的各种因素进行深入、具体的分析，从中找出有影响的因素和其影响程度，揭露存在问题和原因，以便采取改进措施，提高机械使用管理水平和经济效益。

1) 机械经济分析的内容。

①机械产量（或完成台班数）。这是经济分析的中心，通过分析未说明生产计划的完成与否的原因以及各项技术经济指标变动对计划完成的影响，反映机械管理工作的全貌。在分析时，要对机械产量、质量、安全性与合理性等进行分析，还要在施工组织、劳动力配备与物资供应等方面进一步说明对机械生产的影响。

②机械使用情况分析。合理使用机械和定期维护保养是保证机械技术状况良好的必要条件。

③机械使用成本和利润的分析。机械经营的目标是获得最优的经济效益。根据经济核算获得机械使用成本的盈亏数，分析机械使用各项定额的完成情况，从中找出影响机械使用成本的主要因素，并提出相应的改进措施。

④机械经营管理工作的分析。这是机械经营单位根据经济核算资料，包括各项技术经济指标与定额的完成情况，对机械经营管理工作进行全面、深入地分析，从中找出存在问题和薄弱环节，据此提出改进措施，提高机械经营管理水平。

此外，还可以对物资供应和消耗、维修质量和工期，以及劳动力的组成和技术熟练程度等方面进行分析。

2) 机械经济分析的方法。机械经济分析的方法见表 8-12，应根据分析的对象和要求选用，也可以综合使用。

机械经济分析的方法　　　　　　　表 8-12

序号	方法	内容
1	比较法	比较法是运用最广泛的一种分析法，它是以经济核算取得的数据进行比较分析，以数据之间的差异为线索，找出产生差异的原因，采取有效的解决措施。在进行比较时，应注意指标数字的可比性。不同性质的指标不能相比。指标性质相同，也要注意它们的范围、时间、计算口径等是否一致。常用的主要有以下几种： ①实际完成数与计划数或定额数比较，用以检查完成计划或定额的程度，找出影响计划或定额完成的原因，采取改进措施 ②本期完成数与上期完成数比较，了解不同时期升降动态，巩固成绩，缩短差距 ③与历史先进水平或同行业先进水平比较，采取措施，赶超先进水平
2	因素分析法	这是对因素的影响做定量分析的方法。当影响一个指标的因素有两个以上时，应当分别计算和分析这两个因素的影响程度。因素分析法一般采用替换法，即列出计算公式，用改变了的因素数字逐项替代未改变的因素数字，比较其差异，以确定各因素的影响程度

续表

序号	方法	内容
3	因素比较法	对影响某一指标的各项因素加以比较，找出影响最大的因素。例如，机械施工直接成本中，材料费占70%，机械费占18%，人工费占12%，加以比较后得出降低材料费是主要因素
4	综合分析法	将若干个指标综合在一起，进行比较分析，通过指标间相互关系和差异情况，找出工作中的薄弱环节和存在问题的主要方面。分析时可以使用综合分析表格、排列图、因果分析图等方法

9 施工机械设备评估与信息化管理

9.1 施工机械设备的评估与优化

9.1.1 施工现场设备的选型

在选择设备上，通常要注意以下几点：

(1) 注重设备的生产性，也就是设备的单位产量，即机械设备的生产率。项目选择设备时不能贪全求大，要选择适合本项目的机械设备。

(2) 要考虑设备的可靠性和节能性。设备的精度和性能要可靠，设备的故障率要低，零部件要耐用、安全、可靠。同时，设备的节能性也要充分考虑，切不可选择那些"电老虎"、"油老虎"的设备。

(3) 要尽量选择可修性强的设备，要求设备结构简单，零部件组合合理，润滑点、调整部位、连接部位应尽量少，维修时零部件易于接近，可迅速拆卸，易于检查，部件实现通用化和标准化，具有互换性。

(4) 选择设备时要与项目的其他设备配套，比如土石方工程使用的挖掘机、装载机要与自卸汽车配套，混凝土运输设备要与混凝土拌和设备配套等。

9.1.2 施工设备的优化配置

一个工程项目设备的选用与配置是十分关键的，选好设备、合理配置是干好一个工程项目的前提，对工程项目常常起到事半功倍的作用。

(1) 首先，应了解工程项目的施工组织设计，根据工程项目的大小、施工工期、施工条件、场地等，决定进场设备的规格型号和数量，编制适合该项目的机械使用计划和编排所需施工机械进出场的时间计划，并做好施工设备总量、进度控制。

(2) 然后，根据建筑施工企业的特点，选用设备时应本着"先调剂，后租赁"的原则，先将企业内部的闲置设备充分利用，不足部分与缺口设备，通过租赁市场租用。

(3) 其次，在建设工程项目中实行机械设备租赁是设备配置的较好选择，减少了一次性设备大量投资，降低了工程成本，还原了资金的商品价值和流动状态。

(4) 最后，在建施工项目在选择设备时，要精打细算，力求少而精。力求做到生产上适用，技术性能先进，安全可靠，设备状况稳定，经济合理，能满足施工工艺要求。设备选型应当按实物工程数量、施工条件、技术力量、配置动力与之生产能力相适应。对于要求租用的设备，应选择整机性能好，效率较高，故障率低，维修方便，互换性强的设备。尽量选用能源消耗低、噪声小、环境污染小的设备，使其综合成本降低。租用设备时，要加强时间价值观念的认识，对于大型设备的进、出场都应预先书面报告。

9.2 施工机械设备信息化管理

9.2.1 信息化、网络化建设的意义

信息化建设是提升建筑企业技术水平和管理水平、促进管理创新、提高工作效率、增加经营效益的重要途径；它能够大大提高企业收集、传递、处理与利用信息的能力，为领导决策提供充分的依据，是提高企业决策速度和决策质量的有效措施；是增强市场竞争力、参与国际竞争的客观要求。

9.2.2 机械设备管理信息化、网络化系统管理

建立并完善施工企业内外部的计算机网络设备管理系统，选择先进、成熟、适合本企业设备管理需求的设备管理系统，通过管理咨询和业务流程重组，优化设计本企业各级设备管理组织机构、管理模式和业务流程，应用设备管理软件系统，实现企业机械设备管理的信息化与网络化，以克服目前设备管理中存在的问题，提高设备的利用率，提升企业管理水平、管理效率和企业的竞争能力，是建筑企业面对知识经济和全球经济一体化做出的必然选择。

（1）突出经济管理与成本控制。随着我国经济改革的巨变和信息的发展，单一的、滞后的、被动的静态管理模式已不能适应现代企业管理的发展。系统的开发应当充分考虑在市场经济下，企业改制后新的管理思想、管理理念，结合行业发展变化的特点，适应建设项目施工的需要，以经济核算为主导思想，提高机械设备管理水平，满足企业的发展。

（2）突出宏观管理。系统的开发从设备的购置计划申请开始，包括设备管、用、养、修，到设备的报废整个一生所能够发生的全部过程。每个过程是由若干相互联系、相互制约的独立成分组成的一个有机整体，系统管理的出发点与依据是通过信息而指导、经由信息而认识、比较信息而决策，信息又通过其特有的反馈，实现对系统的有效管理控制。

（3）突出先进性。在 Windows 环境下运行，运用 Windows 的自身优势，集多种语言、多种环境、Internet 网技术等，采用全新两层架构 .Net 系列，exe（客户端）和 Dll（中间件），用 SQLServer7.0 数据库作为中央数据库处理系统，实现网络分布式计算、过程的实时查询、监督、控制和安全管理机制；部件化程序设计，充分适应本企业不断变化的业务规则、商业逻辑和数据海量存储，为企业提供数据仓库与决策支持，实现快速信息传递和交流。

（4）突出适用性。软件的开发应采用 J2EE 或 .Net 系列开发平台，实现客户端的浏览器层、Web 层、业务逻辑层和数据库层的多层体系结构，并采用符合工业标准的开发语言、开发工具、通信协议和数据库系统，使用户在任何地方、任何时候操作数据成为可能，拓展客户范围，将客户扩展到整个 Internet 网络上，且简单、直观、易操作。

参 考 文 献

[1] 中华人民共和国住房和城乡建设部．建筑与市政工程施工现场专业人员职业标准 JGJ/T 250—2011[S]．北京：中国建筑工业出版社，2012
[2] 中华人民共和国住房和城乡建设部．建筑机械使用安全技术规程 JGJ 33—2012[S]．北京：中国建筑工业出版社，2012
[3] 钟汉华，张智涌．施工机械[M]．北京：中国水利水电出版社，2009
[4] 高忠民．机械员必读[M]．北京：中国电力出版社，2006
[5] 鲁煜鹏．机械制图员（国家职业技能鉴定教材）[M]．北京：中国劳动和社会保障出版社，2007
[6] 潘全祥．机械员(第二版)[M]．北京：中国建筑工业出版社，2005
[7] 姚继权．机械员速学手册[M]．北京：化学工业出版社，2012
[8] 王凤宝．机械员[M]．北京：中国铁道出版社，2010